ASP.NET Core 6
框架揭秘（上册）

蒋金楠 ◎著

电子工业出版社
Publishing House of Electronics Industry
北京·BEIJING

内 容 简 介

本书主要介绍 ASP.NET Core 框架最核心的部分，即由一个服务器和若干中间件构建的管道。本书共分为 5 篇："第 1 篇 初识编程（第 1 章）"列举一系列极简的实例为读者提供基本的编程体验，"第 2 篇 基础框架（第 2～13 章）"主要介绍了一系列支撑 ASP.NET Core 的基础框架，"第 3 篇 承载系统（第 14～17 章）"主要介绍了 ASP.NET Core 应用的承载流程，"第 4 篇 服务器概述（第 18 章）"列举一系列常见的服务器类型并对它们进行了比较，"第 5 篇 中间件（第 19～30 章）"系统地介绍了一系列预定义的中间件。

图书在版编目（CIP）数据

ASP.NET Core 6 框架揭秘：上下册 / 蒋金楠著 . —北京：电子工业出版社，2022.7

ISBN 978-7-121-43566-9

Ⅰ . ①A⋯ Ⅱ . ①蒋⋯ Ⅲ . ①网页制作工具—程序设计 Ⅳ . ①TP393.092.2

中国版本图书馆 CIP 数据核字（2022）第 090026 号

责任编辑：张春雨　　　　特约编辑：田学清

印　　刷：三河市良远印务有限公司

装　　订：三河市良远印务有限公司

出版发行：电子工业出版社

　　　　　北京市海淀区万寿路 173 信箱　　　邮编：100036

开　　本：787×980　　1/16　　印张：64.75　　字数：1529 千字

版　　次：2022 年 7 月第 1 版

印　　次：2022 年 10 月第 3 次印刷

定　　价：300.00 元（上下册）

凡所购买电子工业出版社图书有缺损问题，请向购买书店调换。若书店售缺，请与本社发行部联系，联系及邮购电话：（010）88254888，88258888。

质量投诉请发邮件至 zlts@phei.com.cn，盗版侵权举报请发邮件至 dbqq@phei.com.cn。

本书咨询联系方式：010-51260888-819，faq@phei.com.cn。

前 言

写作源起

  .NET Core 的发展印证了那句老话 "合久必分，分久必合"。 .NET 的诞生可以追溯到 1999 年，那年微软正式启动 .NET 项目。大约六七年前，当 .NET 似乎快要走到尽头时，.NET Core 作为一个分支被独立出来。经过了 3 个主要版本的迭代，.NET Core 俨然已经长成一棵参天大树。随着 .NET 5 的推出，.NET Framework 和 .NET Core 又重新被整合到一起。与其说 .NET Core 重新回到了 .NET 的怀抱，还不如说 .NET Core "收编"了原来的"残余势力"，自己成为"正统"。一统江湖的 .NET 5 的根基，在下一个版本（ .NET 6）中得到了进一步巩固，今后的 .NET Core 将以每年更新一个版本的节奏稳步向前推进。

  目前，还没有哪个技术平台像 .NET Core 这样提供了如此完备的技术栈，桌面、Web、云、移动、游戏、IoT 和 AI 相关开发都可以在这个平台上完成。在列出的这七大领域中，面向应用的 Web 开发依然占据了市场的半壁江山，为其提供支撑的 ASP.NET Core 的重要性就毋庸置疑了。Web 应用可以采用不同的开发模式，如 MVC、gRPC、Actor Model、GraphQL、Pub/Sub 等，它们都有对应的开发框架予以支持。虽然编程模式千差万别，开发框架也琳琅满目，但是底层都需要解决一个核心问题，那就是请求的接收、处理和响应，而这个基础功能就是在 ASP.NET Core 中实现的。从这个角度来讲，ASP.NET Core 是介于 .NET 基础框架和各种 Web 开发框架之间的中间框架。

  在前 .NET 时代（ .NET Core 诞生之前），计算机图书市场存在一系列介绍 ASP.NET Web Forms、ASP.NET MVC、ASP.NET Web API 的图书。但是找不到一本专门介绍 ASP.NET 自身框架的图书。作为一名拥有近 20 年工作经验的 .NET 开发者，我对此感到十分困惑。上述这些 Web 开发框架都是建立在 ASP.NET 框架之上的，底层的 ASP.NET 框架才是根基所在。过去我接触过很多资深的 ASP.NET 开发人员，发现他们对 ASP.NET 框架都没有进行更深入的了解。2014 年，出版《ASP.NET MVC 5 框架揭秘》之后，我原本打算撰写《ASP.NET 框架揭秘》。后来.NET Core 横空出世，我的研究方向也随之转移，于是就有了在 2019 年出版的《ASP.NET Core 3 框架揭秘》。

在 .NET 5 发布之前，我准备将这本书进行相应的升级。按照微软公布的版本差异，我觉得升级到《ASP.NET 5 框架揭秘》应该不会花费太多时间和精力，但后来的事实证明我的想法太天真了。由于这本书主要介绍的是 ASP.NET 框架的内部设计和实现，版本之间涉及的很多变化并未"记录在案"，只能通过阅读源代码的方式去发掘。本着宁缺毋滥的原则，我放弃了撰写《ASP.NET 5 框架揭秘》。现在看来这是一个明智的决定，因为 ASP.NET Core 6 是稳定的长期支持版本。另外，我也有了相对充裕的时间逐个确认书中涉及的每个特性在新版本中是否发生了变化，并进行了相应的修改，删除陈旧的内容，添加新的特性。

对于升级后的《ASP.NET Core 6 框架揭秘》，一个全局的改动就是全面切换到基于 Minimal API 的编程模式上。升级后的版本添加了一系列新的章节，如"第 10 章 对象池""第 12 章 HTTP 调用""第 13 章 数据保护""第 18 章 服务器""第 24 章 HTTPS 策略""第 25 章 重定向""第 26 章 限流"等。由于篇幅的限制，不得不删除一些"不那么重要"的章节。

本书内容

《ASP.NET Core 6 框架揭秘》只关注 ASP.NET Core 框架最核心的部分，即由一个服务器和若干中间件构建的管道，除了"第 1 章 编程体验"，其他章节基本上都不会涉及上层的编程框架。本书共分为以下 5 篇内容。

- **初始编程**

第 1 章提供了 20 个极简的 Hello World 应用程序，带领读者感受一下 ASP.NET Core 的编程体验。这些演示实例涉及基于命令行的应用创建和 Minimal API 的编程模式，还涉及多种中间件的定义及配置选项和诊断日志的应用。第 1 章还演示了如何利用路由、MVC 和 gRPC 开发 Web 应用和 API，4 种针对 Dapr 的应用开发模型也包含在这 20 个演示实例中。

- **基础框架**

ASP.NET Core 建立在一系列基础框架之上，这些独立的框架在日常的应用开发中同样被广泛地使用。第 2 篇提供的若干章节对这些基础框架进行了系统而详细的介绍，其中包括"第 2～3 章 依赖注入""第 4 章 文件系统""第 5～6 章 配置选项""第 7～9 章 诊断日志""第 10 章 对象池""第 11 章 缓存""第 12 章 HTTP 调用""第 13 章 数据保护"。

- **承载系统**

ASP.NET Core 应用作为一个后台服务寄宿于服务承载系统中，"第 14 章　服务承载"主要对该承载系统进行了详细介绍。ASP.NET Core 应用的承载是本书最核心的部分，"第 15～17 章应用承载（上、中、下）"不仅对 ASP.NET Core 请求处理管道的构建和应用承载的内部流程进行了详细介绍，还对 Minimal API 的编程模型和底层的实现原理进行了详细介绍。

- **服务器概述**

本书所有内容都围绕着 ASP.NET Core 请求处理管道，该管道由一个服务器和若干中间件构建。第 18 章主要对服务器的系统进行了介绍，不仅会详细介绍 Kestrel 服务器的使用和实现原理，还会介绍基于 IIS 的两种部署模式和 HTTP.SYS 的使用，以及如何自定义服务器类型。

- **中间件**

服务器接收的请求会分发给中间件管道进行处理。本篇对大部分中间件的使用和实现原理进行了介绍，其中包括"第 19 章　静态文件""第 20 章　路由""第 21 章　异常处理""第 22 章响应缓存""第 23 章　会话""第 24 章　HTTPS 策略""第 25 章　重定向""第 26 章　限流""第 27 章　认证""第 28 章　授权""第 29 章　跨域资源共享""第 30 章　健康检查"。

写作特点

《ASP.NET Core 6 框架揭秘》是揭秘系列的第 6 本书。在这之前，我得到了很多热心读者的反馈，这些反馈对书中的内容基本上都持正面评价，但对写作技巧和表达方式的评价则不尽相同。每个作者都有属于自己的写作风格，而每个读者的学习思维方式也不尽相同，两者很难出现百分之百的契合，但我还是决定在《ASP.NET Core 3 框架揭秘》的基础上对后续作品进行修改。从收到的反馈意见来看，这一改变得到了读者的认可，所以《ASP.NET Core 6 框架揭秘》沿用了这样的写作方式。

本书的写作风格可以概括为"体验先行、设计贯通、应用扩展"12 个字。大部分章节开头都会提供一些简单的演示实例，旨在让读者对 ASP.NET Core 的基本功能特性和编程模式有一个大致的了解。在此之后，我会提供背后的故事，即编程模型的设计和原理。将开头实例和架构设计融会贯通之后，读者基本上能够将学到的知识正确地应用到事件中，对应章节对此会提供一些最佳实践。秉承"对扩展开放，对改变关闭"的"开闭原则"，每个功能模块都提供了相应的扩展点，能够精准地找到并运用适合的扩展来解决真实项目开发中的问题才是终极的目标，对应章节会介绍可用的扩展点，并提供一些解决方案和演示实例。

本书综合运用"文字""图表""编程"这 3 种不同的"语言"来介绍每个技术主题。一图胜千言，每章都精心设计了很多图表，这些具象的图表能够帮助读者理解技术模块的总体设计、执行流程和交互方式。除了利用编程语言描述应用编程接口（API），本书还提供了 200 多个实例，这些实例具有不同的作用，有的是为了演示某个实用的编程技巧或者最佳实践，有的是为了强调一些容易忽视但很重要的技术细节，有的是为了探测和证明所述的论点。

本书在很多地方展示了一些类型的代码，但是绝大部分代码和真正的源代码是有差异的，两者的差异有以下几个原因：第一，源代码在版本更替中一直在发生改变；第二，由于篇幅的限制，删除了一些细枝末节的代码，如针对参数的验证、诊断日志的输出和异常处理等；第三，很多源代码其实都具有优化的空间。本书提供的代码片段旨在揭示设计原理和实现逻辑，不是为了向读者展示源代码。

目标读者

虽然本书关注的是 ASP.NET Core 自身框架提供的请求处理管道，而不是具体某个应用编程框架，但是本书适合大多数 .NET 技术从业人员阅读。任何好的设计都应该是简单的，唯有简单的设计才能应对后续版本更替中出现的复杂问题。ASP.NET Core 框架就是好的设计，因为自正式推出的那一刻起，该框架的总体设计基本上没有发生改变。既然设计是简单的，对大部分从业人员来说，对框架的学习也就没有什么门槛。本书采用渐进式的写作方式，对于完全没有接触过 ASP.NET Core 的开发人员也可以通过学习本书内容深入、系统地掌握这门技术。由于本书提供的大部分内容都是独一无二的，即使是资深的 .NET 开发人员，也能在书中找到很多不甚了解的盲点。

关于作者

蒋金楠既是同程旅行架构师，又是知名 IT 博主，过去十多年一直排名博客园第一位，拥有个人微信公众号"大内老 A"，2007 年至今连续十多次被评为微软 MVP（最有价值专家）。他作为畅销 IT 图书作者，先后出版了《WCF 全面解析》《ASP.NET MVC 4 框架揭秘》《ASP.NET MVC 5 框架揭秘》《ASP.NET Web API 2 框架揭秘》《ASP.NET Core 3 框架揭秘》等著作。

致谢

本书能够得以顺利出版离不开博文视点张春雨团队的辛勤努力，他们的专业水准和责任心为本书提供了质量保证。此外，徐妍妍在本书写作过程中做了大量的校对工作，在此表示衷心感谢。

本书支持

由于本书是随着 ASP.NET Core 5/6 一起成长起来的，并且随着 ASP.NET Core 的版本更替进行了多次"迭代"，所以书中某些内容最初是根据旧版本编写的，新版本对应的内容发生改变后相应内容可能没有及时更新。对于 ASP.NET Core 的每次版本升级，作者基本上会尽可能将书中的内容进行相应的更改，但其中难免有所疏漏。由于作者的能力和时间有限，书中难免存在不足之处，恳请广大读者批评指正。

作者博客：http://www.cnblogs.com/artech。

作者微博：http://www.weibo.com/artech。

作者电子邮箱：jinnan@outlook.com。

作者微信公众号：大内老 A。

读者服务

微信扫码回复：43566

- 获取本书配套源码
- 加入本书读者交流群，与作者互动
- 获取【百场业界大咖直播合集】（持续更新），仅需 1 元

目 录

第 1 篇　初识编程

第 2 篇　基础框架

第 1 篇　初识编程

编程体验

虽然本书的读者大都是 .NET Core 的开发者，对于.NET Core 及 ASP.NET Core 的基本编程模式也都很熟悉，但是当我们升级到.NET 6，很多东西都发生了改变。很多特性被添加进来，现有一些编程方式也被改进，有的甚至不再推荐使用。尤其是 ASP.NET Core 6 推出的 Minimal API 应用承载方式让程序变得异常简洁，所以本书所有的演示实例将全部采用这种编程模式。本章提供了 20 个极简的实例，它们可以帮助读者对 ASP.NET Core 的基本编程模式有一个大体的认识。

1.1 控制台程序

本章提供的 20 个简单的演示实例涵盖了 ASP.NET Core 基本的编程模式，这些实例不仅用于演示控制台、API、MVC、gRPC 应用的构建与编程，还用于演示 Dapr 在 ASP.NET Core 中的应用。除此之外，这 20 个实例还涵盖了依赖注入、配置选项、日志记录的应用。我们先从最简单的控制台应用开始，不过在此之前先简单了解一下如何构建 ASP.NET Core 6 开发环境。

1.1.1 构建开发环境

.NET 6 的官方网站介绍了在各种操作系统平台（Windows、macOS 和 Linux）上构建开发环境的方式。总体来说，在不同的平台上开发 .NET 应用都需要安装相应的 SDK 和 IDE。成功安装 SDK 之后，我们在本地将自动拥有 .NET 的运行时、基础类库及相应的开发工具。顺便说一下，本书提供的演示实例默认采用的运行环境为 Windows。

dotnet.exe 是 .NET SDK 提供的一个重要的命令行工具。我们在进行 .NET 应用的开发部署时会频繁地使用它。dotnet.exe 提供了很多实用的命令，后续章节涉及相关内容时再进行针对性介绍。当 .NET SDK 安装结束之后，通过执行 "dotnet" 命令可以确认 .NET SDK 是否安装成功。如图 1-1 所示，执行 "dotnet --info" 命令可以查看当前安装的 .NET SDK 的基本信息，显示的信息包含 SDK 的版本、运行环境及本机安装的所有运行时版本。从图 1-1 中可以看出本机只安装了一个 6.0.0 版本。

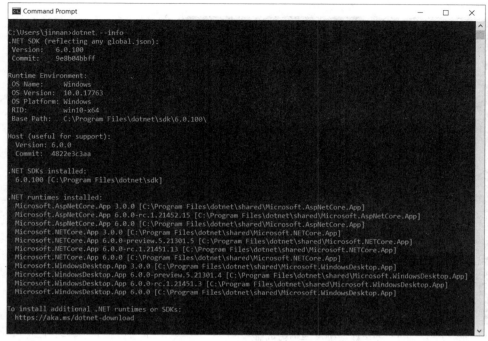

图 1-1 执行"dotnet --info"命令获取 .NET SDK 的基本信息

高效的开发离不开优秀的 IDE，在这方面作为一个 .NET 开发者是幸福的，因为我们拥有强大的 IDE——Visual Studio。虽然 Visual Studio Code 也是一款优秀的产品，但作者推荐使用 Visual Studio，尤其是在 Windows 上进行开发时。开发 ASP.NET Core 6 应用需要使用最新的 Visual Studio 2022。Visual Studio 提供了社区版（Community）、专业版（Professional）和企业版（Enterprise），其中社区版是免费的，专业版和企业版需要付费购买。

除了 Visual Studio 和 Visual Studio Code 这两款由微软自家提供的 IDE，我们还可以使用 Rider。Rider 是 JetBrains 开发的一款针对 .NET 的 IDE，可以利用它开发 ASP.NET、.NET、Xmarin 及 Unity 应用。和 Visual Studio Code 一样，Rider 也是一款跨平台的 IDE，我们可以同时在 Windows、maxOS 及各种桌面版本的 Linux Distribution 上使用它。但 Rider 不是一款免费的 IDE，对其感兴趣的读者可以在官网方站下载 30 天试用版。

1.1.2 命令行构建 .NET 应用

dotnet.exe 提供了一个用来创建初始应用的"new"命令。在启动开发流程时，我们一般不会从第一行代码开始写起，可以利用这个"new"命令创建一个具有初始结构的应用程序。在开发过程中如果需要添加某种类型的文件（如各种类型的配置文件、MVC 应用的 Controller 类型文件和视图文件等），则可以利用"new"命令来完成。.NET SDK 在安装时提供了一系列预定义的脚手架模板，可以执行"dotnet new --list"命令列出当前安装的模板，如图 1-2 所示。

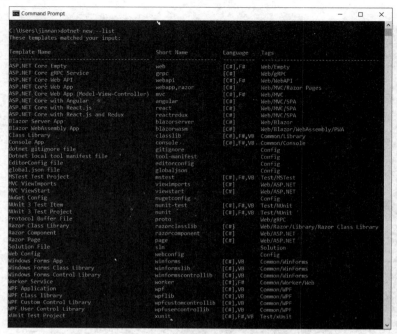

图 1-2 执行"dotnet new --list"命令获取脚手架模板列表

下面执行"dotnet new"命令（dotnet new console -n App）创建一个名为"App"的控制台程序，如图 1-3 所示。具体来说，该命令执行之后会在当前工作目录创建一个由指定应用名称命名的子目录，并将生成的文件存放在里面。和传统的 .NET Framework 及 .NET Core 一样，一个由 C#开发的 ASP.NET Core 项目依然由一个对应的.csproj 文件进行定义，图 1-3 中的 App.csproj 就是这样的一个文件。

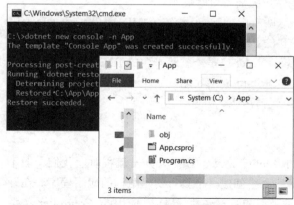

图 1-3 执行"dotnet new"命令创建一个控制台程序

.csproj 文件最终是为 MSBuild 服务的，该文件提供了相关的配置来控制 MSBuild 针对当前项目的编译和发布行为。下面的代码就是 App.csproj 文件的全部内容，如果你曾经查看过传

统 .NET Framework 下的 .csproj 文件，就会惊叹于这个 App.csproj 文件内容的简洁。.NET Core 6 下简洁的项目文件缘于对 SDK 的应用。不同的应用类型会采用不同的 SDK。比如，创建的这个控制台应用采用的 SDK 为"Microsoft.NET.Sdk"，ASP.NET Core 应用会采用另一个名为"Microsoft.NET.Sdk.Web"的 SDK。如果开发用于承载后台服务的应用，则一般会采用"Microsoft.NET.Sdk.Worker"这个 SDK，"第 14 章　服务承载"专门介绍了这个话题。SDK 相当于为某种类型的项目制定了一套面向 MSBuild 的基准配置，如果在项目文件的<Project>根节点设置了具体的 SDK，就意味着直接将这套基准配置继承下来。

```
<Project Sdk="Microsoft.NET.Sdk">
  <PropertyGroup>
    <OutputType>Exe</OutputType>
    <TargetFramework>net6.0</TargetFramework>
    <ImplicitUsings>enable</ImplicitUsings>
    <Nullable>enable</Nullable>
  </PropertyGroup>
</Project>
```

在上面的代码中，与项目相关的属性可以分组定义在项目文件的<PropertyGroup>节点下。这个 App.csproj 文件定义了 4 个属性，其中，OutputType 属性和 TargetFramework 属性表示编译输出类型与采用的目标框架。由于创建的是一个针对 ASP.NET Core=>.NET 6 的可执行控制台应用，所以将 OutputType 和 TargetFramework 的属性分别设置为"Exe"和"net6.0"。

项目的 ImplicitUsings 属性与 C# 10 提供的"全局命名空间"新特性有关。在这个特性被推出之前，用来导入命名空间的 using 语句的作用范围仅限于当前源文件，这就意味着常用的命名空间需要在不同的源文件中进行重复导入。顾名思义，"全局命名空间"就是针对整个项目全局导入的命名空间，它被定义在项目编译后自动生成的一个 .cs 文件中。创建的项目被编译后会在"obj\Debug\net6.0"目录下生成一个名为"App.GlobalUsings.g.cs"的 C#文件，该文件采用如下定义全局导入了一系列命名空间。

```
// <auto-generated/>
global using global::System;
global using global::System.Collections.Generic;
global using global::System.IO;
global using global::System.Linq;
global using global::System.Net.Http;
global using global::System.Threading;
global using global::System.Threading.Tasks;
```

导入的命名空间因采用的 SDK 而有所不同，如果将 SDK 更改为"Microsoft.NET.Sdk.Web"，则会发现"App.GlobalUsings.g.cs"文件导入了更多的命名空间，这部分多出的命名空间在开发 ASP.NET Core 应用时基本上都会用到。

```
// <auto-generated/>
global using global::Microsoft.AspNetCore.Builder;
global using global::Microsoft.AspNetCore.Hosting;
global using global::Microsoft.AspNetCore.Http;
global using global::Microsoft.AspNetCore.Routing;
global using global::Microsoft.Extensions.Configuration;
```

```
global using global::Microsoft.Extensions.DependencyInjection;
global using global::Microsoft.Extensions.Hosting;
global using global::Microsoft.Extensions.Logging;
global using global::System;
global using global::System.Collections.Generic;
global using global::System.IO;
global using global::System.Linq;
global using global::System.Net.Http;
global using global::System.Net.Http.Json;
global using global::System.Threading;
global using global::System.Threading.Tasks;
```

项目的另一个名为 Nullable 的属性与 C#的一个名为"空值（Null）验证"的特性有关。相信每一个 .NET 开发人员都很熟悉 NullReferenceException 这个异常类型。照理说这是一个不应该出现的异常，因为我们在调用某个对象的某个方法或者将它作为参数传入某个方法时，本就应该进行空值验证。但是现在我们面临的问题是，方法的输入参数是否可以接收 Null 无法通过声明体现出来。方法的返回值也是如此，我们无法确定得到的结果是否为 Null。

为了解决这个问题，从 C# 8.0 版本开始引入了"可空引用类型（Nuallable Reference Type）"的概念。如果方法的参数可以接收 Null，或者返回对象可能是 Null，则对应的类型上应该加上"?"后缀。如果没有"?"后缀，隐含的意思就是参数或者返回值不可能为 Null，Visual Studio 会根据这个特性对程序实施空值检验。以下面这两行代码为例，由于 Type 类型的 GetMethod 方法返回的是可空的 MethodInfo 对象（MethodInfo?），所以针对返回的 MethodInfo 对象的 Invoke 方法的调用，Visual Studio 会产生一个警告，提醒方法调用的目标对象可能为 Null。

```
var method = typeof(Console).GetMethod("WriteLine", new Type[] { typeof(object) });
method.Invoke(null, new object[] { new Foobar("foo", "bar") });
```

但是对于上面这种场景，我们知道 MethodInfo 其实是不可能为 Null 的，此时可以采用如下两种方式消除这个警告。一种是在调用 GetMethod 方法得到的 MethodInfo 对象的后面，添加一个"!"作为后缀，另一种是在调用 Invoke 方法时将此后缀添加到 method 变量后面。这两种方式都是为了表明开发人员明确知道对应的变量不为 Null。本书提供的所有实例将全程开启这个特性，并尽量保证不会有空值警告产生。

```
var method = typeof(Console).GetMethod("WriteLine", new Type[] { typeof(object) })!;
method.Invoke(null, new object[] { new Foobar("foo", "bar") });
```

```
var method = typeof(Console).GetMethod("WriteLine", new Type[] { typeof(object) });
method!.Invoke(null, new object[] { new Foobar("foo", "bar") });
```

执行"dotnet new"命令除了可以创建一个空的控制台程序，还会生成一些初始化代码，下面就是在项目目录下生成的 Program.cs 文件的内容。可以看出整个文件只有两行代码，其中一行还是注释。这唯一的一行代码调用了 Console 类型的静态方法，将字符串"Hello, World!"输出到控制台上。这里体现了 C # 10 "顶级语句（Top-level Statements）"的新特性。

```
// See https://aka.ms/new-console-template for more information
Console.WriteLine("Hello, World!");
```

对于 C#这门面向对象的编程语言来说，所有的代码都属于一个类型，即使是作为入口的

Main 方法也不例外。如果采用 C# 10，则入口程序的代码可以作为顶级语句独立存在，因为在编译程序时会将它们放到一个自动生成的 Program 类型的 Main 方法中。这个特性对于真正的项目开发并不会带来多大的好处，但是对于作者来说是一个福音，由于采用了这个特性，本书缩减了提供的代码片段的篇幅。

通过执行脚手架命令行创建的应用程序虽然简单，但它是一个完整的 .NET 应用。我们可以在无须任何修改的情况下直接编译和运行它。针对 .NET 应用的编译和运行同样可以执行"dotnet.exe"命令完成。如图 1-4 所示，在将项目根目录作为工作目录后，执行"dotnet build"命令对这个控制台应用实施编译。由于默认采用 Debug 编译模式，所以编译生成的程序集会保存在"\bin\Debug\"目录下。同一个应用可以采用多个目标框架，针对不同目标框架编译生成的程序集被放在不同的目录下。由于创建的是 ASP.NET Core=>.NET 6 的应用程序，所以最终生成的程序集被保存在"\bin\Debug\net6.0\"目录下。

图 1-4　执行"dotnet build"命令编译一个控制台程序

如果查看编译的输出目录，则可以发现两个同名（App）的程序集文件，一个是 App.dll，另一个是 App.exe，后者在体积上会大很多。App.exe 是一个可以直接运行的可执行文件，而 App.dll 只是一个单纯的动态链接库，需要借助"dotnet"命令才能执行。

如图 1-5 所示，当执行"dotnet run"命令后，编译后的程序随即被执行，"Hello, World!"字符串被直接输出到控制台上。执行"dotnet run"命令启动程序之前其实无须显式执行"dotnet build"命令对源代码实施编译，因为该命令会自动触发编译操作。在执行"dotnet"命令启动应用程序集时，也可以直接指定启动程序集的路径（dotnet bin\Debug\net6.0\App.dll）。实际上"dotnet run"命令主要用在开发测试中，dotnet {AppName}.dll 的方式才是部署环境（如 Docker 容器）中采用的启动方式。（S101）[①]

图 1-5　执行"dotnet"命令启动一个控制台程序

---

① 解释见附录 A

1.2 ASP.NET=>ASP.NET Core 应用

在前文中，我们利用"dotnet new"命令创建了一个简单的控制台程序，接下来将其改造成一个 ASP.NET=>ASP.NET Core 应用。我们在前面已经说过，不同的应用类型会采用不同的 SDK，所以直接修改 App.csproj 文件将 SDK 设置为"Microsoft.NET.Sdk.Web"。由于不需要利用生成的 .exe 文件来启动 ASP.NET 应用，所以应该将 XML 元素 <OutputType>Exe</OutputType>从<PropertyGroup>节点中删除。

```xml
<Project Sdk="Microsoft.NET.Sdk.Web">
  <PropertyGroup>
    <TargetFramework>net6.0</TargetFramework>
    <ImplicitUsings>enable</ImplicitUsings>
    <Nullable>enable</Nullable>
  </PropertyGroup>
</Project>
```

如果此时使用 Visual Studio 直接打开项目文件 App.csproj，则会发现项目根目录下自动生成一个名为"Properties"的子目录，launchSettings.json 配置文件自动生成并且被保存在此目录下，如图 1-6 所示。

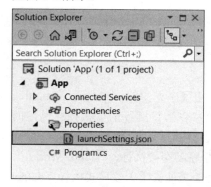

图 1-6 launchSettings.json 配置文件

1.2.1 launchSettings.json

顾名思义，launchSettings.json 是一个在应用启动时自动加载的配置文件，该配置文件可以采用不同的设置启动应用程序。下面使用 Visual Studio 自动创建 launchSettings.json 文件的全部内容。我们可以看出该配置文件默认添加了 iisSettings 和 profiles 两个节点，iisSettings 节点提供 IIS 相关的配置，profiles 节点定义了一系列针对不同场景的 Profile。

```json
{
  "iisSettings": {
    "windowsAuthentication": false,
    "anonymousAuthentication": true,
    "iisExpress": {
      "applicationUrl": "http://localhost:49301/",
      "sslPort": 44334
```

```
    }
  },
  "profiles": {
    "IIS Express": {
      "commandName": "IISExpress",
      "launchBrowser": true,
      "environmentVariables": {
        "ASPNETCORE_ENVIRONMENT": "Development"
      }
    },
    "App": {
      "commandName": "Project",
      "launchBrowser": true,
      "environmentVariables": {
        "ASPNETCORE_ENVIRONMENT": "Development"
      },
      "applicationUrl": "https://localhost:5001;http://localhost:5000"
    }
  }
}
```

　　初始的 launchSettings.json 配置文件会默认创建两个 Profile，一个被命名为"IIS Express"，另一个则使用应用名称命名（App）。每个 Profile 相当于定义了应用启动时采用的设置，包括应用启动的方式、环境变量和 URL 等，具体设置如下。

- commandName：启动当前应用程序的命令类型，有效的选项包括 IIS、IISExpress、Executable 和 Project，前 3 个选项分别表示采用 IIS、IISExpress 和指定的可执行文件（.exe）来启动应用程序。如果使用"dotnet run"命令启动应用程序，则需要将对应 Profile 的 commandName 属性设置为 Project。
- executablePath：如果 commandName 属性的值被设置为 Executable，则需要利用 executablePath 属性设置启动可执行文件的路径（绝对路径或相对路径）。
- environmentVariables：该属性用来设置环境变量。由于 launchSettings.json 配置文件只在开发环境中使用，所以默认会添加一个名为"ASPNETCORE_ENVIRONMENT"的环境变量，并将它的值设置为"Development"，ASP.NET Core 应用就是利用这样一个环境变量来表示当前部署环境的。
- commandLineArgs：命令行参数，即传入 Main 方法的参数列表。如果采用"顶级语句"特性，则对应 args 变量。
- workingDirectory：启动当前应用运行的工作目录。
- applicationUrl：应用程序采用的 URL 列表，多个 URL 之间使用分号（;）分隔。
- launchBrowser：一个布尔类型的开关，表示应用程序启动时是否自动启动浏览器。
- launchUrl：如果 launchBrowser 属性的值被设置为 True，则浏览器采用的初始化路径通过 launchUrl 属性进行设置。
- nativeDebugging：是否启动本地代码调试（Native Code Debugging），默认值为 False。

- externalUrlConfiguration：如果该属性的值被设置为 True，就意味着禁用本地的配置，默认值为 False。
- use64Bit：如果 commandName 属性的值被设置为 IIS Express，则 use64Bit 属性决定采用 x64 版本还是 x86 版本，默认值为 False，这样 ASP.NET Core 应用默认采用 x86 版本的 IIS Express。

launchSettings.json 配置文件中的所有设置仅仅针对开发环境，在产品（Production）环境下是不需要这个配置文件的，所以应用发布后生成的文件列表中也不包含该配置文件。该配置文件其实不需要手动编辑，当前项目属性对话框（在解决方案对话框中选择"Properties"选项打开当前项目属性对话框）中"Debug"选项卡下的所有设置最终都会体现在该配置文件上，如图 1-7 所示。

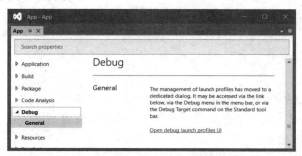

图 1-7　在 Visual Studio 中通过设置调试选项编辑 launchSettings.json 配置文件

　　如果在 launchSettings.json 配置文件中设置了多个 Profile，则它们会以图 1-8 的形式出现在 Visual Studio 的工具栏中。我们可以选择任意一个 Profile 来启动当前程序。如果在 Profile 中通过设置 launchBrowser 属性决定启动浏览器，则可以选择浏览器的类型。

图 1-8　在 Visual Studio 中选择 Profile

　　如果我们针对项目根目录通过执行"dotnet run"命令启动应用程序，则 launchSettings.json 配置文件默认会被加载。我们可以通过命令行参数"--launch-profile"指定采用的 Profile。如果没有对 Profile 做显式指定，则默认选择配置文件中第一个"commandName"为"Project"的 Profile。如果在执行"dotnet run"命令时不希望加载 launchSettings.json 配置文件，则可以显式指定命令行参数"--no-launch-profile"。

　　如果不需要生成这个 launchSettings.json 配置文件，则可以修改项目文件并按照如下方式添加一个名为"NoDefaultLaunchSettingsFile"的属性。对于本书后续章节涉及的演示实例，默认都会通过这种方式来抑制这个启动配置文件的生成，这是为了减少演示实例涉及的文件，更重要的是我们针对演示实例运行效果的描述都是基于默认配置的。

```
<Project Sdk="Microsoft.NET.Sdk.Web">
  <PropertyGroup>
    <TargetFramework>net6.0</TargetFramework>
    <ImplicitUsings>enable</ImplicitUsings>
    <Nullable>enable</Nullable>
    <NoDefaultLaunchSettingsFile>true</NoDefaultLaunchSettingsFile>
  </PropertyGroup>
</Project>
```

1.2.2　Minimal API

ASP.NET Core 应用的承载（Hosting）经历了 3 次较大的变迁，由于最新的承载方式提供的 API 最为简洁且依赖最小，所以我们将它称为"Minimal API"。本书提供的大部分演示实例均使用了 Minimal API。下面就是采用这种编程模式编写的第一个 Hello World 程序。

```
RequestDelegate handler = context => context.Response.WriteAsync("Hello, World!");
WebApplicationBuilder builder = WebApplication.CreateBuilder(args);
WebApplication app = builder.Build();
app.Run(handler: handler);
app.Run();
```

上面的代码涉及 3 个重要的对象，其中，WebApplication 对象表示承载的应用，Minimal API 采用"构建者（Builder）"模式来构建它，此构建者体现为一个 WebApplicationBuilder 对象。在上面代码中，调用 WebApplication 类型的静态工厂方法 CreateBuilder 创建了一个 WebApplicationBuilder 对象，该方法的参数 args 表示命令行参数数组。在调用该对象的 Build 方法将 WebApplication 对象构建出来后，我们调用了它的 Run 扩展方法并使用一个 RequestDelegate 对象作为其参数。虽然 RequestDelegate 是一个简单的委托类型，但是它在 ASP.NET Core 框架体系中地位非凡。下面先来对它做一个简单的介绍。

当一个 ASP.NET Core 应用启动之后，它会使用注册的服务器绑定到指定的端口进行请求监听。当接收抵达的请求之后，一个通过 HttpContext 表示的上下文对象会被创建出来。我们不仅可以从这个上下文对象中提取所有与当前请求相关的信息，还能直接使用该上下文对象完成对请求的响应。关于这一点完全可以从 HttpContext 这个抽象类的两个核心属性 Request 和 Response 看出来。

```
public abstract class HttpContext
{
    public abstract HttpRequest        Request { get }
    public abstract HttpResponse       Response { get }
    ...
}
```

由于 ASP.NET Core 应用针对请求的处理总是在一个 HttpContext 上下文对象中进行的，所以针对请求的处理器可以表示为一个 Func<HttpContext, Task>类型的委托。由于这样的委托会被广泛地使用，所以 ASP.NET Core 直接定义了一个专门的委托类型，就是我们在程序中使用的 RequestDelegate。从下面 RequestDelegate 类型的定义可以看出，它本质上就是一个 Func <HttpContext, Task>委托对象。

```
public delegate Task RequestDelegate(HttpContext context);
```

再次回到演示程序。首先创建了一个 RequestDelegate 委托对象，对应的目标方法会在响应输出流中写入字符串"Hello, World!"。我们将此委托对象作为参数调用 WebApplication 对象的 Run 扩展方法，这个调用可以理解为将这个委托对象作为所有请求的处理器，接收到的所有请求都将通过这个委托对象来处理。演示程序最后调用 WebApplication 对象的另一个无参 Run 扩展方法是为了启动承载的应用。

在 Visual Studio 下，我们可以直接按 F5 键（或 Ctrl + F5 组合键）启动该程序，当然执行 "dotnet run"命令的应用启动方式依然有效，本书提供的演示实例大都会采用这种方式。如图 1-9 所示，我们以命令行方式启动程序后，控制台上出现了 ASP.NET Core 框架输出的日志，日志表明应用程序已经开始在默认的两个终节点（http://localhost:5000 和 https://localhost:5001）监听请求了。我们使用浏览器对这两个终结节发送了两个请求，均得到一致的响应。从响应的内容可以看出应用程序正是利用我们指定的 RequestDelegate 委托对象处理请求的。（S102）

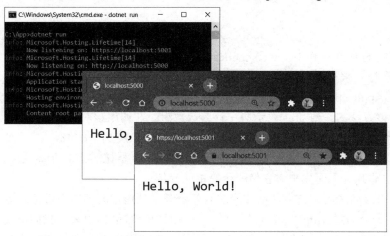

图 1-9　启动应用程序并利用浏览器进行访问

上面演示的应用程序先调用定义在 WebApplication 类型的静态工厂方法 CreateBuilder 创建一个 WebApplicationBuilder 对象，再利用后者构建一个表示承载应用的 WebApplication 对象。WebApplicationBuilder 对象提供了很多用来对构建 WebApplication 对象进行设置的 API，但是演示的应用程序并未使用到它们，此时我们可以直接调用静态工厂方法 Create 将 WebApplication 对象创建出来。在下面的改写应用程序中，我们直接将请求处理器定义为一个本地静态方法 HandleAsync。（S103）

```
var app = WebApplication.Create(args);
app.Run(handler: HandleAsync);
app.Run();
```

```
static Task HandleAsync(HttpContext httpContext)
    => httpContext.Response.WriteAsync("Hello, World!");
```

1.2.3 中间件

承载的 ASP.NET Core 应用最终体现为由注册中间件构建的请求处理管道。在服务器接收到请求并成功构建出 HttpContext 上下文对象之后，会将请求交给这个管道进行处理。在管道完成了处理任务之后，控制权再次回到服务器的手中，它会将处理的结果转换为响应发送出去。从应用编程的角度来看，这个管道体现为上述的 RequestDelegate 委托对象，组成它的单个中间件则体现为另一个类型为 Func<RequestDelegate,RequestDelegate>的委托对象，该委托对象的输入和输出都是一个 RequestDelegate 对象，前者表示由后续中间件构建的管道，后者表示将当前中间件纳入此管道后生成的新管道。可能读者目前对此还不能完全地理解，不过没有关系，"第15 章 应用承载（上）""第 16 章 应用承载（中）""第 17 章 应用承载（下）"会全面而深入地阐述这个话题。

在上面的演示实例中，将一个 RequestDelegate 委托对象作为参数调用了 WebApplication 对象的 Run 扩展方法，当时说这是为应用程序设置一个请求处理器。其实这种说法不够准确，该扩展方法只是注册了一个中间件。说得更加具体一点，这个扩展方法用于注册处于管道末端的中间件。为了让读者体验到中间件和管道对请求的处理，可以对上面的演示实例进行如下修改。（S104）

```
var app = WebApplication.Create(args);
IApplicationBuilder appBuilder = app;
appBuilder
    .Use(middleware: HelloMiddleware)
    .Use(middleware: WorldMiddleware);
app.Run();

static RequestDelegate HelloMiddleware(RequestDelegate next)
    => async httpContext => {
    await httpContext.Response.WriteAsync("Hello, ");
    await next(httpContext);
};

static RequestDelegate WorldMiddleware(RequestDelegate next)
    => httpContext => httpContext.Response.WriteAsync("World!");
```

由于中间件体现为一个 Func<RequestDelegate,RequestDelegate>委托对象，所以利用上面定义的两个与该委托对象类型具有一致声明的本地静态方法 HelloMiddleware 和 WorldMiddleware 来表示对应的中间件。我们将完整的文本"Hello, World!"拆分为"Hello, "和"World!"两段，分别由上述两个终节点写入响应输出流。在创建出表示承载应用的 WebApplication 对象之后，将它转换为 IApplicationBuilder 接口类型，并调用其 Use 方法完成对上述两个中间件的注册（由于 WebApplication 类型显式实现了定义在 IApplicationBuilder 接口中的 Use 方法，所以我们不得不进行类型转换）。利用浏览器采用相同地址请求启动的应用程序，我们依然可以得到如图 1-9 所示的响应内容。

虽然中间件最终总是体现为一个 Func<RequestDelegate，RequestDelegate>委托对象，但是我们在开发过程中可以采用各种不同的形式来定义中间件。比如，可以将中间件定义为如下两种类型的委托对象，这两个委托对象分别使用作为输入参数的 RequestDelegate 和 Func<Task>完成对后续管道的调用。

- Func<HttpContext, RequestDelegate, Task>。
- Func<HttpContext, Func<Task>, Task>。

我们现在来演示如何使用 Func<HttpContext, RequestDelegate, Task>委托对象的形式来定义中间件。在下面的代码中，我们将 HelloMiddleware 方法和 WorldMiddleware 方法替换为与 Func<HttpContext, RequestDelegate, Task>委托对象类型具有一致声明的本地静态方法。（S105）

```
var app = WebApplication.Create(args);
app
    .Use(middleware: HelloMiddleware)
    .Use(middleware: WorldMiddleware);
app.Run();

static async Task HelloMiddleware(HttpContext httpContext, RequestDelegate next)
{
    await httpContext.Response.WriteAsync("Hello, ");
    await next(httpContext);
};

static Task WorldMiddleware(HttpContext httpContext, RequestDelegate next)
    => httpContext.Response.WriteAsync("World!");
```

下面的程序以类似的方式将这两个中间件替换为与 Func<HttpContext, Func<Task>, Task>委托对象类型具有一致声明的本地方法。当调用 WebApplication 对象的 Use 方法将这两种"变体"注册为中间件时，该方法内部会将提供的委托对象转换为 Func<RequestDelegate,RequestDelegate>类型。（S106）

```
var app = WebApplication.Create(args);
app
    .Use(middleware: HelloMiddleware)
    .Use(middleware: WorldMiddleware);
app.Run();

static async Task HelloMiddleware(HttpContext httpContext, Func<Task> next)
{
    await httpContext.Response.WriteAsync("Hello, ");
    await next();
};

static Task WorldMiddleware(HttpContext httpContext, Func<Task> next)
    => httpContext.Response.WriteAsync("World!");
```

　　当我们试图利用一个自定义中间件来完成某种请求处理功能时，其实很少会将中间件定义为上述这 3 种委托形式，基本上都会将其定义为一个具体的类型。中间件类型有多种定义方式，其中一种是直接实现 IMiddleware 接口。本书将其称为"强类型"的中间件定义方式。现在就采用这样的方式定义一个简单的中间件类型。

　　无论是定义中间件类型，还是定义其他的服务类型，如果它们具有对其他服务的依赖，则应该采用依赖注入（Dependency Injection）的方式将它们整合在一起。整个 ASP.NET Core 框架就建立在依赖注入框架之上，依赖注入已经成为 ASP.NET Core 最基本的编程方式，针对依赖注入的系统介绍被放在"第 2 章 依赖注入（上）"和"第 3 章 依赖注入（下）"。我们接下来会演示依赖注入在自定义中间件类型中的应用。

　　在前面演示的实例中，我们利用中间件写入以"硬编码"方式指定的问候语"Hello, World!"，现在选择 IGreeter 接口表示的服务根据指定的时间来提供对应的问候语，Greeter 类型是该接口的默认实现。这里需要提前说明一下，本书提供的所有的演示实例都以"App"命名，独立定义的类型默认会定义在约定的"App"命名空间下。为了节省篇幅，接下来类型定义代码将不再提供所在的命名空间，当启动应用程序出现针对"App"命名空间的导入时希望读者不要感到奇怪。

```
namespace App
{
    public interface IGreeter
    {
        string Greet(DateTimeOffset time);
    }

    public class Greeter : IGreeter
    {
        public string Greet(DateTimeOffset time) => time.Hour switch
        {
            var h when h >= 5 && h < 12      => "Good morning!",
            var h when h >= 12 && h < 17     => "Good afternoon!",
            _                                => "Good evening!"
        };
    }
}
```

　　我们定义了一个名为 GreetingMiddleware 的中间件类型。在下面代码中，该类型实现了 IMiddleware 接口，请求的处理实现在 InvokeAsync 方法中。我们在 GreetingMiddleware 类型的构造函数中注入了 IGreeter 对象，并利用它在实现的 InvokeAsync 方法中根据当前时间来提供对应的问候语，后者将作为请求的响应内容。

```
public class GreetingMiddleware : IMiddleware
{
    private readonly IGreeter _greeter;
    public GreetingMiddleware(IGreeter greeter)
        => _greeter = greeter;
```

```
    public Task InvokeAsync(HttpContext context, RequestDelegate next)
        => context.Response.WriteAsync(_greeter.Greet(DateTimeOffset.Now));
}
```

GreetingMiddleware 中间件的应用体现在如下代码中。我们通过调用了 WebApplication 对象的 UseMiddleware<GreetingMiddleware>扩展方法注册了这个中间件。由于强类型中间件实例是由依赖注入容器实时提供的，所以必须预先将它注册为服务。注册最终会添加到 WebApplicationBuilder 的 Services 属性返回的 IServiceCollection 对象上，我们在得到这个对象后通过调用它的 AddSingleton< GreetingMiddleware >方法将该中间件注册为"单例服务"。由于中间件依赖 IGreeter 服务，所以通过调用 AddSingleton<IGreeter, Greeter>扩展方法对该服务进行了注册。

```
using App;
var builder = WebApplication.CreateBuilder(args);
builder.Services
    .AddSingleton<IGreeter, Greeter>()
    .AddSingleton<GreetingMiddleware>();
var app = builder.Build();
app.UseMiddleware<GreetingMiddleware>();
app.Run();
```

启动该应用程序之后，针对它的请求会得到根据当前时间生成的问候语。如图 1-10 所示，由于目前的时间为晚上 7 点，所以浏览器上显示"Good evening!"。（S107）

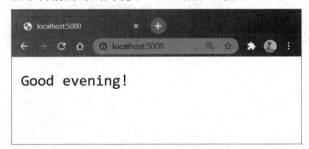

图 1-10　自定义中间件返回的问候语

中间件类型其实并不一定非得实现某个接口，或者继承某个基类，按照既定的约定进行定义即可。按照 ASP.NET Core 的约定，中间件类型需要定义成一个公共实例类型（静态类型无效），其构造函数中可以注入任意的依赖服务，但必须包含一个 RequestDelegate 类型的参数，该参数表示由后续中间件构建的管道，当前中间件利用它将请求分发给后续管道进行进一步处理。请求的处理实现在 InvokeAsync 方法或 Invoke 方法中，这些方法的返回类型都为 Task，第一个参数被绑定为当前的 HttpContext 上下文对象，所以 GreetingMiddleware 中间件类型可以改写成如下形式。

```
public class GreetingMiddleware
{
    private readonly IGreeter _greeter;
    public GreetingMiddleware(RequestDelegate next, IGreeter greeter)
        => _greeter = greeter;
```

```
    public Task InvokeAsync(HttpContext context)
        => context.Response.WriteAsync(_greeter.Greet(DateTimeOffset.Now));
}
```

强类型的中间件实例是在对请求进行处理时由依赖注入容器实时提供的，按照约定定义的中间件实例则不同，在注册中间件时就已经利用依赖注入容器将它创建，所以前者可以采用不同的生命周期模式，后者总是一个单例对象。也正是因为这个原因，我们不需要将中间件注册为服务。（S108）

```
using App;
var builder = WebApplication.CreateBuilder(args);
builder.Services.AddSingleton<IGreeter, Greeter>();
var app = builder.Build();
app.UseMiddleware<GreetingMiddleware>();
app.Run();
```

对于按照约定定义的中间件类型，依赖服务不一定非要注入构造函数中，我们可以选择直接注入 InvokeAsync 方法或 Invoke 方法中，所以上面这个 GreetingMiddleware 中间件也可以定义成如下形式。对于按照约定定义的中间件类型，构造函数注入和方法注入并不是等效的，两者之间的差异会在"第 17 章 应用承载（下）"中进行介绍。（S109）

```
public class GreetingMiddleware
{
    public GreetingMiddleware(RequestDelegate next){}
    public Task InvokeAsync(HttpContext context, IGreeter greeter)
        => context.Response.WriteAsync(greeter.Greet(DateTimeOffset.Now));
}
```

1.2.4　配置选项

在开发 ASP.NET Core 应用过程中，我们会广泛使用到配置（Configuration）。ASP.NET Core 采用了一个非常灵活的配置框架。我们可以将存储在任何载体的数据作为配置源，还可以将结构化的配置转换成对应的选项（Options）类型，以强类型的方式来使用它们。针对配置选项的系统介绍被放在"第 5 章 配置选项（上）"和"第 6 章 配置选项（下）"中，我们先在这里"预热"一下。

在前面演示的实例中，Greeter 类型针对指定时间提供的问候语依然是以"硬编码"的方式提供的，现在将它们放到配置文件以方便进行调整。为此我们在项目根目录下添加一个名为"appsettings.json"的配置文件，并将 3 条问候语以如下形式定义在 JSON 文件中。

```
{
  "greeting": {
    "morning": "Good morning!",
    "afternoon": "Good afternoon!",
    "evening": "Good evening!"
  }
}
```

ASP.NET Core 应用中的配置通过 IConfiguration 对象表示。我们可以采用依赖注入的形式"自由"地使用它。对于演示的程序来说，我们首先按照如下方式将 IConfiguration 对象注入

Greeter 类型的构造函数中，然后调用其 GetSection 方法得到定义了上述问候语的配置节
（greeting）。在实现的 Greet 方法中，以索引的方式利用指定的 Key（morning、afternoon 和
evening）提取对应的问候语。由于程序启动时会自动加载这个按照约定命名的 "appsettings.json"
配置文件，所以程序的其他地方不要进行任何修改。（S110）

```
public class Greeter : IGreeter
{
    private readonly IConfiguration _configuration;
    public Greeter(IConfiguration configuration)
        => _configuration = configuration.GetSection("greeting");

    public string Greet(DateTimeOffset time) => time.Hour switch
    {
        var h when h >= 5 && h < 12  => _configuration["morning"],
        var h when h >= 12 && h < 17 => _configuration["afternoon"],
        _                            => _configuration["evening"],
    };
}
```

正如前面所说，将结构化的配置转换成对应类型的 Options 对象，以强类型的方式来使用它
们是更加推荐的编程模式。为此我们为 3 条问候语定义了如下 GreetingOptions 配置选项类型。

```
public class GreetingOptions
{
    public string Morning { get; set; }     = default!;
    public string Afternoon { get; set; }   = default!;
    public string Evening { get; set; }     = default!;
}
```

虽然 Options 对象不能直接以依赖服务的形式进行注入，但却可以由注入的 IOptions
<TOptions>对象来提供。如下面的代码片段所示，我们在 Greeter 类型的构造函数中注入
IOptions<GreetingOptions>对象，并利用其 Value 属性中得到需要的 GreetingOptions 对象。在得
到这个对象之后，实现的 Greet 方法中只需要从对应的属性中获取相应的问候语即可。

```
public class Greeter : IGreeter
{
    private readonly GreetingOptions _options;
    public Greeter(IOptions<GreetingOptions> optionsAccessor)
        => _options = optionsAccessor.Value;

    public string Greet(DateTimeOffset time) => time.Hour switch
    {
        var h when h >= 5 && h < 12  => _options.Morning,
        var h when h >= 12 && h < 17 => _options.Afternoon,
        _                            => _options.Evening
    };
}
```

由于 IOptions<GreetingOptions>对象提供的配置选项不能无中生有（实际上存在于配置
中），所以我们需要将对应的配置节（greeting）绑定到 GreetingOptions 对象上。这项工作其实

也属于服务注册的范畴，具体可以按照如下形式调用 IServiceCollection 对象的 Configure<TOptions>扩展方法来完成。如下面的代码片段所示，表示应用整体配置的 IConfiguration 对象来源于 WebApplicationBuilder 的 Configuration 属性。（S111）

```
using App;
var builder = WebApplication.CreateBuilder(args);
builder.Services
    .AddSingleton<IGreeter, Greeter>()
    .Configure<GreetingOptions>(builder.Configuration.GetSection("greeting"));
var app = builder.Build();
app.UseMiddleware<GreetingMiddleware>();
app.Run();
```

1.2.5　诊断日志

诊断日志对于纠错排错必不可少。ASP.NET Core 采用的诊断日志框架强大、易用且灵活，"第 7 章 诊断日志（上）" "第 8 章 诊断日志（中）" "第 9 章 诊断日志（下）" 会对这个主题进行系统而深入的介绍。现在我们试着为演示程序添加诊断日志的功能。

在演示程序中，Greeter 类型会根据指定的时间返回对应的问候语，现在将时间和对应的问候语以日志的方式记录下来并看一看两者是否匹配。在前文中曾提过，依赖注入是 ASP.NET Core 应用最基本的编程模式。我们将涉及的功能（无论是与业务相关的还是与业务无关的）进行拆分，最终以具有不同粒度的服务将整个程序化整为零，服务之间的依赖关系直接以注入的方式来解决。前文演示了配置选项的注入，而用来记录日志的 ILogger 对象依然采用注入的方式获得。

如下面的代码片段所示，我们在 Greeter 类型的构造函数中注入了 ILogger<Greeter>对象。在实现的 Greet 方法中，我们调用该对象的 LogInformation 扩展方法记录了一条 Information 等级的日志，日志内容体现了时间与问候语文本之间的映射关系。

```
public class Greeter : IGreeter
{
    private readonly GreetingOptions _options;
    private readonly ILogger        _logger;

    public Greeter(IOptions<GreetingOptions> optionsAccessor, ILogger<Greeter> logger)
    {
        _options    = optionsAccessor.Value;
        _logger     = logger;
    }

    public string Greet(DateTimeOffset time)
    {
        var message = time.Hour switch
        {
            var h when h >= 5 && h < 12     => _options.Morning,
            var h when h >= 12 && h < 17    => _options.Afternoon,
            _                               => _options.Evening
        };
```

```
        _logger.LogInformation(message:"{time} => {message}",time, message);
        return message;
    }
}
```

　　由于采用 Minimal API 编写的 ASP.NET Core 应用程序会默认将诊断日志整合进来，所以整个演示程序的其他地方都不要修改。当修改后的应用程序启动之后，每一个请求都会通过日志留下"痕迹"。由于控制台是默认开启的日志输出渠道之一，所以日志内容直接会输出到控制台上。图 1-11 所示为以命令行形式启动应用程序，控制台上显示的都是以日志形式输出的内容。在众多系统日志中，我们发现有一条是由 Greeter 对象输出的。（S112）

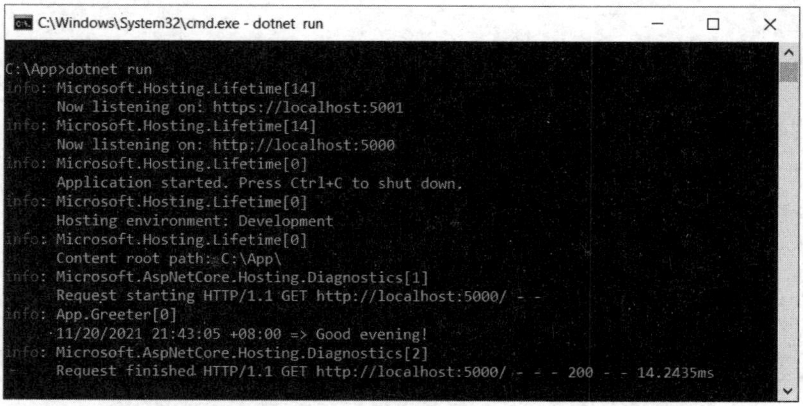

图 1-11　输出到控制台上的日志

1.2.6　路由

　　ASP.NET Core 的路由是由 EndpointRoutingMiddleware 和 EndpointMiddleware 两个中间件实现的，在所有预定义的中间件类中，它们是比较重要的两个中间件，因为不仅是 MVC 和 gRPC 框架建立在路由系统之上，后面介绍的 Dapr.NET 的发布订阅和 Actor 编程模式也是如此。我们会在"第 20 章 路由"中系统地介绍由这两个中间件构建的路由系统。现在我们放弃前面演示实例中注册的中间件，改用路由的方式来实现类似的功能。

　　如下面的代码片段所示，我们在利用 WebApplicationBuilder 将表示承载应用的 WebApplication 对象构建出来之后，并没有注册任何中间件，而是调用它的 MapGet 扩展方法注册了一个指向路径"/greet"的路由终节点（Endpoint）。该终节点的处理器是一个指向 Greet 方法的委托对象，这就意味着请求路径为"/greet"的 GET 请求会路由到这个终节点，并最终调用 Greet 方法进行处理。

```
using App;
var builder = WebApplication.CreateBuilder(args);
builder.Services
    .AddSingleton<IGreeter, Greeter>()
    .Configure<GreetingOptions>(builder.Configuration.GetSection("greeting"));
var app = builder.Build();
```

```
app.MapGet("/greet", Greet);
app.Run();

static string Greet(IGreeter greeter) => greeter.Greet(DateTimeOffset.Now);
```

　　ASP.NET Core 的路由系统的强大之处在于，我们可以使用任何类型的委托对象作为注册终节点的处理器，路由系统在调用处理器方法之前会"智能地"提取相应的数据初始化每一个参数。当方法执行之后，它还会针对具体返回的对象来对请求实施响应。对于提供的 Greet 方法来说，路由系统在调用它之前会利用依赖注入容器提供作为参数的 IGreeter 对象。由于返回的是一个字符串，所以文本经过编码后会直接作为响应的主体内容，响应的内容类型（Content-Type）最终会被设置为"text/plain"。启动程序之后，如果利用浏览器请求"/greet"路径，则针对当前时间解析出来的问候语会以图 1-12 的形式呈现出来。（S113）

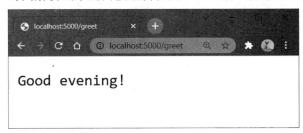

图 1-12　采用路由返回的问候语

1.3　MVC

　　ASP.NET Core 可以视为一种底层框架，它为我们构建了基于管道的请求处理模型。我们可以进一步在它上面构建某种编程模型的 Web 框架。例如，用于开发 API 和 Web 页面的 MVC 框架，采用 Protocol Buffers 消息编码方式和 HTTP2 传输协议的 gRPC 框架，旨在进行实时交互的 SignalR 框架，采用 Actor 模型的 Orleans 框架等。我们现在就来演示一下如何编写一个极简的 MVC 应用。

1.3.1　定义 Controller

　　我们直接将上面演示的程序改写成 MVC 应用。MVC 应用以 Controller 为核心，所有的请求总是指向定义在某个 Controller 类型中的某个 Action 方法。当应用接收到请求之后，会激活对应的 Controller 对象，并通过执行对应的 Action 方法处理该请求。按照约定，合法的 Controller 类型必须是以"Controller"作为后缀命名的公共实例类型。我们一般会让定义的 Controller 类型派生自 Controller 基类以"借用"一些有用的 API，但这不是必需的。例如，下面定义的 GreetingController 就没有指定基类。

```
public class GreetingController
{
    [HttpGet("/greet")]
    public string Greet([FromServices] IGreeter greeter)
```

```
    => greeter.Greet(DateTimeOffset.Now);
}
```

由于 MVC 框架是建立在路由系统之上的，所以定义在 Controller 类型中的 Action 方法最终会转换成一个或者多个注册到指定路径模板的终节点。对于定义在 GreetingController 类型中的 Action 方法 Greet 方法来说，通过标注的 HttpGetAttrbute 特性不仅为对应的路由终节点定义了 HTTP 方法的约束（该终节点仅限于处理 GET 请求），还同时指定了绑定的请求路径（"/greet"）。

依赖的服务可以直接注入 Controller 类型中。具体来说，它支持两种注入形式，一种是注入构造函数中，另一种是直接注入 Action 方法中。对于方法注入，对应参数上必须标注一个 FromServiceAttribute 特性。IGreeter 对象就是采用这种方式注入 Greet 方法中的。与路由系统针对返回对象的处理方式一样，MVC 框架针对 Action 方法的返回值也会根据其类型进行针对性的处理。使用 Greet 方法返回的字符串会直接作为响应的主体内容，响应的内容类型（Content-Type）会被设置为 "text/plain"。

在完成了 GreetingController 类型的定义之后，我们需要对入口程序进行相应的修改。如下面的代码片段所示，在完成了 IGreeter 服务的注册和 GreetingOptions 配置选项的设置之后，调用同一个 IServiceCollection 对象的 AddControllers 扩展方法注册了与 Controller 相关服务的注册。在 WebApplication 对象被构建出来之后，调用了它的 MapControllers 扩展方法将定义在所有 Controller 类型中的 Action 方法映射为对应的终节点。程序启动之后，如果我们利用浏览器请求 "/greet" 这个路径，则依然会得到相应的输出结果，如图 1-12 所示。（S114）

```
using App;
var builder = WebApplication.CreateBuilder(args);
builder.Services
    .AddSingleton<IGreeter, Greeter>()
    .Configure<GreetingOptions>(builder.Configuration.GetSection("greeting"))
    .AddControllers();
var app = builder.Build();
app.MapControllers();
app.Run();
```

1.3.2 引入视图

上面改造的 MVC 程序并没有涉及视图，请求的响应内容是由 Action 方法直接提供的，现在利用视图来呈现最终响应的内容。由于上面的实例调用 IServiceCollection 接口的 AddControllers 扩展方法只会注册 Controller 相关的服务，所以将其换成 AddControllersWithViews 扩展方法。顾名思义，新的扩展方法会将视图相关的服务添加进来。

```
using App;
var builder = WebApplication.CreateBuilder(args);
builder.Services
    .AddSingleton<IGreeter, Greeter>()
    .Configure<GreetingOptions>(builder.Configuration.GetSection("greeting"))
    .AddControllersWithViews();
var app = builder.Build();
app.MapControllers();
```

```
app.Run();
```

我们对 GreetinigController 进行了改造。如下面的代码片段所示，让它继承 Controller 这个基类。将 Action 方法 Greet 的返回类型修改为 IActionResult 接口，具体返回的是通过 View 方法创建的表示默认视图（针对当前 Action 方法）的 ViewResult 对象。在返回 Action 方法之前，它还利用对 ViewBag 的设置将当前时间传递到呈现的视图中。

```
public class GreetingController : Controller
{
    [HttpGet("/greet")]
    public IActionResult Greet()
    {
        ViewBag.Time = DateTimeOffset.Now;
        return View();
    }
}
```

ASP.NET Core MVC 采用 Razor 视图引擎，视图被定义成一个后缀名为.cshtml 的文件，这是一个按照 Razor 语法编写的静态 HTML 和动态 C#代码动态交织的文本文件。由于上面为了呈现视图调用的 View 方法没有指定任何参数，所以视图引擎会根据当前 Controller 的名称（Greeting）和 Action 的名称（Greet）去定位定义目标视图的.cshtml 文件。为了迎合默认的视图定位规则，我们需要采用 Action 的名称来命名创建的视图文件（Greet.cshtml），并将其添加到"Views/Greeting"目录下。

```
@using App
@inject IGreeter Greeter;
<html>
    <head>
        <title>Greeting</title>
    </head>
    <body>
        <p>@Greeter.Greet((DateTimeOffset)ViewBag.Time)</p>
    </body>
</html>
```

上面的代码片段就是添加的视图文件（Views/Greeting/Greet.cshtml）的内容。总体来说，这是一个 HTML 文档，除了在主体部分呈现的问候语文本（前置的@字符定义动态执行的 C#表达式）是根据指定时间动态解析出来的，其他内容均为静态的 HTML。借助@inject 指令将依赖的 IGreeter 对象以属性的形式注入，并且将属性名称设置为 Greeter，所以可以在视图中直接调用它的 Greet 方法得到呈现的问候语。调用 Greet 方法指定的时间是 GreetingController 利用 ViewBag 传递过来的，所以可以直接利用它将其提取出来。程序启动之后，利用浏览器请求"/greet"这个路径，虽然浏览器也会呈现出相同的文本（见图 1-13），但是响应的内容是完全不同的。之前响应的仅仅是内容类型为"text/plain"的单纯文本，现在响应的则是一份完整的 HTML 文档，内容类型为"text/html"。（S115）

图 1-13　以视图形式返回的问候

1.4　gRPC

gRPC 最开始由 Google（gRPC 的"g"）开发，目前已经成为一款高性能、开源、语言中立的远程调用（RPC）框架。近年来，gRPC 越来越受到业界的欢迎，俨然成为可以代替传统的 Web API 的新势力。gRPC 之所以受到如此热捧，是因为其"高性能"，它采用的 Proto Buffers 数据序列化协议和 HTTP2 传输方式是成就其高性能的主要因素。目前，很多主流的编程语言都提供了 gRPC 支持，而面向 .NET 的 gRPC 框架就建立在 ASP.NET Core 框架上面。下面介绍一下 .NET 针对 gRPC 的编程体验。（S116）

1.4.1　定义服务

虽然 Visual Studio 提供了创建 gRPC 的项目模板，该模板提供的脚手架会自动创建一系列的初始文件，也会对项目做一些初始设置，但这反而是作者不想要的，至少不希望在这里使用这个模板。和前面一样，我们希望演示的实例只包含最本质和必要的元素，所以选择在一个空的解决方案上构建 gRPC 应用。

如图 1-14 所示，我们在一个空的解决方案上添加了 3 个项目。Proto 是一个空的类库项目，我们将会使用它来存放标准的 Proto Buffers 消息和 gRPC 服务的定义；Server 是一个空的 ASP.NET Core 应用，gRPC 服务的实现类型就放在这里，它也是承载 gRPC 服务的应用。Client 是一个控制台程序，用来模拟调用 gRPC 服务的客户端。

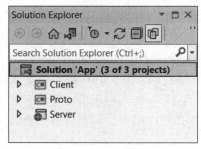

图 1-14　gRPC 解决方案

gRPC 是语言中立的远程调用框架，gRPC 服务契约使用的数据类型都采用标准的定义方式。

具体来说，gRPC 传输的数据采用 Proto Buffers 协议进行序列化，Proto Buffers 采用高效紧凑的二进制编码。我们将用于定义数据类型和服务的 Proto Buffers 文件定义在 Proto 项目中，在这之前需要为这个空的类库项目添加"Grpc.AspNetCore"这个 NuGet 包的引用。

不再使用简单的"Hello World"，现在演示的 gPRC 服务指定另一种稍微"复杂"一点的应用场景——用它来完成简单的加、减、乘、除运算。在 Proto 项目中添加一个名为 Calculator.proto 的文本文件，并在其中以如下形式将 Calculator 这个 gRPC 服务进行定义。如下面的代码片段所示，这个服务包含 4 个操作，它们的输入和输出都被定义成 Proto Buffers 消息。作为输入的 InputMessage 消息包含两个整型的数据成员（表示运算的两个操作数）。返回的 OutputMessage 消息除了通过 result 表示计算结果，还具有 status 和 error 两个成员，前者表示计算状态（成功还是失败），后者提供计算失败时的错误消息。

```proto
syntax = "proto3";
option csharp_namespace = "App";

service Calculator {
  rpc Add (InputMessage) returns (OutputMessage);
  rpc Substract (InputMessage) returns (OutputMessage);
  rpc Multiply (InputMessage) returns (OutputMessage);
  rpc Divide (InputMessage) returns (OutputMessage);
}

message InputMessage {
  int32       x                = 1;
  int32       y                = 2;
}

message OutputMessage {
  int32       status           = 1;
  int32       result           = 2;
  string      error            = 3;
}
```

从上面的定义可以看出，gRPC 的"操作"和 C# 的"方法"不同，它只有输入和输出的概念，没有参数和返回值的概念。或者说它只有唯一的参数和返回值，并且都体现为一个 Proto Buffers 消息。如果读者了解 WCF，就会发现上面的定义和 WCF 的服务契约本质上是一致的。WCF 的服务契约以 XML 的形式定义了每个操作的请求和回复消息的结构，上面的 Calculator 也属于针对服务契约的定义，服务的 4 个操作的输入和输出消息的结构通过对应的 Proto Buffers 消息确定。Proto Buffers 消息的每个数据成员会被赋予一个唯一的"序号"，这个序号将会代替对应的成员名称写入序列化后的二进制内容中。Proto Buffers 消息被序列化之后，生成的二进制文件的体积会很小，这和序列化时采用序号代替成员名称有很大的关系。

创建的 Calculator.proto 文件无法直接被使用，我们需要利用内置的代码生成器将它转换成.cs 代码。具体操作很简单，我们只需要在 Visual Studio 的解决方案窗口中选择这个文件，打开 Calculator.proto 文件属性对话框，如图 1-15 所示。在 Build Action 下拉列表中选择"Protobuf compiler"选项，同时在 gRPC Stub Classes 下拉列表中选择"Client and Server"选项。

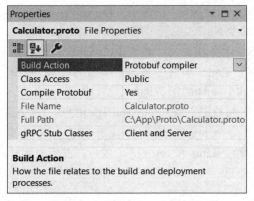

图 1-15　Calculator.proto 文件属性对话框

　　完成设置之后，无论何时对 Calculator.proto 文件所做的改变都将触发代码的自动生成，具体生成的 .cs 文件会自动保存在 obj 目录下。由于在 gRPC Stub Classes 下拉列表中选择了"Client and Server"选项，所以它不仅会生成服务端用来定义服务实现类型的 Stub 类，还会生成客户端用来调用服务的 Stub 类。上面以可视化形式进行的设置最终会体现在项目文件（Proto.csproj）上，所以直接修改此文件也可以达到相同的目的，如下面的代码就是这个文件的完整内容。

```
<Project Sdk="Microsoft.NET.Sdk">
  <PropertyGroup>
    <TargetFramework>net6.0</TargetFramework>
    <ImplicitUsings>enable</ImplicitUsings>
    <Nullable>enable</Nullable>
  </PropertyGroup>
  <ItemGroup>
    <None Remove="Calculator.proto" />
  </ItemGroup>
  <ItemGroup>
    <PackageReference Include="Grpc.AspNetCore" Version="2.40.0" />
  </ItemGroup>
  <ItemGroup>
    <Protobuf Include="Calculator.proto" />
  </ItemGroup>
</Project>
```

1.4.2　实现和承载

　　Proto 项目中的 Calculator.proto 文件仅仅是按照标准的形式定义的"服务契约"。我们需要在 Server 项目中定义具体的实现类型。在添加了 Proto 项目的引用之后，定义如下名为 CalculatorService 的 gRPC 服务实现类型。让 CalculatorService 类型继承自一个内嵌于 Calculator 中的 CalculatorBase 类型，这个 Calculator 就是根据 Calculator.proto 生成的一个类型。

```
public class CalculatorService : Calculator.CalculatorBase
{
    private readonly ILogger _logger;
    public CalculatorService(ILogger<CalculatorService> logger) => _logger = logger;

    public override Task<OutputMessage> Add(InputMessage request,
        ServerCallContext context)
        => InvokeAsync((op1, op2) => op1 + op2, request);
    public override Task<OutputMessage> Substract(InputMessage request,
        ServerCallContext context)
        => InvokeAsync((op1, op2) => op1 - op2, request);
    public override Task<OutputMessage> Multiply(InputMessage request,
        ServerCallContext context)
        => InvokeAsync((op1, op2) => op1 * op2, request);
    public override Task<OutputMessage> Divide(InputMessage request,
        ServerCallContext context)
        => InvokeAsync((op1, op2) => op1 / op2, request);

    private Task<OutputMessage> InvokeAsync(Func<int, int, int> calculate,
        InputMessage input)
    {
        OutputMessage output;
        try
        {
            output = new OutputMessage { Status = 0,
                Result = calculate(input.X, input.Y) };
        }
        catch (Exception ex)
        {
            _logger.LogError(ex, "Calculation error.");
            output = new OutputMessage { Status = 1, Error = ex.ToString() };
        }
        return Task.FromResult(output);
    }
}
```

　　MVC 应用定义的 Controller 类型的构造函数中可以注入依赖服务，gRPC 服务实现类型也是如此，CalculatorService 的构造函数中注入的 ILogger<CalculatorService>对象就体现了这一点。Calculator.proto 文件为 Calcultor 服务定义的 4 个操作会转换成 CalculatorBase 类型中对应的虚方法。我们按照上面的方式重写了它们。

　　在完成了 gRPC 服务实现类型的定义之后，我们需要对承载它的入口程序编写如下代码。由于 gRPC 采用 HTTP2 传输协议，所以在利用 WebApplicationBuilder 的 WebHost 属性得到对应的 IWebHostBuilder 对象之后，调用其 ConfigureKestrel 扩展方法，让默认注册的 Kestrel 服务器监听的终节点默认采用 HTTP2 协议。gRPC 相关的服务通过调用 IServiceCollection 接口的 AddGrpc 扩展方法进行注册。由于 gRPC 也是建立在路由系统之上的，定义在服务中的每个操作最终也会转换成相应的路由终节点，这些终节点的生成和注册是通过调用 WebApplication 对象的 MapGrpcService<TService>扩展方法完成的。

```
using App;
using Microsoft.AspNetCore.Server.Kestrel.Core;
var builder = WebApplication.CreateBuilder(args);
builder.WebHost.ConfigureKestrel(kestrel => kestrel.ConfigureEndpointDefaults(
    endpoint => endpoint.Protocols = HttpProtocols.Http2));
builder.Services.AddGrpc();
var app = builder.Build();
app.MapGrpcService<CalculatorService>();
app.Run();
```

1.4.3　调用服务

Calculator.proto 文件生成的代码包含用来调用对应 gRPC 服务的 Stub 类，所以模拟客户端的 Client 项目也需要添加对 Proto 项目的引用。在此之后，我们可以编写如下程序调用 gRPC 服务完成 4 种基本的数学运算。

```
using App;
using Grpc.Core;
using Grpc.Net.Client;

using var channel = GrpcChannel.ForAddress("http://localhost:5000");
var client = new Calculator.CalculatorClient(channel);
var inputMessage = new InputMessage { X = 1, Y = 0 };

await InvokeAsync(input => client.AddAsync(input), inputMessage, "+");
await InvokeAsync(input => client.SubstractAsync(input), inputMessage, "-");
await InvokeAsync(input => client.MultiplyAsync(input), inputMessage, "*");
await InvokeAsync(input => client.DivideAsync(input), inputMessage, "/");

static async Task InvokeAsync(Func<InputMessage, AsyncUnaryCall<OutputMessage>> invoker,
    InputMessage input, string @operator)
{
    var output = await invoker(input);
    if (output.Status == 0)
    {
        Console.WriteLine($"{input.X}{@operator}{input.Y}={output.Result}");
    }
    else
    {
        Console.WriteLine(output.Error);
    }
}
```

如上面的代码片段所示，通过调用 GrpcChannel 类型的静态方法 ForAddress，针对 gRPC 服务的地址 "http://localhost:5000" 创建了一个 GrpcChannel 对象，该对象表示与服务进行通信的 "信道（Channel）"。我们利用它创建了一个 CalculatorClient 对象，作为调用 gRPC 服务的客户端或代理，CalculatorClient 类型同样是内嵌在生成的 Calculator 类型中的。最终我们利用这个代理完成了 4 种基本运算的服务调用，具体的 gRPC 调用实现在 InvokeAsync 本地方法中。

接下来以命令行的方式先后启动 Server 应用和 Client 应用，客户端和服务端的控制台上的输出结果如图 1-16 所示。由于传入的参数分别为 1 和 0，所以除除法运算外，其他三次调用都会成功返回结果，除法调用则会输出错误信息。由于 CalculatorService 进行了异常处理，并且将异常信息以日志的形式记录下来，所以也将错误信息输出到服务端的控制台上。

图 1-16　gRPC 调用输出

1.5　Dapr

有的读者可能没有接触过 Dapr，但是一定对它"有所耳闻"，本书出版期间有很多人都在谈论它。我们从其命名（Dapr 的全称是"分布式应用运行时，Distributed Application Runtime"）可以看出 Dapr 的定位，它并不是分布式应用的开发框架，它提供的是更底层的"运行时"。我们可以使用不同的编程语言，采用不同的开发框架在这个由 Dapr 提供的"运行时"上面构建分布式应用。下面介绍 Dapr 在 .NET 中的开发体验。

1.5.1　构建开发环境

目前，Dapr 支持 3 种典型的部署或承载（Hosting）方式，第一种是采用 Self-Host 的方式部署到本地开发物理机或虚拟机上，第二种是部署到 Kubernetes 集群中，第三种是以 Serverless 的模式部署到云端（如 Azure）。我们选择最简单的 Self-Host 承载模式。

Dapr 开发环境的构建从安装 Dapr 命令行（Dapr-Cli）开始。Dapr 的官方文档提供了在各种环境下安装 Dapr 命令行的方式。在 Windows 下只需要以管理员身份执行如下"PowerShell"命令即可。

```
powershell -Command
"iwr  -useb  https://raw.githubusercontent.com/dapr/cli/master/install/install.ps1  |
iex"
```

安装过程结束之后，可以执行"dapr"命令检验 Dapr 命令行是否安装成功。如果控制台上出现如图 1-17 所示的输出结果，则表示已经成功安装了 Dapr 命令行。接下来就可以执行"dapr init"命令，在本地完成 Dapr 开发和运行环境的初始化工作，该命令需要以管理员身份运行。在这个过程中可能会因为国内的网络问题出现初始化失败，我们可能需要多试几次才能成功。

图 1-17　输出结果（2）

在不指定任何参数的情况下执行"dapr init"命令可以构建并启动 3 个 Docker 容器，所以需要确保初始化 Dapr 之前本机安装并启动了 Docker。如图 1-18 所示，Dapr 初始化过程中构建的这 3 个容器分别是用来存储状态的 Redis 容器，用来收集分布式跟踪信息的 Zipkin 容器，以及用来提供 Actor 分布信息的 Placement 容器。

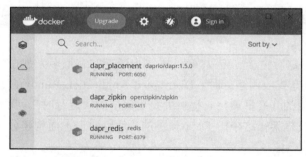

图 1-18　构建并启动 3 个 Docker 容器

1.5.2　服务调用

Dapr 是一个采用 Service Mesh 设计的分布式微服务运行时。每一个部署在 Dapr 上的应用实例（独立进程或容器）都具有一个专属的 Sidecar，具体体现为一个独立的进程（daprd）或容器。应用实例只会与它专属的 Sidecar 进行通信，跨应用通信是在两个应用实例的 Sidecar 之间进行的，具体的传输协议可以采用 HTTP 或 gRPC。正是因为应用实例和 Sidecar 是在各自的进程内独立运行的，所以 Dapr 才对应用开发采用的技术栈没有任何限制。

接下来就通过一个简单的实例演示 Dapr 下的服务调用。我们创建了 Dapr 应用解决方案，如图 1-19 所示。App1 和 App2 表示两个具有依赖关系的应用，App1 会调用 App2 提供的服务。Shared 是一个类库项目，用来提供被 App1 和 App2 共享的数据类型。

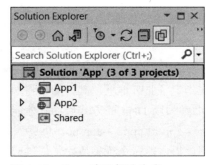

图 1-19　Dapr 应用解决方案

我们依然沿用上面演示的数学运算应用场景，并在 Shared 项目中定义如下两个数据类型。表示输入的 Input 类型提供了两个操作数（X 和 Y），表示输出的 Output 类型除了通过其 Result 属性表示运算结果，还利用 Timestamp 属性返回运算时间戳。

```csharp
public class Input
{
    public int X { get; set; }
    public int Y { get; set; }
}

public class Output
{
    public int                 Result { get; set; }
    public DateTimeOffset      Timestamp { get; set; } = DateTimeOffset.Now;
}
```

App2 就是一个简单的 ASP.NET Core 应用，我们采用路由的方式注册了执行数学运算的终节点。如下面的代码片段所示，注册的终节点采用的路径模板为"/{method}"，路由参数"{method}"既表示运算操作类型，也作为 Dapr 服务的方法名。在作为终节点处理器的 Calculate 方法中，请求的主体内容被提取出来，经过反序列化后绑定为 input 参数。在根据提供的输入执行对应的运算并生成 Output 对象后，将其序列化成 JSON 文本，并以此作为响应的内容。

```csharp
using Microsoft.AspNetCore.Mvc;
using Shared;

var app = WebApplication.Create(args);
app.MapPost("{method}", Calculate);
app.Run("http://localhost:9999");

static IResult Calculate(string method, [FromBody] Input input)
{
    var result = method.ToLower() switch
    {
        "add" => input.X + input.Y,
        "sub" => input.X - input.Y,
        "mul" => input.X * input.Y,
```

```
        "div" => input.X / input.Y,
        _   => throw new InvalidOperationException($"Invalid method {method}")
    };
    return Results.Json(new Output { Result = result });
}
```

在调用 WebApplication 对象的 Run 方法启动应用时，显式指定了监听地址，其目的是将端口（9999）固定下来。App2 目前实际上与 Dapr 毫无关系，我们必须以 Dapr 的方式启动它才能将它部署到本机的 Dapr 环境中，具体来说可以执行"dapr run --app-id app2 --app-port 9999 -- dotnet run"命令在启动 Sidecar 的同时以子进程的方式启动应用。提供的命令行参数除了提供应用的启动方式（dotnet run），还提供了应用的表示（--app-id app2）和监听的端口（--app-port 9999）。考虑到每次在控制台输入这些烦琐的命令有点麻烦，我们选择在 launchSettings.json 文件中定义如下 Profile 来以 Dapr 的方式启动应用。由于这种启动方式会将输出目录作为当前工作目录，所以选择指定程序集的方式来启动应用（dotnet App2.dll）。

```
{
  "profiles": {
    "Dapr": {
      "commandName": "Executable",
      "executablePath": "dapr",
      "commandLineArgs": "run --app-id app2 --app-port 9999 -- dotnet App2.dll"
    }
  }
}
```

App1 是一个简单的控制台应用，为了能够采用上述方式来启动它，我们还是将 SDK 从"Microsoft.NET.Sdk"修改为"Microsoft.NET.Sdk.Web"。在 launchSettings.json 文件中定义诸如下面的 Profile，应用的标识被设置为"app1"。由于 App1 仅涉及对其他应用的调用，自身并不提供服务，所以不需要设置端口。

```
{
  "profiles": {
    "Dapr": {
      "commandName": "Executable",
      "executablePath": "dapr",
      "commandLineArgs": "run --app-id app1 -- dotnet App1.dll"
    }
  }
}
```

由于 App1 涉及 Dapr 服务的调用，需要使用 Dapr 客户端 SDK 提供的 API，所以我们为它添加了"Dapr.Client"这个 NuGet 包的引用。具体的服务调用体现在下面的程序中，我们调用 DaprClient 的静态方法 CreateInvokeHttpClient，针对目标服务或应用的标识"app2"创建一个 HttpClient 对象，并利用它完成 4 个服务方法的调用。具体的服务调用是在 InvokeAsync 这个本地方法中实现的，在将作为输入的 Input 对象序列化成 JSON 文本之后，该本地方法会将其作为请求的主体内容。在一个分布式环境下，我们不需要知道目标服务所在的位置，因为这是不确定的，只需确定的是目标服务/应用的标识，所以直接将此标识作为请求的目标地址。在得到调用结果之后，我们对它进行了简单的格式化并直接输出到控制台上。

```
using Dapr.Client;
using Shared;

HttpClient client = DaprClient.CreateInvokeHttpClient(appId: "app2");
var input = new Input(2, 1);

await InvokeAsync("add", "+");
await InvokeAsync("sub", "-");
await InvokeAsync("mul", "*");
await InvokeAsync("div", "/");

async Task InvokeAsync(string method, string @operator)
{
    var response = await client.PostAsync(method, JsonContent.Create(input));
    var output = await response.Content.ReadFromJsonAsync<Output>();
    Console.WriteLine(
        $"{input.X} {@operator} {input.Y} = {output.Result} ({output.Timestamp})");
}
```

在先后启动 App2 和 App1 之后，两个应用所在的控制台上的输出结果如图 1-20 所示。应用输出的文本会采用 "== App ==" 作为前缀，其余内容为 Sidecar 输出的日志。从 App2 所在控制台（前面）上的输出结果可以看出，它成功地完成了基于 4 种运算的服务调用。当以 Debug 模式启动 App1 时会有"闪退"的现象，如果出现这样的情况，则可以选择非 Debug 模式（在解决方案窗口的项目上右击，在弹出的快捷菜单中选择 "Debug => Start Without Debuging" 命令）来启动它。（S117）

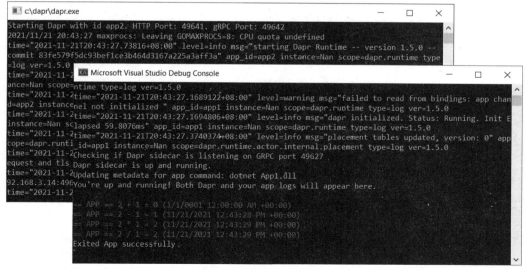

图 1-20　输出结果（3）

1.5.3　状态管理

我们可以借助 Dapr 提供的状态管理组件创建"有状态"的服务。这里的状态并不是存储在应用实例的进程中供其独享，而是存储在独立的存储中（如 Redis）供所有应用实例共享，所以并不会影响水平伸缩的功能。对于上面演示的实例，假设计算服务提供的是 4 个耗时的操作，那么可以将计算结果缓存起来避免重复计算，现在就来实现这样的功能。

为了能够使 Dapr API，我们为 App2 添加"Dapr.AspNetCore"这个 NuGet 包的引用。将缓存相关的 3 个操作定义在 IResultCache 接口中。如下面的代码片段所示，IResultCache 接口定义了 3 个方法，GetAsync 方法根据指定的操作/方法名称和输入提取缓存的计算结果，SaveAsync 方法负责将计算结果根据对应的方法名称和输入缓存起来，ClearAsync 方法负责将指定方法的所有缓存结果全部清除掉。

```
public interface IResultCache
{
    Task<Output> GetAsync(string method, Input input);
    Task SaveAsync(string method, Input input, Output output);
    Task ClearAsync(params string[] methods);
}
```

如下所示的 IResultCache 接口的实现类型为 ResultCache。我们在构造函数中注入了 DaprClient 对象，并利用它来完成状态管理的相关操作。计算结果缓存项的 Key 由方法名称和输入参数以"Result_{method}_{X}_{Y}"这样的格式生成，具体的格式化体现在 _keyGenerator 字段返回的委托上。由于涉及对缓存计算结果的清除，我们不得不将所有计算结果缓存项的 Key 也一并缓存起来，该缓存项采用的 Key 为"ResultKeys"。

```
public class ResultCache : IResultCache
{
    private readonly DaprClient                     _daprClient;
    private readonly string                         _keyOfKeys = "ResultKeys";
    private readonly string                         _storeName = "statestore";
    private readonly Func<string, Input, string>    _keyGenerator;

    public ResultCache(DaprClient daprClient)
    {
        _daprClient = daprClient;
        _keyGenerator = (method, input) => $"Result_{method}_{input.X}_{input.Y}";
    }

    public Task<Output> GetAsync(string method, Input input)
    {
        var key = _keyGenerator(method, input);
        return _daprClient.GetStateAsync<Output>(storeName: _storeName, key: key);
    }

    public async Task SaveAsync(string method, Input input, Output output)
    {
        var key = _keyGenerator(method, input);
```

```
        var keys = await _daprClient.GetStateAsync<HashSet<string>>
            (storeName: _storeName,
            key: _keyOfKeys) ?? new HashSet<string>();
        keys.Add(key);

        var operations = new StateTransactionRequest[2];
        var value = Encoding.UTF8.GetBytes(JsonSerializer.Serialize(output));
        operations[0] = new StateTransactionRequest(key: key, value: value,
            operationType: StateOperationType.Upsert);

        value = Encoding.UTF8.GetBytes(JsonSerializer.Serialize(keys));
        operations[1] = new StateTransactionRequest(key: _keyOfKeys, value: value,
            operationType: StateOperationType.Upsert);
        await _daprClient.ExecuteStateTransactionAsync(storeName: _storeName,
            operations: operations);
    }

    public async Task ClearAsync(params string[] methods)
    {
        var keys = await _daprClient.GetStateAsync<HashSet<string>>
            (storeName: _storeName,
            key: _keyOfKeys);
        if (keys != null)
        {
            var selectedKeys = keys
                .Where(it => methods.Any(m => it.StartsWith($"Result_{m}"))).ToArray();
            if (selectedKeys.Length > 0)
            {
                var operations = selectedKeys
                    .Select(it => new StateTransactionRequest(key: it, value: null,
                    operationType: StateOperationType.Delete))
                    .ToList();
                operations.ForEach(it => keys.Remove(it.Key));
                var value = Encoding.UTF8.GetBytes(JsonSerializer.Serialize(keys));
                operations.Add(new StateTransactionRequest(key: _keyOfKeys,
                value: value,
                    operationType: StateOperationType.Upsert));
                await _daprClient.ExecuteStateTransactionAsync(storeName: _storeName,
                    operations: operations);
            }
        }
    }
}
```

  在实现的 GetAsync 方法中，我们根据指定的方法名称和输入生成对应缓存项的 Key，并调用 DaprClient 对象的 GetStateAsync<TValue>以提取对应缓存项的值。将 Key 作为该方法的第二个参数，第一个参数表示状态存储（State Store）组件的名称。Dapr 在初始化过程中会默认设置一个针对 Redis 的状态存储组件，并将其命名为 "statestore"，ResultCache 使用的正是这个状态存储组件。

　　对单一状态值进行设置只需要调用 DaprClient 对象的 SaveStateAsync<TValue>方法即可，但是我们实现的 SaveAsync 方法除了需要缓存计算结果，还需要修正"ResultKeys"这个缓存项的值。为了确保两者的一致性，最好在同一个事务中进行两个缓存项的更新，为此需调用 DaprClient 对象的 ExecuteStateTransactionAsync 方法。我们为此创建了两个 StateTransactionRequest 对象来描述对这两个缓存项的更新，具体来说，需要设置缓存项的 Key、Value 和操作类型（Upsert）。这里设置的值必须是最原始的二进制数组，由于状态管理组件默认采用 JSON 的序列化方式和 UTF-8 编码，所以我们按照这样的规则生成了作为缓存值的二进制数组。另一个实现的 ClearAsync 方法采用类似的方式来删除指定方法的计算结果缓存，并修正了"ResultKeys"缓存项的值。

　　接下来，需要对计算服务的处理方法 Calculate 进行必要的修改。如下面的代码片段所示，直接在 Calculate 方法中注入 IResultCache 对象，如果能够利用该对象提取缓存的计算结果，则直接将它返回给客户端。只有在对应计算结果尚未缓存的情况下，我们才能真正实施计算。在返回计算结果之前，我们会对计算结果实施缓存。Calculate 方法中注入 IResultCache 对象和 DaprClient 对象对应的服务并在 WebApplication 被构建之前进行了服务的注册。

```
using App2;
using Microsoft.AspNetCore.Mvc;
using Shared;
var builder = WebApplication.CreateBuilder(args);
builder.Services
    .AddSingleton<IResultCache, ResultCache>()
    .AddDaprClient();
var app = builder.Build();
app.MapPost("/{method}", Calculate);
app.Run("http://localhost:9999");

static async Task<IResult> Calculate(string method, [FromBody] Input input,
    IResultCache resultCache)
{
    var output = await resultCache.GetAsync(method, input);
    if (output == null)
    {
        var result = method.ToLower() switch
        {
            "add" => input.X + input.Y,
            "sub" => input.X - input.Y,
            "mul" => input.X * input.Y,
            "div" => input.X / input.Y,
            _ => throw new InvalidOperationException($"Invalid operation {method}")
        };
        output = new Output { Result = result };
        await resultCache.SaveAsync(method, input, output);
    }
    return Results.Json(output);
}
```

　　为了验证利用 Dapr 状态管理组件缓存计算结果的效果，我们对 App1 的程序也进行了相应的修改。如下面的代码片段所示，对计算服务的 4 个操作进行了两轮调用，并将它们之间的时间间隔设置为 5 秒。

```csharp
using Dapr.Client;
using Shared;

using (var client = DaprClient.CreateInvokeHttpClient(appId: "app2"))
{
    var input = new Input { X = 2, Y = 1 };

    await InvokeAsync();
    await Task.Delay(5000);
    Console.WriteLine();
    await InvokeAsync();

    async Task InvokeAsync()
    {
        await InvokeCoreAsync("add", "+");
        await InvokeCoreAsync("sub", "-");
        await InvokeCoreAsync("mul", "*");
        await InvokeCoreAsync("div", "/");
    }

    async Task InvokeCoreAsync(string method, string @operator)
    {
        var response = await client.PostAsync(method, JsonContent.Create(input));
        var output = await response.EnsureSuccessStatusCode()
            .Content.ReadFromJsonAsync<Output>();
        Console.WriteLine(
            $"{input.X}        {@operator}        {input.Y}        =        {output!.Result}
({output.Timestamp})");
    }
}
```

由于两轮服务调用使用相同的输入，如果服务端对计算结果进行了缓存，那么针对同一个方法的调用应该具有相同的时间戳。图 1-21 中的输出结果证实了这一点。（S118）

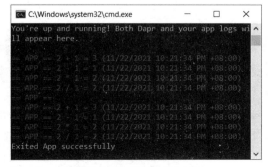

图 1-21　利用状态管理缓存计算结果

1.5.4 发布订阅

Dapr 提供了"开箱即用"的发布订阅（Pub/Sub）模块，我们可以将其作为消息队列来用。上面演示的实例利用状态管理组件缓存了计算结果，现在我们采用发布订阅的方法将指定方法的计算结果缓存清除。具体来说，我们在 App2 中订阅"删除缓存"的主题（Topic），当接收到发布的对应主题的消息时，从消息中提取待删除的方法列表，并将对应的计算结果缓存清除。至于"删除缓存"的主题发布，我们将它交给 App1 来完成。

我们为此对 App2 再次进行修改。如下面的代码片段所示，我们针对路径"clear"注册了一个作为"删除缓存"主题的订阅终节点，它对应的处理方法为 ClearAsync，通过标注在该方法上的 TopicAttribute 来对订阅的主题进行相应设置。该特性构造函数的第一个参数为采用的发布订阅组件名称，我们采用的是初始化 Dapr 时设置的基于 Redis 的发布订阅组件，该组件命名为"pubsub"；第二个参数表示订阅主题的名称，将其设置为"clearresult"。

```
using App2;
using Dapr;
using Microsoft.AspNetCore.Mvc;
using Shared;
var builder = WebApplication.CreateBuilder(args);
builder.Services
    .AddSingleton<IResultCache, ResultCache>()
    .AddDaprClient();
var app = builder.Build();

app.UseCloudEvents();
app.MapPost("clear", ClearAsync);
app.MapSubscribeHandler();

app.MapPost("/{method}", Calculate);
app.Run("http://localhost:9999");

[Topic(pubsubName:"pubsub", name:"clearresult")]
static Task ClearAsync(IResultCache cache, [FromBody] string[] methods)
    => cache.ClearAsync(methods);

static async Task<IResult> Calculate(string method, [FromBody]Input input,
    IResultCache resultCache)
{
    var output = await resultCache.GetAsync(method, input);
    if (output == null)
    {
        var result = method.ToLower() switch
        {
            "add" => input.X + input.Y,
            "sub" => input.X - input.Y,
            "mul" => input.X * input.Y,
            "div" => input.X / input.Y,
```

```
        _ => throw new InvalidOperationException($"Invalid operation {method}")
    };
    output = new Output { Result = result };
    await resultCache.SaveAsync(method, input, output);
}
return Results.Json(output);
}
```

使用 ClearAsync 方法定义了两个参数，第一个参数会默认绑定为注册的 IResultCache 服务，第二个参数表示待删除的方法列表。上面标注的 FromBodyAttribute 特性将指导路由系统通过提取请求主体内容来绑定对应参数值。但是 Dapr 的发布订阅组件默认采用 Cloud Events 消息格式，如果请求的主体为具有如此结构的消息，则按照默认的绑定规则，针对 input 参数的绑定将会失败。为此调用 WebApplication 对象的 UseCloudEvents 扩展方法额外注册一个 CloudEventsMiddleware 中间件，该中间件会提取请求数据部分的内容，并使用它将整个请求主体部分的内容替换，那么针对 methods 参数的绑定就能成功了。

我们还调用 WebApplication 对象的 MapSubscribeHandler 扩展方法注册了一个额外的终节点。在启动应用时，Sidecar 会利用这个终节点收集当前应用提供的所有订阅处理器的元数据信息，其中包括发布订阅组件和主题名称，以及调用的路由或路径（对于本实例来说就是 "clear"）。当 Sidecar 接收到发布消息后，会根据这组元数据选择匹配的订阅处理器，并利用其提供的路径完成对它的调用。

我们针对发布者的角色对 App1 进行了相应的修改。如下面的代码片段所示，我们利用创建的 DaprClientBuilder 构建了一个 DaprClient 对象。在两轮计算服务的调用之间，调用 DaprClient 的 PublishEventAsync 方法发布了一个名为 "clearresult" 的消息。从提供的第三个参数可以看出，仅清除了 "加法" 和 "减法" 两个方法的计算结果缓存。

```
using Dapr.Client;
using Shared;

var daprClient = new DaprClientBuilder().Build();
using (var client = DaprClient.CreateInvokeHttpClient(appId: "app2"))
{
    var input = new Input { X = 2, Y = 1 };

    await InvokeAsync();
    await daprClient.PublishEventAsync(pubsubName: "pubsub", topicName: "clearresult",
        data: new string[] { "add", "sub" });
    await Task.Delay(5000);
    Console.WriteLine();
    await InvokeAsync();

    async Task InvokeAsync()
    {
        await InvokeCoreAsync("add", "+");
        await InvokeCoreAsync("sub", "-");
        await InvokeCoreAsync("mul", "*");
```

```
            await InvokeCoreAsync("div", "/");
    }

    async Task InvokeCoreAsync(string method, string @operator)
    {
        var response = await client.PostAsync(method, JsonContent.Create(input));
        var output = await response.EnsureSuccessStatusCode()
            .Content.ReadFromJsonAsync<Output>();
        Console.WriteLine(
            $"{input.X}          {@operator}          {input.Y}          =          {output!.Result}
({output.Timestamp})");
    }
}
```

图 1-22 所示为利用发布订阅组件删除计算结果缓存。对于两轮间隔为 5 秒的服务调用，由于缓存被清除，加法和减法的计算结果具有不同的时间戳，但乘法和除法的计算结果依旧是相同的。（S119）

图 1-22 利用发布订阅组件删除计算结果缓存

1.5.5 Actor 模型

如果分布式系统待解决的功能可以分解成若干个很小且状态独立的逻辑单元，则可以考虑使用 Actor 模型（Model）进行设计。具体来说，将上述这些状态逻辑单元定义成单个的 Actor，并在它们之间采用消息驱动的通信方法完成整个工作流程。每个 Actor 只需要考虑对接收的消息进行处理，并将后续的操作转换成消息分发给另一个 Actor 即可。由于每个 Actor 以单线程模式执行，所以我们无须考虑多线程并发和同步的问题。由于 Actor 之间的交互是完全无阻塞的，所以这样做一般能够提高系统整体的吞吐量。

接下来，依然通过对上面演示实例的修改来演示 Dapr 的 Actor 模型在 .NET 下的应用。这次我们将一个具有状态的累加计数器设计成 Actor。在 Shared 项目中为这个 Actor 定义了一个接口，如下面的代码片段所示，这个名为 IAccumulator 的接口派生于 IActor，由于后者来源于 "Dapr.Actors" 这个 NuGet 包，所以需要添加对应的包引用。IAccumulator 接口定义了两个方法，IncreaseAsync 方法根据指定的数值进行累加并返回当前的值，ResetAsync 方法用于将累加数值重置归零。

```
public interface IAccumulator: IActor
{
    Task<int> IncreaseAsync(int count);
```

```
    Task ResetAsync();
}
```

将 IAccumulator 接口的实现类型 Accumulator 定义在 App2 中。如下面的代码片段所示，除了实现对应的接口，Accumulator 类型还继承了 Actor 这个基类。由于每个 Actor 提供当前累加的值，所以它们是有状态的。但是不能利用 Accumulator 实例的属性来维持这个状态，我们使用从基类继承下来的 StateManager 属性返回的 IActorStateManager 对象来管理当前 Actor 的状态。具体来说，调用 TryGetStateAsync 方法提取当前 Actor 针对指定名称（__counter）的状态值，新的状态值通过调用它的 SetStateAsync 方法进行设置。由于 IActorStateManager 对象的 SetStateAsync 方法对状态进行的更新都是本地操作，最终还需要调用 Actor 对象自身的 SaveStateAsync 方法来提交所有的状态更新。Actor 的状态依旧是通过 Dapr 的状态管理组件进行存储的。

```
public class Accumulator : Actor, IAccumulator
{
    private readonly string _stateName = "__counter";
    public Accumulator(ActorHost host) : base(host)
    {
    }
    public async Task<int> IncreaseAsync(int count)
    {
        var counter = 0;
        var existing = await StateManager.TryGetStateAsync<int>(stateName: _stateName);
        if(existing.HasValue)
        {
            counter = existing.Value;
        }
        counter+= count;
        await StateManager.SetStateAsync(stateName: _stateName, value:counter);
        await SaveStateAsync();
        return counter;
    }
    public async Task ResetAsync()
    {
        await StateManager.TryRemoveStateAsync(stateName: _stateName);
        await SaveStateAsync();
    }
}
```

承载 Actor 相关的 API 由 "Dapr.Actors.AspNetCore" 这个 NuGet 包提供，所以需要添加该包的引用。Actor 的承载方式与 MVC 框架的承载方式类似，它们都是建立在路由系统上，使用 MVC 框架将所有 Controller 类型转换成注册的终节点，而 Actor 的终节点由 WebApplication 的 MapActorsHandlers 扩展方法进行注册。在注册中间件之前，还需要调用 IServiceCollection 接口的 AddActors 扩展方法将注册的 Actor 类型添加到 ActorRuntimeOptions 配置选项上。

```
using App2;
var builder = WebApplication.CreateBuilder(args);
builder.Services.AddActors(options => options.Actors.RegisterActor<Accumulator>());
```

```
var app = builder.Build();
app.MapActorsHandlers();
app.Run("http://localhost:9999");
```

我们在 App1 中编写程序来演示 Actor 的调用。如下面的代码片段所示，调用 ActorProxy 的静态方法 Create<TActor>创建了两个 IAccumulator 对象。在创建 Actor 对象（其实是调用 Actor 的代理）时需要指定唯一标识 Actor 的 ID（001 和 002）和对应的类型（Accumulator）。

```
using Dapr.Actors;
using Dapr.Actors.Client;
using Shared;

var accumulator1 = ActorProxy.Create<IAccumulator>(new ActorId("001"), "Accumulator");
var accumulator2 = ActorProxy.Create<IAccumulator>(new ActorId("002"), "Accumulator");

while (true)
{
    var counter1 = await accumulator1.IncreaseAsync(1);
    var counter2 = await accumulator2.IncreaseAsync(2);
    await Task.Delay(5000);
    Console.WriteLine($"001: {counter1}");
    Console.WriteLine($"002: {counter2}\n");

    if (counter1 > 10)
    {
        await accumulator1.ResetAsync();
    }
    if (counter2 > 20)
    {
        await accumulator2.ResetAsync();
    }
}
```

Actor 对象创建出来后，在一个循环中采用不同的步长（1 和 2）调用它们的 IncreaseAsync 方法以实施累加操作。在计数器数值达到上限（10 和 20）时，调用它们的 ResetAsync 方法重置计数器。在先后启动 App2 和 App1 之后，App1 所在控制台上将会输出两个累加计数器提供的计数，如图 1-23 所示。（S120）

图 1-23 利用 Actor 模式实现的累加计数器

第 2 篇　基础框架

第 2 章

依赖注入（上）

ASP.NET Core 框架建立在一系列基础框架之上，它们包括依赖注入、文件系统、对象池、配置选项和诊断日志等。这些框架不仅是支撑 ASP.NET Core 框架的基石，还在应用开发时被频繁地使用。在这些框架中，依赖注入尤为重要，所以我们利用两章的内容来介绍依赖注入。本章主要从理论角度介绍依赖注入，第 3 章主要介绍 ASP.NET Core 6 依赖注入框架的设计与实现。

2.1 控制反转

ASP.NET Core 应用在启动及后续对请求的处理过程中会依赖各种组件和服务。为了便于定制，这些组件和服务一般会以接口的形式进行标准化，被统称为"服务"（Service）。整个 ASP.NET Core 建立在一个依赖注入框架之上，并利用它提供的依赖注入容器提供所需的服务。要想了解依赖注入容器及它的服务提供机制，我们需要先了解什么是依赖注入（Dependence Injection，DI）。提到依赖注入，就不得不介绍控制反转（Inverse of Control，IoC）。

2.1.1 流程控制的反转

软件开发中的一些设计理念往往没有明确的定义，如面向服务架构（SOA）、微服务（Micro Service）和无服务器（Serverless）。我们无法从"内涵"方面准确定义它们，只能从"外延"上描述这些架构设计应该具有怎样的特性。由于无法给出一个明确的界定，所以针对同一个概念往往会有很多不同的理解。IoC 也是这种情况，所以本章所述只是作者的观点，仅供读者参考。

很多人认为 IoC 是一种面向对象的设计模式，但他们忽略了一个最根本的东西，那就是 IoC 的命名。作者认为 IoC 不但不能作为一种设计模式，其自身也与面向对象没有直接关系。IoC 的英文全称是 Inverse of Control，可译为控制反转或控制倒置。控制反转和控制倒置体现的都是控制权的转移，也就是说控制权原来在 A 手中，现在需要由 B 来接管。对于软件设计来说，IoC 所谓的控制权转移体现在什么地方呢？要回答这个问题，就需要先了解 IoC 中的 C（Control）究竟指的是什么。对于任何一项任务，不论其大小，在实施过程中都有其固有的流程，而 IoC 涉及的控制可以理解为"针对流程的控制"。

下面通过一个具体实例来说明传统的设计在采用了 IoC 之后，其针对流程的控制是如何实现反转的。如果我们要设计一个针对 Web 的 MVC 类库，则可以将其命名为 MvcLib。简单来说，这个类库中只包含如下 MvcLib 静态类。

```
public static class MvcLib
{
    public static Task ListenAsync(Uri address);
    public static Task<Request> ReceiveAsync();
    public static Task<Controller> CreateControllerAsync(Request request);
    public static Task<View> ExecuteControllerAsync(Controller controller);
    public static Task RenderViewAsync(View view);
}
```

MvcLib 提供的上述 5 个方法可以完成整个 HTTP 请求流程中的 5 项核心任务。具体来说，ListenAsync 方法启动一个监听器并将其绑定到指定的地址来监听来访的请求，抵达的请求通过 ReceiveAsync 方法接收后，通过一个 Request 对象来描述。CreateControllerAsync 方法在根据接收的请求解析并激活目标 Controller 对象之后，将它交给 ExecuteControllerAsync 方法来执行，并最终生成一个表示视图的 View 对象。使用 RenderViewAsync 方法最终将 View 对象转换成 HTML 文档，并将其作为当前请求的响应内容。

如下面的代码片段所示，利用 MvcLib 提供的 API 构建了一个真正的 MVC 应用。我们会发现一个问题，除了按照 MvcLib 的约定完成具体的 Controller 和 View 的定义，还需要自行控制包括请求的监听与接收、Controller 的激活与执行、View 的呈现在内的整个流程。

```
while (true)
{
    var address = new Uri("http://0.0.0.0:8080/mvcapp");
    await MvcLib.ListenAsync(address);
    while (true)
    {
        var request = await MvcLib.ReceiveAsync();
        var controller = await MvcLib.CreateControllerAsync(request);
        var view = await MvcLib.ExecuteControllerAsync(controller);
        await MvcLib.RenderViewAsync(view);
    }
}
```

上面的实例体现了如图 2-1 所示的流程控制方式。我们设计的类库（MvcLib）仅仅通过 API 的形式提供各种单一功能的实现，作为类库消费者的应用程序（App）需要自行编排整个工作流程。从代码复用的角度来讲，这里被复用的仅限于实现某个环节单一功能的代码，编排整个工作流程的代码并没有得到复用。

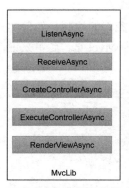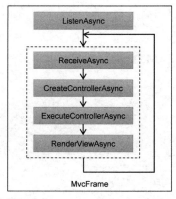

图 2-1　流程控制掌握在应用程序中

　　在真实开发场景下，我们需要的不是一个仅仅能够提供单一 API 的类库，而是能够提供直接在上面构建应用的框架。类库（Library）和框架（Framework）的不同之处在于，前者往往只是提供实现某种单一功能的 API，而后者则针对一个目标任务对这些单一功能进行编排，以形成一个完整的流程，并利用一个引擎来驱动这个流程自动运转。

　　对于上面演示的 MvcLib 类库来说，作为消费者的应用程序需要自行控制整个请求处理流程，但实际上这是一个很"泛化"的工作流程，几乎所有的 MVC 应用均采用这样的流程。如果将这个流程直接实现在 MVC 框架中，则由它构建的所有 MVC 应用可以直接为这个流程服务。

　　接下来，将 MvcLib 从类库改造成一个框架，将其称为 MvcFrame。如图 2-2 所示，MvcFrame 的核心是一个 MvcEngine 执行引擎，它驱动一个编排好的工作流对 HTTP 请求进行处理。如果想要利用 MvcFrame 构建一个具体的 MVC 应用，则除了根据业务需求定义相应的 Controller 类型和 View 文件，我们只需要初始化这个引擎并直接启动它即可。

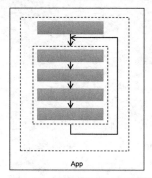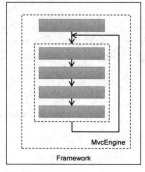

图 2-2　将流程控制反转到框架中

　　有了上面演示的这个实例作为铺垫，我们应该会更加容易地理解 IoC 的本质。总体来说，IoC 是设计框架所采用的一种基本思想，控制反转是指将应用对流程的控制转移到框架中。以上面的实例来说，在传统面向类库编程的时代，请求处理的流程被牢牢地控制在应用程序中。引入框架之后，请求处理的控制权转移到框架中。

2.1.2　好莱坞法则

在好莱坞，演员把简历递交给电影公司后就只能回家等待消息。由于电影公司对整个娱乐项目具有控制权，演员只能被动地接受电影公司的邀约。"不要给我们打电话，我们会给你打电话"（Don't call us, we'll call you）——这就是著名的好莱坞法则（Hollywood Principle 或 Hollywood Low），IoC 完美地演绎了该法则，如图 2-3 所示。

Don't call us, we'll call you

图 2-3　好莱坞法则

在 IoC 的应用环境中，框架就如同掌握整个电影制片流程的电影公司，由于它是整个工作流程的实际控制者，所以只有它知道哪个环节需要哪些组件。应用程序就像是演员，它只需要按照框架制定的规则注册这些组件，因为框架会在适当的时机自动加载并执行注册的组件。

以 ASP.NET Core MVC 应用开发来说，我们只需要按照约定的规则（如约定的目录结构和文件及类型命名方式等）定义相应的 Controller 类型和 View 文件即可。首先 ASP.NET Core MVC 框架在处理请求的过程中会根据路由解析生成参数，得到目标 Controller 的类型，然后自动创建对应的实例并执行对应的 Action 方法。如果目标 Action 方法需要呈现一个视图，框架就会根据预定义的目录约定找到对应的 View 文件（.cshtml 文件），并对其实施动态编译以生成对应的类型。当目标 View 对象创建并执行之后，生成的 HTML 会作为响应回复给客户端。可以看出，整个请求流程体现了"框架 Call 应用"的好莱坞法则。

总体来说，在一个框架的基础上进行应用开发，就相当于在一条调试好的流水线上生产某种产品。我们只需要在相应的环节准备对应的原材料，最终下线的就是希望得到的产品。IoC 几乎是所有框架均具有的一个固有属性，从这个意义上讲，我们习以为常的"IoC 框架"其实也是一种错误的说法。可以说世界上本没有"IoC 框架"，也可以说所有的框架都是"IoC 框架"。

2.1.3　流程定制

采用 IoC 可以实现流程控制从应用程序向框架的转移，但是被转移的仅仅是一个泛化的流程，任何一个具体的应用可能都需要对该流程的某些环节进行定制。以 MVC 框架来说，默认实现的请求处理流程也许只考虑 HTTP 1.1 的支持，但是在设计框架时应该提供相应的扩展点来支持 HTTP 2/3。作为一个 Web 框架，用户认证功能是必备的，但是框架不能局限于某一种或几种固定的认证方式，它应该允许通过扩展实现任意的认证模式。

在此可以说得更加宽泛一些。如图 2-4 所示，如果将一个泛化的工作流程（A→B→C）定义在框架中，建立在该框架上的两个应用就需要对组成这个流程的某些环节进行定制。例如，步骤 A 和步骤 C 可以被 App1 重用，但是步骤 B 需要被定制（B1）。App2 重用步骤 A 和步骤 B，但是需要按照自己的方式处理步骤 C。

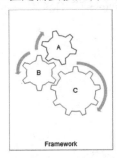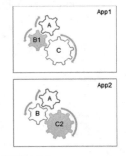

图 2-4　应用程序对流程的定制

IoC 用于将对流程的控制从应用程序转移到框架中，框架利用一个引擎驱动整个流程的自动化执行，应用程序无须关心工作流程的细节，它只需要启动这个引擎即可。这个引擎一旦被启动，框架就会完全按照预先编排好的流程进行工作。如果应用程序希望整个流程按照自己希望的方式被执行，就需要在启动之前对流程进行定制。

一般来说，框架会以相应的形式提供一系列的扩展点，应用程序通过注册扩展的方式实现对流程某个环节的定制。在启动引擎之前，应用程序将所需的扩展注册到框架中。一旦启动引擎，这些注册的扩展会自动参与整个流程的执行。综上所述，IoC 一方面通过流程控制从应用程序向框架的反转，实现了流程自身的重用；另一方面通过内置的扩展机制使这个被重用的流程能够自由地被定制，这两个因素决定了框架的价值。

2.2　IoC 模式

正如前面所提到的，很多人将 IoC 理解为一种面向对象的设计模式，实际上 IoC 不仅与面向对象没有必然的联系，它自身甚至不算是一种设计模式。一般来讲，设计模式提供了一种解决某种具体问题的方案，但 IoC 既没有一个针对性的问题领域，其自身也没有提供一种可操作的解决方案，所以我们更加倾向于将 IoC 视为一种设计原则。很多设计模式都采用了 IoC 原则，接下来就来介绍几种典型的设计模式。

2.2.1　模板方法

提到 IoC，很多人首先想到的是依赖注入，但是作者认为与 IoC 联系最紧密的是一种被称为"模板方法"（Template Method）的设计模式。模板方法设计模式与 IoC 的意图几乎是一致的，该模式主张将一个可复用的工作流程或由多个步骤组成的算法定义成模板方法，组成这个流程或算法的单一步骤在相应的虚方法之中实现，模板方法根据预先编排的流程调用这些虚方法。这两种类型的方法均定义在一个类中，我们可以通过派生该类并重写相应的虚方法的方式达到对流程定制的目的。

以前面演示的 MVC 框架为例，我们可以将整个请求处理流程实现在一个 MvcEngine 类中。如下面的代码片段所示，我们将请求的监听与接收、目标 Controller 的激活与执行、View 的呈现分别定义在 5 个受保护的虚方法中。用于启动引擎的 StartAsync 方法是一个模板方法，它根据预定义的请求处理流程在适当的时机调用这 5 个方法。

```
public class MvcEngine
{
    public async Task StartAsync(Uri address)
    {
        await ListenAsync(address);
        while (true)
        {
            var request = await ReceiveAsync();
            var controller = await CreateControllerAsync(request);
            var view = await ExecuteControllerAsync(controller);
            await RenderViewAsync(view);
        }
    }
    protected virtual Task ListenAsync(Uri address);
    protected virtual Task<Request> ReceiveAsync();
    protected virtual Task<Controller> CreateControllerAsync(Request request);
    protected virtual Task<View> ExecuteControllerAsync(Controller controller);
    protected virtual Task RenderViewAsync(View view);
}
```

对于具体的应用程序来说，如果定义在 MvcEngine 中针对请求的处理方式完全符合要求，则只需要创建一个 MvcEngine 对象，并指定一个监听地址来调用 StartAsync 这个模板方法来启动引擎。如果引擎对请求某个环节的处理无法满足要求，则可以创建 MvcEngine 的派生类，并重写实现该环节相应的虚方法。例如，定义在某个应用程序中的 Controller 都是无状态的。我们采用单例（Singleton）的方式重用已经激活的 Controller 对象，就可以按照如下方式创建一个自定义的 FoobarMvcEngine，并按照自己的方式重写 CreateControllerAsync 方法以单例的方式提供目标 Controller 对象。

```
public class FoobarMvcEngine : MvcEngine
{
    protected override Task<View> CreateControllerAsync (Request request)
    {
        <<省略实现>>
    }
}
```

2.2.2　工厂方法

对于一个复杂的流程来说，我们倾向于将组成该流程的各个环节实现在相应的组件中，所以流程的定制可以通过提供相应组件的形式实现。这些设计模式中有一个重要的类型叫作创建型模式，如常用的工厂方法和抽象工厂。IoC 体现的针对流程的复用与定制同样可以通过这些设计模式来完成。

工厂方法是指在某个类中定义用来提供所需服务对象的方法，这个方法可以是一个单纯的抽象方法，也可以是具有默认实现的虚方法。至于方法声明的返回类型，可以是一个接口或抽象类，也可以是未封闭（Sealed）的具体类型。派生类型可以采用重写工厂方法的方式提供所需的服务对象。

同样以 MVC 框架为例，让独立的对象来处理请求处理流程的几个核心环节。具体来说，为这些核心对象定义如下几个对应的接口：IWebListener 接口用于监听、接收和响应请求；IControllerActivator 接口用于根据请求激活目标 Controller 对象，并在 Controller 对象执行后做一些释放回收工作；IControllerExecutor 接口和 IViewRenderer 接口分别用于执行 Controller，并将作为结果的视图呈现出来。

```
public interface IWebListener
{
    Task ListenAsync(Uri address);
    Task<HttpContext> ReceiveAsync();
}

public interface IControllerActivator
{
    Task<Controller> CreateControllerAsync(HttpContext httpContext);
    Task ReleaseAsync(Controller controller);
}

public interface IControllerExecutor
{
    Task<View> ExecuteAsync(Controller controller, HttpContext httpContext);
}

public interface IViewRenderer
{
    Task RendAsync(View view, HttpContext httpContext);
}
```

在作为 MVC 引擎的 MvcEngine 类型中定义了 4 个工厂方法（GetWebListener、GetControllerActivator、GetControllerExecutor 和 GetViewRenderer）来提供上述 4 种对象。这 4 个工厂方法都是虚方法，会提供默认的对象。在启动引擎的 StartAsync 方法中，我们利用这些工厂方法提供的对象来按照既定的流程处理请求。

```
public class MvcEngine
{
    public async Task StartAsync(Uri address)
    {
        var listener      = GetWebListener();
        var activator      = GetControllerActivator();
        var executor       = GetControllerExecutor();
        var renderer       = GetViewRenderer();
```

```
        await listener.ListenAsync(address);
        while (true)
        {
            var httpContext = await listener.ReceiveAsync();
            var controller = await activator.CreateControllerAsync(httpContext);
            try
            {
                var view = await executor.ExecuteAsync(controller, httpContext);
                await renderer.RendAsync(view, httpContext);
            }
            finally
            {
                await activator.ReleaseAsync(controller);
            }
        }
    }
    protected virtual IWebLister GetWebListener();
    protected virtual IControllerActivator GetControllerActivator();
    protected virtual IControllerExecutor GetControllerExecutor();
    protected virtual IViewRenderer GetViewRenderer();
}
```

对于具体的应用程序来说，如果需要对请求处理的某个环节进行定制，则可以将定制的操作实现在对应接口的实现类中，并在 MvcEngine 的派生类中重写对应的工厂方法来提供被定制的对象。例如，以单例模式提供目标 Controller 对象的实现就定义在如下 SingletonControllerActivator 类中，在派生于 MvcEngine 的 FoobarMvcEngine 类中重写了 GetControllerActivator 方法，使其返回一个 SingletonControllerActivator 对象。

```
public class SingletonControllerActivator : IControllerActivator
{
    public Task<Controller> CreateControllerAsync(HttpContext httpContext)
    {
        <<省略实现>>
    }
    public Task ReleaseAsync(Controller controller) => Task.CompletedTask;
}

public class FoobarMvcEngine : MvcEngine
{
    protected override ControllerActivator GetControllerActivator()
        => new SingletonControllerActivator();
}
```

2.2.3　抽象工厂

虽然工厂方法和抽象工厂均提供了一个"生产"对象实例的工厂，但是两者在设计上具有本质上的区别。工厂方法利用定义在某个类型中的抽象方法或虚方法提供"单一对象"，而抽象工厂则利用一个独立的接口或抽象类提供"一组相关的对象"。

　　具体来说，我们需要定义一个独立的工厂接口或抽象工厂类，并在其中定义多个工厂方法来提供"同一系列"的多个对象。如果希望抽象工厂具有一组默认的"产出"，则可以将一个未被封闭的类型作为抽象工厂，以虚方法形式提供默认的"产出"。在具体的应用开发中，我们可以通过实现工厂接口或继承抽象工厂类（不一定是抽象类）的方式来定义具体工厂类，并利用它来提供一组定制的对象系列。

　　现在采用抽象工厂模式来改造上述的 MVC 框架。如下面的代码片段所示，定义了一个名为 IMvcEngineFactory 的接口作为抽象工厂，并在其中定义了 4 个方法，用来提供请求监听和处理过程使用的 4 种核心对象。如果 MVC 框架提供了这 4 种核心组件的默认实现，则可以按照如下方式为这个抽象工厂提供一个默认实现（MvcEngineFactory）。

```
public interface IMvcEngineFactory
{
    IWebLister GetWebListener();
    IControllerActivator GetControllerActivator();
    IControllerExecutor GetControllerExecutor();
    IViewRenderer GetViewRenderer();
}

public class MvcEngineFactory: IMvcEngineFactory
{
    public virtual IWebLister GetWebListener();
    public virtual IControllerActivator GetControllerActivator();
    public virtual IControllerExecutor GetControllerExecutor();
    public virtual IViewRenderer GetViewRenderer();
}
```

　　在创建 MvcEngine 对象时提供一个具体的 IMvcEngineFactory 对象，如果没有显式指定，则默认使用 EngineFactory 对象。在启动引擎的 StartAsync 方法中，MvcEngine 利用 IMvcEngineFactory 工厂提供的对象处理请求。

```
public class MvcEngine
{
    public IMvcEngineFactory EngineFactory { get; }
    public MvcEngine(IMvcEngineFactory engineFactory = null)
        => EngineFactory = engineFactory ?? new MvcEngineFactory();

    public async Task StartAsync(Uri address)
    {
        var listener    = EngineFactory.GetWebListener();
        var activator   = EngineFactory.GetControllerActivator();
        var executor    = EngineFactory.GetControllerExecutor();
        var renderer    = EngineFactory.GetViewRenderer();

        await listener.ListenAsync(address);
        while (true)
        {
            var httpContext = await listener.ReceiveAsync();
```

```
                var controller = await activator.CreateControllerAsync(httpContext);
                try
                {
                    var view = await executor.ExecuteAsync(controller, httpContext);
                    await renderer.RendAsync(view, httpContext);
                }
                finally
                {
                    await activator.ReleaseAsync(controller);
                }
            }
        }
}
```

如果具体的应用程序需要采用 SingletonControllerActivator 以单例的模式来激活目标 Controller 对象，则可以按照如下方式定义一个具体的 FoobarEngineFactory 工厂类。最终的应用程序将利用 FoobarEngineFactory 对象来创建作为引擎的 MvcEngine 对象。

```
var address     = new Uri("http://0.0.0.0:8080/mvcapp");
var engine      = new MvcEngine(new FoobarEngineFactory());
await engine.StartAsync(address);
...

public class FoobarEngineFactory : MvcEngineFactory
{
    public override ControllerActivator GetControllerActivator()
    {
        return new SingletonControllerActivator();
    }
}
```

2.3 依赖注入

IoC 主要体现了这样一种设计思想：通过将流程的控制权从应用转移到框架中以实现对流程的复用，应用程序的代码与框架之间采用"好莱坞法则"进行交互。我们可以采用若干种设计模式以不同的方式实现 IoC，如模板方法、工厂方法和抽象工厂。下面介绍一种更有价值的 IoC 模式，依赖注入（Dependency Injection，DI）。

2.3.1 由容器提供对象

与前面介绍的工厂方法和抽象工厂模式一样，依赖注入是一种"对象提供型"模式。在这里，我们将提供的对象统称为"服务"（服务对象或服务实例）。如果采用依赖注入的应用中定义的服务类型需要消费另一个服务，则只需要直接将对应的服务以相应的方式注入即可。

在启动应用时，会对所需的服务进行全局注册，服务注册信息最终被用来完成对应服务实例的创建和对生命周期的管理。按照好莱坞法则，应用只需要定义并注册好所需的服务，服务实例的提供则完全交给框架来完成。采用依赖注入的框架利用一个独立的容器（Container）来提供服务实例，它又被称为"依赖注入容器"或"IoC 容器"。根据前面 IoC 的介绍，作者认为后者不是一个合理的称谓。

举一个简单的实例，如果创建了一个名为 Cat 的依赖注入容器类型，则调用其 GetService<T>扩展方法提取指定类型的服务实例。其名字 Cat 主要来源于卡通形象"机器猫"（哆啦 A 梦）。机器猫的四次元口袋就是一个理想的依赖注入容器，大熊只需要告诉机器猫相应的需求，就能从这个口袋中得到相应的法宝。依赖注入容器亦是如此，服务消费者只需要告诉容器所需服务的类型（一般是一个服务接口或抽象服务类），就能得到与之匹配的服务实例。

```
public static class CatExtensions
{
    public static T GetService<T>(this Cat cat);
}
```

对于 MVC 框架来说，我们在前面分别采用不同的设计模式对框架的核心类型 MvcEngine 进行了"改造"，如果采用基于 Cat 的依赖注入框架重新创建 MvcEngine 对象，就会发现它变得异常简洁而清晰。

```
public class MvcEngine
{
    public Cat Cat { get; }
    public MvcEngine(Cat cat) => Cat = cat;

    public async Task StartAsync(Uri address)
    {
        var listener        = Cat.GetService<IWebListener>();
        var activator       = Cat.GetService<IControllerActivator>();
        var executor        = Cat.GetService<IControllerExecutor>();
        var renderer        = Cat.GetService<IViewRenderer>();

        await listener.ListenAsync(address);
        while (true)
        {
            var httpContext = await listener.ReceiveAsync();
            var controller = await activator.CreateControllerAsync(httpContext);
            try
            {
                var view = await executor.ExecuteAsync(controller, httpContext);
                await renderer.RendAsync(view, httpContext);
            }
            finally
            {
                await activator.ReleaseAsync(controller);
            }
        }
    }
}
```

依赖注入体现了一种最直接的服务消费方式，消费者只需要告诉提供者（依赖注入容器）所需服务的类型，提供者就能根据预先注册的规则提供一个匹配的服务实例。由于服务注册决定了最终提供的服务实例，所以可以通过修改服务注册的方式来提供所需的服务实例。如果应用程序需要采用 SingletonControllerActivator 以单例的模式来激活目标 Controller 对象，则它可以在启动 MvcEngine 之前按照如下形式将 SingletonControllerActivator 作为服务实现类型进行注册。

```
var cat = new Cat().Register<IControllerActivator, SingletonControllerActivator>();
var engine = new MvcEngine(cat);
var address = new Uri("http://localhost/mvcapp");
engine.StartAsync(address);
```

2.3.2　3 种注入方式

如图 2-5 所示，当应用框架调用 GetService<IFoo>方法向依赖注入容器索取一个 IFoo 对象时，该方法会根据预先注册的类型映射关系创建一个类型为 Foo 的对象。由于 Foo 对象需要 Bar 对象和 Qux 对象的参与才能完成目标操作，所以 Foo 对象具有针对 Bar 对象和 Qux 对象的直接依赖。而 Bar 对象又依赖 Baz 对象，所以 Baz 对象成了 Foo 对象的间接依赖。对于依赖注入容器最终提供的 Foo 对象，它所直接或间接依赖的对象 Bar、Baz 和 Qux 都会预先被初始化并自动注入该对象之中。

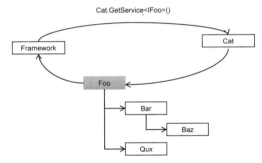

图 2-5　依赖注入容器对依赖的自动注入

从面向对象编程的角度来讲，类型中的字段或属性是依赖的一种主要体现形式。如果类型 A 中具有一个类型 B 的字段或属性，则类型 A 对类型 B 产生了依赖。所以我们可以将依赖注入简单地理解为一种针对依赖字段或属性的自动化初始化方式，通过 3 种方式可达到这个目的。

1．构造器注入

构造器注入就是将依赖对象以参数的形式注入构造函数中。如下面的代码片段所示，Foo 针对 IBar 的依赖体现在它的只读属性 Bar 上，在构造函数中定义了一个对应的参数来初始化这个属性。

```
public class Foo
{
    public IBar Bar { get; }
    public Foo(IBar bar) => Bar = bar;
}
```

　　构造器注入还体现在对构造函数的选择上。如下面的代码片段所示，Foo 类定义了两个构造函数，依赖注入容器在创建 Foo 对象之前需要先选择一个合适的构造函数。至于目标构造函数的选择，不同的依赖注入框架有不同的策略，如可以选择参数最多或最少的构造函数，也可以按照如下方式在目标构造函数上做一个标记（InjectionAttribute 特性）。

```
public class Foo
{
    public IBar Bar{get;}
    public IBaz Baz {get;}

    [Injection]
    public Foo(IBar bar) =>Bar = bar;
    public Foo(IBar bar, IBaz baz):this(bar)
        =>Baz = baz;
}
```

2. 属性注入

　　如果依赖直接体现为类的某个属性，并且该属性不是只读的，则可以让依赖注入容器直接对其赋值。一般来说，在定义这种类型时，需要对自动注入的属性进行标记，使之与其他普通属性进行区分。如下面的代码片段所示，在 Foo 类中定义了两个可读/写的公共属性（Bar 和 Baz），我们通过标注 InjectionAttribute 特性将 Baz 属性设置为自动注入的依赖属性。

```
public class Foo
{
    public IBar Bar {get; set;}

    [Injection]
    public IBaz Baz {get; set;}
}
```

3. 方法注入

　　体现依赖关系的字段或属性可以通过执行某个方法来赋值。如下面的代码片段所示，我们在 Initialize 方法中实现依赖属性 Bar 的初始化，并将依赖的 IBar 对象注入这个方法中。通过标注 InjectionAttribute 特性的方式可以将该方法标识为注入方法。依赖注入容器在调用构造函数创建一个 Foo 对象之后，会自动调用 Initialize 方法对只读属性 Bar 进行赋值。

```
public class Foo
{
    public IBar Bar{get;}

    [Injection]
    public Initialize(IBar bar)=> Bar = bar;
}
```

　　其实被依赖的对象并不需要在当前对象创建时被初始化，当我们真正使用它时由容器实时提供是更加推荐的方法注入形式。在"按照约定"的编程模式下采用这种方法注入形式会使程序变得简洁。基于方法注入的约定编程在 ASP.NET Core 开发中具有广泛的应用，一个典型的实例就是中间件的定义。按照约定定义的中间件类型不需要实现任何的接口，我们只需要定义一个用来处理请求的 InvokeAsync 方法或 Invoke 方法，在这个方法中可以注入依赖服务。当这个方法被用来处理请求时，依赖注入容器会实时提供这些依赖对象。

```
public class FoobarMiddleware
{
    private readonly RequestDelegate _next;
    public FoobarMiddleware(RequestDelegate next) => _next = next;

    public Task InvokeAsync(HttpContext httpContext, IFoo foo, IBar bar, IBaz baz);
}
```

.NET 提供的依赖注入框架只支持构造函数注入，ASP.NET Core 框架利用它在某些地方实现了方法注入。我知道很多人引入了一些"外部力量"将属性注入引入 ASP.NET Core 应用中，但是我并不赞成使用这种注入形式。至于方法注入，上面给出了两种形式，利用约定的方法专门来初始化依赖服务实例其实与属性注入没有什么本质的区别，我也是不赞成使用的。而第二种面向约定编程的方法注入是不错的选择。

2.3.3 Service Locator 模式

假设我们需要定义一个服务类型 Foo，它依赖于服务 Bar 和 Baz，后者对应的服务接口分别为 IBar 和 IBaz。如果当前应用具有一个依赖注入容器 Cat，则可以采用如下两种方式定义服务类型 Foo。

```
public class Foo : IFoo
{
    public IBar Bar { get; }
    public IBaz Baz { get; }

    public Foo(IBar bar, IBaz baz)
    {
        Bar = bar;
        Baz = baz;
    }
    public async Task InvokeAsync()
    {
        await Bar.InvokeAsync();
        await Baz.InvokeAsync();
    }
}

public class Foo : IFoo
{
    public Cat Cat { get; }
    public Foo(Cat cat) => Cat = cat;
    public async Task InvokeAsync()
    {
        await Cat.GetService<IBar>().InvokeAsync();
```

```
        await Cat.GetService<IBaz>().InvokeAsync();
    }
}
```

从表面上看，上面提供的这两种定义方式都可以解决依赖服务的解耦问题。很多人会选择第二种定义方式，因为这种定义方式不仅代码量更少，而且服务的提供方式也更加直接。我们直接在构造函数中"注入"了代表依赖注入容器的 Cat 对象，在任何使用到依赖服务的地方，只需要利用它来提供对应的服务实例即可。

但第二种定义方式采用的并不是依赖注入，而是一种被称为 Service Locator 的设计模式。Service Locator 模式同样利用一个通过服务注册信息创建的容器来提供所需的服务实例，该容器被称为 Service Locator。依赖注入容器和 Service Locator 实际上是同一个事物在不同设计模式中的不同称谓，那么依赖注入和 Service Locator 之间的差异主要体现在哪些方面？

作者认为可以从依赖注入容器或 Service Locator 被谁使用的角度来区分这两种设计模式的差异。在一个采用依赖注入的应用中，我们只需要使用上述的注入形式定义服务类型，并在启动应用之前完成所需的服务注册，框架在运行过程中会利用依赖注入容器来提供当前所需的服务实例。换句话说，依赖注入容器的使用者应该是框架而不是应用程序。Service Locator 模式显然不是这样，分明是应用程序在利用它来提供所需的服务实例，所以它的使用者是应用程序。

我们也可以从另外一个角度区分两者之间的差异。由于依赖服务是以"注入"的方式来提供的，所以可以理解为将依赖服务"推送"给被依赖对象，Service Locator 模式则是利用 Service Locator "拉取"所需的依赖服务，这一"推"一"拉"也准确地体现了两者之间的差异。那么既然两者之间有差异，究竟孰优孰劣？

2010 年，Mark Seemann 就已经将 Service Locator 视为一种反模式（Anti-Pattern），虽然也有其他人对此提出不同的意见，但作者不推荐使用这种设计模式。作者反对使用 Service Locator 模式与前面提到的反对使用属性注入和专门用来初始化依赖服务的方法注入具有类似的原因。本着"松耦合、高内聚"的设计原则，我们既然将一组相关的操作定义在一个能够复用的服务中，就应该尽量要求服务自身独立和自治。与此同时，服务之间应该具有明确的界定，服务之间的依赖关系应该是明确的而不是模糊的。无论是采用属性注入、初始化依赖服务的方法注入，还是 Service Locator 模式，都相当于引入一个新的依赖，对服务提供容器的依赖。

一个确定服务的依赖与容器的依赖在设计上是有本质区别的。前者是一种基于类型的依赖，无论是基于服务的接口还是实现类型，这都是一种基于"契约"的依赖。这种依赖不仅是明确的也是稳定的。但是容器是一个黑盒，对它的依赖不仅是模糊的也是不稳定的。

我们可能会不知不觉地按照 Service Locator 模式编写代码。从某种意义上讲，当在程序中使用表示依赖注入容器的 IServiceProvider 提取某个服务实例时，这就意味着我们已经在使用 Service Locator 模式了，所以遇到这种情况时应该思考是否一定需要这么做，因为有时候我们可能没有其他选择。

2.4　一个简易版的依赖注入容器

前面从纯理论的角度对依赖注入进行了深入介绍，第 3 章会对 ASP.NET Core 框架内部使用的依赖注入框架进行单独介绍。为了使读者能够更好地理解第 3 章的内容，我们按照类似的思路创建了一个简易版本的依赖注入框架，并将它命名为"Cat"。

2.4.1　编程体验

虽然我们对这个名为 Cat 的依赖注入框架进行了最大限度的简化，但是与 ASP.NET Core 框架内部使用的真实依赖注入框架相比，Cat 不但采用了一致的设计，而且几乎具备所有的功能特性。为了使读者对 Cat 提供的功能有一个大致的认识，先来演示一下几个典型应用场景。

作为依赖注入容器的 Cat 对象不仅用来提供服务实例，还需要维护服务实例的生命周期。Cat 提供了 3 种生命周期模式，要了解它们之间的差异必须对多个 Cat 之间的层次关系有充分的认识。一个表示依赖注入容器的 Cat 对象可以用来创建其他的 Cat 对象，后者将前者视为"父容器"，所以多个 Cat 对象通过其"父子关系"维系一个树形层次化结构。但这只是一个逻辑结构，实际上每个 Cat 对象只会按照图 2-6 所示的方式引用整棵树的根（Root）。

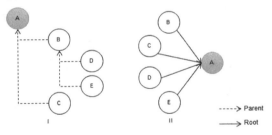

图 2-6　Cat 对象之间的关系

在了解了多个 Cat 对象之间的关系之后，我们就会很容易理解通过如下 Lifetime 枚举定义的 3 种生命周期模式。Transient 表示容器针对每次服务请求都会创建一个新的服务实例；Self 将提供服务实例保存在当前容器中，它表示针对某个容器范围内的单例模式；Root 表示将每个容器提供的服务实例统一存放到根容器中，所以该模式能够在多个"同根"容器范围内确保提供的服务是单例的。

```
public enum Lifetime
{
    Root,
    Self,
    Transient
}
```

表示依赖注入容器的 Cat 对象之所以能够为我们提供所需的服务实例，是因为相应的服务注册在此之前已经被添加到容器中。服务总是针对服务类型（接口、抽象类或具体类型）进行注册的，Cat 通过定义的扩展方法提供了如下 3 种注册方式。除直接提供一个服务实例时会默认采用 Root 模式外，采用其他两种注册方式时必须指定具体采用的生命周期模式。

- 指定具体的实现类型。
- 提供一个服务实例。
- 指定一个创建服务实例的工厂。

我们定义了如下所示的接口和对应的实现类型来演示 Cat 的服务注册。Foo、Bar、Baz 和 Qux 分别实现了对应的接口 IFoo、IBar、IBaz 和 IQux，其中，Qux 类型上标注的 MapToAttribute 特性注册了与对应接口 IQux 之间的映射。4 个类型派生出的基类 Base 实现了 IDisposable 接口，在其构造函数和实现的 Dispose 方法中输出相应的文本，以确定对应的实例何时被创建和释放。我们还定义了一个泛型的接口 IFoobar<T1,T2>和对应的实现类 Foobar<T1,T2>，用来演示 Cat 提供的泛型服务实例。

```
public interface IFoo {}
public interface IBar {}
public interface IBaz {}
public interface IQux {}
public interface IFoobar<T1, T2> {}

public class Base : IDisposable
{
    public Base()
        => Console.WriteLine($"Instance of {GetType().Name} is created.");
    public void Dispose()
        => Console.WriteLine($"Instance of {GetType().Name} is disposed.");
}

public class Foo : Base, IFoo{ }
public class Bar : Base, IBar{ }
public class Baz : Base, IBaz{ }
[MapTo(typeof(IQux), Lifetime.Root)]
public class Qux : Base, IQux { }
public class Foobar<T1, T2>: IFoobar<T1,T2>
{
    public T1 Foo { get; }
    public T2 Bar { get; }
    public Foobar(T1 foo, T2 bar)
    {
        Foo = foo;
        Bar = bar;
    }
}
```

如下面所示的代码片段创建了一个 Cat 对象，并采用上面提到的方式为接口 IFoo、IBar 和 IBaz 注册了对应的服务，它们采用的生命周期模式分别为 Transient、Self 和 Root。另外，我们还调用了另一个将当前入口程序集作为参数的 Register 方法，该方法会解析指定程序集中标注了 MapToAttribute 特性的类型并进行批量服务注册。对于演示的程序来说，该方法会完成

IQux/Qux 类型的服务注册。接下来，利用 Cat 对象创建它的两个子容器，并调用子容器的
GetService<TService>方法来提供相应的服务实例。

```csharp
using App;

var root = new Cat()
    .Register<IFoo, Foo>(Lifetime.Transient)
    .Register<IBar>(_ => new Bar(), Lifetime.Self)
    .Register<IBaz, Baz>(Lifetime.Root)
    .Register(typeof(Foo).Assembly);
var cat1 = root.CreateChild();
var cat2 = root.CreateChild();

void GetServices<TService>(Cat cat) where TService : class
{
    cat.GetService<TService>();
    cat.GetService<TService>();
}

GetServices<IFoo>(cat1);
GetServices<IBar>(cat1);
GetServices<IBaz>(cat1);
GetServices<IQux>(cat1);
Console.WriteLine();
GetServices<IFoo>(cat2);
GetServices<IBar>(cat2);
GetServices<IBaz>(cat2);
GetServices<IQux>(cat2);
```

　　上面的程序运行之后，控制台上的输出结果如图 2-7 所示。由于 IFoo 服务被注册为
Transient 服务，所以 Cat 针对 4 次请求都会创建一个全新的 Foo 对象。IBar 服务的生命周期模
式为 Self，对于同一个 Cat 只会创建一个 Bar 对象，所以在整个过程中会创建两个 Bar 对象。
IBaz 和 IQux 服务采用 Root 生命周期，同根的两个 Cat 对象提供的其实是同一个 Baz/Qux 对象。
（S201）

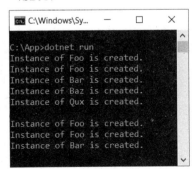

图 2-7　Cat 按照服务注册对应的生命周期模式提供服务实例

　　Cat 同样可以提供泛型服务实例。如下面的代码片段所示，在为创建的 Cat 对象添加 IFoo 接口

和 IBar 接口的服务注册之后，调用 Register 方法注册泛型定义 IFoobar<>的服务，具体的实现类型为 Foobar<>。当利用 Cat 对象提供一个类型为 IFoobar<IFoo,IBar>的服务实例时，它会创建并返回一个 Foobar<Foo, Bar>对象。（S202）

```
using App;
using System.Diagnostics;

var cat = new Cat()
    .Register<IFoo, Foo>(Lifetime.Transient)
    .Register<IBar, Bar>(Lifetime.Transient)
    .Register(typeof(IFoobar<,>), typeof(Foobar<,>), Lifetime.Transient);

var foobar = (Foobar<IFoo, IBar>?)cat.GetService<IFoobar<IFoo, IBar>>();
Debug.Assert(foobar?.Foo is Foo);
Debug.Assert(foobar?.Bar is Bar);
```

我们可以为同一个类型提供多个服务注册。虽然添加的所有服务注册均是有效的，但由于 GetService<TService>扩展方法总是返回一个服务实例，我们对该方法应用了“后来居上”的策略，即采用最近添加的服务注册创建服务实例。GetServices<TService>扩展方法将返回根据所有服务注册提供的服务实例。下面的代码片段为创建的 Cat 对象添加了 3 个 Base 类型的服务注册，对应的实现类型分别为 Foo、Bar 和 Baz。我们调用了 Cat 对象的 GetServices<Base>方法，返回的是包含 3 个 Base 对象的集合，集合元素的类型分别为 Foo、Bar 和 Baz。（S203）

```
using App;
using System.Diagnostics;

var services = new Cat()
    .Register<Base, Foo>(Lifetime.Transient)
    .Register<Base, Bar>(Lifetime.Transient)
    .Register<Base, Baz>(Lifetime.Transient)
    .GetServices<Base>();
Debug.Assert(services.OfType<Foo>().Any());
Debug.Assert(services.OfType<Bar>().Any());
Debug.Assert(services.OfType<Baz>().Any());
```

如果提供服务实例的类型实现了 IDisposable 接口，则必须在适当的时候调用其 Dispose 方法来释放服务实例。由于服务实例的生命周期完全由作为依赖注入容器的 Cat 对象来管理，所以通过调用 Dispose 方法释放服务实例也由它负责。Cat 对象释放服务实例的策略取决于采用的生命周期模式，具体的策略如下。

- Transient 和 Self：所有实现了 IDisposable 接口的服务实例会被当前 Cat 对象保存起来，当 Cat 对象自身的 Dispose 方法被调用时，这些服务实例的 Dispose 方法会被调用。

- Root：由于服务实例保存在作为根容器的 Cat 对象上，所以该对象的 Dispose 方法被调用时，这些服务实例的 Dispose 方法也会被调用。

上述释放策略可以通过演示实例来印证。如下面的代码片段所示，创建一个 Cat 对象并添加相应的服务注册。调用它的 CreateChild 方法来创建表示子容器的 Cat 对象，并利用它来提供 4 个注册服务对应的实例。

```
using App;
using (var root = new Cat()
            .Register<IFoo, Foo>(Lifetime.Transient)
            .Register<IBar>(_ => new Bar(), Lifetime.Self)
            .Register<IBaz, Baz>(Lifetime.Root)
            .Register(typeof(IFoo).Assembly))
{
    using (var cat = root.CreateChild())
    {
        cat.GetService<IFoo>();
        cat.GetService<IBar>();
        cat.GetService<IBaz>();
        cat.GetService<IQux>();
        Console.WriteLine("Child cat is disposed.");
    }
    Console.WriteLine("Root cat is disposed.");
}
```

　　由于两个 Cat 对象的创建都是在 using 块中进行的，所以它们的 Dispose 方法都会在 using 块结束的地方被调用。该程序运行之后，控制台上的输出结果如图 2-8 所示。我们可以看到，当作为子容器的 Cat 对象的 Dispose 方法被调用时，由它提供的两种生命周期模式分别为 Transient 和 Self 的服务实例（Foo 和 Bar）被正常释放。而生命周期模式为 Root 的服务实例（Baz 和 Qux 对象）的 Dispose 方法会延迟到作为根容器的 Cat 对象的 Dispose 方法被调用的时候才执行。（S204）

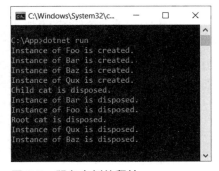

图 2-8　服务实例的释放

2.4.2　设计与实现

　　在完成了 Cat 的编程体验之后，我们来介绍依赖注入容器的设计原理和具体实现。由于作为依赖注入容器的 Cat 对象总是利用预先添加的服务注册来提供对应的服务实例，所以服务注册至关重要。如下所示为表示服务注册的 ServiceRegistry 类型的定义，它具有 ServiceType、Lifetime 和 Factory 共 3 个属性，分别表示服务类型、生命周期模式和用来创建服务实例的工厂。最终用来创建服务实例的工厂是一个 Func<Cat,Type[], object?>类型的委托对象，它的两个输入参数分别表示当前使用的 Cat 对象及提供服务类型的泛型类型，如果服务类型不是一个泛型类型，则第二个参数就会被指定为一个空的数组。

```csharp
public class ServiceRegistry
{
    public Type                             ServiceType { get; }
    public Lifetime                         Lifetime { get; }
    public Func<Cat, Type[], object?>       Factory { get; }
    internal ServiceRegistry?               Next { get; set; }

    public ServiceRegistry(Type serviceType, Lifetime lifetime,
        Func<Cat, Type[], object?> factory)
    {
        ServiceType    = serviceType;
        Lifetime       = lifetime;
        Factory        = factory;
    }

    internal IEnumerable<ServiceRegistry> AsEnumerable()
    {
        var list = new List<ServiceRegistry>();
        for (var self = this; self != null; self = self.Next)
        {
            list.Add(self);
        }
        return list;
    }
}
```

我们将同一个服务类型（ServiceType 属性相同）的多个 ServiceRegistry 组成一个如图 2-9 所示的链表，相邻节点的两个 ServiceRegistry 对象将通过 Next 属性关联起来。我们为 ServiceRegistry 定义了一个 AsEnumerable 方法，返回的是由当前及后续节点组成的 ServiceRegistry 集合。如果当前 ServiceRegistry 为链表头，则这个方法会返回链表上的所有 ServiceRegistry 对象。

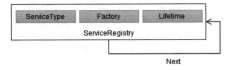

图 2-9　服务注册

如下所示为表示依赖注入容器的 Cat 类型的定义。Cat 类型同时实现了 IServiceProvider 接口和 IDisposable 接口，前者定义的 GetService 方法用于提供服务实例。作为根容器的 Cat 对象通过公共构造函数创建，另一个内部构造函数则用来创建作为指定父容器的子容器。

```csharp
public class Cat : IServiceProvider, IDisposable
{
    internal readonly Cat                                            _root;
    internal readonly ConcurrentDictionary<Type, ServiceRegistry>    _registries;
    private readonly ConcurrentDictionary<Key, object?>             _services;
    private readonly ConcurrentBag<IDisposable>                      _disposables;
    private volatile bool                                           _disposed;
```

```
public Cat()
{
    _registries    = new ConcurrentDictionary<Type, ServiceRegistry>();
    _root          = this;
    _services      = new ConcurrentDictionary<Key, object?>();
    _disposables   = new ConcurrentBag<IDisposable>();
}

internal Cat(Cat parent)
{
    _root          = parent._root;
    _registries    = _root._registries;
    _services      = new ConcurrentDictionary<Key, object?>();
    _disposables   = new ConcurrentBag<IDisposable>();
}

private void EnsureNotDisposed()
{
    if (_disposed)
    {
        throw new ObjectDisposedException("Cat");
    }
}
...
}
```

作为根容器的 Cat 对象通过_root 字段表示。_registries 字段返回的 ConcurrentDictionary
<Type,ServiceRegistry>字典用来存储所有添加的服务注册，它的 Key 和 Value 分别表示服务类型
与 ServiceRegistry 链表对象，图 2-10 可以体现这个映射关系。由于需要负责完成对提供服务实
例的释放工作，所以需要将实现了 IDisposable 接口的服务实例保存在通过_disposables 字段表示
的集合中。

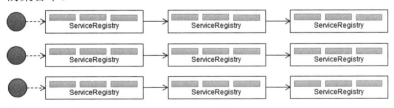

图 2-10 服务类型与服务注册链表的映射

当前 Cat 对象提供的非 Transient 服务实例保存在_services 字段表示的 ConcurrentDictionary
<Key,object>对象上，作为字典键的 Key 类型定义如下，它相当于 ServiceRegistry 对象和泛型参
数类型数组的组合。

```
internal class Key : IEquatable<Key>
{
    public ServiceRegistry      Registry { get; }
    public Type[]               GenericArguments { get; }
```

```
    public Key(ServiceRegistry registry, Type[] genericArguments)
    {
        Registry            = registry;
        GenericArguments    = genericArguments;
    }

    public bool Equals(Key? other)
    {
        if (Registry != other?.Registry)
        {
            return false;
        }
        if (GenericArguments.Length != other.GenericArguments.Length)
        {
            return false;
        }
        for (int index = 0; index < GenericArguments.Length; index++)
        {
            if (GenericArguments[index] != other.GenericArguments[index])
            {
                return false;
            }
        }
        return true;
    }

    public override int GetHashCode()
    {
        var hashCode = Registry.GetHashCode();
        for (int index = 0; index < GenericArguments.Length; index++)
        {
            hashCode ^= GenericArguments[index].GetHashCode();
        }
        return hashCode;
    }
    public override bool Equals(object? obj) => obj is Key key ? Equals(key) : false;
}
```

虽然为 Cat 类型定义了若干扩展方法来支持不同的服务注册形式，但是这些方法最终都会调用如下代码片段中的 Register 方法，该方法会将提供的 ServiceRegistry 对象添加到_registries 字段表示的字典中。无论调用哪个 Cat 对象的 Register 方法，指定的 ServiceRegistry 对象都会被添加到作为根容器的 Cat 对象上。

```
public class Cat : IServiceProvider, IDisposable
{
    public Cat Register(ServiceRegistry registry)
    {
        EnsureNotDisposed();
        if (_registries.TryGetValue(registry.ServiceType, out var existing))
```

```
        {
            _registries[registry.ServiceType] = registry;
            registry.Next = existing;
        }
        else
        {
            _registries[registry.ServiceType] = registry;
        }
        return this;
    }
    ...
}
```

　　用来提供服务实例的核心操作实现在 GetServiceCore 方法中。如下面的代码片段所示，在调用 GetServiceCore 方法时需要指定 ServiceRegistry 对象的服务类型的泛型参数。对于 Transient 生命周期模式，GetServiceCore 方法会直接利用 ServiceRegistry 对象提供的工厂来创建服务实例。如果服务实例的类型实现了 IDisposable 接口，则该服务实例会被添加到_disposables 字段表示的待释放列表中。如果生命周期模式为 Root 和 Self，则该方法会先根据提供的 ServiceRegistry 对象判断对应的服务实例是否存在，存在的服务实例会直接返回。

```
public class Cat : IServiceProvider, IDisposable
{
    private object? GetServiceCore(ServiceRegistry registry, Type[] genericArguments)
    {
        var key = new Key(registry, genericArguments);
        var serviceType = registry.ServiceType;

        switch (registry.Lifetime)
        {
            case Lifetime.Root:
                return GetOrCreate(_root._services, _root._disposables);
            case Lifetime.Self: return GetOrCreate(_services, _disposables);
            default:
                {
                    var service = registry.Factory(this, genericArguments);
                    if (service is IDisposable disposable && disposable != this)
                    {
                        _disposables.Add(disposable);
                    }
                    return service;
                }
        }

        object? GetOrCreate(ConcurrentDictionary<Key, object?> services,
            ConcurrentBag<IDisposable> disposables)
        {
            if (services.TryGetValue(key, out var service))
            {
                return service;
            }
```

```
            service = registry.Factory(this, genericArguments);
            services[key] = service;
            if (service is IDisposable disposable)
            {
                disposables.Add(disposable);
            }
            return service;
        }
    }
}
```

GetServiceCore 方法只有在服务实例不存在的情况下才会利用提供的工厂创建新的实例，创建的实例会根据生命周期模式保存到作为根容器的 Cat 对象或当前 Cat 对象上。如果提供的服务实例实现了 IDisposable 接口，则在采用 Root 生命周期模式的情况下，它会被保存到作为根容器的 Cat 对象的待释放列表中。如果生命周期模式为 Self，则它会被添加到当前 Cat 对象的待释放列表中。

在实现的 GetService 方法中，Cat 会根据指定的服务类型找到对应的 ServiceRegistry 对象，并调用 GetServiceCore 方法来提供对应的服务实例。使用 GetService 方法还会解决一些特殊服务的供给问题。如果服务类型为 Cat 或 IServiceProvider，则返回的是它自己；如果服务类型为 IEnumerable<T>，则 GetService 方法会根据泛型参数类型 T 找到所有的 ServiceRegistry，并利用它们来创建对应的服务实例，最终返回的是由这些服务实例组成的集合。针对泛型服务实例的提供也是在 GetService 方法中解决的。

```
public class Cat : IServiceProvider, IDisposable
{
    public object? GetService(Type serviceType)
    {
        EnsureNotDisposed();

        if (serviceType == typeof(Cat) || serviceType == typeof(IServiceProvider))
        {
            return this;
        }

        ServiceRegistry? registry;
        //IEnumerable<T>
        if (serviceType.IsGenericType
            && serviceType.GetGenericTypeDefinition() == typeof(IEnumerable<>))
        {
            var elementType = serviceType.GetGenericArguments()[0];
            if (!_registries.TryGetValue(elementType, out registry))
            {
                return Array.CreateInstance(elementType, 0);
            }

            var registries = registry.AsEnumerable();
            var services = registries.Select(it => GetServiceCore(it,
```

```
                   Type.EmptyTypes)).Reverse().ToArray();
        Array array = Array.CreateInstance(elementType, services.Length);
        services.CopyTo(array, 0);
        return array;
    }

    //Generic
    if (serviceType.IsGenericType && !_registries.ContainsKey(serviceType))
    {
        var definition = serviceType.GetGenericTypeDefinition();
        return _registries.TryGetValue(definition, out registry)
            ? GetServiceCore(registry, serviceType.GetGenericArguments())
            : null;
    }

    //Normal
    return _registries.TryGetValue(serviceType, out registry)
            ? GetServiceCore(registry, new Type[0])
            : null;
    }
    ...
}
```

在实现的 Dispose 方法中，由于所有待释放的服务实例已经保存到_disposables 字段表示的集合中，依次调用它们的 Dispose 方法即可。在释放所有服务实例并清空待释放列表之后，使用 Dispose 方法还会清空_services 字段表示的服务实例列表。

```
public class Cat : IServiceProvider, IDisposable
{
    public void Dispose()
    {
        _disposed = true;
        foreach(var disposable in _disposables)
        {
            disposable.Dispose();
        }
        _disposables.Clear();
        _services.Clear();
    }
    ...
}
```

2.4.3 扩展方法

为了方便注册服务，我们可以选择如下 6 个 Register 扩展方法。由于服务注册的添加总是需要调用 Cat 自身的 Register 扩展方法来完成，所以这些方法最终都需要创建一个表示服务注册的 ServiceRegistry 对象。对于一个 ServiceRegistry 对象来说，它最核心的元素就是表示服务实例创建工厂的 Func<Cat,Type[],object>对象，所以这 6 个 Register 扩展方法需要解决的问题就是创建一个委托对象。

```
public static class CatExtensions
{
    public static Cat Register(this Cat cat, Type from, Type to, Lifetime lifetime)
    {
        Func<Cat, Type[], object?> factory =
            (c, arguments) => Create(c, to, arguments);
        cat.Register(new ServiceRegistry(from, lifetime, factory));
        return cat;
    }

    public static Cat Register<TFrom, TTo>(this Cat cat, Lifetime lifetime)
        where TTo : TFrom
        => cat.Register(typeof(TFrom), typeof(TTo), lifetime);

    public static Cat Register(this Cat cat, Type serviceType, object instance)
    {
        Func<Cat, Type[], object?> factory = (_, arguments) => instance;
        cat.Register(new ServiceRegistry(serviceType, Lifetime.Root, factory));
        return cat;
    }

    public static Cat Register<TService>(this Cat cat, TService instance)
        where TService : class
    {

        Func<Cat, Type[], object?> factory = (_, arguments) => instance;
        cat.Register(new ServiceRegistry(typeof(TService), Lifetime.Root, factory));
        return cat;
    }

    public static Cat Register(this Cat cat, Type serviceType,
        Func<Cat, object> factory, Lifetime lifetime)
    {
        cat.Register(new ServiceRegistry(serviceType, lifetime,
            (c, arguments) => factory(c)));
        return cat;
    }

    public static Cat Register<TService>(this Cat cat, Func<Cat, TService> factory,
        Lifetime lifetime) where TService : class
    {
        cat.Register(new ServiceRegistry(typeof(TService), lifetime,
            (c, arguments) => factory(c)));
        return cat;
    }

    private static object? Create(Cat cat, Type type, Type[] genericArguments)
    {
        if (genericArguments.Length > 0)
        {
            type = type.MakeGenericType(genericArguments);
```

```
    }
    var constructors = type.GetConstructors();
    if (constructors.Length == 0)
    {
        throw new InvalidOperationException(
            $"Cannot create the instance of {type} without  constructor.");
    }
    var constructor = constructors.FirstOrDefault(it =>
        it.GetCustomAttributes(false).OfType<InjectionAttribute>().Any());
    constructor ??= constructors.Last();
    var parameters = constructor.GetParameters();
    if (parameters.Length == 0)
    {
        return Activator.CreateInstance(type);
    }
    var arguments = new object?[parameters.Length];
    for (int index = 0; index < arguments.Length; index++)
    {
        arguments[index] = cat.GetService(parameters[index].ParameterType);
    }
    return constructor.Invoke(arguments);
    }
}
```

由于前两个 Register 重载方法指定的是服务实现类型，所以需要调用对应的构造函数来创建服务实例，这一逻辑是在 Create 方法中实现的。第三个扩展方法直接指定了服务实例，所以将提供的参数转换成一个 Func<Cat,Type[],object>非常容易。

通过引入 InjectionAttribute 特性简化了构造函数的筛选逻辑。如果将所有公共实例构造函数作为候选的构造函数，则会优先选择标注了该特性的构造函数。如果没有这样的构造函数，则直接选择该类型的最后一个构造函数。这种选择策略过于"简单粗暴"，但由于篇幅所限就不过多优化了。当构造函数被选择之后，需要通过分析其参数类型并利用 Cat 对象来提供具体的参数值，这实际上是一个递归的过程。最终将构造函数的调用转换成 Func<Cat,Type[], object>对象，进而创建出表示服务注册的 ServiceRegistry 对象。

```
[AttributeUsage( AttributeTargets.Constructor)]
public class InjectionAttribute: Attribute {}
```

上述 6 个 Register 扩展方法仅完成了单一服务的注册，但是在很多情况下项目中会出现非常多的服务需要注册，服务的批量注册是一个不错的选择。依赖注入框架提供了程序集范围的批量服务注册。为了标识待注册的服务，需要在服务实现类型上标注如下所示的 MapToAttribute 特性，并指定服务类型（一般为它实现的接口或继承的基类）和生命周期。

```
[AttributeUsage( AttributeTargets.Class, AllowMultiple = true)]
public sealed class MapToAttribute: Attribute
{
    public Type        ServiceType { get; }
    public Lifetime    Lifetime { get; }
```

```
    public MapToAttribute(Type serviceType, Lifetime lifetime)
    {
        ServiceType    = serviceType;
        Lifetime       = lifetime;
    }
}
```

　　程序集范围的批量服务注册是在 Register 扩展方法中实现的。如下面的代码片段所示，该方法会从指定程序集中获取所有标注了 MapToAttribute 特性的类型，并通过提取服务类型、实现类型和生命周期模式完成所需的服务注册。

```
public static class CatExtensions
{
    public static Cat Register(this Cat cat, Assembly assembly)
    {
        var typedAttributes = from type in assembly.GetExportedTypes()
            let attribute = type.GetCustomAttribute<MapToAttribute>()
            where attribute != null
            select new { ServiceType = type, Attribute = attribute };
        foreach (var typedAttribute in typedAttributes)
        {
            cat.Register(typedAttribute.Attribute.ServiceType,
                typedAttribute.ServiceType, typedAttribute.Attribute.Lifetime);
        }
        return cat;
    }
}
```

　　除了上述 6 个用来注册服务的 Register 扩展方法，还为 Cat 类型定义了 3 个扩展方法。GetService<T>扩展方法以泛型参数的形式指定服务类型，GetServices<T>扩展方法用于提供指定服务类型的所有实例，CreateChild 扩展方法用于创建一个表示子容器的 Cat 对象。

```
public static class CatExtensions
{
    public static T? GetService<T>(this Cat cat) where T:class
        => (T?)cat.GetService(typeof(T));
    public static IEnumerable<T> GetServices<T>(this Cat cat)
        => cat.GetService<IEnumerable<T>>()??Array.Empty<T>();
    public static Cat CreateChild(this Cat cat) => new(cat);
}
```

第 3 章

依赖注入（下）

毫不夸张地说，整个 ASP.NET Core 就是建立在依赖注入框架之上的。ASP.NET Core 应用在启动时构建管道所需的服务，以及管道处理请求使用的服务，均来源于依赖注入容器。依赖注入容器不仅为 ASP.NET Core 框架提供了必要的服务，还为应用程序提供了服务，依赖注入已经成为 ASP.NET Core 应用的基本编程模式。第 2 章主要从理论层面介绍了依赖注入这种设计模式，本章主要对 ASP.NET Core 的依赖注入框架进行系统介绍。

3.1 利用容器提供服务

由于依赖注入具有举足轻重的作用，所以本书的绝大部分章节都会涉及这一主题。本章主要介绍这个独立的基础框架（下文中有时简称框架），不会涉及它在 ASP.NET Core 框架中的应用。我们先从编程的层面体验如何利用依赖注入容器提供所需的服务实例。

3.1.1 服务的注册与消费

为了使读者更容易理解 ASP.NET Core 提供的依赖注入框架，在第 3 章创建了一个名为 Cat 的 Mini 版的依赖注入框架。无论是编程模式还是实现原理，Cat 与依赖注入框架都非常相似。这个依赖注入框架主要涉及两个 NuGet 包。我们在编程过程中频繁使用的一些接口和类型都定义在 "Microsoft.Extensions.DependencyInjection.Abstractions" NuGet 包中，而具体实现则由另一个 "Microsoft.Extensions.DependencyInjection" NuGet 包来承载。

对于 Cat 框架，我们既可以将 Cat 对象作为提供服务实例的容器，也用它来存放服务注册，但是 ASP.NET Core 依赖注入框架则将两者分离。添加的服务注册被保存在通过 IServiceCollection 接口表示的集合中，并通过集合创建表示依赖注入容器的 IServiceProvider 对象。

作为依赖注入容器的 IServiceProvider 对象不仅具有类似于 Cat 的层次结构，两者对提供的服务实例也采用一致的生命周期管理方式。依赖注入框架利用如下 ServiceLifetime 枚举表示 Singleton、Scoped 和 Transient 这 3 种生命周期模式，Cat 中对应的名称为 Root、Self 和 Transient。

```
public enum ServiceLifetime
    Singleton,
    Scoped,
    Transient
}
```

添加的服务注册是容器用来提供所需服务实例的依据。由于 IServiceProvider 对象总是利用指定的服务类型来提供对应的实例，所以服务总是基于类型进行注册的。我们倾向于利用接口来对服务进行抽象，所以这里的服务类型一般为接口，实际上依赖注入框架对服务注册的类型并没有任何限制。具体的服务注册主要体现为以下 3 种形式，除了在直接提供一个服务实例的注册形式（这种形式默认采用 Singleton 模式）中，在其他的注册方式中必须指定采用的生命周期模式。

- 指定具体的服务实现类型。
- 提供一个现成的服务实例。
- 指定一个创建服务实例的工厂。

我们提供的演示实例是一个控制台程序。在添加了 "Microsoft.Extensions.DependencyInjection" NuGet 包引用之后，定义如下接口和实现类型来表示相应的服务。Foo、Bar 和 Baz 分别实现了对应的 IFoo 接口、IBar 接口与 IBaz 接口。它们派生的基类 Base 实现了 IDisposable 接口，在其构造函数和实现的 Dispose 方法中输出相应的文字以确定服务实例被创建和释放的时机。我们还定义了泛型的接口 IFoobar<T1, T2>和对应的实现类 Foobar<T1, T2>，后面利用它们来演示如何提供泛型服务实例。

```
public interface IFoo {}
public interface IBar {}
public interface IBaz {}
public interface IFoobar<T1, T2> {}
public class Base : IDisposable
{
    public Base()
        => Console.WriteLine($"An instance of {GetType().Name} is created.");
    public void Dispose()
        => Console.WriteLine($"The instance of {GetType().Name} is disposed.");
}

public class Foo : Base, IFoo, IDisposable { }
public class Bar : Base, IBar, IDisposable { }
public class Baz : Base, IBaz, IDisposable { }
public class Foobar<T1, T2>: IFoobar<T1,T2>
{
    public T1 Foo { get; }
    public T2 Bar { get; }
    public Foobar(T1 foo, T2 bar)
    {
        Foo = foo;
        Bar = bar;
    }
```

```
}
```

在如下所示的演示程序中，创建了一个 ServiceCollection 对象（ServiceCollection 对象实现了 IServiceCollection 接口），并调用 AddTransient 扩展方法、AddScoped 扩展方法和 AddSingleton 扩展方法注册了 IFoo 接口、IBar 接口和 IBaz 接口对应的服务。从方法命名可以看出，注册的服务采用的生命周期模式分别为 Transient、Scoped 和 Singleton。接下来调用 IServiceCollection 对象的 BuildServiceProvider 扩展方法创建表示依赖注入容器的 IServiceProvider 对象，并调用它的 GetService<T>扩展方法来提供所需的服务实例。（S301）

```csharp
using App;
using Microsoft.Extensions.DependencyInjection;
using System.Diagnostics;

var provider = new ServiceCollection()
    .AddTransient<IFoo, Foo>()
    .AddScoped<IBar>(_ => new Bar())
    .AddSingleton<IBaz, Baz>()
    .BuildServiceProvider();
Debug.Assert(provider.GetService<IFoo>() is Foo);
Debug.Assert(provider.GetService<IBar>() is Bar);
Debug.Assert(provider.GetService<IBaz>() is Baz);
```

表示依赖注入容器的 IServiceProvider 对象还能提供泛型服务实例。如下面的代码片段所示，在为创建的 ServiceCollection 对象添加了 IFoo 接口和 IBar 接口的服务注册之后，调用 AddTransient 扩展方法注册了泛型定义 IFoobar<,>的服务（实现的类型为 Foobar<,>）。在构建出表示依赖注入容器的 IServiceProvider 对象之后，利用它提供一个类型为 IFoobar<IFoo, IBar>的服务实例。（S302）

```csharp
using App;
using Microsoft.Extensions.DependencyInjection;
using System.Diagnostics;

var provider = new ServiceCollection()
    .AddTransient<IFoo, Foo>()
    .AddTransient<IBar, Bar>()
    .AddTransient(typeof(IFoobar<,>), typeof(Foobar<,>))
    .BuildServiceProvider();

var foobar = (Foobar<IFoo, IBar>?)provider.GetService<IFoobar<IFoo, IBar>>();
Debug.Assert(foobar?.Foo is Foo);
Debug.Assert(foobar?.Bar is Bar);
```

我们可以为同一个类型添加多个服务注册，虽然所有服务注册均是有效的，但是 GetService<T>扩展方法只能返回一个服务实例。框架采用了"后来居上"的策略，总是采用最近添加的服务注册来创建服务实例。GetServices<TService>扩展方法将利用指定服务类型的所有服务注册来提供一组服务实例。需要的演示程序添加了 3 个 Base 类型的服务注册，对应的实现类型分别为 Foo、Bar 和 Baz。我们将 Base 作为泛型参数调用了 GetServices<Base>方法，返回的集合将包含这 3 个类型的对象。（S303）

```
using App;
using Microsoft.Extensions.DependencyInjection;
using System.Diagnostics;
using System.Linq;

var services = new ServiceCollection()
    .AddTransient<Base, Foo>()
    .AddTransient<Base, Bar>()
    .AddTransient<Base, Baz>()
    .BuildServiceProvider()
    .GetServices<Base>();
Debug.Assert(services.OfType<Foo>().Any());
Debug.Assert(services.OfType<Bar>().Any());
Debug.Assert(services.OfType<Baz>().Any());
```

如果在调用 GetService 方法或 GetService<T>方法时将服务类型设置为 IServiceProvider 接口，则可以得到一个表示依赖注入容器的 IServiceProvider 对象。这就意味着可以将表示依赖注入容器的 IServiceProvider 对象作为注入的依赖服务，这一特性体现在如下所示的调试断言中。按照第 2 章的说法，一旦在应用中利用注入的 IServiceProvider 来获取其他依赖的服务实例，这就意味着使用了 Service Locator 模式。这是一种反模式，当应用程序中出现了这样的代码时，我们应该认真思考是否真的需要这么做。

```
var provider = new ServiceCollection().BuildServiceProvider();
Debug.Assert(provider.GetService<IServiceProvider>() != null);
```

3.1.2　生命周期

表示依赖注入容器的 IServiceProvider 对象之间的层次结构促成了服务实例的 3 种生命周期模式。具体来说，由于 Singleton 服务实例保存在作为根容器的 IServiceProvider 对象上，所以能够在多个同根 IServiceProvider 对象之间提供真正的单例保证。Scoped 服务实例被保存在当前服务范围对应的 IServiceProvider 对象上，所以只能在当前服务范围内保证提供的实例是单例的。对应类型没有实现 IDisposable 接口的 Transient 服务实例则采用"即用即建，用后即弃"的策略。

接下来演示 3 种不同生命周期模式的差异。如下面的代码片段所示，创建一个 ServiceCollection 对象，并针对 IFoo 接口、IBar 接口和 IBaz 接口注册了对应的服务，采用的生命周期模式分别为 Transient、Scoped 和 Singleton。IServiceProvider 对象被构建之后，调用其 CreateScope 方法创建了两个表示"服务范围"的 IServiceScope 对象，它的 ServiceProvider 属性提供所在服务范围的 IServiceProvider 对象，实际上它是当前 IServiceProvider 对象的子容器。最后利用作为子容器的 IServiceProvider 对象来提供所需的服务实例。

```
using App;
using Microsoft.Extensions.DependencyInjection;

var root = new ServiceCollection()
            .AddTransient<IFoo, Foo>()
            .AddScoped<IBar>(_ => new Bar())
            .AddSingleton<IBaz, Baz>()
```

```
            .BuildServiceProvider();
var provider1 = root.CreateScope().ServiceProvider;
var provider2 = root.CreateScope().ServiceProvider;

GetServices<IFoo>(provider1);
GetServices<IBar>(provider1);
GetServices<IBaz>(provider1);
Console.WriteLine();
GetServices<IFoo>(provider2);
GetServices<IBar>(provider2);
GetServices<IBaz>(provider2);

static void GetServices<T>(IServiceProvider provider)
{
    provider.GetService<T>();
    provider.GetService<T>();
}
```

演示程序运行后会在控制台上输出如图 3-1 所示的结果。由于 IFoo 服务被注册为 Transient 服务，所以 4 次服务获取请求都会创建一个新的 Foo 对象。IBar 服务的生命周期模式为 Scoped，同一个 IServiceProvider 对象只会创建一个 Bar 对象，所以整个过程中会创建两个 Bar 对象。IBaz 服务采用 Singleton 生命周期，具有同根的两个 IServiceProvider 对象提供的是同一个 Baz 对象。（S304）

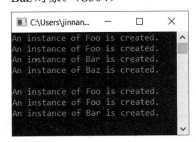

图 3-1　IServiceProvider 对象按照服务注册对应的生命周期模式提供服务实例

作为依赖注入容器的 IServiceProvider 对象不仅用来构建并提供服务实例，还负责管理这个服务实例的生命周期。如果某个服务实例的类型实现了 IDisposable 接口，就意味着当生命周期完结时需要调用 Dispose 方法执行一些资源释放操作，服务实例的释放同样由 IServiceProvider 对象来负责。框架针对提供服务实例的释放策略取决于采用的生命周期模式，具体的策略如下。

- Transient 和 Scoped：所有实现了 IDisposable 接口的服务实例会被当前 IServiceProvider 对象保存，当 IServiceProvider 对象的 Dispose 方法被调用时，这些服务实例的 Dispose 方法会随之被调用。
- Singleton：服务实例保存在作为根容器的 IServiceProvider 对象上，只有当后者的 Dispose 方法被调用时，这些服务实例的 Dispose 方法才会随之被调用。

ASP.NET Core 应用具有一个表示根容器的 IServiceProvider 对象，由于它与应用具有一致的生命周期而被称为 ApplicationServices。对于处理的每一次请求，应用都会利用这个根容器来创建基于当前请求的服务范围，该服务范围所在的 IServiceProvider 对象被称为 RequestServices，处理请求所需的服务实例均由它来提供。请求处理完成之后，创建的服务范围被终结，RequestServices 被释放，此时在当前请求范围内创建的 Scoped 服务实例和实现了 IDisposable 接口的 Transient 服务实例被及时释放。

上述释放策略可以通过如下演示实例进行印证。我们采用不同的生命周期模式添加 IFoo、IBar 和 IBaz 的服务注册。在作为根容器的 IServiceProvider 对象被构建之后，可以调用其 CreateScope 方法创建对应的服务范围，并利用服务范围所在的 IServiceProvider 对象提供了 3 个对应的实例。

```csharp
using App;
using Microsoft.Extensions.DependencyInjection;

using (var root = new ServiceCollection()
    .AddTransient<IFoo, Foo>()
    .AddScoped<IBar, Bar>()
    .AddSingleton<IBaz, Baz>()
    .BuildServiceProvider())
{
    using (var scope = root.CreateScope())
    {
        var provider = scope.ServiceProvider;
        provider.GetService<IFoo>();
        provider.GetService<IBar>();
        provider.GetService<IBaz>();
        Console.WriteLine("Child container is disposed.");
    }
    Console.WriteLine("Root container is disposed.");
}
```

由于表示根容器的 IServiceProvider 对象和服务范围的创建都是在 using 块中进行的，所以所有针对它们的 Dispose 方法都会在 using 块结束的地方被调用。该程序运行之后，控制台上的输出结果如图 3-2 所示，可以看到，当作为子容器的 IServiceProvider 对象被释放时，由它提供的两种生命周期模式分别为 Transient 和 Scoped 的服务实例（Foo 和 Bar）被正常释放。对于生命周期模式为 Singleton 的服务实例 Baz 来说，它的 Dispose 方法会延迟到作为根容器的 IServiceProvider 对象被释放时才执行。（S305）

图 3-2　服务实例的释放

3.1.3　服务注册的验证

Singleton 和 Scoped 这两种不同的生命周期是通过将提供的服务实例分别存放到作为根容器的 IServiceProvider 对象和当前 IServiceProvider 对象来实现的，这就意味着作为根容器的 IServiceProvider 对象提供的 Scoped 服务实例也是单例的——如果某个 Singleton 服务依赖另一个 Scoped 服务，那么 Scoped 服务实例将被一个 Singleton 服务实例所引用，这意味着 Scoped 服务实例也成为一个 Singleton 服务实例。

在 ASP.NET Core 应用中，我们一般只会将与请求具有一致生命周期的服务注册为 Scope 模式。一旦出现上述这种情况，这就意味着 Scoped 服务实例将变成一个 Singleton 服务实例，这基本上不是我们希望看到的结果，因为极有可能造成严重的内存泄漏问题。为了避免这种情况的发生，框架提供了相应的验证机制。

如果希望 IServiceProvider 对象在提供服务时针对服务范围进行有效性检验，则只需要在调用 IServiceCollection 接口的 BuildServiceProvider 扩展方法时提供一个 True 值作为参数即可。下面的演示实例定义了两个服务接口（IFoo 和 IBar）和对应的实现类型（Foo 和 Bar），其中，Foo 需要依赖 IBar。将 IFoo 和 IBar 分别注册为 Singleton 服务与 Scoped 服务，当调用 BuildServiceProvider 方法创建表示依赖注入容器的 IServiceProvider 对象时，可以将 validateScopes 参数设置为 True。该实例演示了这种验证方式。

```
using App;
using Microsoft.Extensions.DependencyInjection;

var root = new ServiceCollection()
            .AddSingleton<IFoo, Foo>()
            .AddScoped<IBar, Bar>()
            .BuildServiceProvider(true);
var child = root.CreateScope().ServiceProvider;

ResolveService<IFoo>(root);
ResolveService<IBar>(root);
ResolveService<IFoo>(child);
ResolveService<IBar>(child);

void ResolveService<T>(IServiceProvider provider)
{
    var isRootContainer = root == provider ? "Yes" : "No";
    try
    {
        provider.GetService<T>();
        Console.WriteLine(
          $"Status: Success; Service Type: { typeof(T).Name}; Root: { isRootContainer}");
    }
    catch (Exception ex)
    {
        Console.WriteLine(
```

```
            $"Status: Fail; Service Type: {typeof(T).Name}; Root: { isRootContainer}");
        Console.WriteLine($"Error: {ex.Message}");
    }
}
public interface IFoo {}
public interface IBar {}
public class Foo : IFoo
{
    public IBar Bar { get; }
    public Foo(IBar bar) => Bar = bar;
}
public class Bar : IBar {}
```

上面的演示实例启动之后，控制台上的输出结果如图 3-3 所示。从输出结果可以看出，4 个服务提取请求只有一次（使用表示子容器的 IServiceProvider 提供 IBar 服务实例）是成功的。这个实例充分说明了一旦开启了服务范围的验证，IServiceProvider 对象不可能提供以单例形式存在的 Scoped 服务实例。（S306）

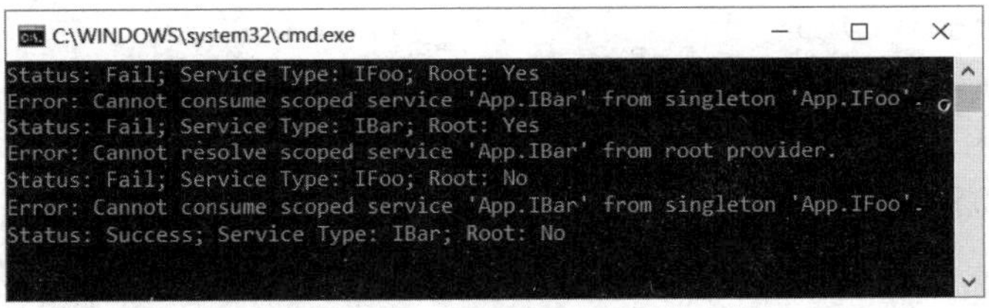

图 3-3　IServiceProvider 针对服务范围的检验

服务范围的检验体现在 ServiceProviderOptions 配置选项的 ValidateScopes 属性上。如下面的代码片段所示，ServiceProviderOptions 还具有另一个名为 ValidateOnBuild 的属性。如果将该属性设置为 True，就意味着 IServiceProvider 对象被构建时会对每个 ServiceDescriptor 对象实施有效性验证。

```
public class ServiceProviderOptions
{
    public bool ValidateScopes { get; set; }
    public bool ValidateOnBuild { get; set; }
}
```

我们照例做一个在构建 IServiceProvider 对象时检验服务注册有效性的实例。如下面的代码片段所示，定义一个 IFoobar 接口和对应的实现类型 Foobar。由于希望以单例的形式来使用 Foobar 对象，定义了唯一的私有构造函数。

```
public interface IFoobar {}
public class Foobar : IFoobar
{
    private Foobar() {}
    public static readonly Foobar Instance = new Foobar();
}
```

在演示实例中定义了如下 BuildServiceProvider 方法来完成 IFoobar/Foobar 的服务注册和最终 IServiceProvider 对象的构建。在调用 BuildServiceProvider 扩展方法创建对应 IServiceProvider 对象时指定了一个 ServiceProviderOptions 对象，而该对象的 ValidateOnBuild 属性来源于内嵌方法的同名参数。

```
using App;
using Microsoft.Extensions.DependencyInjection;

BuildServiceProvider(false);
BuildServiceProvider(true);

static void BuildServiceProvider(bool validateOnBuild)
{
    try
    {
        var options = new ServiceProviderOptions
        {
            ValidateOnBuild = validateOnBuild
        };
        new ServiceCollection()
            .AddSingleton<IFoobar, Foobar>()
            .BuildServiceProvider(options);
        Console.WriteLine($"Status: Success; ValidateOnBuild: {validateOnBuild}");
    }
    catch (Exception ex)
    {
        Console.WriteLine($"Status: Fail; ValidateOnBuild: {validateOnBuild}");
        Console.WriteLine($"Error: {ex.Message}");
    }
}
```

由于 Foobar 具有唯一的私有构造函数，而提供的服务注册并不能将服务实例创建出来，所以这个服务注册是无效的。由于在默认情况下构建 IServiceProvider 对象时并不会对服务注册进行有效性检验，所以此时无效的服务注册并不会及时被探测到。一旦将 ValidateOnBuild 属性设置为 True，IServiceProvider 对象在被构建时就会抛出异常，如图 3-4 所示的输出结果就体现了这一点。（S307）

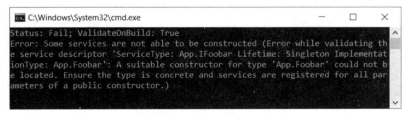

图 3-4　构建 IServiceProvider 对象针对服务注册有效性的检验

3.2 服务注册

作为依赖注入容器的 IServiceProvider 对象是由 IServiceCollection 对象构建的。IServiceCollection 对象是一个存放服务注册信息的集合。具体的服务注册体现为一个 ServiceDescriptor 对象，相当于 Cat 框架中的 ServiceRegistry 类型。

3.2.1 ServiceDescriptor

ServiceDescriptor 是对单个服务注册项的描述，作为依赖注入容器的 IServiceProvider 对象正是利用该对象提供的描述信息才得以提供所需的服务实例。服务描述总是注册到通过 ServiceType 属性表示的服务类型上，它的 Lifetime 属性表示采用的生命周期模式。

```
public class ServiceDescriptor
{
    public Type                                 ServiceType { get; }
    public ServiceLifetime                      Lifetime { get; }

    public Type?                                ImplementationType { get; }
    public Func<IServiceProvider, object>?      ImplementationFactory { get; }
    public object?                              ImplementationInstance { get; }

    public ServiceDescriptor(Type serviceType, object instance);
    public ServiceDescriptor(Type serviceType,
        Func<IServiceProvider, object> factory, ServiceLifetime lifetime);
    public ServiceDescriptor(Type serviceType, Type implementationType,
        ServiceLifetime lifetime);
}
```

ServiceDescriptor 的其他 3 个属性分别通过对应的构造函数进行初始化，它们体现了服务实例的 3 种提供方式。如果指定的是服务的实现类型（对应 ImplementationType 属性），则服务实例将通过调用定义在该类型中的某个构造函数来创建。如果指定的是一个 Func<IServiceProvider, object>委托对象（对应 ImplementationFactory 属性），则该委托对象将作为提供服务实例的工厂。如果直接指定一个现成的对象（对应的属性为 ImplementationInstance），则该对象就是最终提供的服务实例。

采用现成的服务实例创建的 ServiceDescriptor 对象默认采用 Singleton 生命周期模式。对于通过其他两种形式来创建 ServiceDescriptor 对象，需要显式指定生命周期模式。相较于 ServiceDescriptor 类型，Cat 框架中定义的 ServiceRegistry 显得更加简单，它总是利用一个 Func<Cat,Type[],object>委托对象来提供服务实例。除了利用上述 3 个构造函数，我们还可以利用定义在 ServiceDescriptor 类型中的一系列静态方法来创建 ServiceDescriptor 对象。如下面的代码片段所示，ServiceDescriptor 提供了两个名为 Describe 的重载方法来创建对应的 ServiceDescriptor 对象。

```
public class ServiceDescriptor
{
```

```
    public static ServiceDescriptor Describe(Type serviceType,
        Func<IServiceProvider, object> implementationFactory,
        ServiceLifetime lifetime);
    public static ServiceDescriptor Describe(Type serviceType,
        Type implementationType, ServiceLifetime lifetime);
}
```

调用上述两个 Describe 方法来创建 ServiceDescriptor 对象时需要指定生命周期模式，为了使对象创建变得更加简单，在 ServiceDescriptor 类型中还定义了一系列针对具体生命周期模式的静态工厂方法。下面的代码片段是 Singleton 模式的一组静态工厂重载方法的定义，其他 Scoped 方法和 Transient 方法也具有类似的定义。

```
public class ServiceDescriptor
{
    public static ServiceDescriptor Singleton
        <TService, TImplementation>()
        where TService: class where TImplementation: class, TService;
    public static ServiceDescriptor Singleton
        <TService, TImplementation>(
        Func<IServiceProvider, TImplementation> implementationFactory)
        where TService: class where TImplementation: class, TService;
    public static ServiceDescriptor Singleton<TService>(
        Func<IServiceProvider, TService> implementationFactory)
        where TService: class;
    public static ServiceDescriptor Singleton<TService>(
        TService implementationInstance) where TService: class;
    public static ServiceDescriptor Singleton(Type serviceType,
        Func<IServiceProvider, object> implementationFactory);
    public static ServiceDescriptor Singleton(Type serviceType,
        object implementationInstance);
    public static ServiceDescriptor Singleton(Type service,
        Type implementationType);
}
```

3.2.2　IServiceCollection

依赖注入框架将服务注册存储在 IServiceCollection 对象中。如下面的代码片段所示，这个对象本质上就是一个元素类型为 ServiceDescriptor 的列表。ServiceCollection 类型是对该接口的默认实现。

```
public interface IServiceCollection : IList<ServiceDescriptor> {}
public class ServiceCollection : IServiceCollection {}
```

服务注册在本质上就是将创建的 ServiceDescriptor 对象添加到指定 IServiceCollection 集合中的过程。考虑到服务注册是一个高频调用的操作，所以框架为 IServiceCollection 接口定义了一系列扩展方法来简化服务注册。如下所示的两个 Add 方法可以将指定的一个或多个 ServiceDescriptor 对象添加到集合中。

```
public static class ServiceCollectionDescriptorExtensions
{
    public static IServiceCollection Add(this IServiceCollection collection,
```

```
        ServiceDescriptor descriptor);
    public static IServiceCollection Add(this IServiceCollection collection,
        IEnumerable<ServiceDescriptor> descriptors);
}
```

依赖注入框架还针对 3 种生命周期模式为 IServiceCollection 的接口定义了一系列的扩展方法，它们会根据提供的输入参数创建对应的 ServiceDescriptor 对象。下面的代码片段是 Singleton 模式的一系列 AddSingleton 重载方法的定义，其他两种生命周期模式的 AddScoped 方法和 AddTransient 方法具有类似的定义。

```
public static class ServiceCollectionServiceExtensions
{
    public static IServiceCollection AddSingleton<TService>(
        this IServiceCollection services) where TService: class;
    public static IServiceCollection AddSingleton<TService, TImplementation>(
        this IServiceCollection services)
        where TService: class
        where TImplementation: class, TService;
    public static IServiceCollection AddSingleton<TService>(
        this IServiceCollection services, TService implementationInstance)
        where TService: class;
    public static IServiceCollection AddSingleton<TService, TImplementation>(
        this IServiceCollection services,
        Func<IServiceProvider, TImplementation> implementationFactory)
        where TService: class where TImplementation: class, TService;
    public static IServiceCollection AddSingleton<TService>(
        this IServiceCollection services,
        Func<IServiceProvider, TService> implementationFactory)
        where TService: class;
    public static IServiceCollection AddSingleton(
        this IServiceCollection services, Type serviceType);
    public static IServiceCollection AddSingleton(this IServiceCollection services,
        Type serviceType, Func<IServiceProvider, object> implementationFactory);
    public static IServiceCollection AddSingleton(this IServiceCollection services,
        Type serviceType, object implementationInstance);
    public static IServiceCollection AddSingleton(this IServiceCollection services,
        Type serviceType, Type implementationType);
}
```

我们可以为同一个服务类型提供多个 ServiceDescriptor 对象，此时可能会使用如下两个名为 TryAdd 的扩展方法。为了避免服务的重复注册，TryAdd 扩展方法只会在指定类型的服务注册不存在的前提下才将提供的 ServiceDescriptor 对象添加到集合中。

```
public static class ServiceCollectionDescriptorExtensions
{
    public static void TryAdd(this IServiceCollection collection,
        ServiceDescriptor descriptor);
    public static void TryAdd(this IServiceCollection collection,
        IEnumerable<ServiceDescriptor> descriptors);
}
```

　　TryAdd 扩展方法同样具有基于 3 种生命周期模式的版本。下面的代码片段是 Singleton 模式的一系列 TryAddSingleton 扩展方法的定义，其他两种生命周期模式的 TryAddScoped 和 TryAddTransient 扩展方法具有类似的定义。

```
public static class ServiceCollectionDescriptorExtensions
{
    public static void TryAddSingleton<TService>(this IServiceCollection collection)
        where TService: class;
    public static void TryAddSingleton<TService, TImplementation>(
        this IServiceCollection collection)
        where TService: class
        where TImplementation: class, TService;
    public static void TryAddSingleton(this IServiceCollection collection,
        Type service);
    public static void TryAddSingleton<TService>(this IServiceCollection collection,
        TService instance) where TService: class;
    public static void TryAddSingleton<TService>(this IServiceCollection services,
        Func<IServiceProvider, TService> implementationFactory)
        where TService: class;
    public static void TryAddSingleton(this IServiceCollection collection,
        Type service, Func<IServiceProvider, object> implementationFactory);
    public static void TryAddSingleton(this IServiceCollection collection,
        Type service, Type implementationType);
}
```

　　除了上面介绍的 TryAdd 扩展方法和 TryAdd{Lifetime}扩展方法，IServiceCollection 接口还具有如下两个名为 TryAddEnumerable 的扩展方法。TryAddEnumerable 扩展方法在用于重复性检验时会同时考虑服务类型和实现类型。也就是说，使用该扩展方法是为了避免重复添加服务类型和实现类型都相同的 ServiceDescriptor 对象。

```
public static class ServiceCollectionDescriptorExtensions
{
    public static void TryAddEnumerable(this IServiceCollection services,
        ServiceDescriptor descriptor);
    public static void TryAddEnumerable(this IServiceCollection services,
        IEnumerable<ServiceDescriptor> descriptors);
}
```

　　如果 ServiceDescriptor 是由指定的服务实例创建的，则 TryAddEnumerable 会使用该实例的类型进行重复性检验。如果 ServiceDescriptor 是通过提供的服务实例工厂创建的，则提供的 Func<T, TResult>委托对象的第二个参数类型将被用于重复性检验，如下代码验证了这一点。

```
var services = new ServiceCollection();

services.TryAddEnumerable(ServiceDescriptor.Singleton<IFoobarbazqux, Foo>());
Debug.Assert(services.Count == 1);

services.TryAddEnumerable(ServiceDescriptor.Singleton<IFoobarbazqux, Foo>());
Debug.Assert(services.Count == 1);

services.TryAddEnumerable(ServiceDescriptor.Singleton<IFoobarbazqux>(new Foo()));
```

```
Debug.Assert(services.Count == 1);

Func<IServiceProvider, Foo> factory4Foo = _ => new Foo();
services.TryAddEnumerable(ServiceDescriptor.Singleton<IFoobarbazqux>(factory4Foo));
Debug.Assert(services.Count == 1);

services.TryAddEnumerable(ServiceDescriptor.Singleton<IFoobarbazqux, Bar>());
Debug.Assert(services.Count == 2);

services.TryAddEnumerable(ServiceDescriptor.Singleton<IFoobarbazqux>(new Baz()));
Debug.Assert(services.Count == 3);

Func<IServiceProvider, Qux> factory4Qux = _ => new Qux();
services.TryAddEnumerable(ServiceDescriptor.Singleton<IFoobarbazqux>(factory4Qux));
Debug.Assert(services.Count == 4);
```

如果采用上述策略得到的服务实现类型为 Object，则 TryAddEnumerable 扩展方法会因为类型不明确而抛出一个 ArgumentException 类型的异常。这主要发生在提供服务实例工厂进行服务注册的场景下。也正是因为这个原因，上面作为服务实例工厂的委托类型分别是 Func<IServiceProvider,Foo>和 Func<IServiceProvider,Qux>，而不是 Func<IServiceProvider,object>。

```
var service = ServiceDescriptor.Singleton<IFoobarbazqux>(_ => new Foo());
new ServiceCollection().TryAddEnumerable(service);
```

对于采用上面的方式利用指定的 Lamda 表达式创建的 ServiceDescriptor 对象来说，作为其服务实例工厂的就是一个 Func<IServiceProvider,object>委托对象，此时使用 TryAddEnumerable 扩展方法会抛出图 3-5 所示的 ArgumentException 异常，提示实现类型并非 'App.IFoobarbazqux'，因为它与其他 'App.IFoobarbazqux' 的注册服务不同。

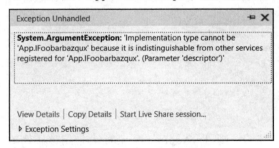

图 3-5　实现类型不明确导致的异常

上面介绍的这些（扩展）方法最终的目的都是在指定的 IServiceCollection 集合中添加新的 ServiceDescriptor 对象，有时也有解除现有服务注册的需求。由于 IServiceCollection 实现了 IList<ServiceDescriptor>接口，所以我们可以调用其 Clear 方法、Remove 方法和 RemoveAll 方法来删除现有的 ServiceDescriptor 对象。除此之外，还可以选择如下几个方法。

```
public static class ServiceCollectionDescriptorExtensions
{
    public static IServiceCollection RemoveAll<T>(
        this IServiceCollection collection);
```

```
public static IServiceCollection RemoveAll(this IServiceCollection collection,
    Type serviceType);
public static IServiceCollection Replace(this IServiceCollection collection,
    ServiceDescriptor descriptor);
}
```

RemoveAll 方法和 RemoveAll<T>方法可以根据指定的服务类型删除现有的 ServiceDescriptor 对象。Replace 方法会使用指定的参数替换第一个具有相同服务类型的 ServiceDescriptor 对象，实际操作是先删除后添加。如果找不到匹配的 ServiceDescriptor 对象，则会将指定的 ServiceDescriptor 对象直接添加到集合中，这一逻辑可以利用如下代码进行验证。

```
var services = new ServiceCollection();
services.Replace(ServiceDescriptor.Singleton<IFoobarbazqux, Foo>());
Debug.Assert(services.Any(it => it.ImplementationType == typeof(Foo)));

services.AddSingleton<IFoobarbazqux, Bar>();
services.Replace(ServiceDescriptor.Singleton<IFoobarbazqux, Baz>());
Debug.Assert(!services.Any(it=>it.ImplementationType == typeof(Foo)));
Debug.Assert(services.Any(it => it.ImplementationType == typeof(Bar)));
Debug.Assert(services.Any(it => it.ImplementationType == typeof(Baz)));
```

3.3　服务的消费

包含服务注册信息（ServiceDescriptor）的 IServiceCollection 对象最终被用来构建作为依赖注入容器的 IServiceProvider 对象。当将服务类型作为参数调用 IServiceProvider 对象的 GetService 方法时，后者会根据指定的服务类型提取对应的服务注册信息来提供对应的服务实例。

3.3.1　IServiceProvider

如下面的代码片段所示，IServiceProvider 接口定义了唯一的 GetService 方法并根据指定的类型来提供对应的服务实例。

```
public interface IServiceProvider
{
    object GetService(Type serviceType);
}
```

IServiceProvider 对象构建体现在 IServiceCollection 接口的 3 个 BuildServiceProvider 扩展方法上。如下面的代码片段所示，这 3 个扩展方法最终构建的都是一个 ServiceProvider 对象。作为参数的 ServiceProviderOptions 配置选项提供了 ValidateScopes 和 ValidateOnBuild 两个属性，前者表示是否需要开启服务范围的检验，后者则表示是否检验提供的服务注册信息的有效性，这两个属性的默认值都是 False。

```
public class ServiceProviderOptions
{
    public bool ValidateScopes { get; set; }
    public bool ValidateOnBuild { get; set; }
    internal static readonly ServiceProviderOptions Default
        = new ServiceProviderOptions();
```

```
}

public static class ServiceCollectionContainerBuilderExtensions
{
    public static ServiceProvider BuildServiceProvider(
        this IServiceCollection services)
        => BuildServiceProvider(services, ServiceProviderOptions.Default);
    public static ServiceProvider BuildServiceProvider(
        this IServiceCollection services, bool validateScopes)
        => services.BuildServiceProvider(new ServiceProviderOptions {
            ValidateScopes = validateScopes });
    public static ServiceProvider BuildServiceProvider(
        this IServiceCollection services, ServiceProviderOptions options)
        => new ServiceProvider(services, options);
}
```

虽然调用 IServiceCollection 接口的 BuildServiceProvider 扩展方法返回的总是一个 ServiceProvider 对象，但是作者并不打算详细介绍这个类型，因为在该类型中提供服务实例的机制一直在变化，而且这种变化在未来版本更替过程中可能还将继续下去。还有就是 ServiceProvider 对象涉及一系列内部类型和接口，所以本书不会介绍具体的细节，只介绍总体的设计。

除了定义在 IServiceProvider 接口中的 GetService 方法，该接口用来提供服务实例的方法还有如下几个。GetService<T>方法以泛型参数的形式指定了服务类型。如果对应的服务注册不存在，则 GetService 方法会返回 Null，但是调用 GetRequiredService 方法或 GetRequiredService<T>方法会抛出一个 InvalidOperationException 类型的异常。如果所需的服务实例是必需的，则一般会调用这两个 GetRequiredService 扩展方法。

```
public static class ServiceProviderServiceExtensions
{
    public static T? GetService<T>(this IServiceProvider provider);

    public static T GetRequiredService<T>(this IServiceProvider provider);
    public static object GetRequiredService(this IServiceProvider provider,
        Type serviceType);

    public static IEnumerable<T> GetServices<T>(this IServiceProvider provider);
    public static IEnumerable<object?> GetServices(this IServiceProvider provider,
        Type serviceType);
}
```

如果某个类型添加了多个服务注册，则 GetService 方法总是采用最后添加的服务注册来提供服务实例。如果希望利用所有的服务注册创建一组服务实例列表，则既可以调用 GetServices 方法或 GetServices<T>方法，也可以调用 GetService<IEnumerable<T>>方法。

3.3.2　服务实例的创建

如果通过指定服务类型调用 IServiceProvider 对象的 GetService 方法，则该方法总是会根据提供的服务类型从服务注册列表中找到对应的 ServiceDescriptor 对象，并根据这个对象来提供所需的服务实例。ServiceDescriptor 对象具有 3 种构建方式，分别对应服务实例的 3 种提供方式。我们既可以提供一个 Func<IServiceProvider, object>对象作为工厂来创建对应的服务实例，也可以直接提供一个创建好的服务实例。如果提供的是服务的实现类型，最终提供的服务实例将通过该类型的某个构造函数来创建，那么构造函数是通过什么策略被选择出来的呢？

如果 IServiceProvider 对象试图通过调用构造函数的方式来创建服务实例，则传入构造函数的所有参数必须先被初始化，所以最终被选择的构造函数必须具备一个基本的条件，那就是 IServiceProvider 对象能够提供构造函数的所有参数。假设我们定义了 4 个服务接口（IFoo、IBar、IBaz 和 IQux）和对应的实现类型（Foo、Bar、Baz 和 Qux），又为 Qux 定义了 3 个构造函数，并将参数都定义成服务接口类型。为了确定最终选择哪个构造函数来创建目标服务实例，当构造函数执行时会在控制台上输出相应的指示性文字。

```
public interface IFoo {}
public interface IBar {}
public interface IBaz {}
public interface IQux {}

public class Foo : IFoo {}
public class Bar : IBar {}
public class Baz : IBaz {}
public class Qux : IQux
{
    public Qux(IFoo foo)
        => Console.WriteLine("Selected constructor: Qux(IFoo)");
    public Qux(IFoo foo, IBar bar)
        => Console.WriteLine("Selected constructor: Qux(IFoo, IBar)");
    public Qux(IFoo foo, IBar bar, IBaz baz)
        => Console.WriteLine("Selected constructor: Qux(IFoo, IBar, IBaz)");
}
```

在如下代码中，创建一个 ServiceCollection 对象，并在其中添加 IFoo 接口、IBar 接口及 IQux 接口的服务注册，但 IBaz 接口的服务注册并未添加。当利用构建的 IServiceProvider 来提供 IQux 接口的服务实例时，我们是否能够得到一个 Qux 对象呢？如果可以，那么它又是通过执行哪个构造函数创建的呢？

```
using App;
using Microsoft.Extensions.DependencyInjection;

new ServiceCollection()
    .AddTransient<IFoo, Foo>()
    .AddTransient<IBar, Bar>()
    .AddTransient<IQux, Qux>()
```

```
.BuildServiceProvider()
.GetServices<IQux>();
```

对于定义在 Qux 中的 3 个构造函数来说，由于存在 IFoo 接口和 IBar 接口的服务注册，所以前面两个构造函数的所有参数能够由容器提供，第三个构造函数的 Bar 参数却不能。根据前面介绍的第一个原则（IServiceProvider 对象能够提供构造函数的所有参数），Qux 的前两个构造函数都是合法的候选构造函数，那么最终会选择哪一个构造函数呢？

在所有合法的候选构造函数列表中，最终被选择的构造函数具有如下特征：所有候选构造函数的参数类型都能在这个构造函数中找到。如果这样的构造函数并不存在，则会直接抛出一个 InvalidOperationException 类型的异常。根据这个原则，Qux 的第二个构造函数的参数类型包括 IFoo 和 IBar 两个接口，而第一个构造函数只具有一个类型为 IFoo 的参数，所以最终被选择的是 Qux 的第二个构造函数，运行实例程序，控制台上的输出结果如图 3-6 所示。（S308）

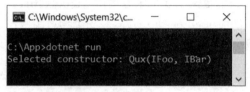

图 3-6　构造函数的选择策略

接下来只为 Qux 类型定义两个构造函数，它们都具有两个参数，参数类型分别为 IFoo & IBar 和 IBar & IBaz，并且将 IBaz/Baz 的服务注册添加到创建的 ServiceCollection 集合中。

```
using App;
using Microsoft.Extensions.DependencyInjection;

new ServiceCollection()
    .AddTransient<IFoo, Foo>()
    .AddTransient<IBar, Bar>()
    .AddTransient<IBaz, Baz>()
    .AddTransient<IQux, Qux>()
    .BuildServiceProvider()
    .GetServices<IQux>();

public class Qux : IQux
{
    public Qux(IFoo foo, IBar bar) {}
    public Qux(IBar bar, IBaz baz) {}
}
```

虽然 Qux 的两个构造函数的参数都可以由 IServiceProvider 对象来提供，但是并没有某个构造函数拥有所有候选构造函数的参数类型，所以要选择一个最佳的构造函数。运行该程序后会抛出 InvalidOperationException 类型的异常，如图 3-7 所示，并提示无法从两个候选的构造函数中选择一个最优的来创建服务实例。（S309）

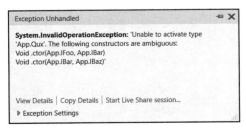

图 3-7　抛出 InvalidOperationException 类型的异常

3.3.3　生命周期

生命周期决定了 IServiceProvider 对象采用怎样的方式提供和释放服务实例。虽然不同版本的依赖注入框架针对服务实例的生命周期管理采用了不同的实现方式，但原理还是类似的。在 Cat 中，我们已经模拟了 3 种生命周期模式的实现原理。接下来结合服务范围对此做进一步阐述。

1．服务范围

对于 3 种生命周期模式（Singleton、Scoped 和 Transient）来说，Singleton 和 Transient 都具有明确的语义，令很多人困惑的应该是 Scoped。Scoped 是指由 IServiceScope 接口表示的服务范围，该范围由 IServiceScopeFactory 对象来创建。如下面的代码片段所示，IServiceProvider 的 CreateScope 扩展方法正是利用提供的 IServiceScopeFactory 工厂来创建作为服务范围的 IServiceScope 对象。

```
public interface IServiceScope : IDisposable
{
    IServiceProvider ServiceProvider { get; }
}

public interface IServiceScopeFactory
{
    IServiceScope CreateScope();
}

public static class ServiceProviderServiceExtensions
{
    public static IServiceScope CreateScope(this IServiceProvider provider)
        => provider.GetRequiredService<IServiceScopeFactory>().CreateScope();
}
```

任何一个 IServiceProvider 对象都可以利用 IServiceScopeFactory 工厂来创建一个表示服务范围的 IServiceScope 对象，每个服务范围拥有自己的 IServiceProvider 对象，对应 IServiceScope 接口的 ServiceProvider 属性，该对象与当前 IServiceProvider 在逻辑上具有图 3-8 所示的"父子关系"。

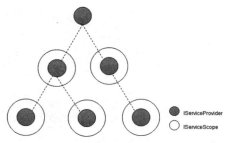

图 3-8　IServiceScope 与 IServiceProvider（逻辑结构）

　　图 3-8 所示的树形层次结构只是一种逻辑结构，从对象引用层面来看，服务范围内的 IServiceProvider 对象不需要知道自己的"父亲"是谁，它只关心作为根节点的 IServiceProvider 对象在哪里。图 3-9 从物理层面揭示了 IServiceScope/IServiceProvider 对象之间的关系，任何一个 IServiceProvider 对象都具有针对根容器的引用。

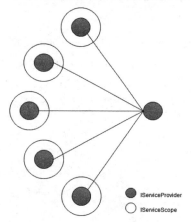

图 3-9　IServiceScope 与 IServiceProvider（物理结构）

　　如果采用 Scoped 模式，则服务范围决定了在此范围内创建的服务实例的生命周期。在生命周期的最后阶段，很多类型的服务实例会涉及一些回收释放操作的执行。这样的类型一般会实现 IDisposable 接口，并将释放操作实现在 Dispose 方法中。如果释放过程中涉及一些异步操作，则相应的类型往往会实现 IAsyncDisposable 接口，所以服务范围也有一个通过 AsyncServiceScope 表示的异步版本。

```
public readonly struct AsyncServiceScope : IServiceScope, IAsyncDisposable
{
    private readonly IServiceScope _serviceScope;
    public IServiceProvider ServiceProvider => _serviceScope.ServiceProvider;

    public AsyncServiceScope(IServiceScope serviceScope) => _serviceScope =
        serviceScope;

    public void Dispose()=> _serviceScope.Dispose();
```

```
public ValueTask DisposeAsync()
{
    if (_serviceScope is IAsyncDisposable  asyncDisposable)
    {
        return asyncDisposable.DisposeAsync();
    }
    _serviceScope.Dispose();
    return default;
}
```

如上面的代码片段所示，AsyncServiceScope 是一个只读的结构体，它派生于 IServiceScope 接口，同时实现了 IAsyncDisposable 接口。AsyncServiceScope 本质上是对一个 IServiceScope 对象的封装。如果封装的 IServiceScope 对象对应的类型实现了 IAsyncDisposable 接口（默认实现的服务范围类型实现了该接口），则实现的 DisposeAsync 方法会直接调用该对象的 DisposeAsync 方法，否则会调用该对象的 Dispose 方法。IServiceScopeFactory 接口和 IServiceProvider 接口均定义了 CreateAsyncScope 扩展方法来创建表示异步服务范围的 AsyncServiceScope 对象。

```
public static class ServiceProviderServiceExtensions
{
    public static AsyncServiceScope CreateAsyncScope(
        this IServiceScopeFactory serviceScopeFactory)
        => new AsyncServiceScope(serviceScopeFactory.CreateScope());

    public static AsyncServiceScope CreateAsyncScope(this IServiceProvider provider)
        => new AsyncServiceScope(provider.CreateScope());
}
```

2. 3 种生命周期模式

只有充分了解 IServiceScope 对象的创建过程，以及该对象与 IServiceProvider 对象之间的关系，我们才会对 3 种生命周期模式（Singleton、Scoped 和 Transient）具有深刻的认识。以服务实例的提供方式来说，两个对象之间存在如下几点差异。

- Singleton：由于创建的服务实例保存在作为根容器的 IServiceProvider 对象中，所以多个同根的 IServiceProvider 对象针对同一类型提供的服务实例都是同一个对象。
- Scoped：由于创建的服务实例由当前 IServiceProvider 对象保存，所以同一个 IServiceProvider 对象针对同一类型提供的服务实例均是同一个对象。
- Transient：针对每次服务提供的请求，IServiceProvider 对象总是创建一个新的服务实例。

IServiceProvider 对象除了提供所需的服务实例，还需要负责在其生命周期终结时释放服务实例（如果需要）。这里所说的释放与 .NET 的垃圾回收机制无关，仅指针对自身类型实现 IDisposable 接口或 IAsyncDisposable 接口的服务实例（下面称为 Disposable 服务实例），具体的释放操作体现为调用服务实例的 Dispose 方法或 DisposeAsync 方法。IServiceProvider 对象的服务实例释放策略取决于采用的生命周期模式。

- Singleton：提供的 Disposable 服务实例保存在作为根容器的 IServiceProvider 对象上，只有在这个 IServiceProvider 对象被释放时，这些 Disposable 服务实例才能被释放。
- Scoped 和 Transient：当前 IServiceProvider 对象会保存由它提供的 Disposable 服务实例，当自己被释放时，这些 Disposable 服务实例就才能释放。

每个作为依赖注入容器的 IServiceProvider 对象都具有图 3-10 所示的两个列表来存储服务实例，两个列表被命名为 Realized Services 和 Disposable Services。对于作为非根容器的 IServiceProvider 对象来说，由它提供的 Scoped 服务保存在自身的 Realized Services 列表中，而 Singleton 服务实例保存在根容器的 Realized Services 列表中。如果服务实例类型实现了 IDisposable 接口或 IAsyncDisposable 接口，则 Scoped 服务实例和 Transient 服务实例保存在自身的 Disposable Services 列表中，而 Singleton 服务实例保存在根容器的 Disposable Services 列表中。

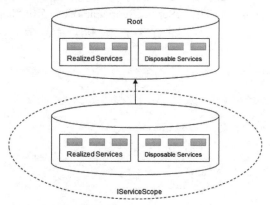

图 3-10　生命周期管理

对于作为根容器的 IServiceProvider 对象来说，Singleton 和 Scoped 对它来说是两种等效的生命周期模式，由它提供的 Singleton 服务实例和 Scoped 服务实例保存在自身的 Realized Services 列表中，而所有需要被释放的服务实例都保存在 Disposable Services 列表中。当某个 IServiceProvider 对象被用于提供指定类型的服务实例时，它会提取对应的 ServiceDescriptor 对象并得到对应的生命周期模式，采用如下策略来提供所需的服务实例。

- Singleton：如果作为根容器的 Realized Services 列表存储了对应的服务实例，则它将作为最终提供的服务实例。反之，新的服务将会被创建出来，在返回之前被添加到根容器的 Realized Services 列表中。如果实例类型实现了 IDisposable 接口或 IAsyncDisposable 接口，则它还会被添加到根容器的 Disposable Services 列表中。
- Scoped：如果当前容器的 Realized Services 列表存储了对应的服务实例，则它将作为最终提供的服务实例。反之，新的服务将会被创建出来，在返回之前被添加到当前容器的 Realized Services 列表中。如果实例类型实现了 IDisposable 接口或 IAsyncDisposable 接口，则它还会被添加到当前容器的 Disposable Services 列表中。

- Transient： IServiceProvider 会直接创建一个新的服务实例。如果实例类型实现了 IDisposable 接口或 IAsyncDisposable 接口，则创建的服务实例会被添加到当前容器的 Disposable Services 列表中。

对于非根容器的 IServiceProvider 对象来说，它的生命周期是由"包裹"着它的服务范围控制的。表示服务范围的 IServiceScope 接口派生自 IDisposable 接口，Dispose 方法的执行不仅标志着当前服务范围的终结，也意味着对应 IServiceProvider 对象生命周期的终结。

当表示服务范围的 IServiceScope 对象的 Dispose 方法被调用时，当前范围的 IServiceProvider 对象的 Dispose 方法也被调用，后者会从自身的 Disposable Services 列表中提取所有服务实例并调用它们的 Dispose 方法，同时将服务实例释放。在这之后，Disposable Services 列表和 Realized Services 列表同时被清空，列表中的服务实例和 IServiceProvider 对象自身会成为垃圾对象被 GC 回收。

IDisposable 接口和 IAsyncDisposable 接口实现类型的实例都会被添加到 Disposable Services 列表中，但是当 IServiceScope 对象的 Dispose 方法被执行时，如果待释放服务实例对应的类型仅仅实现了 IAsyncDisposable 接口，而没有实现 IDisposable 接口，则此时会抛出一个 InvalidOperationException 异常。

```
using Microsoft.Extensions.DependencyInjection;

using var scope = new ServiceCollection()
            .AddScoped<Fooar>()
            .BuildServiceProvider()
            .CreateScope();
scope.ServiceProvider.GetRequiredService<Fooar>();

public class Fooar : IAsyncDisposable
{
    public ValueTask DisposeAsync() => default;
}
```

如上面的代码片段所示，以 Scoped 模式注册的 Foobar 类型实现了 IAsyncDisposable 接口。我们在一个创建的服务范围内创建该服务实例，之后 InvalidOperationException 异常会在服务范围被释放的时候抛出来，如图 3-11 所示。（S310）

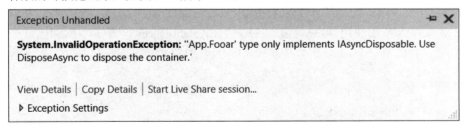

图 3-11　IAsyncDisposable 实例按照同步方式释放时抛出的异常

无论采用怎样的生命周期模式，服务实例的释放总是在容器被释放时完成的。容器的释放具有同步和异步两种形式，由对应的服务范围来决定。当以异步方式释放容器时，可以采用同步的方式释放服务实例，反之则不成立。如果服务类型只实现了 IAsyncDisposable 接口，则只能采用异步的方式释放容器，这正是图 3-11 所示的异常消息试图表达的意思。在这种情况下，我们应该按照如下方式创建表示异步服务范围的 AsyncServiceScope 对象，并调用 DisposeAsync 方法（await using）以异步的方式释放容器。（S311）

```
using Microsoft.Extensions.DependencyInjection;

await using var scope = new ServiceCollection()
    .AddScoped<Fooar>()
    .BuildServiceProvider()
    .CreateAsyncScope();
scope.ServiceProvider.GetRequiredService<Fooar>();
```

3.3.4 ActivatorUtilities

IServiceProvider 对象能够提供指定类型服务实例的前提是存在对应的服务注册，但是有的时候需要利用容器创建一个对应类型不曾注册的实例。一个最为典型的实例是 MVC 应用针对目标 Controller 实例的创建，因为 Controller 类型并未作为依赖服务进行注册。在这种情况下，我们就会使用 ActivatorUtilities 这个静态的工具类型。当调用定义在 ActivatorUtilities 类型中的静态方法根据指定的 IServiceProvider 对象创建指定服务实例时，虽然不要求预先注册目标服务，但是要求指定的 IServiceProvider 对象能够提供构造函数中必要的参数。

```
public static class ActivatorUtilities
{
    public static object CreateInstance(IServiceProvider provider,
        Type instanceType, params object[] parameters);
    public static T CreateInstance<T>(IServiceProvider provider,
        params object[] parameters);

    public static object GetServiceOrCreateInstance(IServiceProvider provider,
      Type type);
    public static T GetServiceOrCreateInstance<T>(IServiceProvider provider);
}
```

如下程序演示了 ActivatorUtilities 的典型用法。在 Foobar 类型的构造函数中除了注入 Foo 和 Bar 这两个可以由容器提供的对象，还包含一个用来初始化 Name 属性的字符串类型的参数。我们将 IServiceProvider 对象作为参数调用 ActivatorUtilities 的 CreateInstance<T>方法，以创建一个 Foobar 对象，此时构造函数的第一个 name 参数必须显式指定。（S312）

```
using Microsoft.Extensions.DependencyInjection;
using System.Diagnostics;

var serviceProviderr = new ServiceCollection()
    .AddSingleton<Foo>()
    .AddSingleton<Bar>()
    .BuildServiceProvider();
var foobar = ActivatorUtilities.CreateInstance<Foobar>(serviceProviderr, "foobar");
```

```
Debug.Assert(foobar.Name == "foobar");

public class Foo {}
public class Bar {}
public class Foobar
{
    public string     Name { get; }
    public Foo        Foo { get; }
    public Bar        Bar { get; }

    public Foobar(string name, Foo foo, Bar bar)
    {
        Name    = name;
        Foo     = foo;
        Bar     = bar;
    }
}
```

当调用 ActivatorUtilities 类型的 CreateInstance 方法创建指定类型的实例时，它总是会选择一个"适合"的构造函数。前文详细介绍了依赖注入容器对构造函数的选择策略，那么这里的构造函数又是如何被选择出来的呢？如果目标类型定义了多个候选的公共构造函数，则最终哪一个被选择取决于两个因素：显式指定的参数列表和构造函数的定义顺序。具体来说，首先会遍历每一个候选的公共构造函数，并针对它们创建具有如下定义的 ConstructorMatcher 对象，然后将显式指定的参数列表作为参数调用其 Match 方法，该方法返回的数字表示当前构造函数与指定的参数列表的匹配度。值越大匹配度越高，-1 表示完全不匹配。

```
public static class ActivatorUtilities
{
    private struct ConstructorMatcher
    {
        public ConstructorMatcher(ConstructorInfo constructor);
        public int Match(object[] givenParameters);
    }
}
```

ActivatorUtilities 最终会选择匹配度不小于零且值最高的构造函数。如果多个构造函数同时拥有最高匹配度，则选择遍历的第一个构造函数。我其实不太认可这样的设计，既然匹配度相同，对应的构造函数就应该是平等的，为了避免选择错误的构造函数，抛出异常可能是更好的做法。

对于根据构造函数创建的 ConstructorMatcher 对象来说，它的 Match 方法相当于针对当前调用场景为候选的构造函数设置了一个匹配度值，那么这个值是如何计算的呢？具体的计算流程基本上体现在图 3-12 中。假设构造函数参数类型依次为 Foo、Bar 和 Baz，如果显式指定的参数列表的某一个与这 3 个类型都不匹配，如指定了一个 Qux 对象，并且 Qux 类型没有继承这 3 个类型中的任何一个，则此时的匹配度值是-1。

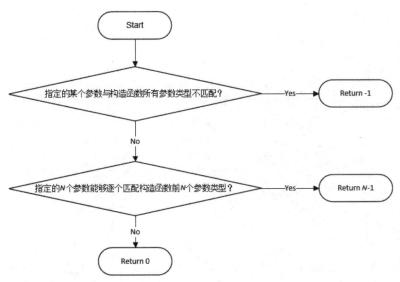

图 3-12　构造函数针对参数数组的匹配度

　　如果指定的 N 个参数都与构造函数的前 N 个参数匹配，则最终的匹配度值是 $N-1$。假设 foo、bar 和 baz 分别表示代码类型为 Foo、Bar 和 Baz 的对象，那么只有 3 种匹配场景，即提供的参数分别为[foo]、[foo, bar]和[foo,bar, baz]，最终的匹配度值分别为 0、1 和 2。如果指定的参数数组不能满足上述的严格匹配规则，则最终的匹配度值是 0。为了验证构造函数的匹配规则，我们来演示一个简单的实例。如下面的代码片段所示，定义了一个 Foobarbaz 类型，它的构造函数的参数类型依次为 Foo、Bar 和 Baz。我们采用了反射的方式创建这个构造函数的 ConstructorMatcher 对象。对于给出的几种参数序列，调用 ConstructorMatcher 对象的 Match 方法来计算该构造函数与它们的匹配度。

```
using Microsoft.Extensions.DependencyInjection;
using System.Reflection;

var constructor = typeof(Foobarbaz).GetConstructors().Single();
var matcherType = typeof(ActivatorUtilities)
    .GetNestedType("ConstructorMatcher", BindingFlags.NonPublic)
    ?? throw new InvalidOperationException("It fails to resove ConstructorMatcher
type");
var matchMethod = matcherType.GetMethod("Match");

var foo = new Foo();
var bar = new Bar();
var baz = new Baz();
var qux = new Qux();

Console.WriteLine($"[Qux] = {Match(qux)}");

Console.WriteLine($"[Foo] = {Match(foo)}");
```

```
Console.WriteLine($"[Foo, Bar] = {Match(foo, bar)}");
Console.WriteLine($"[Foo, Bar, Baz] = {Match(foo, bar, baz)}");

Console.WriteLine($"[Bar, Baz] = {Match(bar, baz)}");
Console.WriteLine($"[Foo, Baz] = {Match(foo, baz)}");


int? Match(params object[] args)
{
    var matcher = Activator.CreateInstance(matcherType, constructor);
    return (int?)matchMethod?.Invoke(matcher, new object[] { args });
}
public class Foo {}
public class Bar {}
public class Baz {}
public class Qux {}

public class Foobarbaz
{
    public Foobarbaz(Foo foo, Bar bar, Baz baz) { }
```

演示程序运行之后，控制台上的输出结果如图 3-13 所示。对于第一个测试结果，由于指定了一个 Qux 对象，它与构造函数的任意一个参数都不兼容，所以匹配度值为-1。接下来的 3 个参数组合完全符合上述的匹配规则，所以得到的匹配度值为 *N*-1（0、1 和 2）。对于第四个参数组合，虽然[Bar, Baz]与构造函数的后两个参数兼容（包括顺序），但由于 Match 方法从第一个参数开始进行匹配，所以匹配度值依然是 0。最后一个组合[Foo, Baz]由于漏掉一个参数，所以匹配度值同样是 0。（S313）

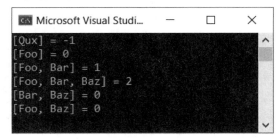

图 3-13　测试同一构造函数针对不同参数组合的匹配度

我不确定构造函数选择策略在今后的版本中是否会修改，就目前的设计来说，我是不认同的。这样的选择策略是不严谨的，是以上面的演示实例验证的构造函数来说，对于参数组合[Foo,Bar]和[Bar,Foo]，以及[Foo,Bar]和[Bar,Baz]，我不觉得它们在匹配程度上有什么不同。这样的策略还会带来另一个问题，那就是最终被选择的构造函数不仅依赖于指定的参数组合，还依赖于候选构造函数在类型中被定义的顺序。

```
using Microsoft.Extensions.DependencyInjection;
```

```
var serviceProvider = new ServiceCollection()
    .AddSingleton<Foo>()
    .AddSingleton<Bar>()
    .AddSingleton<Baz>()
    .BuildServiceProvider();

ActivatorUtilities.CreateInstance<Foobar>(serviceProvider);
ActivatorUtilities.CreateInstance<BarBaz>(serviceProvider);

public class Foo {}
public class Bar {}
public class Baz {}

public class Foobar
{
    public Foobar(Foo foo) => Console.WriteLine("Foobar(Foo foo)");
    public Foobar(Foo foo, Bar bar) => Console.WriteLine("Foobar(Foo foo, Bar bar)");
}
public class BarBaz
{
    public BarBaz(Bar bar, Baz baz) => Console.WriteLine("BarBaz(Bar bar, Baz baz)");
    public BarBaz(Bar bar) => Console.WriteLine("BarBaz(Bar bar)");
}
```

以如上演示程序为例，Foobar 和 Barbaz 都具有两个构造函数，参数数量分别为 1 和 2，不同的是 Foobar 中包含一个参数的构造函数被放在前面，而 Barbaz 则将其置于后面。当调用 ActivatorUtilities 的 CreateInstance<T>构造函数分别创建 Foobar 对象和 Barbaz 对象时，总是第一个构造函数被执行（见图 3-14）。这就意味着，当我们无意中改变了构造函数的定义顺序时会改变应用程序执行的行为，这在我看来是不能接受的。（S314）

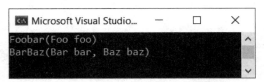

图 3-14　选择的构造函数与定义顺序有关

默认的构造函数选择策略过于模糊且不严谨，如果希望 ActivatorUtilities 选择某个构造函数，则可以在目标构造函数上标注 ActivatorUtilitiesConstructorAttribute 特性。以上面这个实例来说，如果希望 ActivatorUtilities 选择 Foobar 具有两个参数的构造函数，则可以按照如下方式在该构造函数上面标注 ActivatorUtilitiesConstructorAttribute 特性。（S315）

```
public class Foobar
{
    public Foobar(Foo foo) => Console.WriteLine("Foobar(Foo foo)");

    [ActivatorUtilitiesConstructor]
    public Foobar(Foo foo, Bar bar)
        => Console.WriteLine("Foobarbaz(Foo foo, Bar bar)");
```

```
}
```

除了上述的两个 CreateInstance 方法和 CreateInstance<T>方法，ActivatorUtilities 类型还定义了两个方法 GetServiceOrCreateInstance 和 GetServiceOrCreateInstance<T>。顾名思义，当调用这两个方法时，它们会先试着利用指定的 IServiceProvider 对象获取对应的实例，如果失败了（没有相应的服务注册）则会使用 CreateInstance 方法创建对应的实例。

```
public static class ActivatorUtilities
{
    public static object GetServiceOrCreateInstance(IServiceProvider provider,
      Type type);
    public static T GetServiceOrCreateInstance<T>(IServiceProvider provider);
}
```

ActivatorUtilities 类型还定义了如下 CreateFactory 方法，用于返回一个创建指定类型实例的工厂。调用该方法需要指定待创建实例的类型和参数类型。返回的是一个名为 CreateFactory 的委托对象，该委托对象利用指定的作为依赖注入容器的 IServiceProvider 对象和参数列表创建对应的服务实例。

```
public static class ActivatorUtilities
{
    public static ObjectFactory CreateFactory(Type instanceType, Type[] argumentTypes);
}

public delegate object ObjectFactory
    (IServiceProvider serviceProvider,  object[] arguments);
```

3.4　扩展

.NET 的服务承载系统无缝集成了依赖注入框架，但是目前还有很多开源的依赖注入框架，比较常用的有 Castle、StructureMap、Spring.NET、AutoFac、Unity 和 Ninject 等。作者认为，原生的依赖注入框架就是最好的选择，但是如果觉得其他的开源框架更好，则可以通过本节提供的扩展来实现与它们的整合。

3.4.1　适配

.NET 具有一个服务承载（Hosting）系统（详见"第 14 章 服务承载"），用于承载需要在后台长时间运行的服务，一个 ASP.NET Core 应用也是该系统承载的一种服务。对于承载系统来说，原始的服务注册和最终的依赖注入容器分别体现为一个 IServiceCollection 对象和 IServiceProvider 对象，而且承载系统在初始化的过程中会将自身的服务注册添加到由它创建的 IServiceCollection 集合中，这是永远不变的。如果要将第三方依赖注入框架整合进来，就需要解决 IServiceCollection 集合与 IServiceProvider 对象的适配问题。我们可以在 IServiceCollection 对象和 IServiceProvider 对象之间设置一个针对第三方依赖注入框架的 ContainerBuilder 对象，先利用包含原始服务注册的 IServiceCollection 集合创建一个 ContainerBuilder 对象，再利用该对象构建作为依赖注入容器的 IServiceProvider 对象，如图 3-15 所示。

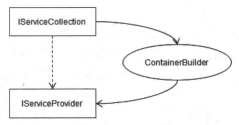

图 3-15　IServiceCollection—ContainerBuilder—IServiceProvider

3.4.2　IServiceProviderFactory<TContainerBuilder>

如图 3-15 所示，两种转换最终是利用一个 IServiceProviderFactory<TContainerBuilder>对象完成的。如下面的代码片段所示，IServiceProviderFactory<TContainerBuilder>接口定义了两个方法，CreateBuilder 方法利用指定的 IServiceCollection 集合创建对应的 TContainerBuilder 对象，CreateServiceProvider 方法则进一步利用 TContainerBuilder 对象创建作为依赖注入容器的 IServiceProvider 对象。

```
public interface IServiceProviderFactory<TContainerBuilder>
{
    TContainerBuilder CreateBuilder(IServiceCollection services);
    IServiceProvider CreateServiceProvider(TContainerBuilder containerBuilder);
}
```

.NET 的服务承载系统总是利用注册的 IServiceProviderFactory<TContainerBuilder>服务创建最终作为依赖注入容器的 IServiceProvider 对象，默认注册的是一个 DefaultServiceProviderFactory 类型。如下面的代码片段所示，DefaultServiceProviderFactory 会直接调用指定 IServiceCollection 集合的 BuildServiceProvider 方法来创建对应的 IServiceProvider 对象。

```
public class DefaultServiceProviderFactory :
    IServiceProviderFactory<IServiceCollection>
{
    public DefaultServiceProviderFactory()
        : this(ServiceProviderOptions.Default){}
    public DefaultServiceProviderFactory(ServiceProviderOptions options)
        =>_options = options;

    public IServiceCollection CreateBuilder(IServiceCollection services)
        => services;

    public IServiceProvider CreateServiceProvider(
        IServiceCollection containerBuilder) =>
        containerBuilder.BuildServiceProvider(_options);
}
```

3.4.3　整合第三方依赖注入框架

我们在"第 2 章 依赖注入（上）"中创建了一个名为 Cat 的依赖注入框架，接下来就通过上述的方式将它引入应用中。首先创建一个名为 CatBuilder 的类型作为对应的 ContainerBuilder。由于需要涉及服务范围的创建，所以我们在 CatBuilder 类中定义了如下两个内嵌的私有类型。表示服务范围的 ServiceScope 对象实际上就是对一个 IServiceProvider 对象的封装，而 ServiceScopeFactory 类型表示创建该对象的工厂，它是对一个 Cat 对象的封装。

```
public class CatBuilder
{
    private class ServiceScope : IServiceScope
    {
        public ServiceScope(IServiceProvider serviceProvider)
            => ServiceProvider = serviceProvider;
        public IServiceProvider ServiceProvider { get; }
        public void Dispose()=> (ServiceProvider as IDisposable)?.Dispose();
    }

    private class ServiceScopeFactory : IServiceScopeFactory
    {
        private readonly Cat _cat;
        public ServiceScopeFactory(Cat cat) => _cat = cat;
        public IServiceScope CreateScope() => new ServiceScope(_cat);
    }
}
```

一个 CatBuilder 对象是对一个 Cat 对象的封装，它的 BuildServiceProvider 方法会直接返回这个 Cat 对象，并将它作为最终构建的依赖注入容器。CatBuilder 对象在初始化过程中添加了 IServiceScopeFactory/ServiceScopeFactory 的服务注册。为了实现程序集范围内的批量服务注册，可以为 CatBuilder 类型定义一个 Register 方法。

```
public class CatBuilder
{
    private readonly Cat _cat;
    public CatBuilder(Cat cat)
    {
        _cat = cat;
        _cat.Register<IServiceScopeFactory>(
            c => new ServiceScopeFactory(c.CreateChild()), Lifetime.Transient);
    }
    public IServiceProvider BuildServiceProvider() => _cat;
    public CatBuilder Register(Assembly assembly)
    {
        _cat.Register(assembly);
        return this;
    }
    ...
}
```

如下面的代码片段所示，CatServiceProviderFactory 类型实现了 IServiceProviderFactory<CatBuilder>接口。在实现的 CreateBuilder 方法中，我们创建了一个 Cat 对象，并将 IServiceCollection 集合包含的服务注册（ServiceDescriptor 对象）转换成 Cat 的服务注册形式（ServiceRegistry 对象）。在将转换后的服务注册应用到 Cat 对象上之后，我们最终利用这个 Cat

对象创建返回的 CatBuilder 对象。实现的 CreateServiceProvider 方法返回的是通过调用 CatBuilder 对象的 CreateServiceProvider 方法得到的 IServiceProvider 对象。

```
public class CatServiceProviderFactory : IServiceProviderFactory<CatBuilder>
{
    public CatBuilder CreateBuilder(IServiceCollection services)
    {
        var cat = new Cat();
        foreach (var service in services)
        {
            if (service.ImplementationFactory != null)
            {
                cat.Register(service.ServiceType, provider
                    => service.ImplementationFactory(provider),
                    service.Lifetime.AsCatLifetime());
            }
            else if (service.ImplementationInstance != null)
            {
                cat.Register(service.ServiceType, service.ImplementationInstance);
            }
            else
            {
                cat.Register(service.ServiceType, service.ImplementationType,
                    service.Lifetime.AsCatLifetime());
            }
        }
        return new CatBuilder(cat);
    }
    public IServiceProvider CreateServiceProvider(CatBuilder containerBuilder)
        => containerBuilder.BuildServiceProvider();
}
```

对于服务实例的生命周期模式来说，由于 Cat 与 .NET 依赖注入框架具有一致的表达，所以在将服务注册从 ServiceDescriptor 类型转化成 ServiceRegistry 类型时，可以简单地完成两者的转换。具体的转换可以在 AsCatLifetime 扩展方法中实现。

```
internal static class Extensions
{
    public static Lifetime AsCatLifetime(this ServiceLifetime lifetime)
    {
        return lifetime switch
        {
            ServiceLifetime.Scoped => Lifetime.Self,
            ServiceLifetime.Singleton => Lifetime.Root,
            _ => Lifetime.Transient,
        };
    }
}
```

接下来演示如何利用 CatServiceProviderFactory 创建作为依赖注入容器的 IServiceProvider 对象。我们定义了 Foo、Bar、Baz 和 Qux 共 4 个类型和它们实现的 IFoo 接口、IBar 接口、IBaz 接

口与 IQux 接口。Qux 类型上标注了一个 MapToAttribute 特性，并注册了与对应接口 IQux 之间
的映射。这些类型派生的基类 Base 实现了 IDisposable 接口，在其构造函数和实现的 Dispose 方
法中输出相应的文本，以确定实例被创建和释放的时机。

```
public interface IFoo {}
public interface IBar {}
public interface IBaz {}
public interface IQux {}
public interface IFoobar<T1, T2> {}
public class Base : IDisposable
{
    public Base()
        => Console.WriteLine($"Instance of {GetType().Name} is created.");
    public void Dispose()
        => Console.WriteLine($"Instance of {GetType().Name} is disposed.");
}

public class Foo : Base, IFoo{ }
public class Bar : Base, IBar{ }
public class Baz : Base, IBaz{ }
[MapTo(typeof(IQux), Lifetime.Root)]
public class Qux : Base, IQux { }
public class Foobar<T1, T2>: IFoobar<T1,T2>
{
    public IFoo Foo { get; }
    public IBar Bar { get; }
    public Foobar(IFoo foo, IBar bar)
    {
        Foo = foo;
        Bar = bar;
    }
}
```

如下面所示的代码片段，首先创建了一个 ServiceCollection 集合，并采用 3 种不同的生命周
期模式分别添加 IFoo 接口、IBar 接口和 IBaz 接口的服务注册。然后根据 ServiceCollection 集合
创建了一个 CatServiceProviderFactory 工厂，并调用其 CreateBuilder 方法创建对应的 CatBuilder
对象。最后调用 CatBuilder 对象的 Register 方法完成当前入口程序集的批量服务注册，其目的在
于添加 IQux/Qux 的服务注册。

```
using App;
using Microsoft.Extensions.DependencyInjection;

var services = new ServiceCollection()
            .AddTransient<IFoo, Foo>()
            .AddScoped<IBar>(_ => new Bar())
            .AddSingleton<IBaz>(new Baz());

var factory = new CatServiceProviderFactory();
var builder = factory.CreateBuilder(services)
```

```
    .Register(typeof(Foo).Assembly);
var container = factory.CreateServiceProvider(builder);

GetServices();
GetServices();
Console.WriteLine("\nRoot container is disposed.");
(container as IDisposable)?.Dispose();

void GetServices()
{
    using var scope = container.CreateScope();
    Console.WriteLine("\nService scope is created.");
    var child = scope.ServiceProvider;

    child.GetService<IFoo>();
    child.GetService<IBar>();
    child.GetService<IBaz>();
    child.GetService<IQux>();

    child.GetService<IFoo>();
    child.GetService<IBar>();
    child.GetService<IBaz>();
    child.GetService<IQux>();
    Console.WriteLine("\nService scope is disposed.");
}
```

在调用 CatServiceProviderFactory 工厂的 CreateServiceProvider 方法创建作为依赖注入容器的 IServiceProvider 对象之后，先后两次调用了本地方法 GetServices，后者会利用 IServiceProvider 对象创建一个服务范围，并利用此服务范围内的 IServiceProvider 提供两组服务实例。利用 CatServiceProviderFactory 创建的 IServiceProvider 对象最终通过调用其 Dispose 方法进行释放。该程序运行之后，控制台上的输出结果如图 3-16 所示，输出结果体现的服务生命周期与演示程序体现的生命周期是完全一致的。（S316）

图 3-16　利用 CatServiceProviderFactory 创建 IServiceProvider 对象

第 4 章

文件系统

ASP.NET Core 应用具有很多读取文件的场景，如读取配置文件、静态 Web 资源文件（如 CSS、JavaScript 和图片文件等）、MVC 应用的视图文件，以及直接编译到程序集中的内嵌资源文件。这些文件的读取都需要使用一个 IFileProvider 对象。IFileProvider 对象构建了一个抽象的文件系统。我们不仅可以利用该系统提供的统一 API 来读取各种类型的文件，还能及时监控目标文件的变化。

4.1 抽象的文件系统

IFileProvider 对象用于构建一个具有层次化目录结构的抽象文件系统，该系统中的目录和文件都是一个抽象的概念，具体的文件可能对应一个本地物理文件，也可能保存在数据库中，或者来源于网络，甚至有可能根本就不存在，但是内容可以在读取实时动态生成。目录也仅仅是组织文件的逻辑容器。为了使读者对这个文件系统有一个大体认识，下面先演示几个简单的实例。

4.1.1 树形层次结构

文件系统下的文件以目录的形式进行组织，一个 IFileProvider 对象可以视为针对一个目录的映射。目录除了可以存放文件，还可以包含子目录，所以目录/文件在整体上呈现出树形层次化结构。接下来将一个 IFileProvider 对象映射到一个物理目录，并利用它将所在目录的结构呈现出来。

下面创建一个控制台程序，并添加 "Microsoft.Extensions.FileProviders.Physical" NuGet 包的依赖，这个包提供了物理文件系统的实现。我们定义了 IFileSystem 接口，它利用 ShowStructure 方法将文件系统的整体结构输出到控制台上。该方法的 Action<int, string>中的参数将文件系统的节点（目录或者文件）名称呈现出来，两个参数分别表示缩进的层级和目录/文件的名称。

```
public interface IFileSystem
{
    void ShowStructure(Action<int, string> print);
```

```
}
```

如下 FileSystem 类型实现了 IFileSystem 接口，它利用只读_fileProvider 字段表示的 IFileProvider 对象来提取目录结构。目标文件系统的整体结构通过 Print 方法以递归的方式呈现出来，其中涉及对 IFileProvider 对象的 GetDirectoryContents 方法的调用，该方法返回一个表示"目录内容"的 IDirectoryContents 对象。如果对应的目录存在，则遍历所有子目录和文件。目录和文件体现为一个 IFileInfo 对象，至于具体是目录还是文件由 IsDirectory 属性决定。

```csharp
public class FileSystem : IFileSystem
{
    private readonly IFileProvider _fileProvider;
    public FileSystem(IFileProvider fileProvider) => _fileProvider = fileProvider;
    public void ShowStructure(Action<int, string> print)
    {
        int indent = -1;
        Print("");

        void Print(string subPath)
        {
            indent++;
            foreach (var fileInfo in _fileProvider.GetDirectoryContents(subPath))
            {
                print(indent, fileInfo.Name);
                if (fileInfo.IsDirectory)
                {
                    Print($@"{subPath}\{fileInfo.Name}".TrimStart('\\'));
                }
            }
            indent--;
        }
    }
}
```

接下来构建一个本地物理目录 "c:\test\"，并在其下面创建子目录和文件，如图 4-1 所示。我们将这个目录映射到一个 IFileProvider 对象上，并利用后者创建的 FileSystem 对象将目录结构呈现出来。

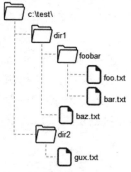

图 4-1　IFileProvider 对象映射的物理目录结构

　　整个演示程序体现在如下面所示的代码片段中。我们针对目录 "c:\test\" 创建了一个表示物理文件系统的 PhysicalFileProvider 对象，并将其注册到创建的 ServiceCollection 对象上，后者还添加了 IFileSystem/FileSystem 的服务注册。

```
using App;
using Microsoft.Extensions.DependencyInjection;
using Microsoft.Extensions.FileProviders;

new ServiceCollection()
    .AddSingleton<IFileProvider>(new PhysicalFileProvider(@"c:\test"))
    .AddSingleton<IFileSystem, FileSystem>()
    .BuildServiceProvider()
    .GetRequiredService<IFileSystem>()
    .ShowStructure(Print);

static void Print(int layer, string name)
    => Console.WriteLine($"{new string(' ', layer * 4)}{name}");
```

　　我们最终利用 ServiceCollection 生成的 IServiceProvider 对象得到 FileSystem 对象，并调用它的 ShowStructure 方法将映射的目录结构呈现出来。运行该程序之后，映射物理目录的真实结构会输出到控制台上，如图 4-2 所示。（S401）

图 4-2　运行程序显示的目录结构

4.1.2　读取文件内容

　　接下来演示如何利用 IFileProvider 对象读取一个物理文件的内容。我们为 IFileSystem 接口定义一个 ReadAllTextAsync 方法，并以异步的方式读取指定文件内容，方法的参数表示文件的路径。如下面的代码片段所示，ReadAllTextAsync 方法将指定的文件路径作为参数来调用 IFileProvider 对象的 GetFileInfo 方法，以得到一个描述目标文件的 IFileInfo 对象。我们进一步调用 IFileInfo 的 CreateReadStream 方法得到读取文件的输出流，进而得到文件的真实内容。

```
public interface IFileSystem
{
    ...
    Task<string> ReadAllTextAsync(string path);
}


public class FileSystem : IFileSystem
{
    ...
```

```
public async Task<string> ReadAllTextAsync(string path)
{
    byte[] buffer;
    using (var stream = _fileProvider.GetFileInfo(path).CreateReadStream())
    {
        buffer = new byte[stream.Length];
        await stream.ReadAsync(buffer);
    }
    return Encoding.Default.GetString(buffer);
}
```

我们依然将 IFileProvider 对象映射为目录 "c:\test\"，并在该目录中创建一个名为 data.txt 的文本文件。下面的演示实例利用依赖注入容器得到 FileSystem 对象，并调用其 ReadAllTextAsync 方法读取该文件的文本内容。（S402）

```
using App;
using Microsoft.Extensions.DependencyInjection;
using Microsoft.Extensions.FileProviders;
using System.Diagnostics;

var content = await new ServiceCollection()
    .AddSingleton<IFileProvider>(new PhysicalFileProvider(@"c:\test"))
    .AddSingleton<IFileSystem, FileSystem>()
    .BuildServiceProvider()
    .GetRequiredService<IFileSystem>()
    .ReadAllTextAsync("data.txt");

Debug.Assert(content == File.ReadAllText(@"c:\test\data.txt"));
```

我们一直强调 IFileProvider 接口表示一个抽象的文件系统，具体文件的提供方式取决于具体的实现类型。演示实例中定义的 FileSystem 并没有限定具体使用哪种类型的 IFileProvider。我们可以通过服务注册的方式指定任意实现类型。我们现在将 data.txt 文件直接以资源文件的形式编译到程序集中，并利用一个 EmbeddedFileProvider 对象来提取它的内容。

EmbeddedFileProvider 类型由 "Microsoft.Extensions.FileProviders.Embedded" NuGet 包提供，在添加了上述 NuGet 包的引用之后，我们直接将 data.txt 文件添加到控制台应用的项目根目录下。为了将该文件内嵌到编译生成的程序集中，可以在 Visual Studio 的解决方案窗口中选择这个文件，在打开的文件属性对话框中将 Build Action 属性设置为 "Embedded resource"，如图 4-3 所示。

图 4-3　设置文件的 Build Action 属性

上述针对内嵌文件的设置会改变项目文件（.csproj 文件）的内容。具体来说，当文件的 Build Action 属性被设置为"Embedded resource"后，如下所示的<EmbeddedResource>节点会自动添加到项目文件中，所以我们也可以直接修改项目文件以便达到相同的目的。

```
<Project Sdk="Microsoft.NET.Sdk">
    ...
    <ItemGroup>
        <EmbeddedResource Include="data.txt"/>
    </ItemGroup>
</Project>
```

在如下所示的演示实例中，根据入口程序集创建一个 EmbeddedFileProvider 对象，并用它代替原来的 PhysicalFileProvider 对象的服务注册。我们采用完全一致的编程方式读取内嵌文件 data.txt 的内容。（S403）

```
using App;
using Microsoft.Extensions.DependencyInjection;
using Microsoft.Extensions.FileProviders;
using System.Diagnostics;
using System.Reflection;
using System.Text;

var assembly = Assembly.GetEntryAssembly()!;
var content = await new ServiceCollection()
    .AddSingleton<IFileProvider>(new EmbeddedFileProvider(assembly))
    .AddSingleton<IFileSystem, FileSystem>()
    .BuildServiceProvider()
    .GetRequiredService<IFileSystem>()
    .ReadAllTextAsync("data.txt");

var stream = assembly.GetManifestResourceStream($"{assembly.GetName().Name}.data.txt");
var buffer = new byte[stream!.Length];
stream.Read(buffer, 0, buffer.Length);

Debug.Assert(content == Encoding.Default.GetString(buffer));
```

4.1.3　监控文件的变化

确定加载到内存中的数据与源文件的一致性并自动同步是一个很常见的需求。例如，我们将配置定义在一个 JSON 文件中，当应用启动时会读取该文件并将其转换成对应的 Options 对象。如果能够检测到文件的变换，那么配置文件被修改之后，程序可以自动读取新的内容并将其绑定到 Options 对象上。对文件系统实施监控并在其发生改变时发送通知也是 IFileProvider 对象提供的核心功能之一。下面的程序演示如何使用 PhysicalFileProvider 对某个物理文件实施监控，并在目标文件被更新时重新读取新的内容。

```
using Microsoft.Extensions.FileProviders;
using Microsoft.Extensions.Primitives;
using System.Text;
```

```
using var fileProvider = new PhysicalFileProvider(@"c:\test");
string? original = null;
ChangeToken.OnChange(() => fileProvider.Watch("data.txt"), Callback);
while (true)
{
    File.WriteAllText(@"c:\test\data.txt", DateTime.Now.ToString());
    await Task.Delay(5000);
}

async void Callback()
{
    var stream = fileProvider.GetFileInfo("data.txt").CreateReadStream();
    {
        var buffer = new byte[stream.Length];
        await stream.ReadAsync(buffer);
        var current = Encoding.Default.GetString(buffer);
        if (current != original)
        {
            Console.WriteLine(original = current);
        }
    }
}
```

如上面的代码片段所示，针对目录 "c:\test" 创建了一个 PhysicalFileProvider 对象，并调用其 Watch 方法对指定的 data.txt 文件实施监控。该方法会利用返回的 IChangeToken 对象发送文件更新的通知。调用 ChangeToken 的静态方法 OnChange，针对这个 IChangeToken 对象注册了一个自动读取并显示文件内容的回调。每隔 5 秒对 data.txt 文件进行一次修改，并将当前时间作为文件的内容。程序运行之后，作为文件内容的当前时间每隔 5 秒输出到控制台上，如图 4-4 所示。（S404）

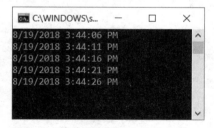

图 4-4　实时显示监控文件的内容

4.2　文件与目录

下面从设计的角度对文件系统进行系统的介绍。这个由 IFileProvider 对象构建的文件系统以目录的形式组织文件。我们可以利用它读取文件的内容，也可以对目录或者文件实施监控并及时得到变化的通知。文件系统更新的通知是由一个 IChangeToken 对象发出来的，在需要监控变化的场景中先介绍这个对象。

4.2.1　IChangeToken

从字面上理解，IChangeToken 对象就是一个与监控数据变化的"令牌"（Token）。我们可以调用其 RegisterChangeCallback 方法注册一个在数据发生改变时可以自动执行的回调。该方法会返回一个 IDisposable 对象，我们可以调用其 Dispose 方法解除注册的回调。如果 IChangeToken 对象关联的数据发生改变，那么它的 HasChanged 属性将变成 True。IChangeToken 接口的另一个属性 ActiveChangeCallbacks 表示当数据发生变化时是否需要主动执行注册的回调操作。

```
public interface IChangeToken
{
    bool HasChanged { get; }
    bool ActiveChangeCallbacks { get; }
    IDisposable RegisterChangeCallback(Action<object?> callback, object? state);
}
```

.NET 提供了很多 IChangeToken 接口的实现类型，常使用的是 CancellationChangeToken 类型。CancellationChangeToken 是对一个 CancellationToken 对象的封装，如下面的代码片段所示，对该类型的完整定义。

```
public class CancellationChangeToken : IChangeToken
{
    private readonly CancellationToken _token;
    public CancellationChangeToken(CancellationToken cancellationToken)
        => _token = cancellationToken;

    public IDisposable RegisterChangeCallback(Action<object?> callback, object? state)
    {
        IDisposable disposable;
        try
        {
            disposable = _token.UnsafeRegister(callback, state);
        }
        catch (ObjectDisposedException)
        {
            ActiveChangeCallbacks = false;
            return NullDisposable.Instance;
        }
        return disposable;
    }
    public bool ActiveChangeCallbacks { get; private set; } = true;

    public bool HasChanged => _token.IsCancellationRequested;

    private sealed class NullDisposable : IDisposable
    {
        public static readonly NullDisposable Instance = new NullDisposable();
        public void Dispose() {}
    }
}
```

我们有时也会使用如下 CompositeChangeToken 的实现类型，它表示由多个 IChangeToken 组合而成的复合型 IChangeToken 对象。对于一个 CompositeChangeToken 对象来说，只要组成它的任何一个 IChangeToken 发生改变，其 HasChanged 属性就变成 True，注册的回调随之被执行。只要任何一个 IChangeToken 的同名属性返回 True，ActiveChangeCallbacks 属性就会返回 True。

```
public class CompositeChangeToken : IChangeToken
{
    public bool                              ActiveChangeCallbacks { get; }
    public IReadOnlyList<IChangeToken>       ChangeTokens { get; }
    public bool                              HasChanged { get; }

    public CompositeChangeToken(IReadOnlyList<IChangeToken> changeTokens);
    public IDisposable RegisterChangeCallback(Action<object?> callback, object? state);
}
```

我们可以直接调用 IChangeToken 提供的 RegisterChangeCallback 方法注册在接收到数据变化通知后的回调操作，但是更常用的方式则是调用 ChangeToken 类型提供的如下两个 OnChange 静态方法，这两个静态方法的第一个参数需要被指定为一个用来提供 IChangeToken 对象的 Func<IChangeToken>委托对象。由于 IChangeToken 对象并没有状态"复位"功能，所以变更一旦发生，便宣告它的使命完成，下次变更检测将交给新创建的 IChangeToken 对象。OnChange 静态方法提供的 Func<IChangeToken>委托对象用来创建 IChangeToken 对象的工厂。

```
public static class ChangeToken
{
    public static IDisposable OnChange(Func<IChangeToken?> changeTokenProducer,
        Action changeTokenConsumer) ;
    public static IDisposable OnChange<TState>(Func<IChangeToken?> changeTokenProducer,
        Action<TState> changeTokenConsumer, TState state) ;
}
```

4.2.2　IFileProvider

我们将关注点转移到 IFileProvider 核心接口上，该接口定义在"Microsoft.Extensions.FileProviders.Abstractions"NuGet 包中。前面演示的实例展现了文件系统的 3 项基本功能，分别体现在如下 IFileProvider 接口的 3 个方法上。

```
public interface IFileProvider
{
    IFileInfo GetFileInfo(string subpath);
    IDirectoryContents GetDirectoryContents(string subpath);
    IChangeToken Watch(string filter);
}
```

文件系统下的目录和文件都通过一个 IFileInfo 对象来表示，至于具体是目录还是文件则通过 IsDirectory 属性来确定。我们可以通过只读属性 Exists 判断指定的目录或者文件是否真实存在，而 Name 属性和 PhysicalPath 属性分别表示文件或者目录的名称与物理路径。LastModified 属性返回目录或者文件最后一次被修改的时间戳。对于一个表示具体文件的 IFileInfo 对象来说，我们可以利用 Length 属性得到文件内容的字节数，还可以利用 CreateReadStream 方法返回的

Stream 对象读取文件的内容。

```
public interface IFileInfo
{
    bool            Exists { get; }
    bool            IsDirectory { get; }
    string          Name { get; }
    string?         PhysicalPath { get; }
    DateTimeOffset  LastModified { get; }
    long            Length { get; }

    Stream CreateReadStream();
}
```

IFileProvider 接口的 GetFileInfo 方法会根据指定的路径得到表示所在文件的 IFileInfo 对象。虽然一个 IFileInfo 对象可以用于描述目录和文件,但是 GetFileInfo 方法只为得到指定路径的文件而不是目录。作者不太认同这种容易产生歧义的设计。无论指定的文件是否存在,GetFileInfo 方法总会返回一个具体的 IFileInfo 对象,因为目标文件的存在与否是由 Exists 属性确定的。

我们可以调用 IFileProvider 对象的 GetDirectoryContents 方法得到指定目录的内容(文件或者子目录),具体返回的是一个 IDirectoryContents 对象。一个 IDirectoryContents 对象实际上是描述存储在当前目录下的文件或者子目录的一组 IFileInfo 对象的封装。和 GetFileInfo 方法一样,无论指定的目录是否存在,GetDirectoryContents 方法总是返回一个具体的 IDirectoryContents 对象,它的 Exists 属性可以确定指定目录是否存在。

```
public interface IDirectoryContents : IEnumerable<IFileInfo>
{
    bool Exists { get; }
}
```

如果要监控所在目录或者文件的变化,则可以调用 IFileProvider 对象的 Watch 方法,但前提是它提供了这样的监控功能。这个方法接收一个字符串类型的参数 filter,我们可以利用该参数指定一个"文件匹配模式"(File Globbing Pattern)表达式(以下简称为 Globbing Pattern 表达式)来筛选需要监控的目标目录或者文件。

Globbing Pattern 表达式类似于正则表达式,但是比正则表达式简单得多,它只包含"*"一种通配符。如果认为它包含两种通配符,则另一个通配符是"**"。这种表达式为了描述一个文件路径,其中,"*"表示路径分隔符("/"或者"\")之间的单个分段内的所有字符,"**"表示可以跨越多个路径分段的所有字符。表 4-1 列举了常见的几种 Globbing Pattern 表达式。

表 4-1 常见的几种 Globbing Pattern 表达式

Globbing Pattern 表达式	匹配的文件
src/foobar/foo/settings.*	子目录 "src/foobar/foo/"(不含其子目录)下名为 settings 的所有文件,如 settings.json、settings.xml 和 settings.ini 等
src/foobar/foo/*.cs	子目录 "src/foobar/foo/"(不含其子目录)下的所有 .cs 文件
src/foobar/foo/*.*	子目录 "src/foobar/foo/"(不含其子目录)下的所有文件
src/**/*.cs	子目录 "src"(含其子目录)下的所有 .cs 文件

　　一般来说，无论是调用 IFileProvider 对象的 GetFileInfo 方法或者 GetDirectoryContents 方法所指定的目标文件或者目录的路径，还是调用 Watch 方法指定的过滤表达式，提供的是根目录的相对路径。指定的这个路径可以采用"/"作为前缀，但是这个前缀不是必需的。换句话说，下面两组程序是完全等效的。

```
//路径不包含前缀"/"
var dirContents = fileProvider.GetDirectoryContents("foobar");
var fileInfo = fileProvider.GetFileInfo("foobar/foobar.txt");
var changeToken = fileProvider.Watch("foobar/*.txt");

//路径包含前缀"/"
var dirContents = fileProvider.GetDirectoryContents("/foobar");
var fileInfo = fileProvider.GetFileInfo("/foobar/foobar.txt");
var changeToken = fileProvider.Watch("/foobar/*.txt");
```

　　总体来说，以 IFileProvider 对象为核心的文件系统从设计上来看是非常简单的。除了 IFileProvider 接口，文件系统还涉及其他一些对象，如 IDirectoryContents、IFileInfo 和 IChangeToken 等。文件系统涉及的接口及其相互之间的关系如图 4-5 所示。

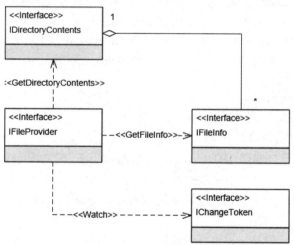

图 4-5　文件系统涉及的接口及其相互之间的关系

4.2.3　两个特殊的文件系统

　　使用 PhysicalFileProvider 和 EmbeddedFileProvider 分别构建了物理文件与程序集内嵌文件的文件系统。除此之外，还有两个特殊的 IFileProvider 实现类型可供选择，它们分别是 NullFileProvider 和 CompositeFileProvider。顾名思义，NullFileProvider 表示一个不包含任何目录和文件的空文件系统，CompositeFileProvider 表示一个由多个 IFileProvider 构建的复合式的文件系统。这两个特殊的 FileProvider 类型都定义在"Microsoft.Extensions.FileProviders. Abstractions"这个 NuGet 包中。

1. NullFileProvider

NullFileProvider 表示一个不包含任何子目录和文件的空文件系统，它的 GetDirectoryContents 方法和 GetFileInfo 方法分别用于返回一个 NotFoundDirectoryContents 对象和 NotFoundFileInfo 对象。对于一个空的文件系统来说，并不存在所谓的目录和文件变化，所以其 Watch 方法用于返回一个 NullChangeToken 对象。相关的类型定义在如下所示的代码片段中。

```
public class NullFileProvider : IFileProvider
{
    public IDirectoryContents GetDirectoryContents(string subpath)
        => NotFoundDirectoryContents.Singleton;
    public IFileInfo GetFileInfo(string subpath) => new NotFoundFileInfo(subpath);
    public IChangeToken Watch(string filter) => NullChangeToken.Singleton;
}

public class NullChangeToken : IChangeToken
{
    public bool HasChanged => false;
    public bool ActiveChangeCallbacks => false;
    public static NullChangeToken Singleton { get; } = new NullChangeToken();

    public IDisposable RegisterChangeCallback(Action<object?> callback, object? state)
        => EmptyDisposable.Instance;
}

internal class EmptyDisposable : IDisposable
{
    public static EmptyDisposable Instance { get; } = new EmptyDisposable();
    public void Dispose() { }
}
```

2. CompositeFileProvider

NullFileProvider 表示一个空的文件系统，CompositeFileProvider 则正好相反，它表示一个由多个 IFileProvider 构建的复合型文件系统。如下面的代码片段所示，当调用构造函数创建一个 CompositeFileProvider 对象时，需要提供一组构建这个复合型文件系统的 IFileProvider 对象。

```
public class CompositeFileProvider : IFileProvider
{
    private readonly IFileProvider[] _fileProviders;
    public CompositeFileProvider(params IFileProvider[] fileProviders)
        => _fileProviders = fileProviders ?? new IFileProvider[0];
    …
}
```

由于 CompositeFileProvider 由多个 IFileProvider 对象构成，所以当调用其 GetFileInfo 方法根据指定的路径获取对应文件时，它会遍历这些 IFileProvider 对象，直至找到一个存在的（对应 IFileInfo 对象的 Exists 属性返回 True）文件。如果所有的 IFileProvider 对象都不能提供这个文件，则它会返回一个 NotFoundFileInfo 对象。由于遍历的顺序取决于构建

CompositeFileProvider 时提供的 IFileProvider 对象的顺序，所以如果对这些 IFileProvider 对象具有优先级的要求，则应该将高优先级的 IFileProvider 对象放在前面。

```csharp
public class CompositeFileProvider : IFileProvider
{
    private readonly IFileProvider[] _fileProviders;
    public IFileInfo GetFileInfo(string subpath)
    {
        foreach (var provider in _fileProviders)
        {
            var file = provider.GetFileInfo(subpath);
            if (file?.Exists == true)
            {
                return file;
            }
        }
        return new NotFoundFileInfo(subpath);
    }
    …
}
```

对于表示复合文件系统的 CompositeFileProvider 来说，某个目录的内容是由所有这些内部 IFileProvider 对象共同提供的，所以使用 GetDirectoryContents 方法返回的也是一个复合型的 DirectoryContents，具体的类型为具有如下定义的 CompositeDirectoryContents。与 GetFileInfo 方法一样，如果多个 IFileProvider 对象存在一个具有相同路径的文件，则 CompositeFileProvider 总是从优先提供的 IFileProvider 对象中提取。

```csharp
public class CompositeFileProvider : IFileProvider
{
    public IDirectoryContents GetDirectoryContents(string subpath)
        => new CompositeDirectoryContents(_fileProviders, subpath);
    …
}

public class CompositeDirectoryContents : IDirectoryContents
{
    public CompositeDirectoryContents(IList<IFileProvider> fileProviders, string subpath);
    public bool Exists{get;}
    public IEnumerator<IFileInfo> GetEnumerator();
    IEnumerator IEnumerable.GetEnumerator() ;
}
```

使用 CompositeFileProvider 的 Watch 方法返回的也是一个复合型的 IChangeToken 对象，其类型就是前面介绍的 CompositeChangeToken。这个 CompositeChangeToken 对象由组成 CompositeFileProvider 的所有 IFileProvider 对象来提供（通过调用 Watch 方法），所以它能监控任何一个 IFileProvider 对象对应的文件系统的变化。如下所示的代码片段体现了 Watch 方法的实现逻辑。

```csharp
public class CompositeFileProvider : IFileProvider
{
```

```
private readonly IFileProvider[] _fileProviders;

public IChangeToken Watch(string pattern)
{
    var tokens = _fileProviders
        .Select(it => it.Watch(pattern))
        .Where(it => it!= null)
        .ToList();

    return tokens.Count == 0
        ? (IChangeToken)NullChangeToken.Singleton
        : new CompositeChangeToken(tokens);
}
}
```

4.3 物理文件系统

ASP.NET Core 应用中使用得最多的还是物理文件，如配置文件、MVC 视图文件及作为 Web 资源的静态文件（如图片、CSS 和 JavaScript 等）。物理文件系统由定义在"Microsoft. Extensions.FileProviders.Physical" NuGet 包中的 PhysicalFileProvider 来构建。

```
public class PhysicalFileProvider : IFileProvider, IDisposable
{
    public PhysicalFileProvider(string root);

    public IFileInfo GetFileInfo(string subpath);
    public IDirectoryContents GetDirectoryContents(string subpath);
    public IChangeToken Watch(string filter);

    public void Dispose();
}
```

4.3.1 PhysicalFileInfo

一个 PhysicalFileProvider 对象总是映射到某个物理目录上，被映射的目录所在的路径通过构造函数的参数 root 来提供。它的 GetFileInfo 方法返回的 IFileInfo 对象表示指定路径的文件，这是一个 PhysicalFileInfo 对象。物理文件通过一个 System.IO.FileInfo 对象来表示，PhysicalFileInfo 对象实际上就是对该对象的封装，定义在 PhysicalFileInfo 的所有属性都来源于封装的 FileInfo 对象。对于创建读取文件输出流的 CreateReadStream 方法来说，它返回的是一个根据物理文件绝对路径创建的 FileStream 对象。

```
public class PhysicalFileInfo : IFileInfo
{
    ...
    public PhysicalFileInfo(FileInfo info);
}
```

对于 PhysicalFileProvider 的 GetFileInfo 方法来说，即使指定的路径指向一个具体的物理文件，它也不是总返回一个 PhysicalFileInfo 对象。在如下这些场景中都将视为"目标文件不存在"，GetFileInfo 方法在这种情况下会返回一个 NotFoundFileInfo 对象。

- 不存在与指定的路径相匹配的物理文件。
- 指定的是文件的绝对路径。
- 目标文件为隐藏文件。

由于如下所示的 NotFoundFileInfo 类型表示一个"不存在"的文件，所以其 Exists 属性总是返回 False，而其他属性则变得没有任何意义。当调用 CreateReadStream 试图读取一个根本不存在的文件的内容时，它会抛出一个 FileNotFoundException 类型的异常。

```
public class NotFoundFileInfo : IFileInfo
{
    public bool              Exists => false;
    public long              Length => throw new NotImplementedException();
    public string?           PhysicalPath => null;
    public string            Name { get; }
    public DateTimeOffset    LastModified => DateTimeOffset.MinValue;
    public bool              IsDirectory => false;

    public NotFoundFileInfo(string name) => this.Name = name;

    public Stream CreateReadStream()
        => throw new FileNotFoundException($"The file {Name} does not exist.");
}
```

4.3.2　PhysicalDirectoryInfo

一个物理目录通过一个 PhysicalDirectoryInfo 对象来描述，它是对一个 System.IO. DirectoryInfo 对象的封装。如下面的代码片段所示，我们需要在创建一个 PhysicalDirectoryInfo 对象时提供这个 DirectoryInfo 对象，PhysicalDirectoryInfo 实现的所有属性的返回值都来源于它。由于 IFileInfo 接口的 CreateReadStream 方法是为了读取文件的内容，所以 PhysicalDirectoryInfo 类型实现的这个方法会抛出一个 InvalidOperationException 异常。由于指向的是目录而非文件，所以它的 Length 属性返回-1。

```
public class PhysicalDirectoryInfo : IFileInfo
{
    ...
    public PhysicalDirectoryInfo(DirectoryInfo info);
}
```

4.3.3　PhysicalDirectoryContents

在调用 PhysicalFileProvider 对象的 GetDirectoryContents 方法时，如果指定的路径指向一个具体的目录，则此时会返回一个 PhysicalDirectoryContents 对象，后者是对一组 IFileInfo 对象的集合的封装。封装的每一个 IFileInfo 要么是描述子目录的 PhysicalDirectoryInfo 对象，要么是描述物理文件的 PhysicalFileInfo 对象。PhysicalDirectoryContents 的 Exists 属性取决于指定的目录是否存在。

```
public class PhysicalDirectoryContents : IDirectoryContents
{
    public bool Exists { get; }
    public PhysicalDirectoryContents(string directory);
    public IEnumerator<IFileInfo> GetEnumerator();
    IEnumerator IEnumerable.GetEnumerator();
}
```

4.3.4　NotFoundDirectoryContents

如果指定的路径并不存在或者是一个绝对路径，则使用 GetDirectoryContents 方法都会返回一个 Exists 属性为 False 的 NotFoundDirectoryContents 对象。如果需要使用这样一个类型，则可以直接利用静态属性 Singleton 得到对应的单例对象。

```
public class NotFoundDirectoryContents : IDirectoryContents
{
    public static NotFoundDirectoryContents Singleton { get; }
        = new NotFoundDirectoryContents();
    public bool Exists => false;
    public IEnumerator<IFileInfo> GetEnumerator()
        => Enumerable.Empty<IFileInfo>().GetEnumerator();
    IEnumerator IEnumerable.GetEnumerator() => GetEnumerator();
}
```

4.3.5　PhysicalFilesWatcher

当 PhysicalFileProvider 的 Watch 方法被调用时，PhysicalFileProvider 会通过解析 Globbing Pattern 表达式来确定监控的文件或者目录，并最终利用 FileSystemWatcher 对象对这些文件实施监控。监控文件或者目录的变化（创建、修改、重命名和删除等）都会实时地反映到 Watch 方法返回的 IChangeToken 对象上。

在 Watch 方法中指定的 Globbing Pattern 表达式必须是当前根目录的相对路径，我们可以使用 "/" 或者 "./" 前缀，也可以不使用任何前缀。一旦使用了绝对路径（如 "c:\test*.txt"）或者 "../" 前缀（如 "../test/*.txt"），无论解析出的文件是否存在于当前根目录下，这些文件都不会被监控。除此之外，如果没有指定 Globbing Pattern 表达式，则不会有任何文件会被监控。

PhysicalFileProvider 针对物理文件的变化监控是通过下面的 PhysicalFilesWatcher 对象实现的，其 Watch 方法内部会直接调用 PhysicalFileProvider 的 CreateFileChangeToken 方法，并返回 IChangeToken 对象。这是一个公共类型，如果有监控物理文件系统变化的需求，则可以直接使用它。

```
public class PhysicalFilesWatcher: IDisposable
{
    public PhysicalFilesWatcher(string root, FileSystemWatcher fileSystemWatcher,
        bool pollForChanges);
    public IChangeToken CreateFileChangeToken(string filter);
    public void Dispose();
```

}

从 PhysicalFilesWatcher 构造函数的定义可以看出，它最终利用一个 FileSystemWatcher 对象来完成指定根目录下子目录和文件的监控。使用 FileSystemWatcher 的 CreateFileChangeToken 方法返回的 IChangeToken 对象可以显示子目录或者文件的添加、删除、修改和重命名，但是它会忽略隐藏的目录和文件。如果不再需要对指定目录实施监控，则应该调用 Dispose 方法将 FileSystemWatcher 对象关闭。

我们借助图 4-6 对由 PhysicalFileProvider 构建物理文件系统的整体设计进行总结。该文件系统使用 PhysicalDirectoryInfo 对象和 PhysicalFileInfo 对象来描述目录与文件，它们分别是对 System.IO.DirectoryInfo 对象和 System.IO.FileInfo 对象的封装。GetDirectoryContents 方法用于返回一个 EnumerableDirectoryContents 对象（如果指定的目录存在），组成该对象的分别是描述其子目录和文件的 PhysicalDirectoryInfo 对象和 PhysicalFileInfo 对象。如果指定的文件存在，则 GetFileInfo 方法用于返回描述该文件的 PhysicalFileInfo 对象，Watch 方法利用 FileSystemWatcher 来监控指定文件或者目录的变化。

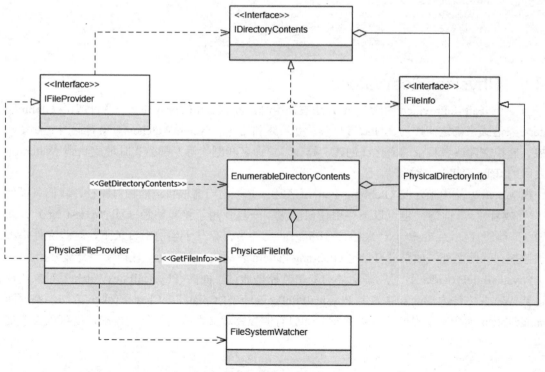

图 4-6　PhysicalFileProvider 涉及的主要类型及其相互之间的关系

4.4　内嵌文件系统

借助 EmbeddedFileProvider，我们可以采用统一的编程方式来读取内嵌的资源文件，该类型定义在"Microsoft.Extensions.FileProviders.Embedded"NuGet 包中。在正式介绍 EmbeddedFileProvider 之前，我们必须知道如何将一个项目文件作为资源内嵌到编译生成的程序集中。

4.4.1　将项目文件变成内嵌资源

在默认情况下，添加到 .NET 项目中的静态文件并不会成为目标程序集的内嵌资源文件。如果需要将静态文件作为目标程序集的内嵌文件，就需要修改当前项目对应的 .csproj 文件。具体来说，我们需要按照前面实例演示的方式在 .csproj 文件中添加<ItemGroup>/<EmbeddedResource>元素，并利用 Include 属性显式地将对应的资源文件包含进来。前面实例演示的修改内嵌文件的"Build Action"属性最终的目的还是修改项目文件。

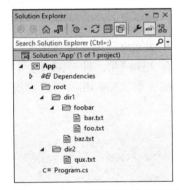

图 4-7　包含资源文件的 .NET 项目

<EmbeddedResource>节点的 Include 属性可以设置多个以分号（;）作为分隔的路径。以图 4-7 中的目录结构为例，如果需要将 root 目录下的 4 个文件作为输出程序集的内嵌文件，则可以修改 .csproj 文件，按照如下形式将 4 个文件的路径包含进来。

```
<Project Sdk="Microsoft.NET.Sdk">
    ...
    <ItemGroup>
        <EmbeddedResource
            Include="root/dir1/foobar/foo.txt;root/dir1/foobar/bar.txt;root/dir1/baz.txt;
                    root/dir2/qux.txt"></EmbeddedResource>
    </ItemGroup>
</Project>
```

除了指定每个需要内嵌的资源文件的路径，我们还可以采用基于通配符"*"和"**"的 Globbing Pattern 表达式将一组匹配的文件批量包含进来。同样是将 root 目录下的所有文件作为程序集的内嵌文件，下面的定义方式就更加简洁。

```
<Project Sdk="Microsoft.NET.Sdk">
    ...
    <ItemGroup>
        <EmbeddedResource  Include="root/**"></EmbeddedResource>
    </ItemGroup>
</Project>
```

<EmbeddedResource>节点具有 Include 和 Exclude 两个属性，前者用来添加内嵌资源文件，后者用来排除不符合要求的文件。还是以前面的项目为例，对于 root 目录下的 4 个文件，如果不希望 baz.txt 文件作为内嵌资源文件，则可以按照如下方式将其排除。

```
<Project Sdk="Microsoft.NET.Sdk">
    ...
    <ItemGroup>
        <EmbeddedResource
            Include="root/**"
            Exclude="root/dir1/baz.txt"></EmbeddedResource>
    </ItemGroup>
</Project>
```

4.4.2   读取资源文件

一个程序集主要由两种类型的文件构成，即承载 IL 代码的托管模块文件和编译时内嵌的资源文件。每个程序集利用一份清单（Manifest）记录组成程序集的所有文件成员。针对图 4-7 中的项目结构，如果将 4 个文本文件以资源文件的形式内嵌到生成的程序集（App.dll）中，则程序集的清单将采用如下形式来记录它们。

```
.mresource public App.root.dir1.baz.txt
{
  // Offset: 0x00000000 Length: 0x0000000C
}
.mresource public App.root.dir1.foobar.bar.txt
{
  // Offset: 0x00000010 Length: 0x0000000C
}
.mresource public App.root.dir1.foobar.foo.txt
{
  // Offset: 0x00000020 Length: 0x0000000C
}
.mresource public App.root.dir2.qux.txt
{
  // Offset: 0x00000030 Length: 0x0000000C
}
```

虽然文件在原始项目中具有层次化的目录结构，但当它们成功转移到编译生成的程序集中之后，目录结构将不复存在。如果通过 Reflector 打开程序集，则资源文件的扁平化存储将会一目了然（见图 4-8）。为了避免命名冲突，编译器会根据原始文件所在的路径对资源文件重新命名，具体的规则是"{BaseNamespace}.{Path}"（目录分隔符将统一转换成"."）。需要注意的是，资源文件名称的前缀不是程序集的名称，而是为项目设置的基础命名空间。

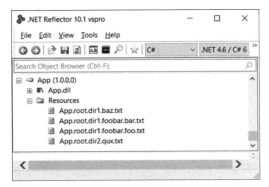

图 4-8 内嵌资源文件的扁平化存储

表示程序集的 Assembly 对象定义的如下几个方法用于提取内嵌资源文件的内容和元数据信息。GetManifestResourceNames 方法用于返回所有资源文件名，GetManifestResourceInfo 方法则用于提取指定资源文件的描述信息。如果需要读取某个资源文件的内容，则可以将资源文件名称作为参数调用 GetManifestResourceStream 方法，该方法用于返回一个读取文件内容的 Stream 对象。

```
public abstract class Assembly
{
    public virtual string[] GetManifestResourceNames();
    public virtual ManifestResourceInfo GetManifestResourceInfo(string resourceName);
    public virtual Stream GetManifestResourceStream(string name);
}
```

同样是针对前面这个演示项目的目录结构，当 4 个文件作为内嵌文件被成功转移到编译生成的程序集后，我们可以调用程序集对象的 GetManifestResourceNames 方法获取这 4 个内嵌文件的资源名称。下面的演示程序以指定的资源名称（App.root.dir1.foobar.foo.txt）作为参数调用 GetManifestResourceStream 方法将文件内容读取出来。

```
var assembly = typeof(Program).Assembly;
var resourceNames = assembly.GetManifestResourceNames();
Debug.Assert(resourceNames.Contains("App.root.dir1.foobar.foo.txt"));
Debug.Assert(resourceNames.Contains("App.root.dir1.foobar.bar.txt"));
Debug.Assert(resourceNames.Contains("App.root.dir1.baz.txt"));
Debug.Assert(resourceNames.Contains("App.root.dir2.qux.txt"));

var stream = assembly.GetManifestResourceStream("App.root.dir1.foobar.foo.txt");
var buffer = new byte[stream.Length];
stream.Read(buffer, 0, buffer.Length);
var content = Encoding.Default.GetString(buffer);
Debug.Assert(content == File.ReadAllText("App/root/dir1/foobar/foo.txt"));
```

4.4.3 EmbeddedFileProvider

我们对内嵌于程序集的资源文件有了大致的了解之后，针对 EmbeddedFileProvider 的实现原理就比较容易理解。由于内嵌于程序集的资源文件采用扁平化存储形式，所以使用

EmbeddedFileProvider 构建的文件系统中并没有目录层级的概念。我们可以也认为所有的资源文件都保存在程序集的根目录下。内嵌文件系统提供的 IFileInfo 对象是对一个资源文件进行描述，对应类型为 EmbeddedResourceFileInfo，下面的代码展示了它的定义。

```
public class EmbeddedResourceFileInfo : IFileInfo
{
    private readonly Assembly        _assembly;
    private long?                    _length;
    private readonly string          _resourcePath;

    public EmbeddedResourceFileInfo(Assembly assembly, string resourcePath, string name,
        DateTimeOffset lastModified)
    {
        _assembly               = assembly;
        _resourcePath           = resourcePath;
        this.Name               = name;
        this.LastModified       = lastModified;
    }

    public Stream CreateReadStream()
    {
        Stream stream = _assembly.GetManifestResourceStream(_resourcePath);
        if (!this._length.HasValue)
        {
            this._length = new long?(stream.Length);
        }
        return stream;
    }

    public bool Exists => true;
    public bool IsDirectory => false;
    public DateTimeOffset LastModified { get; }

    public string Name { get; }
    public string? PhysicalPath => null;
    public long Length
    {
        get
        {
            if (!_length.HasValue)
            {
                using (Stream stream = _assembly
                    .GetManifestResourceStream(this._resourcePath))
                {
                    _length = new long?(stream.Length);
                }
            }
            Return _length.Value;
        }
    }
}
```

```
}
```

如上面的代码片段所示，在创建一个 EmbeddedResourceFileInfo 对象时需要指定内嵌资源文件在清单中的路径（resourcePath）、所在的程序集、资源文件名（name）及作为文件最后修改时间的 DateTimeOffset 对象。由于一个 EmbeddedResourceFileInfo 对象总是对应一个具体的内嵌资源文件，所以它的 Exists 属性总是返回 True，IsDirectory 属性则返回 False。由于资源文件系统并不具有层次化的目录结构，物理路径毫无意义，所以 PhysicalPath 属性直接返回 Null。CreateReadStream 方法返回的是调用程序集的 GetManifestResourceStream 方法返回的输出流，而表示文件长度的 Length 返回的是这个 Stream 对象的长度。

如下所示为 EmbeddedFileProvider 类型的定义。当创建一个 EmbeddedFileProvider 对象时，除了指定资源文件所在的程序集，还可以指定一个基础命名空间。如果后者没有显式设置，则在默认情况下会将程序集名称作为基础命名空间。换句话说，如果为项目指定了一个不同于程序集名称的基础命名空间，则创建 EmbeddedFileProvider 对象时必须指定这个命名空间。

```
public class EmbeddedFileProvider : IFileProvider
{
    public EmbeddedFileProvider(Assembly assembly);
    public EmbeddedFileProvider(Assembly assembly, string baseNamespace);

    public IDirectoryContents GetDirectoryContents(string subpath);
    public IFileInfo GetFileInfo(string subpath);
    public IChangeToken Watch(string pattern);
}
```

当调用 EmbeddedFileProvider 对象的 GetFileInfo 方法并指定资源文件的名称时，该方法会将指定的资源文件名与命名空间进行合并（路径分隔符会被替换成"."），作为该资源文件在程序集清单的名称。如果对应的资源文件存在，则方法会返回一个创建的 EmbeddedResourceFileInfo 对象，否则返回的将是一个 NotFoundFileInfo 对象。内嵌资源文件系统不存在文件更新问题，所以使用它的 Watch 方法会返回一个 HasChanged 属性总是 False 的 IChangeToken 对象。

由于内嵌于程序集的资源文件总是只读的，它所谓的最后修改时间实际上是程序集的生成日期，所以 EmbeddedFileProvider 在提供 EmbeddedResourceFileInfo 对象时会将程序集文件的最后更新时间作为资源文件的最后更新时间。如果不能正确解析这个时间，则 EmbeddedResourceFileInfo 的 LastModified 属性将被设置为当前 UTC 时间。

由于 EmbeddedFileProvider 构建的内嵌资源文件系统不存在层次化的目录结构，所有的资源文件可以视为全部存储在程序集的根目录下，所以对于它的 GetDirectoryContents 方法来说，只有指定一个空字符串或者"/"（空字符串和"/"都表示根目录）作为路径时，它才会返回一个描述这个根目录的 DirectoryContents 对象，该对象实际上是一组 EmbeddedResourceFileInfo 对象的集合。在其他情况下，使用 GetDirectoryContents 方法总会返回一个 NotFoundDirectoryContents 对象。

第 5 章

配置选项（上）

"配置选项"表示两个独立的基础框架，"配置"（Configuration）通过构建的抽象数据模型弥补了不同配置数据源的差异，并在此基础上通过提供一致性的编程方式来读取配置数据。"选项"（Options）借助依赖注入框架实现了 Options 模式，该模式可以将应用的设置直接注入所需的服务中。本章主要介绍配置，第 6 章重点介绍选项。

5.1　读取配置信息

.NET 的配置支持多样化的数据源。我们可以采用内存变量、环境变量、命令行参数及各种格式的配置文件作为配置的数据来源。在对配置系统进行系统介绍之前，我们通过几个简单的实例演示一下如何将具有不同来源的配置数据构建为一个统一的配置对象，并以相同的方式读取具体配置节的内容。

5.1.1　编程模型三要素

就编程层面来讲，.NET 的配置系统由图 5-1 中的 3 个核心对象构成。供应用程序使用的配置体现为一个 IConfiguration 对象，但是数据源却有多种形态（内存变量、环境变量、命令行参数、配置文件等），IConfigurationSource 接口是对它们的抽象。整个配置系统需要解决的就是如何将不同 IConfigurationSource 对象提供的数据转换成 IConfiguration 对象的过程，这个转换过程由 IConfigurationBuilder 对象完成。

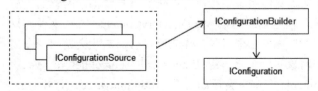

图 5-1　配置系统的 3 个核心对象

这里介绍的 IConfiguration 接口、IConfigurationSource 接口和 IConfigurationBuilder 接口均定义在"Microsoft.Extensions.Configuration.Abstractions"这个 NuGet 包中。对这些接口的默认

实现，则大多定义在"Microsoft.Extensions.Configuration"这个 NuGet 包中，接下来演示的程序
需要为项目添加该包的引用。

5.1.2　以"键-值"对的形式读取配置

"原子"配置项体现为一个"键-值"对形式，并且键和值通常都是字符串。假设需要通过
配置来设定日期/时间的显示格式，我们为此定义了如下 DateTimeFormatOptions 类型。它的 4
个属性体现了 DateTime 类型的 4 种显示格式（分别为长日期/时间和短日期/时间）。

```
public class DateTimeFormatOptions
{
    ...
    public string LongDatePattern { get; set; }
    public string LongTimePattern { get; set; }
    public string ShortDatePattern { get; set; }
    public string ShortTimePattern { get; set; }
}
```

我们为该类型定义了一个参数类型为 IConfiguration 接口的构造函数，IConfiguration 对象提
供的索引使我们可以采用"键-值"对的形式读取每个配置节的值。下面的代码正是以索引的方
式得到对应配置并对 DateTimeFormatOptions 对象的 4 个属性赋值。

```
public class DateTimeFormatOptions
{
    ...
    public DateTimeFormatOptions (IConfiguration config)
    {
        LongDatePattern      = config["LongDatePattern"];
        LongTimePattern      = config["LongTimePattern"];
        ShortDatePattern     = config["ShortDatePattern"];
        ShortTimePattern     = config["ShortTimePattern"];
    }
}
```

正如前文所述，IConfiguration 对象是由 IConfigurationBuilder 对象构建的，而原始的配置信息
则是通过相应的 IConfigurationSource 对象提供的，所以创建一个 IConfiguration 对象的正确编程方
式如下：首先，创建一个 ConfigurationBuilder（IConfigurationBuilder 接口的默认实现类型）对象，
并为之注册一个或者多个 IConfigurationSource 对象；然后，利用它来创建 IConfiguration 对象。简
单起见，IConfigurationSource 的实现类型为 MemoryConfigurationSource，它直接利用一个保存
在内存中的字典对象作为最初的配置来源。

```
using App;
using Microsoft.Extensions.Configuration;
using Microsoft.Extensions.Configuration.Memory;

var source = new Dictionary<string, string>
{
    ["longDatePattern"]      = "dddd, MMMM d, yyyy",
    ["longTimePattern"]      = "h:mm:ss tt",
```

```
    ["shortDatePattern"]        = "M/d/yyyy",
    ["shortTimePattern"]        = "h:mm tt"
};

var config = new ConfigurationBuilder()
    .Add(new MemoryConfigurationSource { InitialData = source })
    .Build();

var options = new DateTimeFormatOptions(config);
Console.WriteLine($"LongDatePattern: {options.LongDatePattern}");
Console.WriteLine($"LongTimePattern: {options.LongTimePattern}");
Console.WriteLine($"ShortDatePattern: {options.ShortDatePattern}");
Console.WriteLine($"ShortTimePattern: {options.ShortTimePattern}");
```

如上面的代码片段所示，创建一个 ConfigurationBuilder 对象，并在它上面注册一个基于内存字典的 MemoryConfigurationSource 对象。接下来利用 ConfigurationBuilder 对象的 Build 方法构建 IConfiguration 对象来创建 DateTimeFormatOptions 对象。为了验证该 Options 对象是否与原始配置数据一致，将它的 4 个属性输出到控制台上。程序运行之后，控制台上的输出结果如图 5-2 所示。（S501）

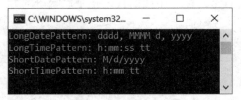

图 5-2　以"键-值"对的形式读取配置

5.1.3　读取结构化的配置

配置基本上具有结构化的层次结构，所以 IConfiguration 对象同样具有这样的结构。我们将保持树形层次化结构的配置称为"配置树"，一个 IConfiguration 对象正好是对这棵配置树的某个节点的描述，而整棵配置树则可以由根节点对应的 IConfiguration 对象来表示。

下面以实例来演示如何定义并读取具有层次结构的配置数据。我们依然沿用上一个实例的应用场景，但现在不仅需要设置日期/时间的格式，还需要设置其他数据类型的格式，如表示货币的 Decimal 类型。因此定义了一个 CurrencyDecimalFormatOptions 类，它的 Digits 属性和 Symbol 属性分别表示小数位数与货币符号，CurrencyDecimalFormatOptions 对象依然是利用 IConfiguration 对象创建的。

```
public class CurrencyDecimalFormatOptions
{
    public int         Digits { get; set; }
    public string      Symbol { get; set; }

    public CurrencyDecimalFormatOptions (IConfiguration config)
    {
        Digits = int.Parse(config["Digits"]);
```

```
        Symbol = config["Symbol"];
    }
}
```

定义如下 FormatOptions 类型并将两种配置整合在一起，它的 DateTime 属性和 CurrencyDecimal 属性分别表示日期/时间与货币数字的格式设置。FormatOptions 依然具有一个参数类型为 IConfiguration 的构造函数，它的两个属性均在此构造函数中被初始化。需要注意的是，初始化这两个属性采用的是调用 IConfiguration 对象的 GetSection 方法提取的"子配置节"。

```
public class FormatOptions
{
    public DateTimeFormatOptions            DateTime { get; set; }
    public CurrencyDecimalFormatOptions     CurrencyDecimal { get; set; }

    public FormatOptions (IConfiguration config)
    {
        DateTime = new DateTimeFormatOptions (
            config.GetSection("DateTime"));
        CurrencyDecimal = new CurrencyDecimalFormatOptions (
            config.GetSection("CurrencyDecimal"));
    }
}
```

FormatOptions 类型体现的配置具有图 5-3 所示的树形层次结构。在前面演示的实例中，我们使用 MemoryConfigurationSource 对象来提供原始的配置信息，承载原始配置信息的是一个元素类型为 KeyValuePair<string,string>的集合，但是它在物理存储上并不具有树形层次结构，那么它如何提供一个结构化的 IConfiguration 对象来承载数据？

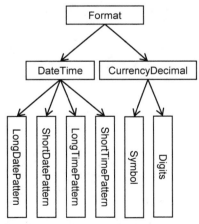

图 5-3　树形层次结构的配置

解决方案很简单，对于一棵完整的配置树，具体的配置信息存储在叶子节点上，所以 MemoryConfigurationSource 对象只需要在配置字典中保存叶子节点的数据即可。为了描述配置树的结构，配置字典还需要将对应叶子节点在配置树中的路径作为 Key。所以 MemoryConfigurationSource 可以采用表 5-1 列举的配置字典对配置树进行扁平化处理。

表 5-1　配置的物理结构

Key	Value
Format:DateTime:LongDatePattern	dddd, MMMM d, yyyy
Format:DateTime:LongTimePattern	h:mm:ss tt
Format:DateTime:ShortDatePattern	M/d/yyyy
Format:DateTime:ShortTimePattern	h:mm tt
Format:CurrencyDecimal:Digits	2
Format:CurrencyDecimal:Symbol	$

　　下面的演示程序按照表 5-1 列举的结构创建一个 Dictionary<string, string>对象，并将其作为参数调用 IConfigurationBuilder 接口的 AddInMemoryCollection 扩展方法，该扩展方法会根据提供的字段对象创建对应的 MemoryConfigurationSource 对象并进行注册。在得到 IConfiguration 对象之后，调用其 GetSection 方法提取 "Format" 配置节，并利用它创建 FormatOptions 对象。

```
using App;
using Microsoft.Extensions.Configuration;

var source = new Dictionary<string, string>
{
    ["format:dateTime:longDatePattern"]      = "dddd, MMMM d, yyyy",
    ["format:dateTime:longTimePattern"]      = "h:mm:ss tt",
    ["format:dateTime:shortDatePattern"]     = "M/d/yyyy",
    ["format:dateTime:shortTimePattern"]     = "h:mm tt",

    ["format:currencyDecimal:digits"]        = "2",
    ["format:currencyDecimal:symbol"]        = "$",
};
var configuration = new ConfigurationBuilder()
        .AddInMemoryCollection(source)
        .Build();

var options = new FormatOptions(configuration.GetSection("Format"));
var dateTime = options.DateTime;
var currencyDecimal = options.CurrencyDecimal;

Console.WriteLine("DateTime:");
Console.WriteLine($"\tLongDatePattern: {dateTime.LongDatePattern}");
Console.WriteLine($"\tLongTimePattern: {dateTime.LongTimePattern}");
Console.WriteLine($"\tShortDatePattern: {dateTime.ShortDatePattern}");
Console.WriteLine($"\tShortTimePattern: {dateTime.ShortTimePattern}");

Console.WriteLine("CurrencyDecimal:");
Console.WriteLine($"\tDigits:{currencyDecimal.Digits}");
Console.WriteLine($"\tSymbol:{currencyDecimal.Symbol}");
```

　　在创建 FormatOptions 对象之后，为了验证该对象与原始配置数据是否一致，我们依然将它的相关属性输出到控制台上。这个程序运行之后，在控制台上呈现的输出结果如图 5-4 所示。
（S502）

图 5-4　读取结构化的配置

5.1.4　将结构化配置直接绑定为对象

在前面的实例中，为了创建 3 个 Options 对象，我们不得不以"键-值"对的方式从 IConfiguration 对象中读取每个配置节的值。如果定义的配置项太多，则逐条读取配置项其实是一项非常烦琐的工作。如果承载配置数据的 IConfiguration 对象与对应的 Options 类型具有兼容的结构，则利用配置的自动绑定机制可以将 IConfiguration 对象直接转换成对应的 Options 对象。配置绑定相应的 API 定义在"Microsoft.Extensions.Configuration.Binder"这个 NuGet 包中，

在添加了上述 NuGet 包引用之后，首先删除 3 个 Options 类型的构造函数，然后将演示程序修改成如下形式。在创建 IConfiguration 对象之后，可以调用 GetSection 方法提取"Format"配置节，最终的 FormatOptions 对象直接调用该配置节的 Get<T>方法进行生成。运行修改后的程序，同样会得到图 5-4 所示的输出结果。（S503）

```
...
var options = new ConfigurationBuilder()
        .AddInMemoryCollection(source)
        .Build()
        .GetSection("Format")
        .Get<FormatOptions>();
...
```

5.1.5　将配置定义在文件中

前面演示的 3 个实例都是采用 MemoryConfigurationSource 类型的配置源，接下来演示 JSON 配置文件的使用。我们在项目根目录下创建一个名为"appsettings.json"的配置文件，并在其中定义了如下配置。将该文件的"Copy to Output Directory"属性设置为"Copy always"①，其目的是让该文件在编译时自动复制到输出目录。

```
{
    "format": {
        "dateTime": {
```

---

① 如果项目采用的 SDK 类型为"Microsoft .NET.Sdk"，则该应用在 Visual Studio 中运行时会将编译输出目录作为当前目录。如果项目采用的 SDK 类型为"Microsoft .NET.Sdk.Web"，则项目根目录是当前执行的目录，此时不需要设置配置文件的"Copy to Output Directory"属性。

```
            "longDatePattern"            : "dddd, MMMM d, yyyy",
            "longTimePattern"            : "h:mm:ss tt",
            "shortDatePattern"           : "M/d/yyyy",
            "shortTimePattern"           : "h:mm tt"
        },
        "currencyDecimal": {
            "digits": 2,
            "symbol": "$"
        }
    }
}
```

基于 JSON 文件的配置源通过 JsonConfigurationSource 类型来表示。JsonConfigurationSource 类型定义在 "Microsoft.Extensions.Configuration.Json" 这个 NuGet 包中，所以需要为演示程序添加该包的引用。我们不需要手动创建 JsonConfigurationSource 对象，只需要按照如下方式调用 IConfigurationBuilder 接口的 AddJsonFile 扩展方法添加指定的 JSON 文件即可。运行修改后的程序，同样会得到图 5-4 所示的输出结果。（S504）

```
var options = new ConfigurationBuilder()
    .AddJsonFile("appsettings.json")
    .Build()
    .GetSection("format")
    .Get<FormatOptions>();
...
```

5.1.6 根据环境动态加载配置文件

配置内容往往取决于应用当前执行的环境，不同的执行环境（开发、测试、预发和产品等）会采用不同的配置。如果采用基于物理文件的配置，则可以为不同的环境提供对应的配置文件，具体的做法为：除了提供一个基础配置文件（如 appsettings.json），还需要为相应的环境提供对应的差异化配置文件，后者通常采用环境名称作为文件扩展名（如 appsettings.production.json）。

以目前演示的程序为例，可以将现有的配置文件 appsettings.json 作为基础配置文件。如果某个环境需要采用不同的配置，则需要将差异化的配置定义在环境对应的文件中。如图 5-5 所示，我们额外添加了 appsettings.staging.json 和 appsettings.production.json 两个配置文件，从文件命名可以看出这两个配置文件分别对应预发环境和产品环境。

图 5-5　针对执行环境的配置文件

　　我们在 JSON 文件中定义了日期/时间和货币格式的配置，假设预发环境和产品环境需要采用不同的货币格式，那么需要将差异化的配置定义在针对环境的两个配置文件中。简单来说，我们仅仅将货币的小数位数定义在配置文件中。如下面的代码片段所示，货币小数位数（默认值为 2）在预发环境和产品环境中分别被设置为 3 和 4。

appsettings.staging.json：

```
{
    "format": {
        "currencyDecimal": {
            "digits": 3
        }
    }
}
```

appsettings.production.json：

```
{
    "format": {
        "currencyDecimal": {
            "digits": 4
        }
    }
}
```

　　为了在演示过程中能够灵活地进行环境切换，可以采用命令行参数（如/env staging）来设置环境。到目前为止，如果某一环境的配置被分布到两个配置文件中，则在启动文件时就应该根据当前执行环境动态地加载对应的配置文件。当两个文件涉及同一段配置时，应该先加载当前环境对应的配置文件。由于配置默认采用"后来居上"的原则，所以应该先加载基础配置文件，再加载环境的配置文件。执行环境的判断及环境的配置加载体现在如下所示的代码片段中。

```
using App;
using Microsoft.Extensions.Configuration;

var index = Array.IndexOf(args, "/env");
var environment = index > -1
    ? args[index + 1]
    : "Development";

var options = new ConfigurationBuilder()
    .AddJsonFile("appsettings.json", false)
    .AddJsonFile($"appsettings.{environment}.json", true)
    .Build()
    .GetSection("format")
    .Get<FormatOptions>();
…
```

　　如上面的代码片段所示，在利用传入的命令行参数确定了当前执行环境之后，先后两次调用 IConfigurationBuilder 对象的 AddJsonFile 扩展方法将两个配置文件加载进来，两个文件合并后的内容将用于构建最终的 IConfiguration 对象。我们以命令行的形式启动这个控制台程序，并通过命令行参数指定相应的环境名称。从图 5-6 中的输出结果可以看出，配置数据（货币的小数位数）确实来源于环境对应的配置文件。（S505）

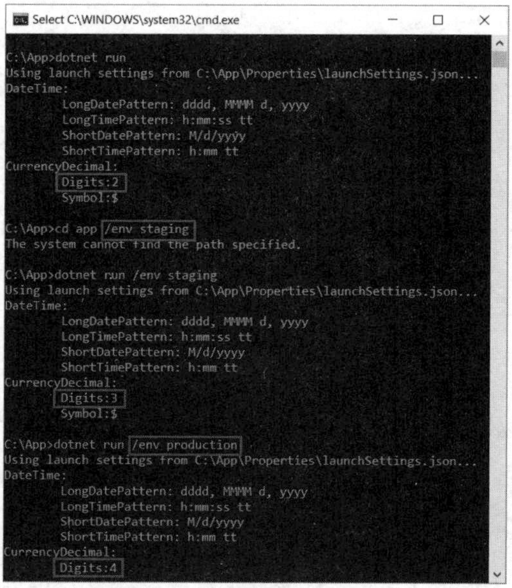

图 5-6　输出与当前环境匹配的配置

5.1.7　配置内容的同步

.NET 的配置模型提供了配置源的监控功能，它能保证一旦原始配置改变之后应用程序能够及时接收到通知，此时可以利用预先注册的回调进行配置的同步。前面演示的应用程序采用 JSON 文件作为配置源。我们希望应用程序能够感知该文件的改变，并在发生改变时将新的配置应用到程序中。为了演示配置的同步，我们对应用程序进行了如下修改。

```
using App;
using Microsoft.Extensions.Configuration;
using Microsoft.Extensions.Primitives;

var config = new ConfigurationBuilder()
        .AddJsonFile(path: "appsettings.json",
                    optional: true,
                    reloadOnChange: true)
        .Build();
ChangeToken.OnChange(() => config.GetReloadToken(), () =>
{
    var options          = config.GetSection("format").Get<FormatOptions>();
    var dateTime         = options.DateTime;
    var currencyDecimal  = options.CurrencyDecimal;

    Console.WriteLine("DateTime:");
    Console.WriteLine($"\tLongDatePattern: {dateTime.LongDatePattern}");
```

```
        Console.WriteLine($"\tLongTimePattern: {dateTime.LongTimePattern}");
        Console.WriteLine($"\tShortDatePattern: {dateTime.ShortDatePattern}");
        Console.WriteLine($"\tShortTimePattern: {dateTime.ShortTimePattern}");

        Console.WriteLine("CurrencyDecimal:");
        Console.WriteLine($"\tDigits:{currencyDecimal.Digits}");
        Console.WriteLine($"\tSymbol:{currencyDecimal.Symbol}\n\n");
});
Console.Read();
```

如上面的代码片段所示，在调用 IConfigurationBuilder 接口的 AddJsonFile 扩展方法时，将
reloadOnChange 参数设置为 True，进而开启在文件更新时自动重新加载的功能。在成功创建
IConfiguration 对象之后，我们调用它的 GetReloadToken 方法并利用返回的 IChangeToken 对象来感
知配置源的变化。一旦配置源发生变化，IConfiguration 对象将自动加载新的内容并"自我刷新"。
上述程序会在配置源发生变化之后，自动将新的配置内容输出到控制台上。图 5-7 中的输出结果
是两次修改货币小数位数导致的。（S506）

图 5-7 配置文件更新触发配置的重新加载

5.2 配置模型

配置编程模型涉及通过 IConfiguration 接口、IConfigurationSource 接口和 IConfigurationBuilder
接口表示的 3 个核心对象。如果从设计层面审视背后的配置模型，则还缺少另一个
IConfigurationProvider 对象。总体来说，配置模型由这 4 个核心对象组成，如果想要彻底了解这 4
个核心对象之间的关系，则需要先了解配置的几种数据结构。

5.2.1 数据结构及其转换

配置被应用程序消费的过程中是以 IConfiguration 对象的形式来体现的，该对象在逻辑上具
有一个树形层次结构，所以将其称为"配置树"，配置树可以作为配置的"逻辑结构"。配置具
有多种原始来源，可以是内存对象、物理文件、数据库或者其他自定义的存储介质，这种结构
形态被称为配置的"原始结构"。配置模型的最终目的在于提取原始的配置数据并将其转换成一

个 IConfiguration 对象。换句话说，配置模型就是为了按照图 5-8 所示的方式将配置数据从原始结构转变成逻辑结构。

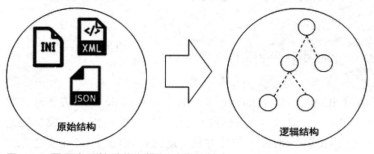

图 5-8　配置由原始结构向逻辑结构的转变

　　配置从原始结构向逻辑结构的转变不是一蹴而就的，在它们之间有一种中间形态。原始的配置数据被读取出来之后先统一转换成这种中间结构的数据，这种中间结构究竟是一种什么样的数据结构？一棵配置树通过其叶子节点承载所有的原子配置项，并且可以利用一个数据字典来表达。具体来说，我们只需要将所有叶子节点在配置树中的路径作为 Key，将叶子节点承载的配置数据作为 Value。所谓的中间结构指的就是这样的字典，被称为"配置字典"。配置模型会按照图 5-9 所示的方式将具有不同原始结构的配置数据统一转换成配置字典，完成逻辑结构的转换。

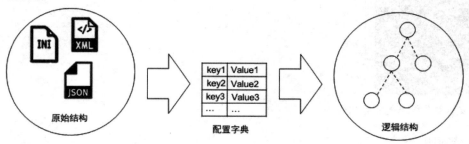

图 5-9　配置"三态"转换

5.2.2　IConfiguration

　　配置在应用程序中总是以一个 IConfiguration 对象的形式供我们使用的。一个 IConfiguration 对象具有树形层次结构并不是说该对象内部真的使用这样的数据结构来存储配置数据，而是说它提供的 API 在逻辑上体现出树形层次结构，所以配置树只是一种逻辑结构。IConfiguration 对象的层次化逻辑结构就体现在如下所示的 GetChildren 方法和 GetSection 方法上。

```
public interface IConfiguration
{
    IEnumerable<IConfigurationSection>        GetChildren();
    IConfigurationSection                     GetSection(string key);
    IChangeToken                              GetReloadToken();
```

```
    string? this[string key] { get; set; }
}
```

一个 IConfiguration 对象表示配置树的某个配置节点。对于一个完整的配置树来说，表示根节点的 IConfiguration 对象与表示其他配置节点的 IConfiguration 对象是不同的，所以配置模型为它们定义了不同的接口。根节点所在的 IConfiguration 对象是一个 IConfigurationRoot 对象，非根节点表示的一个配置节是一个 IConfigurationSection 对象，IConfigurationRoot 接口和 IConfigurationSection 接口都继承自 IConfiguration 接口，如图 5-10 所示。

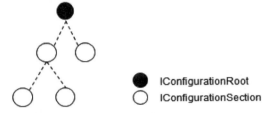

- ● IConfigurationRoot
- ○ IConfigurationSection

图 5-10　由一个 IConfigurationRoot 对象和一组 IConfigurationSection 对象组成的配置树

如下所示为 IConfigurationRoot 接口的定义，它利用唯一的 Reload 方法完成对配置数据的重新加载。IConfigurationRoot 对象表示配置树的根，所以也代表了整棵配置树。如果它被重新加载，就意味着整棵配置树被刷新。它的 Providers 属性返回一组 IConfigurationProvider 对象的集合，它们由注册的 IConfigurationSource 对象提供。

```
public interface IConfigurationRoot : IConfiguration
{
    IEnumerable<IConfigurationProvider> Providers { get; }
    void Reload();
}
```

表示非根配置节点的 IConfigurationSection 接口具有以下 3 个属性。只读属性 Key 用来唯一标识多个"同父"的配置节，Path 属性表示当前配置节点在配置树中的路径，由组成当前路径的所有配置节的 Key 构成，Key 之间采用冒号（:）作为分隔符。

```
public interface IConfigurationSection : IConfiguration
{
    string Path { get; }
    string Key { get; }
    string? Value { get; set; }
}
```

IConfigurationSection 接口的 Value 属性表示配置节点承载的数据。一般来说，只有配置树叶子节点对应的 IConfigurationSection 对象才有值，非叶子节点对应的 IConfigurationSection 对象仅仅表示存放子配置节的逻辑容器，它们的 Value 属性一般返回 Null。需要注意的是，这个 Value 属性是可读可写的，但写入的值一般不会被持久化，所以一旦配置树被重新加载，该值将会丢失。

在对 IConfigurationRoot 接口和 IConfigurationSection 接口具有基本了解之后，我们来看一看定义在 IConfiguration 接口中的成员。使用 GetChildren 方法返回的 IConfigurationSection 集合表示当前节点的所有子配置节。GetSection 方法根据指定的 Key 得到一个具体的子配置节。当执行 GetSection 方法时，指定的参数会与当前节点的 Path 进行组合，从而确定目标配置节点所在的路径。如果在调用该方法时指定一个当前配置节的相对路径，就可以得到子节点以下的任何一个配置节。

```
var source = new Dictionary<string, string>
{
    ["A:B:C"] = "ABC"
};

var root = new ConfigurationBuilder()
    .AddInMemoryCollection(source)
    .Build();

var section1 = root.GetSection("A:B:C");                    //A:B:C
var section2 = root.GetSection("A:B").GetSection("C");      //A:C->C
var section3 = root.GetSection("A").GetSection("B:C");      //A->B:C

Debug.Assert(section1.Value == "ABC");
Debug.Assert(section2.Value == "ABC");
Debug.Assert(section3.Value == "ABC");

Debug.Assert(!ReferenceEquals(section1, section2));
Debug.Assert(!ReferenceEquals(section1, section3));
Debug.Assert(null != root.GetSection("D"));
```

如上面的代码片段所示，我们以不同的方式调用 GetSection 方法得到的都是路径为 "A:B:C" 的配置节。这段代码还体现了另一个有趣的现象：虽然这 3 个 IConfigurationSection 对象均指向配置树的同一个节点，但是它们却并非同一个对象，因为 GetSection 方法总是会创建新的 IConfigurationSection 对象。

IConfiguration 还具有一个索引。我们可以指定子配置节的 Key 或者对当前配置节点的路径得到对应配置节的值。当执行这个索引时，它会按照与 GetSection 方法完全一致的逻辑得到对应的配置节，并返回其 Value 属性。如果配置树中不具有与指定路径相匹配的配置节，则该索引会返回 Null 而不会抛出异常。

5.2.3 IConfigurationProvider

虽然每种类型的配置源都有一个对应的 IConfigurationSource 实现类型，但是原始数据的读取并不是由它完成的，具体读取工作最终交给一个 IConfigurationProvider 对象。在前面介绍的配置结构转换过程中，不同配置源类型的 IConfigurationProvider 对象可以按照图 5-11 所示的方式实现配置数据从原始结构向物理结构的转换。

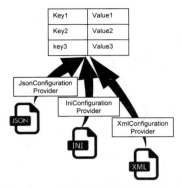

图 5-11　原始配置数据通过 IConfigurationProvider 对象转换成配置字典

　　由于 IConfigurationProvider 对象的目的在于将配置数据从原始结构转换成配置字典，所以定义在 IConfigurationProuider 接口中的方法大都体现为针对字典对象的操作。配置数据的加载通过调用 Load 方法来完成。我们可以调用 TryGet 方法获取由指定的 Key 所标识的配置项的值。从数据持久化的角度来讲，IConfigurationProvider 在大部分情况下是一个只读的对象，它只负责从持久化资源中读取配置数据，而不负责持久化更新后的配置数据，所以由 Set 方法设置的配置数据一般只是保存在内存中，但是在实现 Set 方法时也可以对提供的值进行持久化。

```
public interface IConfigurationProvider
{
    void Load();
    void Set(string key, string? value);
    bool TryGet(string key, out string? value);

    IEnumerable<string> GetChildKeys(IEnumerable<string> earlierKeys,
        String? parentPath);
    IChangeToken GetReloadToken();
}
```

　　IConfigurationProvider 接口的 GetChildKeys 方法用于获取某个指定配置节点下的所有子节点的 Key。当调用一个 IConfiguration 对象的 GetChildren 方法时，由 IConfigurationSource 对象提供的所有 IConfigurationProvider 对象的 GetChildKeys 方法会被调用。这个方法的第一个参数 earlierKeys 会被设置成目前已经解析出来的 Key 集合（由之前遍历的 IConfigurationProvider 对象提供），当解析出当前 IConfigurationProvider 接口提供的 Key 后，使用 GetChildKeys 方法需要将它们合并到 earlierKeys 集合中并将后者作为返回值。

　　需要注意的是，使用 GetChildKeys 方法返回的 Key 集合是经过排序的，排序采用的比较器类型为 ConfigurationKeyComparer。对于普通的字符串，ConfigurationKeyComparer 会直接采用忽略字母大小写方式的字符串比较。如果能够转换成整数，则它会按照整数值进行比较，所以在将配置绑定为集合对象时才能确保元素顺序的正确性。

　　每种类型的配置源都对应一个 IConfigurationProvider 实现类型，但它们一般不会直接实现 IConfigurationProvider 接口，而是选择继承另一个名为 ConfigurationProvider 的抽象类。从如下代码片段可以看出，ConfigurationProvider 仅仅是对一个 IDictionary<string,string>对象（Key 不区分大小写）的封装，其 Set 方法和 TryGetValue 方法最终操作的都是这个字典。

```
public abstract class ConfigurationProvider : IConfigurationProvider
{
    protected IDictionary<string, string> Data { get; set; }
    protected ConfigurationProvider()=> Data =
        new Dictionary<string, string>(StringComparer.OrdinalIgnoreCase);
    public IEnumerable<string> GetChildKeys(
        IEnumerable<string> earlierKeys, string? parentPath)
    {
        var prefix = parentPath == null ? string.Empty : $"{parentPath}:" ;
        return Data
            .Where(it => it.Key.StartsWith(
                prefix, StringComparison.OrdinalIgnoreCase))
            .Select(it => Segment(it.Key, prefix.Length))
            .Concat(earlierKeys)
            .OrderBy(it => it);
    }
    public virtual void Load() {}
    public void Set(string key, string? value) => Data[key] = value;
    public bool TryGet(string key, out string? value)
        => Data.TryGetValue(key, out value);

    private static string Segment(string key, int prefixLength)
    {
        var indexOf = key.IndexOf(
            ":", prefixLength, StringComparison.OrdinalIgnoreCase);
        return indexOf < 0
            ? key.Substring(prefixLength)
            : key.Substring(prefixLength, indexOf - prefixLength);
    }
    ...
}
```

抽象类 ConfigurationProvider 实现了 Load 方法并将其定义成虚方法，这个方法并没有提供具体的实现，所以它的派生类可以通过重写这个方法从相应的数据源中读取配置数据，并通过对 Data 属性的赋值完成对配置数据的加载。

5.2.4　IConfigurationSource

IConfigurationSource 对象在配置模型中表示配置源，它被注册到 IConfigurationBuilder 对象上并为最终构建的 IConfiguration 对象提供原始数据。由于数据读取实现在相应的 IConfigurationProvider 对象中，所以 IConfigurationSource 对象的目的是提供对应的 IConfigurationProvider 对象。如下面的代码片段所示，IConfigurationSource 接口利用唯一的 Build 方法，根据指定的 IConfigurationBuilder 对象来构建对应的 IConfigurationProvider 对象。

```
public interface IConfigurationSource
{
```

```
    IConfigurationProvider Build(IConfigurationBuilder builder);
}
```

5.2.5　IConfigurationBuilder

　　IConfigurationBuilder 对象在配置模型中处于核心地位，表示原始配置源的 IConfigurationSource 对象就注册在它上面。IConfigurationBuilder 对象会利用注册的 IConfigurationSource 对象提供的原始数据创建供应用程序使用的 IConfiguration 对象。如下面的代码片段所示，IConfigurationBuilder 接口定义了 Add 和 Build 两个方法，前者用于注册 IConfigurationSource 对象，后者用于构建最终的 IConfiguration 对象，具体返回的是一个 IConfigurationRoot 对象。注册的 IConfigurationSource 对象被保存在通过 Sources 属性表示的集合中，而 Properties 属性则以字典的形式存储任意的自定义属性。

```
public interface IConfigurationBuilder
{
    IEnumerable<IConfigurationSource>        Sources { get; }
    Dictionary<string, object>               Properties { get; }

    IConfigurationBuilder      Add(IConfigurationSource source);
    IConfigurationRoot         Build();
}
```

5.2.6　ConfigurationManager

　　ConfigurationManager 表示一个可以动态改变的配置。如下面的代码片段所示，ConfigurationManager 类型实现了 IConfigurationBuilder 接口，所以我们在任何时候都可以为 ConfigurationManager 对象添加表示配置源的 IConfigurationSource 对象。该类型同时实现了 IConfigurationRoot 接口，所以它也表示最终构建出来的配置。

```
public sealed class ConfigurationManager :
    IConfigurationBuilder, IConfigurationRoot, IDisposable
{
    //IConfiguration
    public string this[string key] { get; set; }
    public IConfigurationSection GetSection(string key);
    IChangeToken IConfiguration.GetReloadToken();
    public IEnumerable<IConfigurationSection> GetChildren();

    //IConfigurationRoot
    void IConfigurationRoot.Reload();
    IEnumerable<IConfigurationProvider> IConfigurationRoot.Providers { get; }

    //IConfigurationBuilder
    IConfigurationBuilder IConfigurationBuilder.Add(IConfigurationSource source);
    IConfigurationRoot IConfigurationBuilder.Build();
    IDictionary<string, object> IConfigurationBuilder.Properties { get; }
    IList<IConfigurationSource> IConfigurationBuilder.Sources { get; }

    //IDisposable
```

```
    public void Dispose();
}
```

ConfigurationManager 表示将配置树的 IConfiguration 对象和作为构建者的 IConfigurationBuilder 对象统一起来，Build 方法返回的就是它自己。当 Sources 属性体现的配置源发生改变（添加或者删除）时，ConfigurationManager 自身维护的配置状态将自动刷新。ASP.NET Core 框架使用的就是这个对象。

本节主要从设计和实现原理的角度对配置模型进行详细介绍。总体来说，配置模型涉及 4 个核心对象，包括承载配置逻辑结构的 IConfiguration 对象和 IConfigurationBuilder 对象，以及与配置源相关的 IConfigurationSource 对象和 IConfigurationProvider 对象。这 4 个核心对象之间的关系简单而清晰，完全可以通过一句话进行概括：IConfigurationBuilder 对象利用注册在它上面的所有 IConfigurationSource 对象提供的 IConfigurationProvider 对象来读取原始配置数据并创建出相应的 IConfiguration 对象。图 5-12 展示了配置模型涉及的主要接口/类型及它们之间的关系。

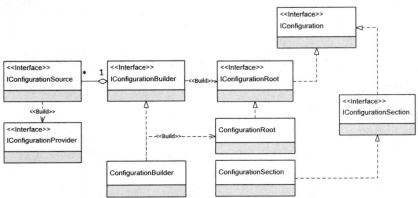

图 5-12　配置模型涉及的主要接口/类型及它们之间的关系

5.3　配置绑定

我们更倾向于将 IConfiguration 对象转换成一个具体的对象，以面向对象的方式来使用配置，将这个转换过程称为"配置绑定"。配置绑定可以通过如下几个针对 IConfiguration 的扩展方法来实现，它们定义在 "Microsoft.Extensions.Configuration.Binder" 这个 NuGet 包中。

```
public static class ConfigurationBinder
{
    public static void Bind(this IConfiguration configuration, object instance);
    public static void Bind(this IConfiguration configuration, object instance,
        Action<BinderOptions> configureOptions);
    public static void Bind(this IConfiguration configuration, string key,
        object instance);

    public static T Get<T>(this IConfiguration configuration);
```

```
    public static T Get<T>(this IConfiguration configuration,
        Action<BinderOptions> configureOptions);
    public static object Get(this IConfiguration configuration, Type type);
    public static object Get(this IConfiguration configuration, Type type,
        Action<BinderOptions> configureOptions);
}

public class BinderOptions
{
    public bool BindNonPublicProperties { get; set; }
}
```

Bind 方法将指定的 IConfiguration 对象绑定在一个预先创建的对象上。如果绑定的只是当前 IConfiguration 对象的某个子配置节，就需要通过 sectionKey 参数指定对应子配置节的相对路径。Get 方法和 Get<T>方法直接将指定的 IConfiguration 对象转换成指定类型的对象。绑定的目标类型既可以是一个简单的基元类型，也可以是一个自定义数据类型，还可以是一个数组、集合或者字典类型。

5.3.1 绑定配置项的值

最简单的配置绑定莫过于针对配置树叶子节点配置节的绑定。这样的配置节承载着原子配置项的值，而且这个值是一个字符串，所以针对它的配置绑定最终体现为如何将这个字符串转换成指定的目标类型，这样的操作体现在 IConfiguration 接口的两个 GetValue 方法上。

```
public static class ConfigurationBinder
{
    public static T GetValue<T>(IConfiguration configuration, string sectionKey);
    public static T GetValue<T>(IConfiguration configuration, string sectionKey,
        T defaultValue);
    public static object GetValue(IConfiguration configuration, Type type,
        string sectionKey);
    public static object GetValue(IConfiguration configuration, Type type,
        string sectionKey, object defaultValue);
}
```

对于上面给出的这 4 个 GetValue 方法，其中两个方法提供了一个表示默认值的参数 defaultValue，如果对应配置节的值为 Null 或者空字符串，则指定的默认值将作为方法的返回值。其他两个 GetValue 方法实际上是将 Null 或者 Default(T)作为默认值。首先这些 GetValue 方法会将配置节名称（对应参数 sectionKey）作为参数调用指定 IConfiguration 对象的 GetSection 方法得到表示对应配置节的 IConfigurationSection 对象，然后将它的 Value 属性提取出来，按照如下规则转换成目标类型。

- 如果目标类型为 object，则直接返回原始值（字符串或者 Null）。
- 如果目标类型不是 Nullable<T>，则针对目标类型的 TypeConverter 将被用来完成类型转换。
- 如果目标类型为 Nullable<T>，则在原始值不是 Null 或者空字符串的情况下会直接返回

Null，否则会按照上面的规则将值转换成类型基础 T。

为了验证上述这些类型转化规则，我们编写了如下测试程序。我们利用注册的 MemoryConfigurationSource 添加了 3 个配置项，对应的值分别为 Null、空字符串和"123"。在将 IConfiguration 对象构建出来后，调用它的 GetValue<T>将 3 个值转换成 Object 类型、Int32 类型和 Nullable<Int32>类型。（S507）

```csharp
using Microsoft.Extensions.Configuration;
using System.Diagnostics;

var source = new Dictionary<string, string?>
{
    ["foo"] = null,
    ["bar"] = "",
    ["baz"] = "123"
};

var root = new ConfigurationBuilder()
    .AddInMemoryCollection(source)
    .Build();

//针对 object
Debug.Assert(root.GetValue<object>("foo") == null);
Debug.Assert("".Equals(root.GetValue<object>("bar")));
Debug.Assert("123".Equals(root.GetValue<object>("baz")));

//针对普通类型
Debug.Assert(root.GetValue<int>("foo") == 0);
Debug.Assert(root.GetValue<int>("baz") == 123);

//针对 Nullable<T>
Debug.Assert(root.GetValue<int?>("foo") == null);
Debug.Assert(root.GetValue<int?>("bar") == null);
```

按照前面介绍的类型转换规则，如果目标类型支持源字符串的类型转换，就能够将配置项的原始值绑定为该类型的对象。在下面的代码片段中，定义了一个表示二维坐标的 Point 记录（Record），并且为它注册了一个 PointTypeConverter 的类型转换器。PointTypeConverter 通过实现的 ConvertFrom 方法将坐标的字符串表达式（如"123"和"456"）转换成一个 Point 对象。

```csharp
[TypeConverter(typeof(PointTypeConverter))]
public readonly record struct Point(double X, double Y);

public class PointTypeConverter : TypeConverter
{
    public override bool CanConvertFrom(ITypeDescriptorContext? context,
        Type sourceType)
        => sourceType == typeof(string);

    public override object? ConvertFrom(ITypeDescriptorContext? context,
        CultureInfo? culture, object value)
```

```
{
    var split = (value.ToString() ?? "0.0,0.0").Split(',');
    double x = double.Parse(split[0].Trim().TrimStart('('));
    double y = double.Parse(split[1].Trim().TrimEnd(')'));
    return new Point(x,y);
}
}
```

　　由于定义的 Point 类型支持源字符串的类型转换，所以如果配置项的原始值（字符串）具有与之兼容的格式，就可以按照如下方式将其绑定为一个 Point 对象。（S508）

```
using App;
using Microsoft.Extensions.Configuration;
using System.Diagnostics;

var source = new Dictionary<string, string>
{
    ["point"] = "(123,456)"
};

var root = new ConfigurationBuilder()
    .AddInMemoryCollection(source)
    .Build();

var point = root.GetValue<Point>("point");
Debug.Assert(point.X == 123);
Debug.Assert(point.Y == 456);
```

5.3.2　绑定复合对象

　　这里的复合类型是指一个具有属性数据成员的自定义类型。如果用一棵树表示一个复合对象，那么叶子节点承载所有的数据，并且叶子节点的数据类型均为基元类型。如果用数据字典来提供一个复杂对象所有的原始数据，那么这个字典中只需要包含叶子节点对应的值即可。我们只要将叶子节点所在的路径作为字典元素的 Key，就可以通过一个字典对象展现复合对象的结构。

```
public readonly record struct Profile(Gender Gender, int Age, ContactInfo ContactInfo);
public readonly record struct ContactInfo(string EmailAddress, string PhoneNo);
public enum Gender
{
    Male,
    Female
}
```

　　上面的代码片段定义了一个表示个人基本信息的 Profile 记录，它的 Gender 属性、Age 属性和 ContactInfo 属性分别表示性别、年龄和联系方式。表示联系方式的 ContactInfo 记录定义了 EmailAddress 属性和 PhoneNo 属性，分别表示电子邮箱地址和电话号码。一个完整的 Profile 对象可以通过图 5-13 所示的配置树来展现。

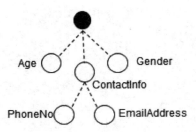

图 5-13　复杂对象的配置树

如果需要通过配置的形式表示一个完整的 Profile 对象，则只需要提供 4 个叶子节点（性别、年龄、电子邮箱地址和电话号码）对应的配置数据，配置字典只需要按照表 5-2 来存储这4 个"键-值"。

表 5-2　复杂对象的配置数据结构

Key	Value
Gender	Male
Age	18
ContactInfo:Email	foobar@outlook.com
ContactInfo:PhoneNo	123456789

我们通过下面的程序来验证复合数据类型的绑定。首先，创建一个 ConfigurationBuilder 对象，并利用注册的 MemoryConfigurationSource 对象添加了表 5-2 所示的配置数据。然后，在构建出 IConfiguration 对象之后，调用它的 Get<T>扩展方法将其绑定为 Profile 对象。（S509）

```
using App;
using Microsoft.Extensions.Configuration;
using System.Diagnostics;

var source = new Dictionary<string, string>
{
    ["gender"]                     = "Male",
    ["age"]                        = "18",
    ["contactInfo:emailAddress"]   = "foobar@outlook.com",
    ["contactInfo:phoneNo"]        = "123456789"
};

var configuration = new ConfigurationBuilder()
    .AddInMemoryCollection(source)
    .Build();

var profile = configuration.Get<Profile>();
Debug.Assert(profile.Gender == Gender.Male);
Debug.Assert(profile.Age == 18);
Debug.Assert(profile.ContactInfo.EmailAddress == "foobar@outlook.com");
Debug.Assert(profile.ContactInfo.PhoneNo == "123456789");
```

5.3.3　绑定集合

如果配置绑定的目标类型是一个集合（包括数组），则当前 IConfiguration 对象的每个子配置节将绑定为集合的元素。如果目标类型为元素类型为 Profile 的集合，则配置树应该具有图 5-14 所示的结构。

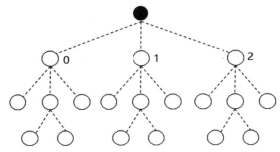

图 5-14　集合对象的配置树

既然能够正确地将集合对象通过一个合法的配置树展现出来，就可以将它转换成配置字典。图 5-14 表示的这个包含 3 个元素的 Profile 集合，就可以采用表 5-3 列举的结构来定义对应的配置字典。

表 5-3　集合的配置数据结构

Key	Value
0:Gender	Male
0:Age	18
0:ContactInfo:EmailAddress	foo@outlook.com
0:ContactInfo:PhoneNo	123
1:Gender	Male
1:Age	25
1:ContactInfo:EmailAddress	bar@outlook.com
1:ContactInfo:PhoneNo	456
2:Gender	Female
2:Age	36
2:ContactInfo:EmailAddress	baz@outlook.com
2:ContactInfo:PhoneNo	789

我们利用实例来演示集合的配置绑定。如下面的代码片段所示，创建一个 ConfigurationBuilder 对象，并为它注册了一个 MemoryConfigurationSource 对象，利用注册的 MemoryConfigurationSource 对象添加了表 5-3 所示的配置数据。在构建出 IConfiguration 对象之后，调用 Get<T>扩展方法将它分别绑定为一个 IList<Profile>和 Profile 数组对象。（S510）

```
using App;
using Microsoft.Extensions.Configuration;
using System.Diagnostics;
```

```
var source = new Dictionary<string, string>
{
    ["0:gender"]                    = "Male",
    ["0:age"]                       = "18",
    ["0:contactInfo:emailAddress"]  = "foo@outlook.com",
    ["0:contactInfo:phoneNo"]       = "123",

    ["1:gender"]                    = "Male",
    ["1:age"]                       = "25",
    ["1:contactInfo:emailAddress"]  = "bar@outlook.com",
    ["1:contactInfo:phoneNo"]       = "456",

    ["2:gender"]                    = "Female",
    ["2:age"]                       = "36",
    ["2:contactInfo:emailAddress"]  = "baz@outlook.com",
    ["2:contactInfo:phoneNo"]       = "789"
};

var configuration = new ConfigurationBuilder()
    .AddInMemoryCollection(source)
    .Build();

var list = configuration.Get<IList<Profile>>();
Debug.Assert(list[0].ContactInfo.EmailAddress == "foo@outlook.com");
Debug.Assert(list[1].ContactInfo.EmailAddress == "bar@outlook.com");
Debug.Assert(list[2].ContactInfo.EmailAddress == "baz@outlook.com");

var array = configuration.Get<Profile[]>();
Debug.Assert(array[0].ContactInfo.EmailAddress == "foo@outlook.com");
Debug.Assert(array[1].ContactInfo.EmailAddress == "bar@outlook.com");
Debug.Assert(array[2].ContactInfo.EmailAddress == "baz@outlook.com");
```

集合的配置绑定不会因为某个元素的绑定失败而终止。如果目标类型是数组，则最终绑定生成的数组长度与子配置节的个数总是一致的。如果目标类型是列表，则不会生成对应的元素。

我们将上面演示实例做了稍许的修改，将第一个元素的性别从"Male"修改为"男"，那么这个 Profile 元素绑定将会失败。如果将目标类型设置为 IEnumerable<Profile>，则最终生成的集合只有两个元素。如果将目标类型切换成 Profile 数组，则数组的长度依然为 3，但是第一个元素是空。（S511）

```
using App;
using Microsoft.Extensions.Configuration;
using System.Diagnostics;

var source = new Dictionary<string, string>
{
    ["0:gender"]                    = "男",
    ["0:age"]                       = "18",
    ["0:contactInfo:emailAddress"]  = "foo@outlook.com",
    ["0:contactInfo:phoneNo"]       = "123",
```

```
    ["1:gender"]                     = "Male",
    ["1:age"]                        = "25",
    ["1:contactInfo:emailAddress"]   = "bar@outlook.com",
    ["1:contactInfo:phoneNo"]        = "456",

    ["2:gender"]                     = "Female",
    ["2:age"]                        = "36",
    ["2:contactInfo:emailAddress"]   = "baz@outlook.com",
    ["2:contactInfo:phoneNo"]        = "789"
};

var configuration = new ConfigurationBuilder()
    .AddInMemoryCollection(source)
    .Build();

var list = configuration.Get<IList<Profile>>();
Debug.Assert(list.Count == 2);
Debug.Assert(list[0].ContactInfo.EmailAddress == "bar@outlook.com");
Debug.Assert(list[1].ContactInfo.EmailAddress == "baz@outlook.com");

var array = configuration.Get<Profile[]>();
Debug.Assert(array.Length == 3);
Debug.Assert(array[0] == default);
Debug.Assert(array[1].ContactInfo.EmailAddress == "bar@outlook.com");
Debug.Assert(array[2].ContactInfo.EmailAddress == "baz@outlook.com");
```

5.3.4　绑定字典

　　能够通过配置绑定生成的字典是一个实现了 IDictionary<string,T>的类型，它的 Key 必须是一个字符串（或者枚举）。如果采用配置树的形式表示这样一个字典对象，就会发现它与集合的配置树在结构上几乎是一样的，唯一的区别是集合元素的索引直接变成字典元素的 Key。

　　也就是说，图 5-14 中的配置树同样可以表示成一个具有 3 个元素的 Dictionary<string, Profile>对象，它们对应的 Key 分别"0""1""2"。所以我们可以按照如下方式将承载相同结构数据的 IConfiguration 对象绑定为一个 IDictionary<string, Profile >对象。将表示集合索引的整数（"0""1""2"）修改为普通的字符串（"foo""bar""baz"）。（S512）

```
using App;
using Microsoft.Extensions.Configuration;
using System.Diagnostics;

var source = new Dictionary<string, string>
{
    ["foo:gender"]                   = "Male",
    ["foo:age"]                      = "18",
    ["foo:contactInfo:emailAddress"] = "foo@outlook.com",
    ["foo:contactInfo:phoneNo"]      = "123",
```

```
    ["bar:gender"]                    = "Male",
    ["bar:age"]                       = "25",
    ["bar:contactInfo:emailAddress"]  = "bar@outlook.com",
    ["bar:contactInfo:phoneNo"]       = "456",

    ["baz:gender"]                    = "Female",
    ["baz:age"]                       = "36",
    ["baz:contactInfo:emailAddress"]  = "baz@outlook.com",
    ["baz:contactInfo:phoneNo"]       = "789"
};

var profiles = new ConfigurationBuilder()
    .AddInMemoryCollection(source)
    .Build()
    .Get<IDictionary<string,Profile>>();;

Debug.Assert(profiles["foo"].ContactInfo.EmailAddress == "foo@outlook.com");
Debug.Assert(profiles["bar"].ContactInfo.EmailAddress == "bar@outlook.com");
Debug.Assert(profiles["baz"].ContactInfo.EmailAddress == "baz@outlook.com");
```

5.4 配置的同步

配置的同步解决的是应用程序使用的配置和原始配置源中的配置实时保持一致的问题，它需要解决两个问题：第一，对原始的配置源实施监控并在其发生变化之后重新加载配置；第二，配置重新加载之后及时通知应用程序，进而使应用能够及时使用最新的配置。要了解配置同步机制的实现原理，需要先了解配置数据的流向。

5.4.1 配置数据流

在配置模型中处于核心地位的 IConfigurationBuilder 对象借助注册的 IConfigurationSource 对象提供的 IConfigurationProvider 对象从相应的配置源中加载数据。IConfigurationProvider 对象的功能就是将形态各异的原始数据转换成配置字典。应用程序直接使用 IConfigurationBuilder 对象构建 IConfiguration 对象，那么当从 IConfiguration 对象上提取配置时，配置数据究竟具有怎样的流向呢？

使用 ConfigurationBuilder 的 Build 方法构建的是一个表示整棵配置树的 ConfigurationRoot 对象，组成这棵树的配置节则通过 ConfigurationSection 对象表示。这棵由 ConfigurationRoot 对象表示的配置树是无状态的，无论是 ConfigurationRoot 对象还是 ConfigurationSection 对象，它们自身没有存储任何的配置数据。ConfigurationRoot 对象保持着对所有 IConfigurationProvider 对象的引用，并直接利用后者提供配置数据。换句话说，配置数据在整个模型中以配置字典的形式存储在 IConfigurationProvider 对象上面，应用程序在读取配置时产生的数据流基本展现在图 5-15 中。

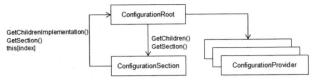

图 5-15 配置数据流

接下来从 ConfigurationRoot 和 ConfigurationSection 这两个类型的定义来对这个数据流，以及建立在此基础上的配置同步机制做进一步介绍。但在此之前我们需要先来认识一个名为 ConfigurationReloadToken 的类型。

5.4.2 ConfigurationReloadToken

无论是 ConfigurationRoot 还是 ConfigurationSection，它们的 GetReloadToken 方法返回的都是一个 ConfigurationReloadToken 对象。不仅如此，同一棵配置树的所有节点对应的 IConfiguration 对象的 GetReloadToken 方法返回的都是同一个 ConfigurationReloadToken 对象。后者的作用不是在配置源发生变化时向应用程序发送通知，而是通知应用程序配置源已经发生改变，并且新的数据已经被相应的 IConfigurationProvider 对象重新加载进来，配置树的状态相当于被"刷新"一次。

ConfigurationReloadToken 对象本质上是对一个 CancellationTokenSource 对象的封装。从如下代码片段可以看出，ConfigurationReloadToken 对象与"第 4 章 文件系统"介绍的 CancellationChangeToken 对象具有类似的定义和实现。它们之间唯一的不同之处在于 CancellationChangeToken 对象利用创建时提供的 CancellationTokenSource 对象对外发送通知，而 ConfigurationReloadToken 对象则利用 OnReload 方法借助内置的 CancellationTokenSource 对象发送通知。

```
public class ConfigurationReloadToken : IChangeToken
{
    private CancellationTokenSource _cts = new CancellationTokenSource();
    public IDisposable RegisterChangeCallback(Action<object?> callback, object? state)
        =>_cts.Token.Register(callback, state);
    public bool ActiveChangeCallbacks => True;
    public bool HasChanged =>_cts.IsCancellationRequested;

    public void OnReload() => _cts.Cancel();
}
```

5.4.3 ConfigurationRoot

如下面的代码片段所示，一个 ConfigurationRoot 对象是对一组 IConfigurationProvider 对象的封装，后者由注册的 IConfigurationSource 对象提供。它的 GetReloadToken 方法用于返回通过 _changeToken 字段表示的 ConfigurationReloadToken 对象，在 RaiseChanged 方法中会调用它的 OnReload 方法对外发出"配置重新加载"的通知。

```
public class ConfigurationRoot : IConfigurationRoot
```

```
{
    private IList<IConfigurationProvider> _providers;
    private ConfigurationReloadToken      _changeToken;

    public ConfigurationRoot(IList<IConfigurationProvider> providers)
    {
        _providers    = providers;
        _changeToken  = new ConfigurationReloadToken();
        foreach (var provider in providers)
        {
            provider.Load();
            ChangeToken.OnChange(
                () => provider.GetReloadToken(), () => RaiseChanged());
        }
    }
    public void Reload()
    {
        foreach (var provider in _providers)
        {
            provider.Load();
        }
        RaiseChanged();
    }
    public IChangeToken GetReloadToken() => _changeToken;

    private void RaiseChanged()
        => Interlocked.Exchange(ref _changeToken, new ConfigurationReloadToken())
        .OnReload();
    ...
}
```

一旦 RaiseChanged 方法被调用，之前调用 GetReloadToken 方法得到 IChangeToken 对象就能接收到配置重新加载的通知，而这个方法被使用在两个地方：第一，构造函数调用了每个 IConfigurationProvider 对象的 GetReloadToken 方法，并在注册的回调中调用了这个方法；第二，实现的 Reload 方法在驱动每个 IConfigurationProvider 对象重新加载数据之后，额外调用了这个方法。按照这个逻辑，应用程序会在如下两个场景中接收到配置被重新加载的通知。

- 某个 IConfigurationProvider 对象捕捉到对应配置源的改变后自动重新加载配置。
- 显式调用 ConfigurationRoot 的 Reload 方法手动加载配置。

在了解了 ConfigurationRoot 的 GetReloadToken 方法返回的是什么样的 IChangeToken 对象之后，下面介绍一下它的其他成员的实现。如下面的代码片段所示，在 ConfigurationRoot 的索引中，分别调用了 IConfigurationProvider 对象的 TryGet 方法和 Set 方法，根据配置字典的 Key 获取和设置对应的 Value。

```
public class ConfigurationRoot : IConfigurationRoot
{
    private IList<IConfigurationProvider> _providers;
```

```
public string? this[string key]
{
    get
    {
        foreach (var provider in _providers.Reverse())
        {
            if (provider.TryGet(key, out var value))
            {
                return value;
            }
        }
        return null;
    }
    set
    {
        foreach (var provider in _providers)
        {
            provider.Set(key, value);
        }
    }
}

public IConfigurationSection GetSection(string key)
    => new ConfigurationSection(this, key);

public IEnumerable<IConfigurationSection> GetChildren()
    => GetChildrenImplementation(null);

internal IEnumerable<IConfigurationSection> GetChildrenImplementation(
    string path)
{
    return _providers
        .Aggregate(Enumerable.Empty<string>(),
            (seed, source) => source.GetChildKeys(seed, path))
        .Distinct()
        .Select(key => GetSection(path == null ? key : $"{path}:{key}"));
}

public IEnumerable<IConfigurationProvider> Providers => _providers;
}
```

　　从索引的定义可以看出，ConfigurationRoot 在读取 Value 值时针对 IConfigurationProvider 列表的遍历是从后往前的。这一点非常重要，因为它决定了 IConfigurationSource 的注册会采用"后来居上"的原则。如果多个配置源提供了同名的配置项，则后面注册的配置源具有更高的选择优先级。我们应该根据这个特性合理安排配置源的注册顺序。

　　对于通过 ConfigurationRoot 表示的配置树来说，它的所有配置节都是一个 ConfigurationSection 对象，这一点体现在实现的 GetSection 方法上。如果将对应的路径作为参数调用这个方法，则可以得到组成配置树的所有配置节。用于获取所有子配置节的 GetChildren

方法可以通过调用内部方法 GetChildrenImplementation 来实现，后者会提取配置树某个节点的所有子节点，该方法的参数表示指定节点针对配置树根的路径。当这个方法被执行时，它会以聚合的形式遍历所有的 IConfigurationProvider 对象，并调用它们的 GetChildKeys 方法获取所有子节点的 Key，这些 Key 与当前节点的路径合并后表示子节点的路径，这些路径最终被作为参数调用 GetSection 方法创建对应的配置节。

5.4.4 ConfigurationSection

如下面的代码片段所示，一个 ConfigurationSection 对象是通过表示配置树根的 ConfigurationRoot 对象和当前配置节在配置树中的路径来构建的。ConfigurationSection 对象的 Path 属性直接返回构建时指定的路径，而 Key 属性则是根据这个路径解析出来的。

```csharp
public class ConfigurationSection : IConfigurationSection
{
    private readonly ConfigurationRoot      _root;
    private readonly string                 _path;
    private string                          _key;

    public ConfigurationSection(ConfigurationRoot root, string path)
    {
        _root = root;
        _path = path;
    }

    public string? this[string key]
    {
        get => _root[string.Join(':', new string[] { _path, _key })];
        set => _root[string.Join(':', new string[] { _path, _key })] = value;
    }

    public string Key => _key
        ?? (_key = _path.Contains(':') ? _path.Split(':').Last() : _path);
    public string Path => _path;
    public string? Value
    {
        get => _root[_path];
        set => _root[_path] = value;
    }
    public IEnumerable<IConfigurationSection> GetChildren()
        => _root.GetChildrenImplementation(_path);
    public IChangeToken GetReloadToken() => _root.GetReloadToken();
    public IConfigurationSection GetSection(string key)
        => _root.GetSection(string.Join(':', new string[] { _path, key }));
}
```

ConfigurationSection 类型中实现的大部分成员都是调用 ConfigurationRoot 对象相应的 API 来实现的。例如，ConfigurationSection 的索引直接调用 ConfigurationRoot 的索引来获取或者设置配置字典的值，GetChildren 方法返回的是调用 ConfigurationRoot 的

GetChildrenImplementation 方法得到的结果，而 GetReloadToken 方法和 GetSection 方法都是调用
ConfigurationRoot 的同名方法。

5.5　多样性的配置源

配置模型的主要特点就是对多种不同配置源的支持。我们可以将内存变量、命令行参数、
环境变量和物理文件作为原始配置数据的来源。如果这些默认支持的配置源形式无法满足需求，
则可以通过注册自定义 IConfigurationSource 的方式将其他形式的数据作为配置源。

5.5.1　MemoryConfigurationSource

到目前为止，我们演示的大部分实例都是使用 MemoryConfigurationSource 来提供原始的配
置的。我们知道 MemoryConfigurationSource 配置源采用一个字典对象（具体来说，应该是一个
元素类型为 KeyValuePair<string, string>的集合）作为存储原始配置数据的容器。

```
public class MemoryConfigurationSource : IConfigurationSource
{
    public IEnumerable<KeyValuePair<string, string?>>? InitialData { get; set;}
    public IConfigurationProvider Build(IConfigurationBuilder builder)
        => new MemoryConfigurationProvider(this);
}
```

上面的代码片段展现了 MemoryConfigurationSource 类型的完整定义。可以看到，它利用一个
IEnumerable<KeyValuePair<string, string>>类型的属性 InitialData 来存储初始的配置数据。从 Build
方法的实现可以看出，真正被它用来读取原始配置数据的是一个 MemoryConfigurationProvider 对
象。MemoryConfigurationProvider 类型的定义如下面的代码片段所示。

```
public class MemoryConfigurationProvider : ConfigurationProvider,
    IEnumerable<KeyValuePair<string, string>>
{
    public MemoryConfigurationProvider(MemoryConfigurationSource source);
    public void Add(string key, string? value);
    public IEnumerator<KeyValuePair<string, string>> GetEnumerator();
    IEnumerator IEnumerable.GetEnumerator();
}
```

从上面的代码片段可以看出，MemoryConfigurationProvider 派生于抽象类
ConfigurationProvider，同时实现了 IEnumerable<KeyValuePair<string, string>>接口。我们知道该
ConfigurationProvider 使用一个 Dictionary<string, string>来保存配置数据，当创建一个
MemoryConfigurationProvider 对象时，提供的 MemoryConfigurationSource 对象的 InitialData 属性保
存的配置数据会转移到 Dictionary<string,string>字典中。在任何时候，我们都可以调用
MemoryConfigurationProvider 的 Add 方法向配置字典中添加一个新的配置项。

通过前面对配置模型的介绍可知，IConfigurationProvider 对象在配置模型中所起的作用就是
读取原始配置数据并将其转换成配置字典。在所有预定义的 IConfigurationProvider 实现类型
中，MemoryConfigurationProvider 最为简单、直接，因为它对应的配置源就是一个配置字典，

所以根本不需要做任何结构转换。

当利用 MemoryConfigurationSource 生成配置时，我们需要将其注册到 IConfigurationBuilder 对象上。具体来说，我们可以像前面演示的实例一样直接调用 IConfigurationBuilder 接口的 Add 方法，也可以调用如下所示的两个重载的 AddInMemoryCollection 扩展方法。

```
public static class MemoryConfigurationBuilderExtensions
{
    public static IConfigurationBuilder AddInMemoryCollection(
        this IConfigurationBuilder configurationBuilder);
    public static IConfigurationBuilder AddInMemoryCollection(
        this IConfigurationBuilder configurationBuilder,
        IEnumerable<KeyValuePair<string, string?>>? initialData);
}
```

5.5.2　EnvironmentVariablesConfigurationSource

环境变量就是描述当前执行环境并影响进程执行行为的变量。按照作用域的不同，可以将环境变量分为 3 类，即针对当前系统、当前用户和当前进程的环境变量。系统和用户级别的环境变量保存在注册表中，它们的路径分别为"HKEY_LOCAL_MACHINE\SYSTEM\ControlSet001\Control\Session Manager\Environment"和"HKEY_CURRENT_USER\Environment"。

在开发环境中，可以利用"System Properties"（系统属性）设置工具，以可视化的方式查看和设置系统与用户级别的环境变量（"This PC"→"Properties"→"Change Settings"→"Advanced"→"Environment Variables"）。如果采用 Visual Studio 调试编写的应用，则可以采用设置项目属性的方式来设置进程级别的环境变量（"Properties"→"Debug"→"Environment Variables"），如图 5-16 所示。如第 1 章中所说的，设置的环境变量会被保存到 launchSettings.json 文件中。

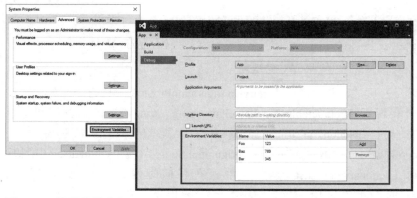

图 5-16　设置环境变量

环境变量的配置源通过 EnvironmentVariablesConfigurationSource 类型来表示，它定义在"Microsoft.Extensions.Configuration.EnvironmentVariables"这个 NuGet 包中。如下面的代码片段所示，该类型定义了一个字符串类型的属性 Prefix 来表示环境变量名的前缀。如果设置了

Prefix 属性，则系统只会选择名称作为前缀的环境变量。考虑到 "：" 在某些操作系统下并不能用来命名环境变量，所以也可以使用 "__" 来代替。

```
public class EnvironmentVariablesConfigurationSource : IConfigurationSource
{
    public string Prefix { get; set; }

    public IConfigurationProvider Build(IConfigurationBuilder builder)
        => new EnvironmentVariablesConfigurationProvider(Prefix);
}
```

EnvironmentVariablesConfigurationSource 利用对应的 EnvironmentVariablesConfigurationProvider 对象来读取环境变量，此操作展现在如下所示的 Load 方法中。由于环境变量本身就是一个数据字典，所以 EnvironmentVariablesConfigurationProvider 对象无须再进行结构上的转换。当 Load 方法被执行之后，它只需要将符合条件的环境变量筛选出来并添加到自己的配置字典中。

```
public class EnvironmentVariablesConfigurationProvider : ConfigurationProvider
{
    private readonly string _prefix;

    public EnvironmentVariablesConfigurationProvider(string prefix = null)
        => _prefix = prefix ?? string.Empty;

    public override void Load()
    {
        var dictionary = Environment.GetEnvironmentVariables()
            .Cast<DictionaryEntry>()
            .Where(it => it.Key.ToString().StartsWith(
                _prefix, StringComparison.OrdinalIgnoreCase))
                .ToDictionary(
                    it => it.Key.ToString()[_prefix.Length..].Replace("__", ":"),
                    it => it.Value.ToString());
        Data = new Dictionary<string, string>(
            dictionary, StringComparer.OrdinalIgnoreCase);
    }
}
```

值得一提的是，如果创建 EnvironmentVariablesConfigurationProvider 对象时指定了用于过滤环境变量的前缀，则符合条件的环境变量被添加到自身的配置字典之后，配置项的名称会将此前缀剔除。假设将前缀设置为 "FOO_"，环境变量 FOO_BAR 被添加到配置字典之后，配置项名称就会变成 BAR，这个细节也体现在上面定义的 Load 方法中。

在使用将环境变量作为配置源的 EnvironmentVariablesConfigurationSource 时，可以调用 Add 方法将它注册到指定的 IConfigurationBuilder 对象上。除此之外，还可以直接调用 IConfigurationBuilder 接口的如下 3 个 AddEnvironmentVariables 扩展方法来注册基于环境变量的配置源。

```
public static class EnvironmentVariablesExtensions
{
    public static IConfigurationBuilder AddEnvironmentVariables(
```

```
        this IConfigurationBuilder configurationBuilder);
    public static IConfigurationBuilder AddEnvironmentVariables(
        this IConfigurationBuilder builder,
        Action<EnvironmentVariablesConfigurationSource> configureSource);
    public static IConfigurationBuilder AddEnvironmentVariables(
        this IConfigurationBuilder configurationBuilder, string prefix);
}
```

下面的实例演示了基于环境变量配置的应用。调用 Environment 的静态方法 SetEnvironmentVariable 设置 4 个前缀为"TEST_"的环境变量。调用 AddEnvironmentVariables 扩展方法创建一个 EnvironmentVariablesConfigurationSource 对象，并将其注册到创建的 ConfigurationBuilder 对象上，在调用该扩展方法时将环境变量名称的前缀设置为"TEST_"。最终将由 ConfigurationBuilder 构建的 IConfiguration 对象绑定为前面注册的 Profile 对象。（S513）

```
using App;
using Microsoft.Extensions.Configuration;
using System.Diagnostics;

Environment.SetEnvironmentVariable("TEST_GENDER", "Male");
Environment.SetEnvironmentVariable("TEST_AGE", "18");
Environment.SetEnvironmentVariable("TEST_CONTACTINFO:EMAILADDRESS",
"foobar@outlook.com");
Environment.SetEnvironmentVariable("TEST_CONTACTINFO__PHONENO", "123456789");

var profile = new ConfigurationBuilder()
    .AddEnvironmentVariables("TEST_")
    .Build()
    .Get<Profile>();

Debug.Assert(profile.Gender == Gender.Male);
Debug.Assert(profile.Age == 18);
Debug.Assert(profile.ContactInfo.EmailAddress == "foobar@outlook.com");
Debug.Assert(profile.ContactInfo.PhoneNo == "123456789");
```

5.5.3　CommandLineConfigurationSource

当以命令行的形式启动 ASP.NET Core 应用时，我们希望直接使用命令行参数来控制应用的一些行为，所以命令行参数自然也就成了配置常用的来源之一。命令行参数的配置源展现为一个 CommandLineConfigurationSource 对象，"Microsoft.Extensions.Configuration. CommandLine"这个 NuGet 包提供了这个类型。

命令行参数展现为一个简单的字符串数组，所以 CommandLineConfigurationSource 需要将命令行参数从字符串数组转换成配置字典。想要充分理解这个转换规则，我们需要先了解 CommandLineConfigurationSource 支持的命令行参数的集中定义形式。下面通过一个简单的实例来说明命令行参数的几种指定方式。假设有一个"exec"命令，并采用如下方式执行某个托管程序（app）。

```
exec app {options}
```

在执行 "exec" 命令时可以通过相应的命令行参数指定多个选项。总体来说，命令行参数的指定形式大体上分为两种：单参数（Single Argument）和双参数（Double Arguments）。单参数形式就是使用 "=" 将命令行参数的名称和值通过如下方法来指定。

- {name}={value}。
- {prefix}{name}={value}。

对于第二种单参数命令行参数的指定形式，我们可以在参数名称前面添加一个前缀，目前的前缀支持 "/" "--" "-" 这 3 种。遵循这样的格式，我们可以采用如下 3 种方式将命令行参数 architecture 设置为 x64。下面的列表之所以没有使用前缀 "-"，是因为这个前缀要求使用命令行参数映射（Switch Mapping）。

```
exec app architecture=x64
exec app /architecture=x64
exec app --architecture=x64
```

除了采用单参数形式，我们还可以采用双参数形式来指定命令行参数。双参数就是使用两个参数分别定义命令行参数的名称和值。这种形式采用的具体格式为{prefix}{name} {value}，所以上述命令行参数 architecture 也可以采用如下方式来指定。

```
exec app /architecture x64
exec app --architecture x64
```

命令行参数的全名和缩写之间具有一个映射关系（Switch Mapping）。以上述两个命令行参数为例，我们可以采用首字母 "a" 来代替 "architecture"。如果使用 "-" 作为前缀，则无论是采用单参数还是双参数，都必须使用映射后的名称。需要主要的是，同一个命令行参数可以具有多个映射，如可以同时将 "architecture" 映射为 "arch"。假设 "architecture" 具有这两种映射，就可以按照如下两种方式指定 CPU 架构。

```
exec app -a=x64
exec app -arch=x64
exec app -a x64
exec app -arch x64
```

在了解了命令行参数的指定形式之后，下面介绍 CommandLineConfigurationSource 类型和由它提供的 CommandLineConfigurationProvider 对象。由于原始的命令行参数总是体现为一个采用空格分隔的字符串，这样可以进一步转换成一个字符串集合，所以 CommandLineConfigurationSource 对象以字符串集合作为配置源。如下面的代码片段所示，CommandLineConfigurationSource 类型具有 Args 和 SwitchMappings 两个属性，前者表示承载原始命令行参数的字符串集合，后者则保存了命令行参数的缩写与全称之间的映射关系。CommandLineConfigurationSource 实现的 Build 方法会根据这两个属性创建并返回一个 CommandLineConfigurationProvider 对象。

```
public class CommandLineConfigurationSource : IConfigurationSource
{
    public IEnumerable<string>              Args { get; set; }
    public IDictionary<string, string>      SwitchMappings { get; set; }

    public IConfigurationProvider Build(IConfigurationBuilder builder)
        => new CommandLineConfigurationProvider(Args,SwitchMappings);
```

```
}
```

具有如下定义的 CommandLineConfigurationProvider 依然是抽象类 ConfigurationProvider 的继承类型。CommandLineConfigurationProvider 类型的目的很明确，就是对体现为字符串集合的原始命令行参数进行解析，并将解析出的参数名称和值添加到配置字典中，这一切都是在重写的 Load 方法中完成的。

```
public class CommandLineConfigurationProvider : ConfigurationProvider
{
    protected IEnumerable<string> Args { get; }
    public CommandLineConfigurationProvider(IEnumerable<string> args,
        IDictionary<string, string> switchMappings = null);
    public override void Load();
}
```

在采用基于命令行参数作为配置源时，我们可以创建一个 CommandLineConfigurationSource 对象，并将其注册到 IConfigurationBuilder 对象上。我们也可以调用 IConfigurationBuilder 接口的如下 3 个 AddCommandLine 扩展方法将两个步骤合二为一。

```
public static class CommandLineConfigurationExtensions
{
    public static IConfigurationBuilder AddCommandLine(
        this IConfigurationBuilder builder,
        Action<CommandLineConfigurationSource> configureSource);
    public static IConfigurationBuilder AddCommandLine(
        this IConfigurationBuilder configurationBuilder, string[] args);
    public static IConfigurationBuilder AddCommandLine(
        this IConfigurationBuilder configurationBuilder, string[] args,
        IDictionary<string, string> switchMappings);
}
```

为了使读者对 CommandLineConfigurationSource/CommandLineConfigurationProvider 解析命令行参数采用的策略有深刻的认识，演示一个简单的实例。如下面的代码片段所示，我们创建一个 ConfigurationBuilder 对象，并调用 AddCommandLine 方法注册了命令行参数的配置源。

```
using Microsoft.Extensions.Configuration;

try
{
    var mapping = new Dictionary<string, string>
    {
        ["-a"]          = "architecture",
        ["-arch"]       = "architecture"
    };
    var configuration = new ConfigurationBuilder()
        .AddCommandLine(args, mapping)
        .Build();
    Console.WriteLine($"Architecture: {configuration["architecture"]}");
}
catch (Exception ex)
{
    Console.WriteLine($"Error: {ex.Message}");
```

}

在调用 AddCommandLine 扩展方法注册 CommandLineConfigurationSource 对象时，指定了一个命令行参数映射表，它将命令行参数 "architecture" 映射为 "a" 和 "arch"。需要注意的是，在通过字典定义命令行参数映射时，作为目标名称的 Key 应该添加前缀 "-"。在成功构建 IConfiguration 对象之后，提取并输出 "architecture" 配置项的值。如图 5-17 所示，采用命令行的形式启动这个程序，并以不同的形式指定 "architecture" 的值。（S514）

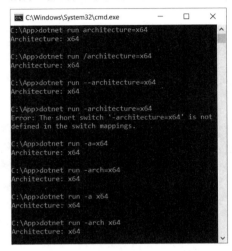

图 5-17　以命令行参数的形式提供配置

5.5.4　FileConfigurationSource

物理文件是我们常用到的原始配置数据的载体，而默认支持的配置文件格式主要有 JSON、XML 和 INI 共 3 种，它们对应的配置源类型分别是 JsonConfigurationSource、XmlConfigurationSource 和 IniConfigurationSource，这 3 个类型具有如下一个相同的基类 FileConfigurationSource。

```
public abstract class FileConfigurationSource : IConfigurationSource
{
    public IFileProvider                            FileProvider { get; set; }
    public string                                   Path { get; set; }
    public bool                                     Optional { get; set; }
    public int                                      ReloadDelay { get; set; }
    public bool                                     ReloadOnChange { get; set; }
    public Action<FileLoadExceptionContext>         OnLoadException { get; set; }

    public abstract IConfigurationProvider Build(IConfigurationBuilder builder);
    public void EnsureDefaults(IConfigurationBuilder builder);
    public void ResolveFileProvider();
}
```

FileConfigurationSource 对象总利用 FileProvider 属性返回的 IFileProvider 对象来读取配置文件。配置文件路径使用 Path 属性表示，一般来说，该属性指定的是 IFileProvider 对象的相对路径。在读取配置文件时，此路径将作为参数调用 IFileProvider 对象的 GetFileInfo 方法得到描述配置文件的 IFileInfo 对象，该对象的 CreateReadStream 方法返回的输出流将用来读取文件内容。

在 FileProvider 属性没有被显式赋值的情况下，如果将配置文件路径设置为绝对路径（如 c:\app\appsettings.json），则最终在文件所在目录（c:\app）创建一个 PhysicalFileProvider 对象并作为 FileProvider 的属性值，而 Path 属性将被设置成配置文件名（appsettings.json）。如果指定的是一个相对路径，FileProvider 属性就不会被自动初始化。这个逻辑可以在 ResolveFileProvider 方法中实现，并体现在如下测试程序中。

```
using Microsoft.Extensions.Configuration;
using Microsoft.Extensions.FileProviders;
using System.Diagnostics;

var source = new FakeConfigurationSource
{
    Path = @"C:\App\appsettings.json"
};
Debug.Assert(source.FileProvider == null);

source.ResolveFileProvider();
var fileProvider = (PhysicalFileProvider?)source.FileProvider;
Debug.Assert(fileProvider?.Root == @"C:\App\");
Debug.Assert(source.Path == "appsettings.json");

public class FakeConfigurationSource : FileConfigurationSource
{
    public override IConfigurationProvider Build(IConfigurationBuilder builder)
        => throw new NotImplementedException();
}
```

FileConfigurationSource 还定义了一个 EnsureDefaults 方法，它会确保 FileConfigurationSource 总是具有一个用于加载并读取配置文件的 IFileProvider 对象。具体来说，EnsureDefaults 方法会调用 IConfigurationBuilder 接口的 GetFileProvider 扩展方法来获取默认的 IFileProvider 对象。

```
public static class FileConfigurationExtensions
{
    public static IFileProvider GetFileProvider(this IConfigurationBuilder builder)
    {
        if (builder.Properties.TryGetValue("FileProvider", out object provider))
        {
            return builder.Properties["FileProvider"] as IFileProvider;
        }
        return new PhysicalFileProvider(AppContext.BaseDirectory ?? string.Empty);
    }
}
```

从上面的代码片段可以看出，GetFileProvider 扩展方法实际上是将 IConfigurationBuilder 对象的 Properties 属性表示的字典作为存储 IFileProvider 对象的容器（对应的 Key 为 FileProvider）。如果这个容器中存在一个 IFileProvider 对象，则它将作为方法的返回值。反之，该扩展方法会将当前工作目录作为根目录创建一个 PhysicalFileProvider 对象。

由于在默认情况下 EnsureDefaults 方法会从 IConfigurationBuilder 对象的属性字典中提取 IFileProvider 对象，所以可以在这个属性字典中存储一个默认的 IFileProvider 对象供所有注册在它上面的 FileConfigurationSource 对象共享。实际上，IConfigurationBuilder 接口提供的 SetFileProvider 方法和 SetBasePath 方法就是采用这样的方式实现的。

```
public static class FileConfigurationExtensions
{
    public static IConfigurationBuilder SetFileProvider(
        this IConfigurationBuilder builder, IFileProvider fileProvider)
    {
        builder.Properties["FileProvider"] = fileProvider;
        return builder;
    }

    public static IConfigurationBuilder SetBasePath(
        this IConfigurationBuilder builder, string basePath)
        =>builder.SetFileProvider(new PhysicalFileProvider(basePath));
}
```

FileConfigurationSource 对象的 Optional 属性表示当前配置源是否可以缺省。如果该属性被设置成 True，则即使指定的配置文件不存在也不会抛出异常。可缺省的配置文件在支持多环境的场景中具有广泛应用。以前面演示的实例为例，我们可以按照如下方式加载两个配置文件：基础配置文件 appsettings.json 一般包含相对全面的配置内容，而具体某个环境的差异化配置则定义在 appsettings.{environment}.json 文件中。前者是必需的，后者则是可以缺省的，这保证了应用程序在缺少基于当前环境的差异化配置文件的情况下依然可以使用定义在基础配置文件中的默认配置。

```
var configuration = new ConfigurationBuilder()
    .SetBasePath(Directory.GetCurrentDirectory())
    .AddJsonFile(path: "appsettings.json", optional: false)
    .AddJsonFile(path: $"appsettings.{environment}.json", optional: true)
    .Build();
```

FileConfigurationSource 借助 IFileProvider 对象提供的文件系统监控功能实现了配置文件在更新后的实时加载新内容的功能，这个特性通过 ReloadOnChange 属性来开启或者关闭。在默认情况下，这个特性是关闭的。如果开启自动重新加载配置文件功能，一旦配置文件发生变化，IFileProvider 对象就会在第一时间将通知发送给对应的 FileConfigurationProvider 对象，后者会调用 Load 方法重新加载配置文件。考虑到此时配置文件的写入可能尚未结束，所以 FileConfigurationSource 采用"延时加载"的方式来解决这个问题，具体的延时通过 ReloadDelay 属性来控制。该属性的单位是毫秒，默认设置的延时为 250 毫秒。

考虑到配置文件的加载不可能百分之百成功，所以 FileConfigurationSource 提供了相应的异常处理机制。具体来说，我们可以通过 FileConfigurationSource 对象的 OnLoadException 属性注册一个 Action<FileLoadExceptionContext>委托对象作为异常处理器。作为参数的

FileLoadExceptionContext 对象表示 FileConfigurationProvider 在加载配置文件出错的情况下为异常处理器提供的执行上下文对象。

```
public class FileLoadExceptionContext
{
    public Exception                        Exception { get; set; }
    public FileConfigurationProvider        Provider { get; set; }
    public bool                             Ignore { get; set; }
}
```

如上面的代码片段所示，我们可以从 FileLoadExceptionContext 上下文对象中获取抛出的异常和当前 FileConfigurationProvider 对象。如果异常处理结束之后上下文对象的 Ignore 属性被设置为 True，FileConfigurationProvider 对象就会认为目前的异常（可能是原来抛出的异常，也可能是异常处理器设置的异常）是可以被忽略的，此时程序会继续执行，否则异常还是会被抛出来。需要注意的是，最终抛出来的是原来的异常，所以通过修改上下文对象的 Exception 属性无法达到抛出另一个异常的目的。

就像为注册到 IConfigurationBuilder 对象上的所有 FileConfigurationSource 提供一个共享的 IFileProvider 对象一样，我们也可以调用 IConfigurationBuilder 接口的 SetFileLoadExceptionHandler 扩展方法注册一个共享的异常处理器，该扩展方法依然是利用 IConfigurationBuilder 对象的属性字典来存储这个作为异常处理器的委托对象的（对应的 Key 为 "FileLoadExceptionHandler"）。注册的这个异常处理器可以通过对应的 GetFileLoadExceptionHandler 扩展方法来获取。

```
public static class FileConfigurationExtensions
{
    public static IConfigurationBuilder SetFileLoadExceptionHandler(
        this IConfigurationBuilder builder, Action<FileLoadExceptionContext> handler)
    {
        builder.Properties["FileLoadExceptionHandler"] = handler;
        return builder;
    }

    public static Action<FileLoadExceptionContext> GetFileLoadExceptionHandler(
        this IConfigurationBuilder builder)
        => builder.Properties.TryGetValue("FileLoadExceptionHandler",
            out object handler)
            ? handler as Action<FileLoadExceptionContext>;
            : null;
}
```

前文提到，FileConfigurationSource 的 EnsureDefaults 方法除了在 IFileProvider 对象没有被初始化的情况下调用 IConfigurationBuilder 的 SetFileProvider 扩展方法提供一个默认的 IFileProvider 对象，它还会在异常处理器没有初始化的情况下调用上面的 GetFileLoadExceptionHandler 扩展方法提供一个默认的异常处理器。

对于配置系统默认提供的 3 种文件格式（JSON、XML 和 INI）的 FileConfigurationSource 类型来说，它们提供的 IConfigurationProvider 实现都派生于抽象基类 FileConfigurationProvider。对于自

定义的 FileConfigurationSource，我们也倾向于将这个抽象类作为对应 IConfigurationProvider 实现类型的基类。

```
public abstract class FileConfigurationProvider : ConfigurationProvider
{
    public FileConfigurationSource Source { get; }
    public FileConfigurationProvider(FileConfigurationSource source);

    public override void Load();
    public abstract void Load(Stream stream);
}
```

创建一个 FileConfigurationProvider 对象时需要提供对应的 FileConfigurationSource 对象，它会赋值给 Source 属性。如果指定的 FileConfigurationSource 对象开启了配置文件更新监控和自动加载功能（其 OnLoadException 属性返回 True），FileConfigurationProvider 就会利用 FileConfigurationSource 对象提供的 IFileProvider 对象对配置文件实施监控，并通过注册回调的方式在配置文件更新时调用 Load 方法重新加载配置。

由于 FileConfigurationSource 提供了 IFileProvider 对象，所以 FileConfigurationProvider 对象可以调用其 CreateReadStream 方法获取读取配置文件内容的流对象，并利用这个 Stream 对象来完成配置的加载。根据基于 Stream 加载配置的功能展现在抽象方法 Load 上，所以 FileConfigurationProvider 的派生类都需要重写这个方法。

1．JsonConfigurationSource

顾名思义，JsonConfigurationSource 表示基于 JSON 文件的配置源，该类型定义在 "Microsoft.Extensions.Configuration.Json" 这个 NuGet 包中。从下面的定义可以看出，JsonConfigurationSource 重写的 Build 方法在提供对应的 JsonConfigurationProvider 对象之前会调用 EnsureDefaults 方法，这个方法确保用于读取配置文件的 IFileProvider 对象和处理配置文件加载异常的处理器被初始化。JsonConfigurationProvider 派生于抽象类 FileConfigurationProvider，它利用重写的 Load 方法读取配置文件的内容并将其转换成配置字典。

```
public class JsonConfigurationSource : FileConfigurationSource
{
    public override IConfigurationProvider Build(IConfigurationBuilder builder)
    {
        EnsureDefaults(builder);
        return new JsonConfigurationProvider(this);
    }
}

public class JsonConfigurationProvider : FileConfigurationProvider
{
    public JsonConfigurationProvider(JsonConfigurationSource source);
    public override void Load(Stream stream);
}
```

IConfigurationBuilder 接口使用如下几个 AddJsonFile 扩展方法来注册 JsonConfigurationSource。

如果调用第一个 AddJsonFile 重载扩展方法，则可以利用指定的 Action<JsonConfigurationSource> 对象对创建的 JsonConfigurationSource 进行初始化。而其他 AddJsonFile 重载扩展方法实际上通过相应的参数初始化 JsonConfigurationSource 对象的 Path 属性、Optional 属性和 ReloadOnChange 属性。

```
public static class JsonConfigurationExtensions
{
    public static IConfigurationBuilder AddJsonFile(
        this IConfigurationBuilder builder,
        Action<JsonConfigurationSource> configureSource);
    public static IConfigurationBuilder AddJsonFile(
        this IConfigurationBuilder builder, string path);
    public static IConfigurationBuilder AddJsonFile(
        this IConfigurationBuilder builder, string path, bool optional);
    public static IConfigurationBuilder AddJsonFile(
        this IConfigurationBuilder builder, string path, bool optional,
        bool reloadOnChange);
    public static IConfigurationBuilder AddJsonFile(
        this IConfigurationBuilder builder, IFileProvider provider, string path,
        bool optional, bool reloadOnChange);
}
```

当使用 JSON 文件定义配置时，无论对于哪种数据结构（复杂对象、集合、数组和字典），我们都能通过 JSON 文件以一种简单而自然的方式来定义它们。同样以前面定义的 Profile 记录为例，我们可以利用如下所示的 3 个 JSON 文件分别定义一个完整的 Profile 对象、一个 Profile 对象的集合，以及一个 Key 和 Value 类型分别为字符串与 Profile 的字典。

Profile 对象：

```
{
    "profile": {
        "gender"      : "Male",
        "age"         : "18",
        "contactInfo" : {
            "email"   : "foobar@outlook.com",
            "phoneNo" : "123456789"
        }
    }
}
```

Profile 集合或者数组：

```
{
    "profiles": [
        {
            "gender"      : "Male",
            "age"         : "18",
            "contactInfo" : {
                "email"   : "foo@outlook.com",
                "phoneNo" : "123"
            }
        }
```

```
    },
    {
        "gender"        : "Male",
        "age"           : "25",
        "contactInfo"   : {
            "email"         : "bar@outlook.com",
            "phoneNo"       : "456"
        }
    },
    {
        "gender"        : "Female",
        "age"           : "40",
        "contactInfo"   : {
            "email"         : "baz@outlook.com",
            "phoneNo"       : "789"
        }
    }
    ]
}
```

Profile 字典（Dictionary<string, Profile>）：

```
{
    "profiles": {
        "foo": {
            "gender"        : "Male",
            "age"           : "18",
            "contactInfo"   : {
                "email"         : "foo@outlook.com",
                "phoneNo"       : "123"
            }
        },
        "bar": {
            "gender"        : "Male",
            "age"           : "25",
            "contactInfo"   : {
                "email"         : "bar@outlook.com",
                "phoneNo"       : "456"
            }
        },
        "baz": {
            "gender"        : "Female",
            "age"           : "40",
            "contactInfo"   : {
                "email"         : "baz@outlook.com",
                "phoneNo"       : "789"
            }
        }
    }
}
```

2．XmlConfigurationSource

XML 也是一种常用的配置定义形式。当采用一个 XML 元素表示一个复杂对象时，对象的数据成员可以定义为当前 XML 元素的子元素。如果数据成员是一个简单的数据类型，则可以选择将其定义成当前 XML 元素的属性（Attribute）。针对一个 Profile 对象，我们可以采用如下两种不同的形式来定义。

采用 XML 元素：

```
<Profile>
    <Gender>Male</Gender>
    <Age>18</Age>
    <ContactInfo>
        <EmailAddress>foobar@outlook.com</EmailAddress>
        <PhoneNo>123456789</PhoneNo>
    </ContactInfo>
</Profile>
```

采用 XML 属性：

```
<Profile Gender="Male" Age="18">
  <ContactInfo EmailAddress ="foobar@outlook.com" PhoneNo="123456789"/>
</Profile>
```

XML 作为配置模型的数据来源有其局限性，如它们对集合的表现形式有点不尽如人意。举个简单的实例，对于一个元素类型为 Profile 的集合，我们可以采用如下结构的 XML 来表现。

```
<Configurtion>
    <Profile Gender="Male" Age="18">
       <ContactInfo EmailAddress ="foo@outlook.com" PhoneNo="123"/>
    </Profile>
    <Profile Gender="Male" Age="25">
       <ContactInfo EmailAddress ="bar@outlook.com" PhoneNo="456"/>
    </Profile>
    <Profile Gender="Female" Age="36">
       <ContactInfo EmailAddress ="baz@outlook.com" PhoneNo="789"/>
    </Profile>
</Configurtion>
```

但是上述 XML 不能正确地转换成配置字典，这是因为字典的 Key 必须是唯一的，而且最终构成配置树的每个节点必须具有不同的路径。上面这段 XML 无法满足这个基本的要求，因为表示一个 Profile 对象的 3 个 XML 元素（<Profile>...</Profile>）是同质的，对于由它们表示的 3 个 Profile 对象来说，分别表示性别、年龄、电子邮箱地址和电话号码的 4 个叶子节点的路径是完全一样的，所以根本无法作为配置字典的 Key。

为了解决这个问题，当同一等级的多个同名 XML 被添加到配置字典时，Key 对应的路径会额外增加一级，对应的值为自增的整数。上面这段 XML 导入配置字典后将具有如下结构。按照前文介绍的集合类型配置绑定规则，根据这段 XML 生成的 IConfiguration 对象并不能绑定为一个元素类型为 Profile 的集合，能够完成绑定的是其"Profile"子配置节。

```
Profile:0:Gender
```

```
Profile:0:Age
Profile:0:ContactInfo:EmailAddress
Profile:0:ContactInfo:PhoneNo

Profile:1:Gender
Profile:1:Age
Profile:1:ContactInfo:EmailAddress
Profile:1:ContactInfo:PhoneNo

Profile:2:Gender
Profile:2:Age
Profile:2:ContactInfo:EmailAddress
Profile:2:ContactInfo:PhoneNo
```

XML 文件格式的配置源体现为一个 XmlConfigurationSource 对象，该类型定义在
"Microsoft.Extensions.Configuration.Xml" 这个 NuGet 包中。如下面的代码片段所示，
XmlConfigurationSource 通过重写的 Build 方法创建出对应的 XmlConfigurationProvider 对象。作为
FileConfigurationProvider 的继承者，XmlConfigurationProvider 通过重写的 Load 方法完成了 XML 文
件的读取和配置字典的初始化。

```
public class XmlConfigurationSource : FileConfigurationSource
{
    public override IConfigurationProvider Build(IConfigurationBuilder builder)
    {
        EnsureDefaults(builder);
        return new XmlConfigurationProvider(this);
    }
}

public class XmlConfigurationProvider : FileConfigurationProvider
{
    public XmlConfigurationProvider(XmlConfigurationSource source);
    public override void Load(Stream stream);
}
```

JsonConfigurationSource 的注册可以通过调用 IConfigurationBuilder 接口的 AddJsonFile 扩展方
法来完成。除此之外，IConfigurationBuilder 接口同样具有如下一系列名为 AddXmlFile 的扩展方法，
这些扩展方法可以注册根据指定 XML 文件创建的 XmlConfigurationSource 对象。

```
public static class XmlConfigurationExtensions
{
    public static IConfigurationBuilder AddXmlFile(
        this IConfigurationBuilder builder, string path);
    public static IConfigurationBuilder AddXmlFile(
        this IConfigurationBuilder builder, string path, bool optional);
    public static IConfigurationBuilder AddXmlFile(
        this IConfigurationBuilder builder, string path, bool optional,
        bool reloadOnChange);
    public static IConfigurationBuilder AddXmlFile(
        this IConfigurationBuilder builder, IFileProvider provider, string path,
```

```
    bool optional, bool reloadOnChange);
}
```

3. IniConfigurationSource

INI 是 Initialization 的缩写形式。INI 文件又被称为"初始化文件"，也是 Windows 普遍使用的配置文件，也被一些 Linux 和 UNIX 所支持。INI 文件直接以"键-值"对的形式定义配置项，如下所示的代码片段展现了 INI 文件的基本格式。总体来说，INI 文件以{Key}={Value}的形式定义配置项，{Value}可以定义在可选的双引号中（如果值的前后包括空白字符，就必须使用双引号，否则会被忽略）。

```
[Section]
key1=value1
key2 = " value2 "
; comment
# comment
/ comment
```

除了以{Key}={Value}的形式定义原子配置项，还可以采用[{SectionName}]的形式定义配置节对它们进行分组。由于中括号"[]"是下一个配置节开始和上一个配置节结束的标志，所以采用 INI 文件定义的配置节并不存在层次化的结构，即没有子配置节的概念。除此之外，我们可以在 INI 文件中定义相应的注释，注释行前置的字符可以采用"；""#""/"。由于 INI 文件自身就体现为一个数据字典，所以可以采用"路径化"的 Key 来定义最终绑定为复杂对象、集合或者字典的配置数据。如果采用 INI 文件定义一个 Profile 对象的基本信息，则可以采用如下形式定义。

```
Gender          = "Male"
Age             = "18"
ContactInfo:EmailAddress    = "foobar@outlook.com"
ContactInfo:PhoneNo         = "123456789"
```

由于 Profile 的配置信息具有两个层次（Profile/ContactInfo），所以可以按照如下形式将 EmailAddress 和 PhoneNo 定义在配置节 ContactInfo 中，这个 INI 文件在语义表达上和上面是完全等效的。

```
Gender = "Male"
Age    = "18"

[ContactInfo]
EmailAddress    = "foobar@outlook.com"
PhoneNo         = "123456789"
```

INI 文件类型的配置源类型可以通过下面的 IniConfigurationSource 来表示，该类型定义在"Microsoft.Extensions.Configuration.Ini"这个 NuGet 包中。IniConfigurationSource 重写的 Build 方法创建的是一个 IniConfigurationProvider 对象。IniConfigurationProvider 派生于 FileConfigurationProvider 类型，它利用重写的 Load 方法来完成 INI 文件内容的读取和配置字典的初始化。

```
public class IniConfigurationSource : FileConfigurationSource
{
    public override IConfigurationProvider Build(IConfigurationBuilder builder)
```

```
    {
        EnsureDefaults(builder);
        return new IniConfigurationProvider(this);
    }
}

public class IniConfigurationProvider : FileConfigurationProvider
{
    public IniConfigurationProvider(IniConfigurationSource source);
    public override void Load(Stream stream);
}
```

既然 JsonConfigurationSource 和 XmlConfigurationSource 可以通过调用 IConfigurationBuilder 接口的 AddJsonFile 方法与 AddXmlFile 方法进行注册，那么"Microsoft.Extensions. Configuration.Ini"这个 NuGet 包也会为 IniConfigurationSource 定义 AddIniFile 扩展方法。

```
public static class IniConfigurationExtensions
{
    public static IConfigurationBuilder AddIniFile(
        this IConfigurationBuilder builder, string path);
    public static IConfigurationBuilder AddIniFile(
        this IConfigurationBuilder builder, string path, bool optional);
    public static IConfigurationBuilder AddIniFile(
        this IConfigurationBuilder builder, string path, bool optional,
        bool reloadOnChange);
    public static IConfigurationBuilder AddIniFile(
        this IConfigurationBuilder builder, IFileProvider provider, string path,
        bool optional, bool reloadOnChange);
}
```

5.5.5　StreamConfigurationSource

顾名思义，StreamConfigurationSource 对象通过指定的 Stream 对象来读取配置内容。如下面的代码片段所示，StreamConfigurationSource 是一个抽象类，用于读取配置内容的输出流展现在 Stream 属性中。一般来说，具体的 StreamConfigurationSource 对象提供的 IConfigurationProvider 对象的类型派生于一个名为 StreamConfigurationProvider 的抽象类，它同样派生于 ConfigurationProvider。

```
public abstract class StreamConfigurationSource : IConfigurationSource
{
    public Stream Stream { get; set; }
    public abstract IConfigurationProvider Build(IConfigurationBuilder builder);
}

public abstract class StreamConfigurationProvider : ConfigurationProvider
{
    public StreamConfigurationSource Source { get; }

    public StreamConfigurationProvider(StreamConfigurationSource source);
```

```
    public override void Load();
    public abstract void Load(Stream stream);
}
```

我们在前面介绍了 3 种 JSON 文件、XML 文件和 INI 文件的 FileConfigurationSource 类型，在它们所在的 NuGet 包中，还定义了派生于 StreamConfigurationSource 的版本。如下面的代码片段所示，这些具体的 StreamConfigurationSource 类型通过重写的 Build 方法提供对应的 IConfigurationProvider 对象（JsonStreamConfigurationProvider、XmlStreamConfigurationProvider 和 IniStreamConfigurationProvider，它们都继承自 StreamConfigurationProvider 类型），后者利用指定的 Stream 对象读取对应的 JSON 文件、XML 文件和 INI 文本并转换成配置字典。针对上述 3 种具体的 StreamConfigurationSource 类型，我们可以调用如下 3 个对应的扩展方法来注册。

```
public class JsonStreamConfigurationSource : StreamConfigurationSource
{
    public override IConfigurationProvider Build(IConfigurationBuilder builder)
    => new JsonStreamConfigurationProvider(this);
}

public class XmlStreamConfigurationSource : StreamConfigurationSource
{
    public override IConfigurationProvider Build(IConfigurationBuilder builder)
    => new XmlStreamConfigurationProvider(this);
}

public class IniStreamConfigurationSource : StreamConfigurationSource
{
    public override IConfigurationProvider Build(IConfigurationBuilder builder)
    => new IniStreamConfigurationProvider(this);
}

public static class JsonConfigurationExtensions
{
    public static IConfigurationBuilder AddJsonStream(
        this IConfigurationBuilder builder, Stream stream);
}

public static class XmlConfigurationExtensions
{
    public static IConfigurationBuilder AddXmlStream(
        this IConfigurationBuilder builder, Stream stream);
}

public static class IniConfigurationExtensions
{
    public static IConfigurationBuilder AddIniStream(
        this IConfigurationBuilder builder, Stream stream);
}
```

5.5.6　ChainedConfigurationSource

　　如下所示的 ChainedConfigurationSource 类型表示的配置源比较特殊，因为它承载的原始数据就是一个 IConfiguration 对象。作为数据源的 IConfiguration 对象通过 ChainedConfigurationSource 的 Configuration 属性来表示。它实现的 Build 方法会返回对应的 ChainedConfigurationProvider 对象。除此之外，ChainedConfigurationSource 类型还具有一个布尔类型的 ShouldDisposeConfiguration 属性，该属性决定了当提供的 ChainedConfigurationProvider 对象被释放（调用其 Dispose 方法）时，是否需要执行指定的 IConfiguration 对象的释放操作。

```
public class ChainedConfigurationSource : IConfigurationSource
{
    public IConfiguration        Configuration { get; set; }
    public bool                  ShouldDisposeConfiguration { get; set; }

    public IConfigurationProvider Build(IConfigurationBuilder builder)
        => new ChainedConfigurationProvider(this);
}
```

　　虽然 IConfiguration 没有继承 IDisposable 接口，但是具体的实现类型（如表示配置树根节点的 ConfigurationRoot 类型）实现了 IDisposable 接口。所以当确定指定的 IConfiguration 对象没有使用时，我们应该调用其 Dispose 方法完成相应的释放和回收操作。如果指定的 IConfiguration 对象的生命周期由创建的 ChainedConfigurationSource 控制，则应该将 ShouldDisposeConfiguration 属性设置为 True。如果该 IConfiguration 对象的释放由其他对象负责，则应该将该属性设置为 False。

```
public class ChainedConfigurationProvider : IConfigurationProvider, IDisposable
{
    private readonly IConfiguration        _config;
    private readonly bool                  _shouldDisposeConfig;

    public ChainedConfigurationProvider(ChainedConfigurationSource source)
    {
        _config = source.Configuration;
        _shouldDisposeConfig = source.ShouldDisposeConfiguration;
    }

    public bool TryGet(string key, out string value)
        => !string.IsNullOrEmpty(_config[key]);

    public void Set(string key, string value) => _config[key] = value;

    public IChangeToken GetReloadToken() => _config.GetReloadToken();

    public void Load() { }

    public IEnumerable<string> GetChildKeys(IEnumerable<string> earlierKeys,
        string parentPath)
```

```
    {
        var section = parentPath == null ? _config : _config.GetSection(parentPath);
        var children = section.GetChildren();
        var keys = new List<string>();
        keys.AddRange(children.Select(c => c.Key));
        return keys.Concat(earlierKeys)
            .OrderBy(k => k, ConfigurationKeyComparer.Instance);
    }

    public void Dispose()
    {
        if (_shouldDisposeConfig)
        {
            (_config as IDisposable)?.Dispose();
        }
    }
}
```

上面的代码片段展现了 ChainedConfigurationProvider 类型的完整定义。与前文介绍的一系列 IConfigurationProvider 实现类型有所不同，ChainedConfigurationProvider 类型并没有继承自基类 ConfigurationProvider，而是直接实现了 IConfigurationProvider 接口，并利用提供的 IConfiguration 对象实现了该接口的所有成员。

ChainedConfigurationSource 对象的注册可以通过如下所示的两个 AddConfiguration 重载扩展方法来完成。对于第一个重载扩展方法，注册 ChainedConfigurationSource 对象的 ShouldDisposeConfiguration 属性就被设置为 False，这就意味着提供 IConfiguration 对象的生命周期由外部控制。

```
public static class ChainedBuilderExtensions
{
    public static IConfigurationBuilder AddConfiguration(
        this IConfigurationBuilder configurationBuilder, IConfiguration config);
    public static IConfigurationBuilder AddConfiguration(
        this IConfigurationBuilder configurationBuilder, IConfiguration config,
        bool shouldDisposeConfiguration);
}
```

第 6 章

配置选项（下）

.NET 组件、框架和应用基本上都会将配置选项绑定为一个 Options 对象，并以依赖注入的形式来使用它。我们将这种以依赖注入方式来消费它的编程方式称为"Options 模式"（Pattern）。第 5 章介绍的配置是 Options 对象的主要数据来源，除了将 IConfiguration 对象绑定为 Options 对象，后者还有其他的初始化方式。

6.1 Options 模式

依赖注入使我们可以将依赖的功能定义成服务，最终以一种松耦合的形式注入消费该功能的组件或者服务中。除了可以采用依赖注入的形式消费承载某种功能的服务，还可以采用相同的方式消费承载配置数据的 Options 对象。接下来就来演示几种典型的编程模式。

6.1.1 将配置绑定为 Options 对象

Options 模式采用依赖注入的方式提供 Options 对象，但是由依赖注入容器提供的是一个 IOptions<TOptions>对象，后者为我们提供承载配置选项的 Options 对象。Options 模式的核心接口和类型定义在"Microsoft.Extensions.Options"这个 NuGet 包。在为创建的控制台项目添加了该 NuGet 包的引用后，定义如下 Profile 类型。

```
public class Profile
{
    public Gender          Gender { get; set; }
    public int             Age { get; set; }
    public ContactInfo?    ContactInfo { get; set; }
}

public class ContactInfo
{
    public string? EmailAddress { get; set; }
    public string? PhoneNo { get; set; }
}

public enum Gender
```

```
{
    Male,
    Female
}
```

我们在项目根目录下创建一个名为 profile.json 的配置文件，并定义了如下内容。为了使该文件能够在编译后自动复制到输出目录，我们需要将 "Copy to Output Directory" 属性设置为 "Copy Always"。

```
{
    "gender"   : "Male",
    "age"      : "18",
    "contactInfo": {
        "emailAddress" : "foobar@outlook.com",
        "phoneNo"      : "123456789"
    }
}
```

在如下演示的程序中，我们调用 AddJsonFile 扩展方法将 JSON 配置文件（profile.json）的配置源注册到创建的 ConfigurationBuilder 对象上，并最终将 IConfiguration 对象构建出来。接下来，首先创建一个 ServiceCollection 对象，调用它的 AddOptions 扩展方法注册 Options 模式的核心服务。然后将创建的 IConfiguration 对象作为参数调用 ServiceCollection 对象的 Configure<Profile>扩展方法，其目的在于利用这个 IConfiguration 对象来绑定作为 Options 的 Profile 对象。由于 Configure<TOptions>扩展方法定义在 "Microsoft.Extensions.Options. ConfigurationExtensions" 这个 NuGet 包中，所以还要为演示程序添加该包的引用。

```
using App;
using Microsoft.Extensions.Configuration;
using Microsoft.Extensions.DependencyInjection;
using Microsoft.Extensions.Options;

var configuration = new ConfigurationManager();
configuration.AddJsonFile("profile.json");
var profile = new ServiceCollection()
    .AddOptions()
    .Configure<Profile>(configuration)
    .BuildServiceProvider()
    .GetRequiredService<IOptions<Profile>>().Value;
Console.WriteLine($"Gender: {profile.Gender}");
Console.WriteLine($"Age: {profile.Age}");
Console.WriteLine($"Email Address: {profile.ContactInfo?.EmailAddress}");
Console.WriteLine($"Phone No: {profile.ContactInfo?.PhoneNo}");
```

在成功构建出作为依赖注入容器的 IServiceProvider 对象后，调用其 GetRequiredService<T>扩展方法得到一个 IOptions<Profile>对象，后者利用其 Value 属性提供所需的 Profile 对象。我们将这个 Profile 承载的相关信息输出到控制台上。程序运行后将在控制台上输出结果，如图 6-1 所示。（S601）

图 6-1　绑定配置生成的 Profile 对象

6.1.2　提供具名的 Options

　　IOptions<TOptions>对象在整个应用范围内只能提供一个单一的 Options 对象，但是在很多情况下我们需要利用多个同类型的 Options 对象来承载不同的配置。以演示实例中用来表示个人信息的 Profile 类型来说，应用程序中可能会使用它来表示不同用户的信息，如张三、李四和王五。为了解决这个问题，我们可以在调用 Configure<TOptions>方法对配置选项进行设置时指定一个具体的名称，使用 IOptionsSnapshot<TOptions>来代替 IOptions<TOptions>以提供指定名称的 Options 对象。为了演示不同用户的 Profile 对象，我们通过修改 profile.json 文件使之包含两个用户（"foo" 和 "bar"）的信息，具体内容如下所示。

```
{
    "foo": {
        "gender"        : "Male",
        "age"           : "18",
        "contactInfo": {
            "emailAddress"    : "foo@outlook.com",
            "phoneNo"         : "123"
        }
    },
    "bar": {
        "gender"        : "Female",
        "age"           : "25",
        "contactInfo": {
            "emailAddress"    : "bar@outlook.com",
            "phoneNo"         : "456"
        }
    }
}
```

　　具名 Options 的注册和提取体现在如下演示程序中。在调用 IServiceCollection 接口的 Configure<TOptions>扩展方法时，我们将注册的映射关系分别命名为 "foo" 和 "bar"，提供原始配置数据的 IConfiguration 对象也由原来的 ConfigurationRoot 对象变成它的两个子配置节。

```
using App;
using Microsoft.Extensions.Configuration;
using Microsoft.Extensions.DependencyInjection;
using Microsoft.Extensions.Options;

var configuration = new ConfigurationManager();
configuration.AddJsonFile("profile.json");
var serviceProvider = new ServiceCollection()
    .AddOptions()
```

```
    .Configure<Profile>("foo", configuration.GetSection("foo"))
    .Configure<Profile>("bar", configuration.GetSection("bar"))
    .BuildServiceProvider();

var optionsAccessor = serviceProvider.GetRequiredService<IOptionsSnapshot<Profile>>();
Print(optionsAccessor.Get("foo"));
Print(optionsAccessor.Get("bar"));

static void Print(Profile profile)
{
    Console.WriteLine($"Gender: {profile.Gender}");
    Console.WriteLine($"Age: {profile.Age}");
    Console.WriteLine($"Email Address: {profile.ContactInfo?.EmailAddress}");
    Console.WriteLine($"Phone No: {profile.ContactInfo?.PhoneNo}\n");
}
```

我们调用 IServiceProvider 对象的 GetRequiredService<TService>扩展方法得到一个
IOptionsSnapshot<TOptions>服务，并将用户名作为参数调用其 Get 方法得到对应的 Profile 对象。
程序运行后，两个用户的基本信息将以图 6-2 所示的形式输出到控制台上。（S602）

图 6-2　根据用户名提取对应的 Profile 对象

6.1.3　配置源的同步

通过"第 5 章 配置选项（上）"的介绍可知，IConfiguation 对象承载的配置可以与配置源保
持实时同步。对于前面演示的两个实例来说，作为 Options 的 Profile 对象是由对应的
IConfiguation 对象绑定生成的。如果利用 Options 默认获取的 Profile 对象能够与配置文件保持实
时同步，则这将是最理想的状态，这个目标可以通过 IOptionsMonitor<TOptions>对象来实现。

前面演示的第一个实例利用 JSON 文件定义了一个单一 Profile 对象的信息，现在对它做相
应的修改来演示如何监控这个 JSON 文件，并在文件更新之后加载新的内容来生成对 Profile 对
象进行绑定的 IConfiguation 对象。如下面的代码片段所示，我们在调用 AddJsonFile 扩展方法注
册对应配置源时应该将该扩展方法的参数 reloadOnChange 设置为 True，从而开启对对应配置文
件的监控功能。

```
using App;
using Microsoft.Extensions.Configuration;
using Microsoft.Extensions.DependencyInjection;
using Microsoft.Extensions.Options;

var configuration = new ConfigurationManager();
```

```
configuration.AddJsonFile(
    path            : "profile.json",
    optional        : false,
    reloadOnChange  : true);

new ServiceCollection()
    .AddOptions()
    .Configure<Profile>(configuration)
    .BuildServiceProvider()
    .GetRequiredService<IOptionsMonitor<Profile>>()
    .OnChange(profile =>
    {
        Console.WriteLine($"Gender: {profile.Gender}");
        Console.WriteLine($"Age: {profile.Age}");
        Console.WriteLine($"Email Address: {profile.ContactInfo?.EmailAddress}");
        Console.WriteLine($"Phone No: {profile.ContactInfo?.PhoneNo}\n");
    });
Console.Read();
```

　　我们利用依赖注入容器得到 IOptionsMonitor<TOptions>对象，并调用它的 OnChange 方法注册了一个类型为 Action<TOptions>的委托对象作为回调。该回调会在 Options 内容发生变化时自动执行，而作为输入的正是重新生成的 Options 对象。程序运行后，配置文件的任何修改都会导致新的数据输出到控制台上。例如，我们先后修改了年龄（25）和性别（Female），新的数据将按照图 6-3 所示的形式输出到控制台上。（S603）

图 6-3　及时提取新的 Profile 对象并应用到程序中（匿名 Options）

　　具名 Options 同样可以采用类似的编程模式。我们在前面演示程序的基础上做了如下修改。在得到 IOptionsMonitor<TOptions>服务之后，调用另一个 OnChange 重载方法注册了类型为 Action<TOptions, String>的委托对象作为回调，该委托对象的第二个参数表示的正是在注册 Configure<TOptions>指定的 Options 名称。

```
using App;
using Microsoft.Extensions.Configuration;
using Microsoft.Extensions.DependencyInjection;
using Microsoft.Extensions.Options;

var configuration = new ConfigurationManager();
configuration.AddJsonFile(
    path            : "profile.json",
    optional        : false,
```

```
        reloadOnChange      : true);

new ServiceCollection()
    .AddOptions()
    .Configure<Profile>("foo", configuration.GetSection("foo"))
    .Configure<Profile>("bar", configuration.GetSection("bar"))
    .BuildServiceProvider()
    .GetRequiredService<IOptionsMonitor<Profile>>()
    .OnChange((profile, name) =>
    {
        Console.WriteLine($"Name: {name}");
        Console.WriteLine($"Gender: {profile.Gender}");
        Console.WriteLine($"Age: {profile.Age}");
        Console.WriteLine($"Email Address: {profile.ContactInfo?.EmailAddress}");
        Console.WriteLine($"Phone No: {profile.ContactInfo?.PhoneNo}\n");
    });
Console.Read();
```

修改后的程序运行之后，配置文件所做的任何更新都会展现在控制台上。例如，我们分别修改了用户 foo 的年龄（25）和用户 bar 的性别（Male），新的内容将以图 6-4 所示的形式及时呈现在控制台上。（S604）

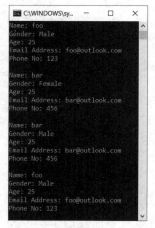

图 6-4　及时提取新的 Profile 对象并应用到程序中（具名 Options）

6.1.4　直接初始化 Options 对象

前面演示的几个实例具有一个共同的特征，那就是都采用承载配置的 IConfiguration 对象来绑定 Options 对象。实际上 Options 是一个完全独立于配置系统的框架，利用配置绑定的形式来对 Options 对象进行初始化仅仅是该框架提供的一个小小的扩展。我们现在摒弃配置文件，转而采用编程的方式直接对 Options 进行初始化。如下面的代码片段所示，在调用 IServiceCollection 接口的 Configure<Profile>扩展方法时，指定一个 Action<Profile>委托对象来对作为 Options 的 Profile 对象进行初始化。修改后的程序运行后会同样在控制台上产生图 6-1 所示的输出结果。

（S605）

```
using App;
using Microsoft.Extensions.DependencyInjection;
using Microsoft.Extensions.Options;

var profile = new ServiceCollection()
    .AddOptions()
    .Configure<Profile>(it =>
    {
        it.Gender              = Gender.Male;
        it.Age                 = 18;
        it.ContactInfo         = new ContactInfo
        {
            PhoneNo            = "123456789",
            EmailAddress       = "foobar@outlook.com"
        };
    })
    .BuildServiceProvider()
    .GetRequiredService<IOptions<Profile>>()
    .Value;

Console.WriteLine($"Gender: {profile.Gender}");
Console.WriteLine($"Age: {profile.Age}");
Console.WriteLine($"Email Address: {profile.ContactInfo?.EmailAddress}");
Console.WriteLine($"Phone No: {profile.ContactInfo?.PhoneNo}\n");
```

　　具名 Options 同样可以采用类似的编程方式。如果需要根据指定的名称对 Options 进行初始化，那么调用方法时需要指定一个 Action<TOptions,String>类型的委托对象，该委托对象的第二个参数表示 Options 的名称。如下面的代码片段所示，我们通过类似的方式设置了两个用户（"foo"和"bar"）的信息，利用 IOptionsSnapshot<Profile>服务将它们分别提取出来。该程序运行后会在控制台上产生图 6-2 所示的输出结果。（S606）

```
using App;
using Microsoft.Extensions.DependencyInjection;
using Microsoft.Extensions.Options;

var optionsAccessor = new ServiceCollection()
    .AddOptions()
    .Configure<Profile>("foo", it =>
    {
        it.Gender              = Gender.Male;
        it.Age                 = 18;
        it.ContactInfo         = new ContactInfo
        {
            PhoneNo            = "123",
            EmailAddress       = "foo@outlook.com"
        };
    })
    .Configure<Profile>("bar", it =>
```

```
    {
        it.Gender              = Gender.Female;
        it.Age                 = 25;
        it.ContactInfo         = new ContactInfo
        {
            PhoneNo            = "456",
            EmailAddress       = "bar@outlook.com"
        };
    })
    .BuildServiceProvider()
    .GetRequiredService<IOptionsSnapshot<Profile>>();

Print(optionsAccessor.Get("foo"));
Print(optionsAccessor.Get("bar"));

static void Print(Profile profile)
{
    Console.WriteLine($"Gender: {profile.Gender}");
    Console.WriteLine($"Age: {profile.Age}");
    Console.WriteLine($"Email Address: {profile.ContactInfo?.EmailAddress}");
    Console.WriteLine($"Phone No: {profile.ContactInfo?.PhoneNo}\n");
};
```

6.1.5　根据依赖服务的 Options 设置

在很多情况下，我们需要针对某个依赖的服务动态地初始化 Options 的设置，比较典型的就是根据当前的承载环境（开发、预发和产品）对 Options 做动态设置。我们在"第 5 章 配置选项（上）"中演示了一系列日期/时间输出格式的配置。下面沿用这个场景演示如何根据当前的承载环境设置对应的 Options。我们将 DateTimeFormatOptions 的定义进行简化，只保留如下所示的表示日期和时间格式的两个属性。

```
public class DateTimeFormatOptions
{
    public string DatePattern { get; set; }
    public string TimePattern { get; set; }
    public override string ToString()
        => $"Date: {DatePattern}; Time: {TimePattern}";
}
```

我们利用配置来提供当前的承载环境，具体采用的是基于命令行参数的配置源。.NET 的服务承载系统通过 IHostEnvironment 接口表示承载环境，具体实现类型为 HostingEnvironment（该类型定义在 "Microsoft.Extensions.Hosting" 这个 NuGet 包中，我们需要添加这个包的引用）。如下面的代码片段所示，创建一个 ServiceCollection 对象，并添加 IHostEnvironment 接口的服务注册，具体提供的是一个根据环境名称创建的 HostingEnvironment 对象。

```
using App;
using Microsoft.Extensions.Configuration;
using Microsoft.Extensions.DependencyInjection;
using Microsoft.Extensions.Hosting;
```

```
using Microsoft.Extensions.Hosting.Internal;
using Microsoft.Extensions.Options;

var environment = new ConfigurationBuilder()
    .AddCommandLine(args)
    .Build()["env"];

var services = new ServiceCollection();
services
    .AddSingleton<IHostEnvironment>(
        new HostingEnvironment { EnvironmentName = environment })
    .AddOptions<DateTimeFormatOptions>().Configure<IHostEnvironment>(
        (options, env) => {
            if (env.IsDevelopment())
            {
                options.DatePattern = "dddd, MMMM d, yyyy";
                options.TimePattern = "M/d/yyyy";
            }
            else
            {
                options.DatePattern = "M/d/yyyy";
                options.TimePattern = "h:mm tt";
            }
        });

var options = services
    .BuildServiceProvider()
    .GetRequiredService<IOptions<DateTimeFormatOptions>>()
    .Value;

Console.WriteLine(options);
```

我们调用了 ServiceCollection 对象的 AddOptions<DateTimeFormatOptions>扩展方法完成了
Options 框架核心服务的注册，并利用返回的 OptionsBuilder<DateTimeFormatOptions>对象对作为配
置选项的 DateTimeFormatOptions 进行相应设置。具体来说，我们调用了它的 Configure
<IHostEnvironment>方法，利用提供的 Action<DateTimeFormatOptions, IHostEnvironment>委托对象
针对开发环境和非开发环境设置了不同的日期与时间格式。我们采用命令行的方式运行这个应
用程序，并利用命令行参数设置不同的环境名称，就可以在控制台上看到图 6-5 所示的针对
DateTimeFormatOptions 的不同设置。（S607）

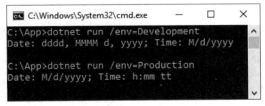

图 6-5　针对承载环境的 Options 设置

6.1.6　验证 Options 的有效性

配置选项是整个应用的全局设置，如果对它进行了错误的设置则可能会造成很严重的后果，所以最好能够在使用之前进行有效性验证。接下来将前文的实例进行如下改动，从而演示如何对设置的日期和时间格式进行验证。

```csharp
using App;
using Microsoft.Extensions.Configuration;
using Microsoft.Extensions.DependencyInjection;
using Microsoft.Extensions.Options;
using System.Globalization;

var config = new ConfigurationBuilder()
    .AddCommandLine(args)
    .Build();
var datePattern = config["date"];
var timePattern = config["time"];

var services = new ServiceCollection();
services.AddOptions<DateTimeFormatOptions>()
    .Configure(options =>
    {
        options.DatePattern = datePattern;
        options.TimePattern = timePattern;
    })
    .Validate(options => Validate(options.DatePattern)
        && Validate(options.TimePattern), "Invalid Date or Time pattern.");

try
{
    var options = services
        .BuildServiceProvider()
        .GetRequiredService<IOptions<DateTimeFormatOptions>>().Value;
    Console.WriteLine(options);
}
catch (OptionsValidationException ex)
{
    Console.WriteLine(ex.Message);
}

static bool Validate(string format)
{
    var time = new DateTime(1981, 8, 24, 2, 2, 2);
    var formatted = time.ToString(format);
    return DateTimeOffset.TryParseExact(formatted, format, null, DateTimeStyles.None,
        out var value) && (value.Date == time.Date || value.TimeOfDay == time.TimeOfDay);
}
```

上述演示实例借助配置系统以命令行的形式提供了日期和时间格式化字符串。在创建

OptionsBuilder<DateTimeFormatOptions>对象并对 DateTimeFormatOptions 进行了相应设置之后，调用 Validate<DateTimeFormatOptions>方法，利用提供的 Func<DateTimeFormatOptions,bool>委托对象对最终的设置进行验证。运行该程序并按照图 6-6 所示的方式指定不同的格式化字符串，系统会根据我们指定的规则来验证其有效性。（S608）

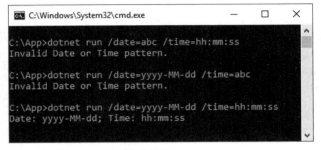

图 6-6　验证 Options 的有效性

6.2　Options 模型

通过前面演示的几个实例，我们已经对 Options 编程模式有了一定程度的了解。接下来从设计的角度介绍 Options 模型。前文演示的实例已经涉及 IOptions<TOptions>、IOptionsSnapshot<TOptions>和 IOptionsMonitor<TOptions>这个 3 个接口，OptionsManager <TOptions>类型同时实现了 IOptions<TOptions>接口和 IOptionsSnapshot<TOptions>接口。

6.2.1　OptionsManager<TOptions>

Options 模式利用作为依赖注入容器的 IServiceProvider 对象来提供 IOptions<TOptions>对象或者 IOptionsSnapshot<TOptions>对象，进而利用它们来提供对应的 Options 对象。实际上无论我们使用哪个接口，最终得到的都是一个 OptionsManager<TOptions>对象，以该类型为核心的 Options 模型设计如图 6-7 所示。

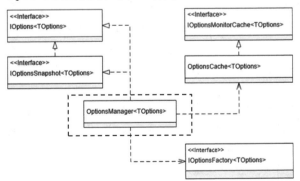

图 6-7　OptionsManager<TOptions>类型的 Options 模型设计

接下来就以图 6-7 为基础介绍 OptionsManager<TOptions>对象是如何提供对应的 Options 对

象的。如下面的代码片段所示，IOptions<TOptions>接口通过 Value 属性提供对应的 Options 对象，继承它的 IOptionsSnapshot<TOptions>接口额外定义了 Get 方法，并根据指定的名称提供对应的 Options 对象。

```
public interface IOptions<out TOptions> where TOptions: class
{
    TOptions Value { get; }
}

public interface IOptionsSnapshot<out TOptions> : IOptions<TOptions> where TOptions:
    class
{
    TOptions Get(string name);
}
```

OptionsManager<TOptions>类型针对上述两个接口的实现依赖 IOptionsFactory<TOptions>对象和 IOptionsMonitorCache<TOptions>对象，这两个接口也是 Options 模型的核心成员。作为创建配置选项的工厂，IOptionsFactory<TOptions>对象负责创建 Options 对象并对其进行初始化。由它创建的 Options 对象会利用一个 IOptionsMonitorCache<TOptions>对象缓存起来。

```
public class OptionsManager<TOptions>
    :IOptions<TOptions>,
    IOptionsSnapshot<TOptions> where TOptions : class, new()
{
    private readonly IOptionsFactory<TOptions> _factory;
    private readonly OptionsCache<TOptions> _cache = new OptionsCache<TOptions>();

    public OptionsManager(IOptionsFactory<TOptions> factory)
        => _factory = factory;
    public TOptions Value
        => this.Get(Options.DefaultName);
    public TOptions Get(string name)
        => _cache.GetOrAdd(name, () => _factory.Create(name));
}
```

如上面的代码片段所示，在 OptionsManager<TOptions>类型的构造函数中注入了一个 IOptionsFactory<TOptions>工厂，用于缓存配置选项的 OptionsCache<TOptions>（该类型实现了 IOptionsMonitorCache<TOptions>接口）对象则由它自行创建。这就意味着提供的 Options 对象实际上是被 OptionsManager<TOptions>对象以"独占"的方式缓存起来的。我们在后面还会提到这个设计细节。

IOptions<TOptions>和 IOptionsSnapshot<TOptions>这两个接口体现了"匿名"与"具名"的配置选项提取方式，但是作为它们的实现类型 OptionsManager<TOptions>总是根据指定的名称来提供对应的 Options 对象。"匿名"的配置选项的名称为"空字符串"。静态类型 Options 中定义了如下只读静态字段 DefaultName 来表示这个默认的匿名选项名称。

```
public static class Options
{
    public static readonly string DefaultName = string.Empty;
```

```
}
```

　　OptionsManager<TOptions>针对 Options 对象的提供最终体现在其实现的 Get 方法上。如上面的代码片段所示，直接调用 OptionsCache<TOptions>对象来提取指定名称对应的 Options 对象。已经缓存的 Options 对象被直接返回，IOptionsFactory<TOptions>工厂将来用创建并初始化 Options 对象，该对象被返回之前会被缓存。

6.2.2　IOptionsFactory<TOptions>

　　IOptionsFactory<TOptions>接口表示创建和初始化配置选项对象的工厂。如下面的代码片段所示，IOptionsFactory<TOptions>接口定义了唯一的 Create 方法，并根据指定的名称创建对应的 Options 对象。

```
public interface IOptionsFactory<TOptions> where TOptions: class
{
    TOptions Create(string name);
}
```

1．OptionsFactory<TOptions>

　　OptionsFactory<TOptions>是 IOptionsFactory<TOptions>接口的默认实现类型。它将 Options 对象的构建过程划分为 3 个步骤，这 3 个步骤分别被称为 Options 对象的"实例化""初始化""验证"。当一个空的 Options 对象被实例化之后，OptionsFactory<TOptions>工厂会利用如下 ICongfigureOptions<TOptions>、ICongfigureNamedOptions<TOptions>和 IPostConfigureOptions<TOptions>这 3 接口表示的对象对它进行初始化。

```
public interface IConfigureOptions<in TOptions> where TOptions: class
{
    void Configure(TOptions options);
}

public interface IConfigureNamedOptions<in TOptions> :
    IConfigureOptions<TOptions> where TOptions : class
{
    void Configure(string name, TOptions options);
}

public interface IPostConfigureOptions<in TOptions> where TOptions : class
{
    void PostConfigure(string name, TOptions options);
}
```

　　上述 3 个接口分别通过定义的 Configure 方法和 PostConfigure 方法对指定的 Options 对象进行初始化。由于 IConfigureOptions<TOptions>接口的 Configure 方法没有指定 Options 的名称，这就意味着该方法只能用来初始化默认的 Options 对象，即以空字符串命名的 Options 对象。从命名可以看出，PostConfigure 方法会在 Configure 方法之后被执行。

　　当 IConfigureNamedOptions<TOptions>对象和 IPostConfigureOptions<TOptions>对象完成了对 Options 对象的初始化之后，IValidateOptions<TOptions>对象还会对 Options 对象进行验

证。如下所示为 IValidateOptions<TOptions>接口的定义。

```
public interface IValidateOptions<TOptions> where TOptions: class
{
    ValidateOptionsResult Validate(string name, TOptions options);
}

public class ValidateOptionsResult
{
    public static readonly ValidateOptionsResult Success;
    public static readonly ValidateOptionsResult Skip;
    public static ValidateOptionsResult Fail(string failureMessage);

    public bool         Succeeded { get; protected set; }
    public bool         Skipped { get; protected set; }
    public bool         Failed { get; protected set; }
    public string       FailureMessage { get; protected set; }
}
```

Options 的验证结果体现为一个 ValidateOptionsResult 对象。总体来说，Options 对象的验证会产生 3 种结果，即成功、失败和忽略，分别对应 Succeeded、Failed 和 Skipped 这 3 个属性。对于失败的验证结果，FailureMessage 属性还会提供错误消息。ValidateOptionsResult 类型的 Success 和 Skip 静态属性以单例的方式提供了表示"成功"和"忽略"的验证结果，Fail 静态方法根据指定的错误消息创建出"失败"的验证结果。

如下所示的 OptionsFactory<TOptions>的类型是对 IOptionsFactory<TOptions>接口的默认实现。它的构造函数中注入了一组 IConfigureOptions<TOptions>对象、IPostConfigureOptions<TOptions>对象和 IValidateOptions<TOptions>对象。在实现的 Create 方法中，首先调用 CreateInstance 方法默认以反射的方式创建一个空的 Options 对象，然后利用 IConfigureOptions<TOptions>对象和 IPostConfigureOptions<TOptions>对象对这个 Options 对象进行"再加工"。

```
public class OptionsFactory<TOptions> :
    IOptionsFactory<TOptions> where TOptions : class, new()
{
    private readonly IEnumerable<IConfigureOptions<TOptions>>        _setups;
    private readonly IEnumerable<IPostConfigureOptions<TOptions>>    _postConfigures;
    private readonly IEnumerable<IValidateOptions<TOptions>>         _validations;

    public OptionsFactory(IEnumerable<IConfigureOptions<TOptions>> setups,
        IEnumerable<IPostConfigureOptions<TOptions>> postConfigures)
        : this(setups, postConfigures, null)
    {}

    public OptionsFactory(IEnumerable<IConfigureOptions<TOptions>> setups,
        IEnumerable<IPostConfigureOptions<TOptions>> postConfigures,
        IEnumerable<IValidateOptions<TOptions>> validations)
    {
        _setups              = setups;
        _postConfigures      = postConfigures;
```

```
        _validations            = validations;
    }

    public TOptions Create(string name)
    {
        //步骤 1: 实例化
        var options = CreateInstance (name);

        //步骤 2-1: 针对 IConfigureNamedOptions<TOptions>的初始化
        foreach (var setup in _setups)
        {
            if (setup is IConfigureNamedOptions<TOptions> namedSetup)
            {
                namedSetup.Configure(name, options);
            }
            else if (name == Options.DefaultName)
            {
                setup.Configure(options);
            }
        }

        //步骤 2-2: 针对 IPostConfigureOptions<TOptions>的初始化
        foreach (var post in _postConfigures)
        {
            post.PostConfigure(name, options);
        }

        //步骤 3: 有效性验证
        var failedMessages = new List<string>();
        foreach (var validator in _validations)
        {
            var reusult = validator.Validate(name, options);
            if (reusult.Failed)
            {
                failedMessages.Add(reusult.FailureMessage);
            }
        }
        if (failedMessages.Count > 0)
        {
            throw new OptionsValidationException(name, typeof(TOptions),
                failedMessages);
        }
        return options;
    }
    protected virtual TOptions CreateInstance(string name)
        => Activator.CreateInstance<TOptions>();
}
```

这一切完成之后，指定的 IValidateOptions<TOptions>对象会被逐个提取出来，并对最终生成的 Options 对象进行验证。如果没有通过验证，就会抛出一个 OptionsValidationException 类型的异常。图 6-8 展示了 OptionsFactory<TOptions>针对 Options 对象的初始化。

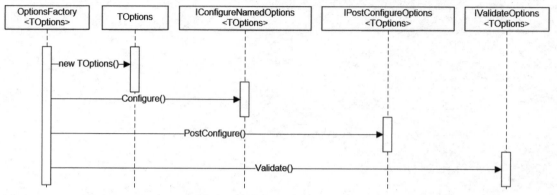

图 6-8 OptionsFactory<TOptions>针对 Options 对象的初始化

2. ConfigureNamedOptions<TOptions>

如下所示的 ConfigureNamedOptions<TOptions>类型同时实现了 IConfigureOptions<TOptions>接口和 IConfigureNamedOptions<TOptions>接口。当创建 ConfigureNamedOptions<TOptions>对象时，需要指定 Options 的名称和一个用来初始化 Options 对象的 Action<TOptions>委托对象。如果指定了一个非空的名称，那么提供的委托对象将用于初始化与该名称相匹配的 Options 对象；如果指定的名称为 Null（不是空字符串），就意味着提供的初始化操作适用于所有同类的 Options 对象。

```
public class ConfigureNamedOptions<TOptions> :
    IConfigureNamedOptions<TOptions>,
    IConfigureOptions<TOptions> where TOptions : class
{
    public string          Name { get; }
    public Action<TOptions>   Action { get; }

    public ConfigureNamedOptions(string name, Action<TOptions> action)
    {
        Name   = name;
        Action = action;
    }

    public void Configure(string name, TOptions options)
    {
        if (Name == null || name == Name)
        {
            Action?.Invoke(options);
        }
    }
```

```
public void Configure(TOptions options)
    => Configure(Options.DefaultName, options);
}
```

针对某个 Options 的初始化工作在很多情况下需要依赖另一个服务，比较典型的就是根据当前承载环境（开发、预发和产品）对某个 Options 对象进行针对性设置。这种需求可以利用 ConfigureNamedOptions<TOptions, TDep>对象来解决，该类型的第二个泛型参数表示依赖的服务类型。ConfigureNamedOptions<TOptions, TDep>类型依然实现了 IConfigureNamedOptions<TOptions>接口，它利用 Action<TOptions, TDep>对象根据提供的依赖服务对 Options 对象进行针对性设置。

```
public class ConfigureNamedOptions<TOptions, TDep> :
    IConfigureNamedOptions<TOptions>
    where TOptions : class
    where TDep : class
{
    public string                Name { get; }
    public Action<TOptions, TDep>    Action { get; }
    public TDep                  Dependency { get; }

    public ConfigureNamedOptions(string name, TDep dependency,
        Action<TOptions, TDep> action)
    {
        Name        = name;
        Action      = action;
        Dependency  = dependency;
    }

    public virtual void Configure(string name, TOptions options)
    {
        if (Name == null || name == Name)
        {
            Action?.Invoke(options, Dependency);
        }
    }

    public void Configure(TOptions options)
        => Configure(Options.DefaultName, options);
}
```

ConfigureNamedOptions<TOptions, TDep>仅仅实现了单一服务的依赖，如下这些类型可以解决涉及 2~5 个服务的依赖问题。这些类型都实现了 IConfigureNamedOptions<TOptions>接口，并采用类似于 ConfigureNamedOptions<TOptions, TDep>类型的方式实现了 Configure 方法。

```
public class ConfigureNamedOptions<TOptions, TDep1, TDep2> :
    IConfigureNamedOptions<TOptions>
    where TOptions: class
    where TDep1: class
    where TDep2: class
```

```
{
    public string                         Name { get; }
    public TDep1                          Dependency1 { get; }
    public TDep2                          Dependency2 { get; }
    public Action<TOptions, TDep1, TDep2>    Action { get; }


    public ConfigureNamedOptions(string name, TDep1 dependency, TDep2 dependency2,
        Action<TOptions, TDep1, TDep2> action);
    public void Configure(TOptions options);
    public virtual void Configure(string name, TOptions options);
}

public class ConfigureNamedOptions<TOptions, TDep1, TDep2, TDep3> :
    IConfigureNamedOptions<TOptions>
    where TOptions: class
    where TDep1: class
    where TDep2: class
    where TDep3: class
{
    public string                              Name { get; }
    public TDep1                               Dependency1 { get; }
    public TDep2                               Dependency2 { get; }
    public TDep3                               Dependency3 { get; }
    public Action<TOptions, TDep1, TDep2, TDep3>    Action { get; }

    public ConfigureNamedOptions(string name, TDep1 dependency, TDep2 dependency2,
        TDep3 dependency3, Action<TOptions, TDep1, TDep2, TDep3> action);
    public void Configure(TOptions options);
    public virtual void Configure(string name, TOptions options);
}

public class ConfigureNamedOptions<TOptions, TDep1, TDep2, TDep3, TDep4> :
    IConfigureNamedOptions<TOptions>
    where TOptions: class
    where TDep1: class
    where TDep2: class
    where TDep3: class
    where TDep4: class
{
    public string                                    Name { get; }
    public TDep1                                     Dependency1 { get; }
    public TDep2                                     Dependency2 { get; }
    public TDep3                                     Dependency3 { get; }
    public TDep4                                     Dependency4 { get; }
    public Action<TOptions, TDep1, TDep2, TDep3, TDep4>    Action { get; }

    public ConfigureNamedOptions(string name, TDep1 dependency, TDep2 dependency2,
        TDep3 dependency3, TDep4 dependency4,
        Action<TOptions, TDep1, TDep2, TDep3, TDep4> action);
```

```
    public void Configure(TOptions options);
    public virtual void Configure(string name, TOptions options);
}

public class ConfigureNamedOptions<TOptions, TDep1, TDep2, TDep3, TDep4, TDep5> :
    IConfigureNamedOptions<TOptions>
    where TOptions: class
    where TDep1: class
    where TDep2: class
    where TDep3: class
    where TDep4: class
    where TDep5: class
{
    public string                                               Name { get; }
    public TDep1                                                Dependency1 { get; }
    public TDep2                                                Dependency2 { get; }
    public TDep3                                                Dependency3 { get; }
    public TDep4                                                Dependency4 { get; }
    public TDep5                                                Dependency5 { get; }
    public Action<TOptions, TDep1, TDep2, TDep3, TDep4, TDep5>  Action { get; }

    public ConfigureNamedOptions(string name, TDep1 dependency, TDep2 dependency2,
        TDep3 dependency3, TDep4 dependency4, TDep5 dependency5
        Action<TOptions, TDep1, TDep2, TDep3, TDep4, TDep5> action);
    public void Configure(TOptions options);
    public virtual void Configure(string name, TOptions options);
}
```

3. PostConfigureOptions<TOptions>

　　IPostConfigureOptions<TOptions>接口的默认实现类型为 PostConfigureOptions<TOptions>。从下面的代码片段可以看出，它针对 Options 对象的初始化实现方式与 ConfigureNamedOptions<TOptions>类型并没有本质上的差异。

```
public class PostConfigureOptions<TOptions> :
    IPostConfigureOptions<TOptions> where TOptions : class
{
    public string           Name { get; }
    public Action<TOptions>  Action { get; }

    public PostConfigureOptions (string name, Action<TOptions> action)
    {
        Name        = name;
        Action      = action;
    }

    public void PostConfigure(string name, TOptions options)
    {
        if (Name == null || name == Name)
        {
            Action?.Invoke(options);
```

```
        }
    }
}
```

在 Options 模型中同样定义了如下这一系列依赖服务的 IPostConfigureOptions<TOptions>接口实现。如果 Options 对象的后置初始化操作依赖其他服务，就可以根据服务的数量选择对应的类型。这些类型针对 PostConfigure 方法的实现与 ConfigureNamedOptions<TOptions, TDep>类型针对 Configure 方法的实现并没有本质区别。

- PostConfigureOptions<TOptions, TDep>。
- PostConfigureOptions<TOptions, TDep1, TDep2>。
- PostConfigureOptions<TOptions, TDep1, TDep2, TDep3>。
- PostConfigureOptions<TOptions, TDep1, TDep2, TDep3, TDep4>。
- PostConfigureOptions<TOptions, TDep1, TDep2, TDep3, TDep4, TDep5>。

4．ValidateOptions<TOptions>

ValidateOptions<TOptions>类型是对 IValidateOptions<TOptions>接口的默认实现。如下面的代码片段所示，在创建 ValidateOptions<TOptions>对象时需要提供 Options 的名称和验证错误消息，以及真正用于对 Options 进行验证的 Func<TOptions, bool>对象。

```
public class ValidateOptions<TOptions> : IValidateOptions<TOptions>
    where TOptions: class
{
    public string                      Name { get; }
    public string                      FailureMessage { get; }
    public Func<TOptions, bool>        Validation { get; }

    public ValidateOptions(string name, Func<TOptions, bool> validation,
        string failureMessage);

    public ValidateOptionsResult Validate(string name, TOptions options);
}
```

对 Options 的验证同样可能涉及对其他服务的依赖，所以 IValidateOptions<TOptions>接口同样具有如下 5 个针对不同依赖服务数量的实现类型。

- ValidateOptions<TOptions, TDep>。
- ValidateOptions<TOptions, TDep1, TDep2>。
- ValidateOptions<TOptions, TDep1, TDep2, TDep3>。
- ValidateOptions<TOptions, TDep1, TDep2, TDep3, TDep4>。
- ValidateOptions<TOptions, TDep1, TDep2, TDep3, TDep4, TDep5>。

前文介绍了 OptionsFactory<TOptions>类型针对 Options 对象的创建和初始化的实现原理，以及涉及的一些相关的接口和类型，图 6-9 基本上反映了这些接口与类型的关系。

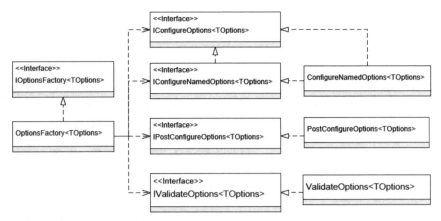

图 6-9 OptionsFactory<TOptions>

6.2.3 IOptionsMonitorCache<TOptions>

IOptionsFactory<TOptions>解决了 Options 对象的构建问题。我们还需要对构建出来的 Options 对象实施缓存可以获得更好的性能。Options 对象的缓存由 IOptionsMonitorCache <TOptions>对象来完成，如下所示的代码片段是 IOptionsMonitorCache<TOptions>接口的定义。IOptionsMonitorCache<TOptions>对象根据名称来缓存 Options 对象。IOptionsMonitorCache <TOptions>接口提供的 4 个方法实现了 Options 缓存项的提取、添加、移除和清理。

```
public interface IOptionsMonitorCache<TOptions> where TOptions : class
{
    TOptions GetOrAdd(string name, Func<TOptions> createOptions);
    bool TryAdd(string name, TOptions options);
    bool TryRemove(string name);
    void Clear();
}
```

IOptionsMonitorCache<TOptions>接口的默认实现是前文提到的 OptionsCache<TOptions>类型，OptionsManager< TOptions >对象会将其作为自身的"私有"缓存。在 OptionsCache <TOptions>类型中实现 Options 对象的缓存逻辑其实很简单，使用一个 ConcurrentDictionary <string, Lazy<TOptions>>对象作为存储容器。

```
public class OptionsCache<TOptions> :
    IOptionsMonitorCache<TOptions>
    where TOptions : class
{
    private readonly ConcurrentDictionary<string, Lazy<TOptions>> _cache =
        new ConcurrentDictionary<string, Lazy<TOptions>>(StringComparer.Ordinal);
    public void Clear() => _cache.Clear();
    public virtual TOptions GetOrAdd(string name, Func<TOptions> createOptions)
        => _cache.GetOrAdd(name, new Lazy<TOptions>(createOptions)).Value;
    public virtual bool TryAdd(string name, TOptions options)
        => _cache.TryAdd(name, new Lazy<TOptions>(() => options));
    public virtual bool TryRemove(string name)
```

```
        => _cache.TryRemove(name, out var ignored);
}
```

6.2.4 IOptionsMonitor<TOptions>

IOptionsMonitorCache<TOptions>接口之所以作如此命名，是因为 Options 对象的缓存最初是为 IOptionsMonitor<TOptions>对象服务的，该对象旨在实现 Options 对象的原始数据源实施监控，进而确保提供的配置选项与数据源保持同步。该接口定义的 CurrentValue 属性和 Get 方法用来提供具有最新状态的 Options 对象。如果需要在 Options 发生改变时及时将新的配置选项应用到程序中，则可以将相应的操作定义成一个 Action<TOptions, string>委托对象，调用 OnChange 方法将其注册到 IOptionsMonitorCache<TOptions>对象上。

```
public interface IOptionsMonitor<out TOptions>
{
    TOptions CurrentValue { get; }
    TOptions Get(string name);
    IDisposable OnChange(Action<TOptions, string> listener);
}
```

除了定义在 IOptionsMonitor<TOptions>接口中的 OnChange 方法，如下同名的扩展方法也可以完成类似的工作。需要注意的是，这两个 OnChange 方法用于返回一个 IDisposable 对象，它表示针对回调的注册，如果想要解除回调，则只需要调用返回对象的 Dispose 方法即可。

```
public static class OptionsMonitorExtensions
{
    public static IDisposable OnChange<TOptions>(
        this IOptionsMonitor<TOptions> monitor, Action<TOptions> listener)
        => monitor.OnChange((o, _) => listener(o));
}
```

.NET 应用在进行数据变化监控时总是使用一个 IChangeToken 对象来发送通知，用于监控 Options 数据变化的 IOptionsMonitor<TOptions>对象自然也不例外。在检测到配置选项改变后，对外发送通知的 IChangeToken 对象是从 IOptionsChangeTokenSource<TOptions>对象获取的。如下面代码片段所示，IOptionsChangeTokenSource<TOptions>接口同样具有一个表示 Options 名称的 Name 属性，而前文所说的 IChangeToken 对象由其 GetChangeToken 方法来提供。

```
public interface IOptionsChangeTokenSource<out TOptions>
{
    string Name { get; }
    IChangeToken GetChangeToken();
}
```

OptionsMonitor<TOptions>类型是对 IOptionsMonitor<TOptions>接口的默认实现。如下面的代码片段所示，该类型的构造函数中注入了用来构建 Options 对象的 IOptionsFactory<TOptions>对象、对配置选项实施缓存的 IOptionsMonitorCache<TOptions>对象和一组 IOptionsChangeTokenSource<TOptions>对象。

```
public class OptionsMonitor<TOptions> :
    IOptionsMonitor<TOptions> where TOptions : class, new()
{
```

```
private readonly IOptionsMonitorCache<TOptions>                              _cache;
private readonly IOptionsFactory<TOptions>                                   _factory;
private readonly IEnumerable<IOptionsChangeTokenSource<TOptions>>            _sources;
internal event Action<TOptions, string>                                      _onChange;

public OptionsMonitor(
    IOptionsFactory<TOptions> factory,
    IEnumerable<IOptionsChangeTokenSource<TOptions>> sources,
    IOptionsMonitorCache<TOptions> cache)
{
    _factory      = factory;
    _sources      = sources;
    _cache        = cache;

    foreach (var source in _sources)
    {
        ChangeToken.OnChange<string>(
            () => source.GetChangeToken(),
            (name) => InvokeChanged(name),
            source.Name);
    }
}

private void InvokeChanged(string name)
{
    name = name ?? Options.DefaultName;
    _cache.TryRemove(name);
    var options = Get(name);
    if (_onChange != null)
    {
        _onChange.Invoke(options, name);
    }
}

public TOptions CurrentValue { get => Get(Options.DefaultName);}

public virtual TOptions Get(string name)
    =>_cache.GetOrAdd(name, () => _factory.Create(name));

public IDisposable OnChange(Action<TOptions, string> listener)
{
    var disposable = new ChangeTrackerDisposable(this, listener);
    _onChange += disposable.OnChange;
    return disposable;
}

internal class ChangeTrackerDisposable : IDisposable
{
    private readonly Action<TOptions, string> _listener;
    private readonly OptionsMonitor<TOptions> _monitor;
```

```
        public ChangeTrackerDisposable(OptionsMonitor<TOptions> monitor,
            Action<TOptions, string> listener)
        {
            _listener = listener;
            _monitor = monitor;
        }

        public void OnChange(TOptions options, string name)
            => _listener.Invoke(options, name);
        public void Dispose() => _monitor._onChange -= OnChange;
    }
}
```

由 于 OptionsMonitor<TOptions>提 供 的 配 置 选 项 总 是 来 源 于 IOptionsMonitorCache
<TOptions>对象表示的缓存，所以它只需要利用提供的 IOptionsChangeTokenSource 对象来监控
Options 数据的变化，并在检测到变化之后及时删除缓存中对应的 Options 对象，这样就能保证
其 CurrentValue 属性和 Get 方法返回的 Options 对象总是具有最新的状态。

6.3 依赖注入

上面介绍了组成 Options 模型的 4 个核心对象及它们之间的交互关系。与绝大部分基础框架
一样，这些核心的对象借助于依赖注入框架被整合在一起。接下来看一看中间涉及的服务注册。

6.3.1 服务注册

Options 模式涉及的 API 其实不是很多，大多都集中在相关服务的注册上。Options 模型的
核心服务实现在 IServiceCollection 接口的 AddOptions 扩展方法中。

1. AddOptions

AddOptions 扩展方法的完整定义如下所示。我们可以看出，该扩展方法将 Options 模型中
的几个核心接口和实现类型进行了注册。由于这些服务都是调用 TryAdd 扩展方法进行服务注册
的，所以无须考虑多次调用 AddOptions 扩展方法而导致服务的重复注册问题。

```
public static class OptionsServiceCollectionExtensions
{
    public static IServiceCollection AddOptions(this IServiceCollection services)
    {
        services.TryAdd(ServiceDescriptor.Singleton(
            typeof(IOptions<>), typeof(OptionsManager<>)));
        services.TryAdd(ServiceDescriptor.Scoped(
            typeof(IOptionsSnapshot<>), typeof(OptionsManager<>)));
        services.TryAdd(ServiceDescriptor.Singleton(
            typeof(IOptionsMonitor<>), typeof(OptionsMonitor<>)));
        services.TryAdd(ServiceDescriptor.Transient(
            typeof(IOptionsFactory<>), typeof(OptionsFactory<>)));
        services.TryAdd(ServiceDescriptor.Singleton(
```

```
                typeof(IOptionsMonitorCache<>), typeof(OptionsCache<>)));
        return services;
    }
}
```

从上面的代码片段可以看出，使用 AddOptions 扩展方法注册了 5 个服务，我们采用表格的形式（见表 6-1）列出了它们的 Service Type（服务类型）、Implementation（实现类型）和 Lifetime（生命周期）。我们可以看出，虽然 IOptions<TOptions>和 IOptionsSnapshot<TOptions>映射的实现类型都是 OptionsManager<TOptions>，但是对应的服务注册采用了不同的生命周期，前者的生命周期是 Singleton，后者的生命周期则是 Scoped。我们在后面会单独介绍不同生命周期对 Options 对象产生什么样的影响。

表 6-1　常见的几种文件匹配模式表达式

Service Type	Implementation	Lifetime
IOptions<TOptions>	OptionsManager<TOptions>	Singleton
IOptionsSnapshot<TOptions>	OptionsManager<TOptions>	Scoped
IOptionsMonitor<TOptions>	OptionsMonitor<TOptions>	Singleton
IOptionsFactory<TOptions>	OptionsFactory<TOptions>	Transient
IOptionsMonitorCache<TOptions>	OptionsCache<TOptions>	Singleton

按照表 6-1 列举的服务注册，如果以 IOptions<TOptions>和 IOptionsSnapshot<TOptions>作为服务类型从 IServiceProvider 对象中提取对应的服务实例，得到的都是一个 OptionsManager<TOptions>对象。当 OptionsManager<TOptions>对象被创建时，OptionsFactory<TOptions>对象会被自动创建出来，以构造器注入的方式提供给它并且被用来创建 Options 对象。但是由于表 6-1 中并没有针对 IConfigureOptions<TOptions>和 IPostConfigureOptions<TOptions>的服务注册，所以创建的 Options 对象无法被初始化。

2．Configure<TOptions>与 PostConfigure<TOptions>

IConfigureOptions<TOptions>和 IPostConfigureOptions<TOptions>的服务注册是通过如下这些扩展方法来完成的。具体来说，IConfigureOptions<TOptions>的服务注册实现在 Configure<TOptions>扩展方法中，而 PostConfigure<TOptions>扩展方法则可以完成 IPostConfigureOptions<TOptions>的服务注册。

```
public static class OptionsServiceCollectionExtensions
{
    public static IServiceCollection Configure<TOptions>(
        this IServiceCollection services, Action<TOptions> configureOptions)
        where TOptions : class
        => services.Configure(Options.Options.DefaultName, configureOptions);

    public static IServiceCollection Configure<TOptions>(
        this IServiceCollection services, string name,
        Action<TOptions> configureOptions) where TOptions : class
        => services.AddSingleton<IConfigureOptions<TOptions>>(
        new ConfigureNamedOptions<TOptions>(name, configureOptions));
        return services;
```

```
public static IServiceCollection PostConfigure<TOptions>(
    this IServiceCollection services, Action<TOptions> configureOptions)
    where TOptions : class
    => services.PostConfigure(Options.Options.DefaultName, configureOptions);

public static IServiceCollection PostConfigure<TOptions>(
    this IServiceCollection services, string name,
    Action<TOptions> configureOptions) where TOptions : class
    => services.AddSingleton<IPostConfigureOptions<TOptions>>(
    new PostConfigureOptions<TOptions>(name, configureOptions));
}
```

从上面的代码片段可以看出，这些方法注册的服务实现类型为
ConfigureNamedOptions<TOptions>和 PostConfigureOptions<TOptions>。在调用这些方法时可以指定
Options 的名称，对于没有指定具体 Options 名称的 Configure<TOptions>和 PostConfigure<TOptions>
重载方法来说，最终指定表示默认名称的空字符串。

3．ConfigureAll<TOptions>与 PostConfigureAll<TOptions>

虽然 ConfigureAll<TOptions>和 PostConfigureAll<TOptions>这两个扩展方法注册的同样是
ConfigureNamedOptions<TOptions>类型与 PostConfigureOptions<TOptions>类型，但是它们都会将
名称设置为 Null。通过前文的介绍可知，OptionsFactory 对象在 Options 对象进行初始化的过程中
会将名称为 Null 的 IConfigureNamedOptions<TOptions>对象和 IPostConfigureOptions<TOptions>对
象作为公共的配置对象，并且无条件执行。

```
public static class OptionsServiceCollectionExtensions
{
    public static IServiceCollection ConfigureAll<TOptions>(
        this IServiceCollection services, Action<TOptions> configureOptions)
        where TOptions : class
        => services.Configure(name: null, configureOptions: configureOptions);

    public static IServiceCollection PostConfigureAll<TOptions>(
        this IServiceCollection services, Action<TOptions> configureOptions)
        where TOptions : class
        => services.PostConfigure(name: null, configureOptions: configureOptions);
}
```

4．ConfigureOptions

对于上面这几个将 Options 类型作为泛型参数的方法来说，它们总是利用指定的
Action<Options>对象来创建注册的 ConfigureNamedOptions<TOptions>和 PostConfigureOptions
<TOptions>对象。对于自定义实现的 IConfigureOptions<TOptions>接口或者 IPostConfigureOptions
<TOptions>接口的类型，我们可以调用如下所示的 3 个 ConfigureOptions 扩展方法来对它们进行
注册。通过简化的代码描述了这 3 个扩展方法的实现逻辑。

```
public static class OptionsServiceCollectionExtensions
{
```

```
public static IServiceCollection ConfigureOptions(
    this IServiceCollection services, object configureInstance)
{
    Array.ForEach(FindIConfigureOptions(configureInstance.GetType()),
        it => services.AddSingleton(it, configureInstance));
    return services;
}

public static IServiceCollection ConfigureOptions(
    this IServiceCollection services, Type configureType)
{
    Array.ForEach(FindIConfigureOptions(configureType),
        it => services.AddTransient(it, configureType));
    return services;
}

public static IServiceCollection ConfigureOptions<TConfigureOptions>(
    this IServiceCollection services) where TConfigureOptions : class
    => services.ConfigureOptions(typeof(TConfigureOptions));

private static Type[] FindIConfigureOptions(Type type)
{
    Func<Type, bool> valid = it =>
        it.IsGenericType &&
        (it.GetGenericTypeDefinition() == typeof(IConfigureOptions<>) ||
        it.GetGenericTypeDefinition() == typeof(IPostConfigureOptions<>));
    var types = type.GetInterfaces()
        .Where(valid)
        .ToArray();
        if (types.Any())
        {
            throw new InvalidOperationException();
        }
        return types;
}
}
```

5. OptionsBuilder<TOptions>

Options 模式涉及非常多的服务注册，并且这些服务都是针对具体某个 Options 类型的，为了避免定义过多 IServiceCollection 接口的扩展方法，Options 模型提供了基于 Builder 模式的服务注册。具体来说，我们将用来存储服务注册的 IServiceCollection 集合封装到具有如下定义的 OptionsBuilder<TOptions>对象中，并利用它提供的方法间接地完成所需的服务注册。

```
public class OptionsBuilder<TOptions> where TOptions: class
{
    public string Name { get; }
    public IServiceCollection Services { get; }
    public OptionsBuilder(IServiceCollection services, string name);
```

```
public virtual OptionsBuilder<TOptions> Configure(
    Action<TOptions> configureOptions);
public virtual OptionsBuilder<TOptions> Configure<TDep>(
    Action<TOptions, TDep> configureOptions) where TDep: class;
public virtual OptionsBuilder<TOptions> Configure<TDep1, TDep2>(
    Action<TOptions, TDep1, TDep2> configureOptions)
    where TDep1: class where TDep2: class;
public virtual OptionsBuilder<TOptions>
    Configure<TDep1, TDep2, TDep3>(
    Action<TOptions, TDep1, TDep2, TDep3> configureOptions)
    where TDep1: class where TDep2: class where TDep3: class;
public virtual OptionsBuilder<TOptions>
    Configure<TDep1, TDep2, TDep3, TDep4>(
    Action<TOptions, TDep1, TDep2, TDep3, TDep4> configureOptions)
    where TDep1: class where TDep2: class where TDep3: class where TDep4: class;
public virtual OptionsBuilder<TOptions>
    Configure<TDep1, TDep2, TDep3, TDep4, TDep5>(
    Action<TOptions, TDep1, TDep2, TDep3, TDep4, TDep5> configureOptions)
    where TDep1: class where TDep2: class where TDep3: class
    where TDep4: class where TDep5: class;

public virtual OptionsBuilder<TOptions> PostConfigure (
    Action<TOptions> configureOptions);
public virtual OptionsBuilder<TOptions> PostConfigure <TDep>(
    Action<TOptions, TDep> configureOptions) where TDep: class;
public virtual OptionsBuilder<TOptions> PostConfigure <TDep1, TDep2>(
    Action<TOptions, TDep1, TDep2> configureOptions)
    where TDep1: class where TDep2: class;
public virtual OptionsBuilder<TOptions>
    PostConfigure <TDep1, TDep2, TDep3>(
    Action<TOptions, TDep1, TDep2, TDep3> configureOptions)
    where TDep1: class where TDep2: class where TDep3: class;
public virtual OptionsBuilder<TOptions>
    PostConfigure <TDep1, TDep2, TDep3, TDep4>(
    Action<TOptions, TDep1, TDep2, TDep3, TDep4> configureOptions)
    where TDep1: class where TDep2: class where TDep3: class where TDep4: class;
public virtual OptionsBuilder<TOptions>
    PostConfigure <TDep1, TDep2, TDep3, TDep4, TDep5>(
    Action<TOptions, TDep1, TDep2, TDep3, TDep4, TDep5> configureOptions)
    where TDep1: class where TDep2: class where TDep3: class
    where TDep4: class where TDep5: class;

public virtual OptionsBuilder<TOptions> Validate(
    Func<TOptions, bool> validation);
public virtual OptionsBuilder<TOptions> Validate<TDep>(
    Func<TOptions, TDep, bool> validation);
public virtual OptionsBuilder<TOptions> Validate<TDep1, TDep2>(
    Func<TOptions, TDep1, TDep2, bool> validation);
public virtual OptionsBuilder<TOptions>
    Validate<TDep1, TDep2, TDep3>(Func<TOptions, TDep1, TDep2, TDep3, bool>
```

```
        validation);
    public virtual OptionsBuilder<TOptions>
        Validate<TDep1, TDep2, TDep3, TDep4>(
        Func<TOptions, TDep1, TDep2, TDep3, TDep4, bool> validation);
    public virtual OptionsBuilder<TOptions>
        Validate<TDep1, TDep2, TDep3, TDep4, TDep5>(
        Func<TOptions, TDep1, TDep2, TDep3, TDep4, TDep5, bool> validation);

    public virtual OptionsBuilder<TOptions> Validate<TDep>(
        Func<TOptions, TDep, bool> validation, string failureMessage);
    public virtual OptionsBuilder<TOptions> Validate<TDep1, TDep2>(
        Func<TOptions, TDep1, TDep2, bool> validation, string failureMessage);
    public virtual OptionsBuilder<TOptions>
        Validate<TDep1, TDep2, TDep3>(
        Func<TOptions, TDep1, TDep2, TDep3, bool> validation,
        string failureMessage);
    public virtual OptionsBuilder<TOptions>
        Validate<TDep1, TDep2, TDep3, TDep4>(
        Func<TOptions, TDep1, TDep2, TDep3, TDep4, bool> validation,
        string failureMessage);
    public virtual OptionsBuilder<TOptions>
        Validate<TDep1, TDep2, TDep3, TDep4, TDep5>(
        Func<TOptions, TDep1, TDep2, TDep3, TDep4, TDep5, bool> validation,
        string failureMessage);
}
```

如上面的代码片段所示，OptionsBuilder<TOptions>对象不仅通过泛型参数关联对应的 Options 类型，还利用 Name 属性提供了 Options 的名称。OptionsBuilder<TOptions>定义的 3 组方法分别提供了对 IConfigureOptions<TOptions>接口、IPostConfigureOptions<TOptions>接口和 IValidateOptions<TOptions>接口的 18 个实现类型的注册。

当利用 Builder 模式来注册这些服务时，只需要调用 IServiceCollection 接口的 AddOptions<TOptions>扩展方法，根据指定的名称（默认名称为空字符串）创建出对应的 OptionsBuilder<TOptions>对象，再调用该对象相应的方法完成进一步的服务注册。从如下所示的代码片段可以看出，最终都调用了 AddOptions 扩展方法完成基础服务的注册。

```
public static class OptionsServiceCollectionExtensions
{
    public static OptionsBuilder<TOptions> AddOptions<TOptions>(
        this IServiceCollection services) where TOptions: class =>
        services.AddOptions<TOptions>(Options.DefaultName);

    public static OptionsBuilder<TOptions> AddOptions<TOptions>(
        this IServiceCollection services, string name) where TOptions: class
    {
        services.AddOptions();
        return new OptionsBuilder<TOptions>(services, name);
    }
}
```

6.3.2　IOptions<TOptions>与IOptionsSnapshot<TOptions>

通过前面对注册服务的分析可知，服务接口 IOptions<TOptions>和 IOptionsSnapshot<TOptions>的默认实现类型都是 OptionsManager<TOptions>，两者的不同之处体现在生命周期上，它们分别采用的生命周期模式为 Singleton 和 Scoped。对于一个 ASP.NET Core 应用来说，Singleton 和 Scoped 对应的是当前应用和当前请求的生命周期，所以通过 IOptions<TOptions>接口获取的 Options 对象在整个应用的生命周期内都是一致的，而通过 IOptionsSnapshot<TOptions>接口获取的 Options 对象则只能在当前请求上下文中保持一致。这也是后者命名的由来，它表示当前请求的 Options 快照。

我们通过一个实例来演示 IOptions<TOptions>和 IOptionsSnapshot<TOptions>之间的差异。定义如下配置选项类型 FoobarOptions。简单起见，我们仅仅为它定义了两个整型的属性（Foo 和 Bar），并重写 ToString 方法。

```
public class FoobarOptions
{
    public int Foo { get; set; }
    public int Bar { get; set; }
    public override string ToString() => $"Foo:{Foo}, Bar:{Bar}";
}
```

如下面所示的代码片段，我们创建了一个 ServiceCollection 对象，在调用 AddOptions 扩展方法注册 Options 模型的基础服务之后，再调用 Configure<FoobarOptions>方法利用定义的本地函数 Print 将 FoobarOptions 对象的 Foo 属性和 Bar 属性设置为一个随机数。

```
using App;
using Microsoft.Extensions.DependencyInjection;
using Microsoft.Extensions.Options;

var random = new Random();
var serviceProvider = new ServiceCollection()
    .AddOptions()
    .Configure<FoobarOptions>(foobar =>
    {
        foobar.Foo = random.Next(1, 100);
        foobar.Bar = random.Next(1, 100);
    })
    .BuildServiceProvider();

Print(serviceProvider);
Print(serviceProvider);

static void Print(IServiceProvider provider)
{
    var scopedProvider = provider
        .GetRequiredService<IServiceScopeFactory>()
        .CreateScope()
        .ServiceProvider;
```

```
    var options = scopedProvider
        .GetRequiredService<IOptions<FoobarOptions>>()
        .Value;
    var optionsSnapshot1 = scopedProvider
        .GetRequiredService<IOptionsSnapshot<FoobarOptions>>()
        .Value;
    var optionsSnapshot2 = scopedProvider
        .GetRequiredService<IOptionsSnapshot<FoobarOptions>>()
        .Value;
    Console.WriteLine($"options:{options}");
    Console.WriteLine($"optionsSnapshot1:{optionsSnapshot1}");
    Console.WriteLine($"optionsSnapshot2:{optionsSnapshot2}\n");
}
```

我们并没有直接利用 ServiceCollection 对象创建的 IServiceProvider 对象来提供服务，而是利用它创建了一个表示子容器的 IServiceProvider 对象，该对象就相当于 ASP.NET Core 应用中针对当前请求创建的 IServiceProvider 对象（RequestServices）。在利用这个对象分别针对 IOptions<TOptions>接口和 IOptionsSnapshot<TOptions>接口得到对应的 FoobarOptions 对象之后，将配置选项输出到控制台上。上述操作先后被执行了两次，相当于 ASP.NET Core 应用分别处理了两次请求。

图 6-10 展示了上述程序执行后在控制台上的输出结果。从输出结果可以看出，只有从同一个 IServiceProvider 对象获取的 IOptionsSnapshot<TOptions>服务才能提供一致的配置选项。对于所有源自同一个根的所有 IServiceProvider 对象来说，从中提取的 IOptions<TOptions>服务都能提供一致的配置选项。（S609）

图 6-10　IOptions<TOptions>和 IOptionsSnapshot<TOptions>的差异

我们在前文多次提到，OptionsManager<Options>会利用一个自行创建的 OptionsCache<TOptions>对象来缓存 Options 对象。也就是说，它提供的 Options 对象存储在其私有缓存中。虽然 OptionsCache<TOptions>提供了清除缓存的功能，但是 OptionsManager <Options>自身无法发现原始 Options 数据是否发生变化，所以不会清除缓存的 Options 对象。

这个特性决定了在一个 ASP.NET Core 应用中以 IOptions<TOptions>服务的形式提供的 Options 在整个应用的生命周期内不会发生改变，但是如果使用 IOptionsSnapshot<TOptions>服务，则提供的 Options 对象只能在同一个请求上下文中提供一致的保障。如果希望即使在同一个请求处理周期内也能及时应用最新的 Options 属性，则只能使用 IOptionsMonitor<TOptions>服务来提供 Options 对象。

6.3.3　集成配置系统

　　Options 模型本身与配置系统完全没有关系，但是配置在大部分情况下会作为绑定 Options 对象的数据源，所以有必要将两者结合在一起。配置系统的集成实现在"Microsoft.Extensions. Options.ConfigurationExtensions"这个 NuGet 包中。集成配置系统需要解决如下两个问题。

- 将承载配置数据的 IConfiguration 对象绑定为 Options 对象。
- 自动感知配置数据的变化。

　　第一个问题涉及 Options 对象的初始化问题，这自然是通过自定义 IConfigureOptions <TOptions>实现类型来解决的。具体来说，就是下面的 NamedConfigureFromConfigurationOptions <TOptions>类型，它定义在"Microsoft.Extensions.Options.ConfigurationExtensions"这个 NuGet 包中。NamedConfigureFromConfigurationOptions<TOptions>通过调用 ConfigurationBinder 的静态方法 Bind 利用配置绑定机制来实现配置数据向 Options 对象的转换。如果不考虑选项命名，则还可以使用 ConfigureFromConfigurationOptions<TOptions>类型。

```
public class NamedConfigureFromConfigurationOptions<TOptions> :
    ConfigureNamedOptions<TOptions> where TOptions : class
{
    public NamedConfigureFromConfigurationOptions(string name,
        IConfiguration config)
        : base(name, options => ConfigurationBinder.Bind(config, options))
    {}
}

public class ConfigureFromConfigurationOptions<TOptions>
    : ConfigureOptions<TOptions> where TOptions : class
{
    public ConfigureFromConfigurationOptions(IConfiguration config)
        : base(options => config.Bind(options))
    { }
}
```

　　第二个问题采用自定义的 IOptionsChangeTokenSource<TOptions>实现类型来解决，具体提供的就是 ConfigurationChangeTokenSource<TOptions>类型。从如下所示的代码片段可以看出，使用 GetChangeToken 方法直接调用 IConfiguration 对象的 GetReloadToken 方法得到返回的 IChangeToken 对象。

```
public class ConfigurationChangeTokenSource<TOptions> :
    IOptionsChangeTokenSource<TOptions>
{
    private IConfiguration    _config;
    public string             Name { get; }

    public ConfigurationChangeTokenSource(IConfiguration config) :
        this(Options.DefaultName, config) {}
    public ConfigurationChangeTokenSource(string name, IConfiguration config)
```

```
    {
        _config = config;
        Name = name ?? Options.DefaultName;
    }

    public IChangeToken GetChangeToken()
        =>_config.GetReloadToken()
}
```

将 IConfiguration 对象绑定为 Options 对象的 NamedConfigureFromConfigurationOptions
<TOptions>和用来检测配置数据变化的 ConfigurationChangeTokenSource<TOptions>都是通过下
面的 Configure<TOptions>扩展方法来注册的。

```
public static class OptionsConfigurationServiceCollectionExtensions
{
    public static IServiceCollection Configure<TOptions>(
        this IServiceCollection services, IConfiguration config)
        where TOptions : class
        => services.Configure<TOptions>(Options.Options.DefaultName, config);

    public static IServiceCollection Configure<TOptions>(
        this IServiceCollection services, string name, IConfiguration config)
        where TOptions : class
        => services
        .AddSingleton<IOptionsChangeTokenSource<TOptions>>(
            new ConfigurationChangeTokenSource<TOptions>(name, config))
        .AddSingleton<IConfigureOptions<TOptions>>(
            new NamedConfigureFromConfigurationOptions<TOptions>(name, config));
}
```

第 7 章

诊断日志（上）

在整个软件开发维护生命周期内，最难的不是如何将软件系统开发出来，而是在软件系统上线之后及时解决遇到的问题。一个好的程序员能够在软件系统出现问题之后马上定位错误的根源并找到正确的解决方案，一个更好的程序员能够根据软件系统当前的运行状态预知未来可能发生的问题，并将问题扼杀在摇篮中。诊断日志能够有效地纠错和排错。本书使用 3 章的内容来介绍这个主题。

7.1 各种诊断日志形式

按照惯例，在介绍各种诊断日志方案的设计和实现原理之前，我们先来介绍一些编程。本章主要介绍 4 种典型的诊断日志记录手段。由于写入日志的对象分别为 Debugger、TraceSource、EventSource 和 DiagnosticSource（这些类型都定义在 System.Diagnostics 命名空间下），所以对应的日志形式被称为"调试日志""跟踪日志""事件日志""诊断日志"。

7.1.1 调试日志

Debugger 这个静态类型是 .NET 托管代码与调试器进行通信的媒介。我们可以利用它启动调试器并将其附加到当前进程上。在调试器被附加（Attach）到当前进程之后，我们可以调用 Debugger 的 Log 方法记录一条日志。

```
using System.Diagnostics;

Debugger.Log(0, null, "This is a test debug message.\n");
Console.Read();
```

我们采用如上形式调用 Debugger 的 Log 方法记录了一条测试消息。Log 方法的 3 个参数分别表示日志的等级、类别和内容。当程序以 Debug 模式启动之后，Visual Studio 调试输出窗口显示的日志消息如图 7-1 所示。如果程序是通过按 Ctrl+F5 组合键（Start Without Debuging）启动的，就不会发生任何日志写入操作。

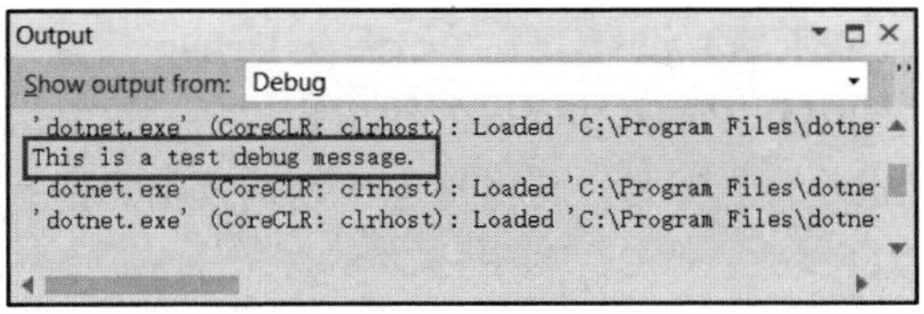

图 7-1　Visual Studio 调试输出窗口显示的日志消息

　　我们更多的时候还是调用 Debug 类型的 Write 方法、WriteLine 方法、WriteIf 方法和 WriteLineIf 方法记录调试日志，所以上面的代码可以改写成如下形式。虽然最终还是会调用 Debugger 的 Log 方法来完成日志的写入，但是两者之间还是有区别的。由于 Debug 类型上的所有方法通过条件编译的形式被设置为仅针对 Debug 模式有效，但是如果程序是在非 Debug 模式下进行编译的，就意味着针对 WriteLine 方法的调用不会出现在编译生成的程序集中。

```
using System.Diagnostics;

Debug.WriteLine("This is a test debug message.");
Console.Read();
```

7.1.2　跟踪日志

　　从设计的角度来讲，接下来介绍的 3 种诊断日志框架采用的都是观察者或者发布订阅模式。在这种模式下，应用程序利用 Source 将希望写入的日志以事件的形式发布出去，Listener 或者 Observer 作为订阅者在接收到日志之后执行一些过滤逻辑，并将适合的日志写入各自的输出渠道，不适合日志的则直接忽略。

　　每一条日志可以认为是对某一个事件的记录，所以日志大都有一个事件 ID。按照重要程度和反映问题的严重级别，我们赋予日志事件一个等级或者类型。对于以 TraceSource 为核心的日志框架来说，日志事件等级或者类型通过 TraceEventType 枚举类型表示。除此之外，它还提供了一个 SourceLevels 类型的枚举来完成基于等级的日志事件过滤。

　　在利用 TraceSource 来记录日志时，我们需要做的就是根据名称和最低日志等级创建一个 TraceSource 对象，并将事件 ID、事件类型和日志消息作为参数调用它的 TraceEvent 方法。如下面的代码片段所示，创建一个 TraceSource 对象，并将名称和最低日志等级分别设置为 Foobar 与 SourceLevels.All，后者决定了所有等级的日志都会被记录下来。我们针对每种事件类型记录了一条日志消息，而事件 ID 被设置为一个自增的整数。

```
using System.Diagnostics;

var source = new TraceSource("Foobar", SourceLevels.All);
var eventTypes = (TraceEventType[])Enum.GetValues(typeof(TraceEventType));
var eventId = 1;
Array.ForEach(eventTypes, it => source.TraceEvent(it, eventId++,
    $"This is a {it} message."));
Console.Read();
```

　　日志框架大都采用订阅发布模式来记录日志，但是上面的程序只涉及作为发布者的

TraceSource 对象，作为真正完成日志写入的订阅者（监听器）没有出现。如果以 Debug 的方式运行程序，就会发现相应的日志以图 7-2 所示的形式输出到 Visual Studio 的输出窗口中，这是因为日志框架会默认注册一个类型为 DefaultTraceListener 的监听器，它将日志作为调试信息进行了输出。（S701）

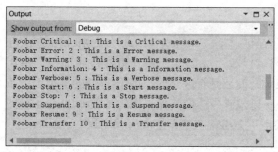

图 7-2　通过默认注册的 DefaultTraceListener 写入的日志

TraceEventType 枚举类型共定义了 10 种事件类型，并且对应的枚举项是从高到低排列的（Critical 最高，Transfer 最低），所以上面的演示程序会按照等级的高低输出 10 条日志。如果只希望部分事件类型的日志被记录下来则应该如何做呢？一般来说，等级越高越应该被记录下来。创建 TraceSource 对象时指定的 SourceLevels 枚举表示需要被记录下来的最低日志等级。如果只希望记录 Warning 等级以上的日志，则可以将演示程序进行如下改写。

```
using System.Diagnostics;

var source = new TraceSource("Foobar", SourceLevels.Warning);
var eventTypes = (TraceEventType[])Enum.GetValues(typeof(TraceEventType));
var eventId = 1;
Array.ForEach(eventTypes,
    it => source.TraceEvent(it, eventId++, $"This is a {it} message."));
Console.Read();
```

由于将最低日志等级设置成 SourceLevels.Warning，当以 Debug 模式运行程序后，只有等级不低于 Warning（Warning、Error 和 Critical）的 3 条日志消息以图 7-3 所示的形式写入 Visual Studio 的调试输出窗口。（S702）

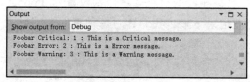

图 7-3　记录下来的被过滤的日志

到目前为止，我们都在使用系统默认注册的 DefaultTraceListener 监听器来完成对日志消息的输出。DefaultTraceListener 除了调用 Debug 的 Write 方法将指定的消息作为调试信息进行输出，它还支持物理文件的输出方式。如果需要，则还可以针对期望的输出渠道注册自定义的 TraceListener。

```
public class ConsoleListener : TraceListener
{
    public override void Write(string? message) => Console.Write(message);
    public override void WriteLine(string? message) => Console.WriteLine(message);
}
```

在上面的代码片段中，我们通过继承抽象类 TraceListener 自定义了一个 ConsoleListener 类型。它通过重写的 Write 方法和 WriteLine 方法将分发给它的日志输出到控制台上。这个自定义的 ConsoleListener 可以通过如下方式来使用。

```
using App;
using System.Diagnostics;

var source = new TraceSource("Foobar", SourceLevels.Warning);
source.Listeners.Add(new ConsoleListener());
var eventTypes = (TraceEventType[])Enum.GetValues(typeof(TraceEventType));
var eventId = 1;
Array.ForEach(eventTypes,
    it => source.TraceEvent(it, eventId++,$"This is a {it} message."));
```

如上面的代码片段所示，TraceSource 对象的 Listeners 属性维护了一组注册的 TraceListener 对象。我们只需要将创建的 ConsoleListener 对象添加到这个列表。由于这个针对控制台的 TraceListener 的存在，所以满足过滤条件的 3 条日志消息将以图 7-4 所示的形式输出到控制台上。（S703）

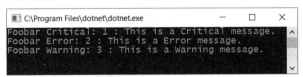

图 7-4　通过注册的 ConsoleListener 写入的日志

7.1.3　事件日志

EventSource 最初是微软为 Windows 自身的日志框架 ETW（Event Tracing for Windows）设计的，目前已经没有平台的限制。这是一种非常高效地记录日志的方式，它提供的强类型的编程方式可以使记录日志变得很"优雅"。EventSource 所谓的强类型编程模式主要体现在两个方面：其一，可以继承抽象类 EventSource 定义一个具体的派生类型，并将发送日志事件的操作实现在它的某个方法中；其二，日志消息的内容可以通过一个自定义的数据类型来承载。

我们可以将下面演示程序中的 DatabaseSource 视为某个数据库访问组件拥有的 EventSource。将其定义成一个封闭（Sealed）的类型，并利用静态只读字段 Instance 以单例的形式来使用这个对象。"SQL 命令执行"这一事件定义了对应的 OnCommandExecute 方法，该方法的两个参数分别表示 DbCommand 的类型（CommandType ）和文本（存储过程名称或者 SQL 语句）。OnCommandExecute 方法最终调用继承的 WriteEvent 方法来发送日志事件。该方法的第一个参数 1 表示日志事件的 ID。

```
public sealed class DatabaseSource : EventSource
{
    public static readonly DatabaseSource Instance = new();
    private DatabaseSource() {}

    public void OnCommandExecute(CommandType  commandType, string commandText)
    => WriteEvent(1, commandType, commandText);
}
```

在如下所示的演示程序中，利用 Instance 字段得到了对应的 DatabaseSource 对象，并以相应的形式调用了它的 OnCommandExecute 方法。

```
using App;
using System.Data;

DatabaseSource.Instance.OnCommandExecute(CommandType.Text, "SELECT * FROM T_USER");
```

一个 EventSource 同样具有一个确定的名称。从 ETW 层面来讲，EventSource 的名称实际上就是 ETW Provider 的名称。自定义的 EventSource 类型默认会以类型名称来命名，所以上面的演示程序采用的 EventSource 名称为 "DatabaseSource"。日志事件需要有一个具有唯一性的整数作为 ID，如果没有显式设置，则系统会采用从 1 开始自增的方式为每个日志方法分配一个 ID。由于 DatabaseSource 中只定义了一个唯一的日志方法 OnCommandExecute，所以它被赋予的 ID 自然是 1。当事件方法在调用 WriteEvent 方法发送日志事件时，需要指定与当前方法匹配的事件 ID，这就是该方法在调用 WriteEvent 方法时将第一个参数设置为 1 的原因。

由于 EventSource 具有向 ETW 日志系统发送日志事件的功能，所以可以利用一些工具来收集这些事件。作者习惯使用的是一款叫作 PerfView 的 GUI 工具，这是一款可以在网上直接下载的性能分析工具，解压缩后就是一个可执行文件。作者倾向于将该工具所在的目录添加到环境变量 PATH 中，这样就可以采用命令行的形式进行启动。我们可以采用 Run 和 Collect 这两种模式来启动 PerfView：前者利用 PerfView 启动和检测某个指定的应用，后者则独立启动 PerfView 并检测当前运行的所有应用进程。我们可以将应用所在根目录作为工作目录，并执行 "PerfView /onlyproviders=*DatabaseSource run dotnet run" 命令来启动 PerfView。为了将自定义的 Trace Provider 纳入 PerfView 的检测范围，我们将命令行开关 onlyproviders 设置为 "*DatabaseSource"。执行 "dotnet run" 命令来启动应用程序 PerfView Run，这就意味着演示程序将作为监测程序被启动。

PerfView 会将捕获到的日志打包到当前目录下一个名为 PerfViewData.etl.zip 的压缩文件中，它左侧的目录结构会以图 7-5 所示的形式列出该文件。双击该文件展开其子节点后会看到一个 Events 节点，PerfView 捕捉到的日志就可以通过它来查看。双击 Events 节点后，图 7-5 所示的事件视图将会列出捕获到的所有日志事件。我们可以输入 "DatabaseSource" 筛选由 DatabaseSource 发送的事件。

图 7-5　利用 PerfView 启动并检测应用程序

从 图 7-5 中 可 以 看 到，DatabaseSource 共 发 送 了 两 个 事 件，其 中 一 个 就 是 OnCommandExecute。双击事件视图左侧的"OnCommandExecute"可以查看该事件的详细信息，当调用对应日志方法时提供的数据会包含在 Rest 列中，具体的内容如下所示。（S704）

```
ThreadID="17,608" commandType="Text" commandText="SELECT * FROM T_USER"
```

虽然系统会根据默认的规则来命名自定义 EventSource 的名称和日志输出方法的事件 ID，但是对它们进行显式设置是更好的选择。如下面的代码片段所示，我们在 DatabaseSource 类型上 通 过 标 注 的 EventSourceAttribute 特 性 将 名 称 设 置 为 "Artech-Data-SqlClient"。OnCommandExecute 方法利用标注的 EventAttribute 特性将事件 ID 设置为 1。

```
[EventSource(Name ="Artech-Data-SqlClient")]
public sealed class DatabaseSource : EventSource
{
    ...
    [Event(1)]
    public void OnCommandExecute(CommandType  commandType, string commandText)
    => WriteEvent(1, commandType, commandText);
}
```

除了利用 PerfView 捕捉 EventSource 对象触发的事件，我们还可以通过 EventListener 对象以便达到相同的目的。定义这个与 DatabaseSource 对应的 DatabaseSourceListener 类型。如下面的代码片段所示，该类型继承自抽象类 EventListener。它的 OnEventSourceCreated 方法能够感知到当前进程中所有 EventSource 对象的创建。所以我们重写了该方法对匹配 EventSource 实施过滤，并最终通过调用 EnableEvents 方法订阅由目标 EventSource 发出的全部或者部分等级的事件。订阅事件的处理实现在重写的 OnEventWritten 方法中。

```
public class DatabaseSourceListener : EventListener
{
    protected override void OnEventSourceCreated(EventSource eventSource)
    {
        if (eventSource.Name == "Artech-Data-SqlClient")
        {
```

```
            EnableEvents(eventSource, EventLevel.LogAlways);
        }
    }

    protected override void OnEventWritten(EventWrittenEventArgs eventData)
    {
        Console.WriteLine($"EventId: {eventData.EventId}");
        Console.WriteLine($"EventName: {eventData.EventName}");
        Console.WriteLine($"Payload");
        var index = 0;

        if (eventData.PayloadNames != null)
        {
            foreach (var payloadName in eventData.PayloadNames)
            {
                Console.WriteLine($"\t{payloadName}:{eventData.Payload?[index++]}");
            }
        }
    }
}
```

在 OnEventSourceCreated 方法中调用 EnableEvents 方法对由 DatabaseSource 发出的所有事件（EventLevel.LogAlways）进行了订阅，所以只有 DatabaseSource 对象发出的日志事件能够被捕捉。在重写的 OnEventWritten 方法中，作为唯一参数的 EventWrittenEventArgs 对象承载了日志事件的所有信息，并将事件的 ID、名称和载荷数据（Payload）输出到控制台上。

```
using App;
using System.Data;

_ = new DatabaseSourceListener();
DatabaseSource.Instance.OnCommandExecute(CommandType.Text, "SELECT * FROM T_USER");
```

EventListener 并不需要显式注册，所以只需要按照如上所示的方式在程序运行时创建 DatabaseSourceListener 对象。程序运行之后，由 DatabaseSourceListener 对象捕获的日志事件信息会输出到控制台上，如图 7-6 所示。（S705）

图 7-6　利用自定义的 EventListener 捕捉日志事件

7.1.4　诊断日志

基于 TraceSource 和 EventSource 的日志框架主要关注的是日志内容载荷在进程外的处理，所以被 TraceSource 对象作为内容载荷的对象必须是一个字符串；虽然 EventSource 对象可以使用一个对象作为内容载荷，但是最终输出的其实还是序列化后的结果。基于 DiagnosticSource 的日志框架采用了不一样的设计思路，作为发布者的 DiagnosticSource 对象将原始的日志载荷对象直接分发给订阅者进行处理，事件的触发和监听处理是同步执行的。同样，采用观察者模式，它做得似乎更加彻底，因为作为发布者和订阅者的类型显式地实现了 IObservable<T>接口与 IObserver<T>接口。

IObservable<T>接口表示可被观察的对象，也就是被观察者/发布者。IObserver<T>接口表示观察者/订阅者。IObservable<T>接口定义了用来订阅主题的唯一方法 Subscribe。IObserver<T>接口提供了 3 个方法，其中核心方法 OnNext 用于处理发布主题，OnCompleted 方法会在所有主题发布结束后被执行，OnError 方法则作为发布过程中出现错误时采用的异常处理器。

```
public interface IObservable<out T>
{
    IDisposable Subscribe(IObserver<T> observer);
}

public interface IObserver<in T>
{
    void OnCompleted();
    void OnError(Exception error);
    void OnNext(T value);
}
```

为了便于演示，我们预先定义了通用的观察者类型 Observer<T>。如下面的代码片段所示，它实现了 IObserver<T>接口，利用初始化时提供的 Action<T>对象来实现其 OnNext 方法，而 OnError 方法和 OnCompleted 方法则不执行任何操作。

```
public class Observer<T> : IObserver<T>
{
    private readonly Action<T> _onNext;
    public Observer(Action<T> onNext) => _onNext = onNext;

    public void OnCompleted() { }
    public void OnError(Exception error) { }
    public void OnNext(T value) => _onNext(value);
}
```

我们采用 DiagnosticSource 诊断日志来实现上面演示的针对数据库命令执行的日志输出场景。DiagnosticSource 是一个抽象类型。我们使用的是它的子类 DiagnosticListener。也就是说 DiagnosticListener 的角色是发布者，而不是订阅者，这一点和它的命名不太相符。如下面的代码片段所示，首先我们创建了一个命名为"Artech-Data-SqlClient"的 DiagnosticListener 对象，然后调用其 Write 方法完成日志事件的发送。日志事件被命名为"CommandExecution"，内容载荷是包含 CommandType 和 CommandText 两个属性的匿名对象。

```
using App;
using System.Data;
using System.Diagnostics;

DiagnosticListener.AllListeners.Subscribe(new Observer<DiagnosticListener>(
    listener =>
    {
```

```
            if (listener.Name == "Artech-Data-SqlClient")
            {
                listener.Subscribe(new Observer<KeyValuePair<string, object?>>(eventData =>
                {
                    Console.WriteLine($"Event Name: {eventData.Key}");
                    if (eventData.Value != null)
                    {
                        dynamic payload = eventData.Value;
                        Console.WriteLine($"CommandType: {payload.CommandType}");
                        Console.WriteLine($"CommandText: {payload.CommandText}");
                    }
                }));
            }
        }));

var source = new DiagnosticListener("Artech-Data-SqlClient");
if (source.IsEnabled("CommandExecution"))
{
    source.Write("CommandExecution", new {
            CommandType = CommandType.Text,
            CommandText = "SELECT * FROM T_USER"
        });
}
```

DiagnosticListener 类型的静态属性 AllListeners 以一个 IObservable<DiagnosticListener>对象的形式提供当前进程内创建的所有 DiagnosticListener 对象，调用它的 Subscribe 方法注册了一个 Observer<DiagnosticListener>对象。在根据名称筛选出待订阅的目标 DiagnosticListener 对象之后，调用其 Subscribe 方法注册了一个 Observer<KeyValuePair<string, object>>对象，并用它监听发出的日志事件。

日志事件的所有信息体现在作为泛型参数的 KeyValuePair<string, object>对象中，它的 Key 和 Value 分别表示事件的名称与内容载荷。由于我们已经知道了作为内容载荷的数据结构，所以可以采用动态类型的方式将成员的值提取出来。该程序运行之后，DiagnosticListener 对象记录的日志内容会输出到控制台上，如图 7-7 所示。（S706）

图 7-7 捕捉 DiagnosticListener 发出的日志事件

上面演示的实例通过为 DiagnosticListener 对象显式注册一个 IObserver<KeyValuePair<string, object>>对象的方式来捕捉由它发出的日志事件，实际上还有一种更加简便的编程方式。由于每个 DiagnosticListener 对象发出的日志事件都有一个确定的名称，并且总是将提供的载荷对象原封不动地分发给注册的订阅者，如果能够解决事件名称与方法之间，以及日志事件内容载荷对象成员与方法参数之间的映射，就能够使用一个具体的类型作为 DiagnosticListener 的订阅者。

这种强类型的日志记录方式实现在 "Microsoft.Extensions.DiagnosticAdapter" 这个 NuGet 包中。

在添加了上述 NuGet 包的引用之后，定义一个名为 DatabaseSourceCollector 订阅类型。如下面的代码片段所示，我们在 OnCommandExecute 方法上通过标注的 DiagnosticNameAttribute 特性实现了与订阅事件（CommandExecution）的关联。OnCommandExecute 方法定义了两个参数（commandType 和 commandText），它们的类型和名称刚好与日志事件内容载荷对象对应的成员相匹配。

```csharp
public class DatabaseSourceCollector
{
    [DiagnosticName("CommandExecution")]
    public void OnCommandExecute(CommandType commandType, string commandText)
    {
        Console.WriteLine($"Event Name: CommandExecution");
        Console.WriteLine($"CommandType: {commandType}");
        Console.WriteLine($"CommandText: {commandText}");
    }
}
```

为了使用上面的 DatabaseSourceCollector 对象来捕捉发出的日志事件，我们对上面的程序进行了改写。如下面的代码片段所示，我们不再创建并注册一个 IObserver<KeyValuePair<string, object>>对象，而是调用 SubscribeWithAdapter 扩展方法将 DatabaseSourceCollector 对象注册为日志订阅者。由于捕捉的日志事件的相关信息在 OnCommandExecute 方法中采用与上面完全一致的输出结构，所以应用程序运行之后同样会在控制台上输出与图 7-7 完全一致的内容。（S707）

```csharp
using App;
using System.Data;
using System.Diagnostics;

DiagnosticListener.AllListeners.Subscribe( new Observer<DiagnosticListener>(
    listener => {
        if (listener.Name == "Artech-Data-SqlClient")
        {
            listener.SubscribeWithAdapter(new DatabaseSourceCollector());
        }
    }));

var source = new DiagnosticListener("Artech-Data-SqlClient");
source.Write("CommandExecution", new {
        CommandType = CommandType.Text,
        CommandText = "SELECT * FROM T_USER"
    });
```

7.2 Debugger 调试日志

静态类型 Debugger 是 .NET 应用与调试器进行通信的媒介。我们可以利用它启动调试器，还可以利用它在某行代码上触发一个断点。虽然在编程过程中涉及该类型的机会不多，但是我们也有必要了解这个类型。

7.2.1　Debugger

.NET 采用的 JIT Debugging 会在应用程序遇到错误或者调用到某些方法时提示加载调试器。由于调试器集成到 Visual Studio 上，如果应用程序是直接在以 Start Debugging 模式（F5）启动的，则调试器会直接附加到进程上。如果采用 Start Without Debugging（Ctrl+F5）模式或者命令行的方式启动应用程序，则调试器将不会参与进来，但是可以调用 Debugger 相应的方法来启动调试器。如下所示的代码片段为静态类型 Debugger 的定义。

```
public static class Debugger
{
    public static readonly string DefaultCategory;
    public static bool IsAttached { get; }

    public static bool Launch();
    public static void Break();
    public static extern bool IsLogging();
    public static extern void Log(int level, string category, string message);
    ...
}
```

Debugger 的 IsAttached 属性表示调试器是否被附加到当前进程上，如果该属性返回 False，就可以调用 Launch 方法启动调试器。当该方法被执行时，系统弹出"Choose Just-In-Time Debugger"对话框，如图 7-8 所示。我们可以选择一个 JIT Debugger 对当前应用程序进行调试。本机开启的 Visual Studio 进程（devenv.exe）会全部出现在列表框中。我们可以开启一个新的 Visual Studio 进程对当前应用程序进行调试。

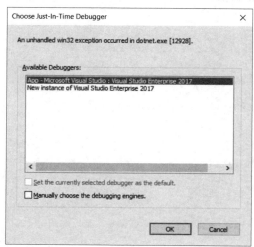

图 7-8　"Chooser Just-In-Time Debugger"对话框

Debugger 的 Break 方法的作用就是在当前调用的地方触发一个断点，这与利用 Visual Studio 在某行代码上设置断点的作用是一致的。Debugger 的 IsLogging 方法和 Log 方法与日志有关，前者表示是否已经将调试器附加到当前进程并且开启日志功能，后者就是前面演示实例中用来向调试器发送日志消息的方法。我们在调用 Log 方法时需要指定日志消息的等级、类别和内容。如果应用程序没有对调试消息进行具体的类别划分，就可以将类别设置为 Null，表示默认类型的字段 DefaultCategory 返回的就是 Null。

7.2.2 Debug

　　静态类型 Debug 提供了一系列与调试相关的方法。由于这些方法全部标注了 ConditionalAttribute 特性并将条件编译符设置为 Debug，所以这些方法的调用只存在于 Debug 模式编译生成的程序集中。对于定义在静态类型 Debug 中的众多方法，其中有一半以上与调试日志的写入有关，而经常使用的就是 Write 方法和 WriteLine 方法，它们最终都会调用 Debugger 的 Log 方法来完成日志的写入。在调用这些方法时需要指定日志消息（必需）和日志类别（可选）。如果没有显式设置，则日志类别将被默认设置为 Null。

　　至于日志消息，我们既可以直接指定一个完整的文本，也可以指定一个包含占位符（{0}，{1}，…，{n}）的模板和对应的参数列表进行格式化。如果指定的是一个普通的对象，则作为日志消息的将是该对象 ToString 方法返回的结果。除此之外，这些方法均没有涉及日志等级的指定，在调用 Debugger 的 Log 方法时将等级指定为 0。

```
public static class Debug
{
    ...
    [Conditional("DEBUG")]
    public static void Write(object value);
    [Conditional("DEBUG")]
    public static void Write(string message);
    [Conditional("DEBUG")]
    public static void Write(object value, string category);
    [Conditional("DEBUG")]
    public static void Write(string message, string category);

    [Conditional("DEBUG")]
    public static void WriteLine(object value);
    [Conditional("DEBUG")]
    public static void WriteLine(string message);
    [Conditional("DEBUG")]
    public static void WriteLine(object value, string category);
    [Conditional("DEBUG")]
    public static void WriteLine(string format, params object[] args);
    [Conditional("DEBUG")]
    public static void WriteLine(string message, string category);
    [Conditional("DEBUG")]
}
```

　　除了上面定义的 Write 方法和 WriteLine 方法，Debug 类型还定义了对应的 WriteIf 方法和 WriteLineIf 方法。这些方法会提供一个布尔值作为前置条件，它们只有在满足指定条件的前提下才会调用对应的 Write 方法和 WriteLine 方来记录日志。

```
public static class Debug
```

```
{
    [Conditional("DEBUG")]
    public static void WriteIf(bool condition, object value);
    [Conditional("DEBUG")]
    public static void WriteIf(bool condition, string message);
    [Conditional("DEBUG")]
    public static void WriteIf(bool condition, object value, string category);
    [Conditional("DEBUG")]
    public static void WriteIf(bool condition, string message, string category);

    [Conditional("DEBUG")]
    public static void WriteLineIf(bool condition, object value);
    [Conditional("DEBUG")]
    public static void WriteLineIf(bool condition, string message);
    [Conditional("DEBUG")]
    public static void WriteLineIf(bool condition, object value, string category);
    [Conditional("DEBUG")]
    public static void WriteLineIf(bool condition, string message, string category);
}
```

7.3 TraceSource 跟踪日志

基于 TraceSource、EventSource 和 DiagnosticSource 的日志框架都采用观察者（订阅发布）模式进行设计，日志消息由作为发布者的某个 Source 发出，被作为订阅者的一个或者多个 Listener 接收并消费。在基于 TraceSource 的跟踪日志系统中，发布者和订阅者通过 TraceSource 与 TraceListener 类型来表示。跟踪日志系统还定义了一个 SourceSwitch 的类型。我们可以将它们称为"跟踪日志模型三要素"。

7.3.1 跟踪日志模型三要素

图 7-9 展示了以 TraceSource、TraceListener 和 SourceSwitch 为核心的跟踪日志模型。日志事件由某个具体的 TraceSource 发出，它们的消费实现在相应的 TraceListener 中，同一个 TraceSource 上可以注册多个 TraceListener。在事件从 TraceSource 到 TraceListener 的分发过程中，SourceSwitch 起到了日志过滤的作用。每个 TraceSource 都拥有一个 SourceSwitch，后者提供了相应的过滤策略帮助前者决定是否应该将日志消息分发给注册的 TraceListener。

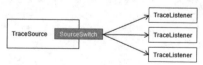

图 7-9　以 TraceSource、TraceListener 和 SourceSwitch 为核心的跟踪日志模型

1. SourceSwitch

在介绍 3 个核心对象之前，我们需要先了解与跟踪日志事件类型和等级有关的两个枚举类型。第一个，日志事件等级或者类型可以通过 TraceEventType 枚举类型表示。如下面的代码片

段所示，TraceEventType 的每个枚举项都被赋予了一个值，数值越小，等级越高。

```
public enum TraceEventType
{
    Critical        = 1,
    Error           = 2,
    Warning         = 4,
    Information     = 8,
    Verbose         = 16,

    Start           = 256,
    Stop            = 512,
    Suspend         = 1024,
    Resume          = 2048,
    Transfer        = 4096
}
```

　　我们可以将定义在 TraceEventType 中的枚举项分为两组。第 1 组从 Critical 到 Verbose，它们是对某个独立事件的描述。等级最高的 Critical 表示致命的错误，这样的错误可能会导致程序崩溃。对于 Error 和 Warning 来说，前者表示不会影响程序继续运行的错误，后者则表示等级次之的警告。如果需要记录一些"仅供参考"之类的消息，则可以选择使用 Information 类型。如果提供的消息仅供调试使用，则最好选择等级更低的 Verbose。第 2 组从 Start 到 Transfer，它们对应的事件关联的是某个功能性的活动（Activity），这 5 种跟踪事件类型分别表示获取的 5 种状态变换，即开始、结束、中止、恢复和转换。

　　与跟踪事件类型或者等级相关的还包括下面的 SourceLevels 枚举。标注了 FlagsAttribute 特性的 SourceLevels 被 TraceSource 用来表示最低跟踪事件等级，它与上面介绍的 TraceEventType 具有密切的关系。如果给定一个具体的 SourceLevels，就能够确定定义在 TraceEventType 中的哪些枚举项是与之匹配的，判定的结果由 TraceEventType 的值与 SourceLevels 的值进行"逻辑与"运算决定。对于 All 和 Off 来说，前者表示所有的跟踪事件类型都匹配，而后者的含义则与此相反。Critical、Error、Warning、Information 和 Verbose 表示不低于指定等级的跟踪事件类型，而 ActivityTracing 则表示只选择 5 种针对活动的事件类型。

```
[Flags]
public enum SourceLevels
{
    All             = -1,
    Off             = 0,
    Critical        = 1,
    Error           = 3,
    Warning         = 7,
    Information     = 15,
    Verbose         = 31,
    ActivityTracing = 65280
}
```

　　了解了这两个与跟踪事件类型和等级相关的枚举类型之后，我们再来认识一下作为跟踪系统核心三要素之一的 SourceSwitch。当利用 TraceSource 对象触发一个跟踪事件时，与之关联的

SourceSwitch 会利用指定的 SourceLevels 来确定该跟踪事件的类型是否满足最低等级的要求。只有在当前事件类型对应的等级不低于指定等级的情况下，跟踪事件才会被分发给注册的 TraceListener 对象。如下面的代码片段所示，SourceSwitch 派生于抽象类 Switch，它表示一个一般意义的"开关"，其字符串属性 DisplayName、Value 和 Description 分别表示开关的名称、值与描述。Switch 具有一个整型的 SwitchSetting 属性，用于承载具体的开关设置。当值发生改变时，它的 OnValueChanged 方法会作为回调被调用。

```
public class SourceSwitch : Switch
{
    public SourceLevels Level
    {
        get => (SourceLevels)base.SwitchSetting;
        set => base.SwitchSetting = (int)value
    }

    public SourceSwitch(string name) : base(name, string.Empty){}

    public SourceSwitch(string displayName, string defaultSwitchValue)
        : base(displayName, string.Empty, defaultSwitchValue){}

    protected override void OnValueChanged()
        => base.SwitchSetting = (int)Enum.Parse(typeof(SourceLevels), base.Value, true);

    public bool ShouldTrace(TraceEventType eventType)
        => (base.SwitchSetting & (int)eventType) > 0;
}

public abstract class Switch
{
    public string           DisplayName { get; }
    protected string        Value { get; set; }
    public string           Description { get; }
    protected int           SwitchSetting { get; set; }

    protected Switch(string displayName, string description);
    protected Switch(string displayName, string description, string defaultSwitchValue);
    protected virtual void  OnSwitchSettingChanged();
    ...
}
```

一个 SourceSwitch 对象会根据指定的 SourceLevels 确定某个跟踪事件类型是否满足设定的最低等级要求。但是在创建一个 SourceSwitch 对象时，我们并不会指定具体的 SourceLevels 枚举值，而是指定该枚举值的字符串表达式。正因为如此，重写的 OnValueChanged 方法会将字符串表示的等级转换成整数，并保存在 SwitchSetting 属性上。SourceSwitch 的 Level 属性再将该值转换成 SourceLevels 类型。SourceSwitch 针对跟踪事件类型的过滤最终体现在它的 ShouldTrace 方法上。

2. TraceListener

作为跟踪日志事件的订阅者，TraceListener 对象最终会接收到 TraceSource 分发给它的跟踪日志消息，并对它进行进一步的处理。在对 TraceListener 进行进一步介绍之前，需要先介绍几个与之相关的类型。日志消息除了承载显示消息文本，还需要包含一些与当前执行环境相关的信息，如当前进程和线程的 ID、当前时间戳及调用堆栈等。是否需要输出这些上下文信息，以及具体输出哪些信息是由下面的 TraceOptions 枚举类型控制的。由于该枚举类型上标注了 FlagsAttribute 特性，所以枚举项是可以组合使用的。

```
[Flags]
public enum TraceOptions
{
    None                    = 0,
    LogicalOperationStack   = 1,
    DateTime                = 2,
    Timestamp               = 4,
    ProcessId               = 8,
    ThreadId                = 16,
    Callstack               = 32,
}
```

TraceOptions 枚举涉及的这些上下文信息究竟是如何收集的？这就涉及 TraceEventCache 类型，作为日志内容载荷的上下文信息就保存在这个对象上。从如下所示的代码片段可以看出，定义在 TraceOptions 中除 None 外的每个枚举项在 TraceEventCache 中都有对应的属性。

```
public class TraceEventCache
{
    private DateTime                _dateTime = DateTime.MinValue;
    private string                  _stackTrace;
    private long                    _timeStamp = -1L;
    private static volatile bool    s_hasProcessId;
    private static volatile int     s_processId;

    public string Callstack
        => _stackTrace ?? (_stackTrace = Environment.StackTrace);
    public DateTime DateTime
        => _dateTime == DateTime.MinValue
            ? _dateTime = DateTime.UtcNow
            : _dateTime;
    public Stack LogicalOperationStack
        => Trace.CorrelationManager.LogicalOperationStack;
    public int ProcessId
        => GetProcessId();
    public string ThreadId
        => Environment.CurrentManagedThreadId.ToString(CultureInfo.CurrentCulture);
    public long Timestamp => _timeStamp == -1L
        ? _timeStamp = Stopwatch.GetTimestamp()
        : _timeStamp;

    internal static int GetProcessId()
```

```
{
    if (!s_hasProcessId)
    {
        s_processId = (int)GetCurrentProcessId();
        s_hasProcessId = true;
    }
    return s_processId;
}

[DllImport("kernel32.dll")]
internal static extern uint GetCurrentProcessId();
}
```

上面介绍了与跟踪日志上下文相关的两个类型，接下来介绍另一个于它们相关的
TraceFilter 类型。如果 SourceSwitch 是 TraceSource 用来针对所有注册 TraceListener 的全局开关，
则 TraceFilter 是隶属于某个具体 TraceListener 的私有开关。当 TraceSource 将包含上下文信息的
跟踪日志消息推送给 TraceListener 之后，后者会利用 TraceFilter 对其进行进一步过滤，不满足
过滤条件的日志消息还是会被忽略。图 7-10 展示了引入 TraceListener 对象后跟踪日志模型的完
整结构。

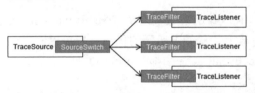

图 7-10　引入 TraceListener 对象后跟踪日志模型的完整结构

如下面的代码片段所示，抽象类 TraceFilter 将跟踪日志的过滤实现在唯一的 ShouldTrace 方
法中。从方法的定义可以看出，用来检验是否满足过滤条件的输入包括承载当前上下文信息的
TraceEventCache 对象、TraceSource 的名称、跟踪日志事件类型、跟踪事件 ID，以及用于格式
化消息内容的模板与参数列表和提供的原始数据（data1 和 data）。EventTypeFilter 和
SourceFilter 继承了这个抽象类。

```
public abstract class TraceFilter
{
    public abstract bool ShouldTrace(TraceEventCache cache, string source,
        TraceEventType eventType, int id, string formatOrMessage, object[] args,
        object data1, object[] data);
}


public class EventTypeFilter : TraceFilter
{
    public SourceLevels EventType { get; set; }
    public EventTypeFilter(SourceLevels level) => EventType = level;

    public override bool ShouldTrace(TraceEventCache cache, string source,
        TraceEventType eventType, int id, string formatOrMessage, object[] args,
```

```
        object data1, object[] data)
        => ((int)eventType & (int)EventType) > 0;
}

public class SourceFilter : TraceFilter
{
    private string _source;
    public string Source
    {
        get => _source;
        set => _source = value ?? throw new ArgumentNullException("Source");
    }
    public SourceFilter(string source)
        => _source = source?? throw new ArgumentNullException(nameof(source));

    public override bool ShouldTrace(TraceEventCache cache, string source,
        TraceEventType eventType, int id, string formatOrMessage, object[] args,
        object data1, object[] data)
        => Source == source;
}
```

接下来将关注点重新转移到 TraceListener 上。如下面的代码片段所示，TraceListener 抽象类具有一系列的属性成员，其中包括作为名称的 Name、用于过滤跟踪日志的 Filter，以及用于控制上下文信息收集的 TraceOutputOptions。NeedIndent 属性、IndentLevel 属性和 IndentSize 属性与格式化日志输出内容采用的缩进设置有关，分别表示是否需要缩进、当前缩进的等级及每次缩进的步长。

```
public abstract class TraceListener : MarshalByRefObject, IDisposable
{
    public virtual string      Name { get; set; }
    public TraceFilter         Filter { get; set; }
    public TraceOptions        TraceOutputOptions { get; set; }

    protected bool             NeedIndent { get; set; }
    public int                 IndentLevel { get; set; }
    public int                 IndentSize { get; set; }

    public virtual bool        IsThreadSafe { get; }
    public StringDictionary    Attributes { get; }

    protected TraceListener();
    protected TraceListener(string name);

    public abstract void Write(string message);
    public abstract void WriteLine(string message);
    ...
}
```

布尔类型的 IsThreadSafe 属性表示跟踪日志的处理是否线程安全，该属性默认返回 False。

如果某个具体的 TraceListener 采用线程安全的方式处理跟踪日志，就应该重写该属性。TraceListener 还具有一个名为 Attributes 的只读属性，它利用一个 StringDictionary 对象作为容器来存储任意添加的属性。TraceListener 提供了很多方法来处理 TraceSource 分发给它的跟踪日志，这些方法最终都会利用 TraceFilter 判断跟踪日志是否满足过滤条件。满足过滤规则的跟踪日志被格式化成字符串后，通过两个抽象方法（Write 和 WriteLine）输出到对应的目标渠道，所以一个派生于抽象类 TraceListener 的类型往往只需要重写这两个方法即可。

TraceListener 提供了几组用于处理跟踪日志消息的方法，其中最核心的是用来发送跟踪事件的 3 个 TraceEvent 方法，这 3 个方法提供的参数包括承载上下文信息的 TraceEventCache 对象、TraceSource 的名称、跟踪日志事件的类型和 ID，以及以两种不同的方式（消息文本或者消息模板和参数）提供日志消息的内容载荷。

```
public abstract class TraceListener : MarshalByRefObject, IDisposable
{
    public virtual void TraceEvent(TraceEventCache eventCache, string source,
        TraceEventType eventType, int id);
    public virtual void TraceEvent(TraceEventCache eventCache, string source,
        TraceEventType eventType, int id, string message);
    public virtual void TraceEvent(TraceEventCache eventCache, string source,
        TraceEventType eventType, int id, string format, params object[] args);
    ...
}
```

除了上面定义的 Write 方法和 WriteLine 方法，TraceListener 还定义了如下这些重载方法。在根据指定的内容载荷和日志类别（Category）生成格式化的消息文本后，它们会直接调用上面介绍的抽象方法 Write 或者 WriteLine 将其分发到对应的输出渠道。TraceListener 的跟踪事件过滤对于这些方法同样有效，并且进行过滤规则检验时采用的事件类型为 Verbose。这些方法并不涉及跟踪事件的 ID，但是这个 ID 对于其他方法则是必需的。

```
public abstract class TraceListener : MarshalByRefObject, IDisposable
{
    public virtual void Write(object o);
    public virtual void Write(object o, string category);
    public virtual void Write(string message, string category);
    public virtual void WriteLine(object o);
    public virtual void WriteLine(object o, string category);
    public virtual void WriteLine(string message, string category);
    ...
}
```

下面的 TraceTransfer 方法针对的是"活动转移"跟踪事件。所以我们需要提供关联的活动 ID。从如下所示的代码片段可以看出，TraceTransfer 方法最终还是调用 TraceEvent 方法来处理跟踪日志消息。除了将跟踪事件类型设置为"Transfer"，TraceTransfer 方法还会将提供的关联活动 ID 作为后缀添加到指定的消息上。

```
public abstract class TraceListener : MarshalByRefObject, IDisposable
{
    public virtual void TraceTransfer(TraceEventCache eventCache, string source, int id,
```

```
        string message, Guid relatedActivityId)
    {
        TraceEvent(eventCache, source, TraceEventType.Transfer, id,
            message + ", relatedActivityId=" + relatedActivityId.ToString());
    }
}
```

除了提供一个字符串作为日志消息的内容载荷，我们还可以调用如下两个 TraceData 重载方法。它们会将一个对象或者数组作为内容载荷，TraceFilter 的 ShouldTrace 方法最后的两个参数分别对应这两个对象。当这两个方法被调用时，它们会直接调用内容载荷对象的 ToString 方法将对象转换成字符串。TraceListener 还定义了一些其他方法，由于篇幅有限，本节不再赘述，有兴趣的读者可以参阅相关的文档。

```
public abstract class TraceListener : MarshalByRefObject, IDisposable
{
    public virtual void TraceData(TraceEventCache eventCache, string source,
        TraceEventType eventType, int id, object data);
    public virtual void TraceData(TraceEventCache eventCache, string source,
        TraceEventType eventType, int id, params object[] data);
    ...
}
```

TraceListener 采用内容缓冲机制来提供内容输出的性能。对于接收到的跟踪日志，TraceListener 通常先将它们暂存在缓冲区内，累积到一定数量之后再进行批量输出。如果希望立即输出缓存区内的跟踪日志，则可以调用它的 Flush 方法。TraceListener 类型还实现了 IDisposable 接口，实现的 Dispose 方法可以释放相应的资源。除此之外，TraceListener 还定义了一个 Close 方法，按照约定，它与 Dispose 方法是等效的。一般来说，Dispose 方法或者 Close 方法的调用会强制输出缓存区中保存的跟踪日志。

```
public abstract class TraceListener : MarshalByRefObject, IDisposable
{
    public virtual void Flush();
    public virtual void Close();
    public void Dispose();
}
```

3．TraceSource

跟踪日志事件最初都是由某个 TraceSource 发出的。如下面的代码片段所示，每个 TraceSource 对象都有一个通过 Name 属性表示的名称。TraceSource 的 Switch 属性用于获取和设置作为全局开关的 SourceSwitch 对象，而 Listeners 属性则用于保存所有注册的 TraceListener 对象。在创建一个 TraceSource 对象时需要指定其名称（必需）和用于创建 SourceSwitch 的 SourceLevels 枚举（可选）。如果后者没有显式指定，等级会被设置为 Off，就意味着该 TraceSource 对象处于完全关闭的状态。

```
public class TraceSource
{
    public TraceListenerCollection    Listeners { get; }
    public string                     Name { get; }
```

```
    public SourceSwitch                    Switch { get; set; }

    public TraceSource(string name);
    public TraceSource(string name, SourceLevels defaultLevel);
    ...
}
```

定义在 TraceSource 类型中的所有公共方法全部标注了 ConditionalAttribute 特性，对应的条件编译符被设置为 TRACE。如果目标程序集是在 TRACE 条件编译符不存在的情况下编译生成的，就意味着所有与跟踪日志相关的代码都不复存在。如下代码定义的 TraceEvent 重载方法是 TraceSource 最核心的 3 个方法，可以调用它们发送指定类型的跟踪事件。调用这些方法时除了可以指定跟踪事件类型和事件 ID，我们还可以采用两种不同的形式提供日志内容载荷。如果满足过滤规则，则这些方法最终会调用注册的 TraceListener 对象的同名方法完成最终的日志输出工作。

```
public class TraceSource
{
    [Conditional("TRACE")]
    public void TraceEvent(TraceEventType eventType, int id);
    [Conditional("TRACE")]
    public void TraceEvent(TraceEventType eventType, int id, string message);
    [Conditional("TRACE")]
    public void TraceEvent(TraceEventType eventType, int id, string format,
        params object[] args);
    ...
}
```

TraceSource 还提供了如下两个名为 TraceInformation 的重载方法，它们最终还是调用 TraceEvent 方法并将跟踪事件类型设置为 Information。另一个 TraceTransfer 方法会发送一个类型为 Transfer 的跟踪事件，它最终调用的是注册 TraceListener 对象的同名方法。TraceSource 具有两个名为 TraceData 的方法，它们分别使用一个对象和对象数组作为跟踪日志的内容载荷，TraceSource 类型同样具有对应的方法定义。

```
public class TraceSource
{
    [Conditional("TRACE")]
    public void TraceInformation(string message);
    [Conditional("TRACE")]
    public void TraceInformation(string format, params object[] args);
    [Conditional("TRACE")]
    public void TraceTransfer(int id, string message, Guid relatedActivityId);

    [Conditional("TRACE")]
    public void TraceData(TraceEventType eventType, int id, object data);
    [Conditional("TRACE")]
    public void TraceData(TraceEventType eventType, int id, params object[] data);

    ...
```

```
}
```

TraceSource 最终会驱动注册的 TraceListener 对象来对由它发出的跟踪日志做最后的输出，这个过程可能涉及对跟踪日志的缓冲，所以可以利用 TraceSource 定义 Flush 方法驱动所有的 TraceListener 来"冲洗"它们的缓冲区。由于 TraceListener 实现了 IDispose 接口，所以 TraceSource 同样需要利用下面的 Close 方法来释放它们持有的资源。

```
public class TraceSource
{
    public void Close();
    public void Flush();
    ...
}
```

7.3.2　预定义 TraceListener

在跟踪日志框架中，我们利用注册的 TraceListener 对象对跟踪日志消息进行持久化存储（如将格式化的日志消息保存在文件或者数据库中）或者可视化显示（如输出到控制台上），又或者将它们发送到远程服务做进一步处理。跟踪日志系统定义了几个原生的 TraceListener 类型。

1．DefaultTraceListener

创建的 TraceSource 对象会自动注册具有如下定义的 DefaultTraceListener 对象，后者会将日志消息作为调试信息发送给调试器。DefaultTraceListener 对象还可以将日志内容写入指定的文件，文件的路径可以通过 LogFileName 属性来指定。

```
public class DefaultTraceListener: TraceListener
{
    public string LogFileName { get; set; }

    public override void Write(string message);
    public override void WriteLine(string message);
    ...
}
```

我们通过一个简单的程序来演示 DefaultTraceListener 针对文件的日志输出。如下面的代码片段所示，在创建一个 TraceSource 对象之后，我们将默认注册的 TraceListener 清除，并注册了根据指定的日志文件（trace.log）创建的 DefaultTraceListener 对象，针对每种事件类型输出一条日志。

```
using System.Diagnostics;

var source = new TraceSource("Foobar", SourceLevels.All);
source.Listeners.Clear();
source.Listeners.Add(new DefaultTraceListener { LogFileName = "trace.log" });
var eventTypes = (TraceEventType[])Enum.GetValues(typeof(TraceEventType));
var eventId = 1;
Array.ForEach(eventTypes,
    it => source.TraceEvent(it, eventId++, $"This is a {it} message."));
```

运行程序后，我们会发现编译输出目录下会生成一个 trace.log 文件，程序中生成的 10 条跟踪日志会逐条写入该文件中（见图 7-11）。DefaultTraceListener 对象在进行文件日志输出时，只

将格式化的日志消息以追加（Append）的形式写入指定的文件。（S708）

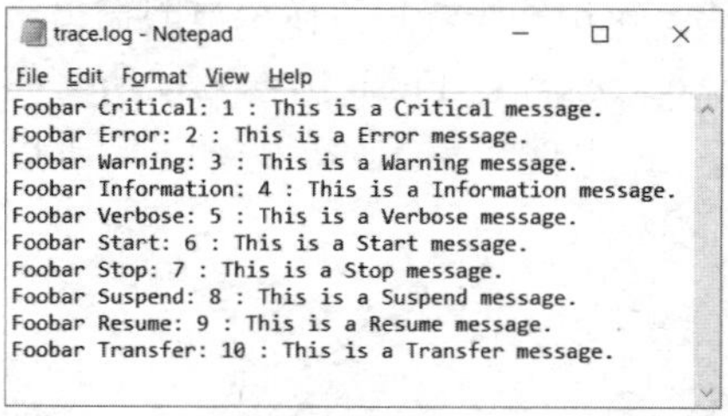

图 7-11　针对静态类型 Trace 的跟踪事件分发处理机制

2. TextWriterTraceListener

由于跟踪日志的内容载荷最终都会格式化成一个字符串，字符串的输出可以由一个 TextWriter 对象来完成。一个 TextWriterTraceListener 对象利用封装的 TextWriter 对象完成跟踪日志内容的输出工作。如下面的代码片段所示，这个 TextWriter 对象体现在 TextWriterTraceListener 的 Writer 属性上。

```
public class TextWriterTraceListener : TraceListener
{
    public TextWriter Writer { get; set; }

    public TextWriterTraceListener();
    public TextWriterTraceListener(Stream stream);
    public TextWriterTraceListener(TextWriter writer);
    public TextWriterTraceListener(Stream stream, string name);
    public TextWriterTraceListener(TextWriter writer, string name);
    public TextWriterTraceListener(string fileName);
    public TextWriterTraceListener(string fileName, string name);

    public override void Write(string message);
    public override void WriteLine(string message);

    public override void Close();
    protected override void Dispose(bool disposing);
    public override void Flush();
}
```

TextWriterTraceListener 有 3 个派生类，分别是 ConsoleTraceListener、DelimitedListTraceListener 和 XmlWriterTraceListener。根据类型命名可以看出，它们将日志消息分别写入控制台、分隔符列表文件和 XML 文件。

3. DelimitedListTraceListener

DelimitedListTraceListener 是 TextWriterTraceListener 的子类，它在对跟踪日志信息进行格式化时采用指定的分隔符。如下面的代码片段，Delimiter 属性代表的就是这个分隔符，在默认情况下采用分号（;）作为分隔符。

```
public class DelimitedListTraceListener : TextWriterTraceListener
```

```
{
    public string Delimiter { get; set; }

    public DelimitedListTraceListener(Stream stream);
    public DelimitedListTraceListener(TextWriter writer);
    public DelimitedListTraceListener(string fileName);
    public DelimitedListTraceListener(Stream stream, string name);
    public DelimitedListTraceListener(TextWriter writer, string name);
    public DelimitedListTraceListener(string fileName, string name);

    public override void TraceData(TraceEventCache eventCache, string source,
        TraceEventType eventType, int id, object data);
    public override void TraceData(TraceEventCache eventCache, string source,
        TraceEventType eventType, int id, params object[] data);
    public override void TraceEvent(TraceEventCache eventCache, string source,
        TraceEventType eventType, int id, string message);
    public override void TraceEvent(TraceEventCache eventCache, string source,
        TraceEventType eventType, int id, string format, params object[] args);
}
```

基于分隔符的格式化实现在重写的 TraceData 方法和 TraceEvent 方法中，所以调用 TraceSource 对象的 Write 方法或者 WriteLine 方法时输出的内容不会采用分隔符进行分隔。对于第二个 TraceData 重载方法，如果传入的内容载荷对象是一个数组，那么每个元素之间同样会采用分隔符进行分隔。在默认情况下，采用的分隔符为逗号（,），但是如果 Delimiter 属性表示的主分隔符为逗号，此分隔符就会选择分号（;）。如下所示的代码片段展示了在选用默认分隔符的情况下分别通过 TraceData 方法和 TraceEvent 方法输出的文本格式。

```
TraceData 1:
{SourceName};{EventType};{EventId};{Data};{ProcessId};{LogicalOperationStack};{ThreadId};{DateTime};{Timestamp};
TraceData 2:
{SourceName};{EventType};{EventId};{Data1},{Data2},...,{DataN};{ProcessId};{LogicalOperationStack};{ThreadId};{DateTime};{Timestamp};

TraceEvent
{SourceName};{EventType};{EventId};{Message};;{ProcessId};{LogicalOperationStack};{ThreadId};{DateTime};{Timestamp};
```

上面展示的跟踪日志输出格式中的占位符"{LogicalOperationStack}"表示当前逻辑操作的调用堆栈。上述代码片段还揭示了另一个细节，那就是对 TraceEvent 方法的输出格式来说，在表示日志消息主体内容的"{Message}"和表示进程 ID 的"{ProcessId}"之间会出现两个分隔符，这可能是一个漏洞（Bug）。如果采用逗号（,）作为分隔符，那么最终输出的是一个 CSV（Comma Separated Value）文件。

在如下所示的实例中，首先将当前目录下一个名为 trace.csv 的文件作为日志文件，然后根据这个文件的 FileStream 创建了一个 DelimitedListTraceListener 对象并将其注册到 TraceSource 对象上，最后针对每种事件类型输出了 10 条日志。

```
using System.Diagnostics;
```

```
var fileName = "trace.csv";
File.AppendAllText(fileName, @$"SourceName,EventType,EventId,Message,N/A,ProcessId,
    LogicalOperationStack, ThreadId, DateTime, Timestamp,{ Environment.NewLine}");

using (var fileStream = new FileStream(fileName, FileMode.Append))
{
    TraceOptions options = TraceOptions.Callstack | TraceOptions.DateTime |
        TraceOptions.LogicalOperationStack | TraceOptions.ProcessId |
        TraceOptions.ThreadId | TraceOptions.Timestamp;
    var listener = new DelimitedListTraceListener(fileStream)
    { TraceOutputOptions = options, Delimiter = "," };
    var source = new TraceSource("Foobar", SourceLevels.All);
    source.Listeners.Add(listener);
    var eventTypes = (TraceEventType[])Enum.GetValues(typeof(TraceEventType));
    for (int index = 0; index < eventTypes.Length; index++)
    {
        var enventType = eventTypes[index];
        var eventId = index + 1;
        Trace.CorrelationManager.StartLogicalOperation($"Op{eventId}");
        source.TraceEvent(enventType, eventId, $"This is a {enventType} message.");
    }
    source.Flush();
}
```

为了演示上面提到的逻辑操作的调用堆栈，我们利用 Trace 类型得到一个 CorrelationManager 对象，并调用其 StartLogicalOperation 方法启动一个以“Op{eventId}”格式命名的逻辑操作。由于 DelimitedListTraceListener 对象内部采用了缓冲机制，所以调用 TraceSource 对象的 Flush 方法强制输出缓冲区中的跟踪日志。程序运行之后输出的 10 条跟踪日志将全部记录在 trace.csv 文件中，如果直接利用 Excel 打开这个文件，就会看到图 7-12 所示的内容。（S709）

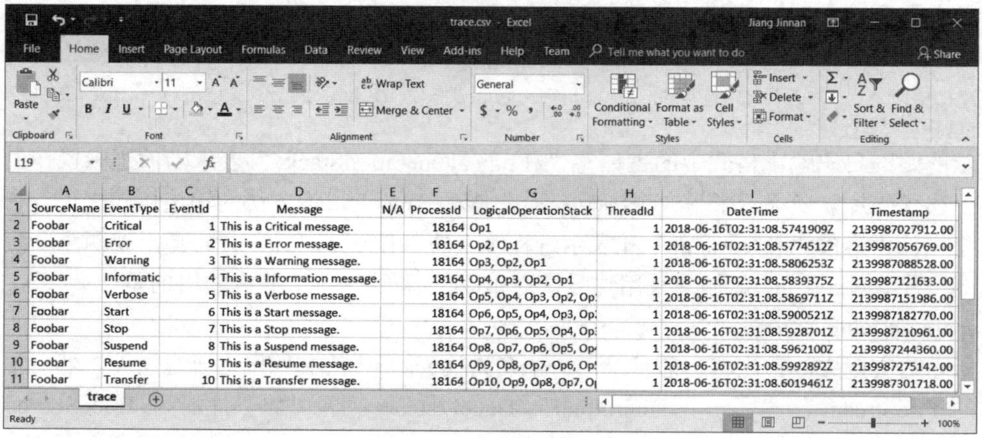

	A	B	C	D	E	F	G	H	I	J
1	SourceName	EventType	EventId	Message	N/A	ProcessId	LogicalOperationStack	ThreadId	DateTime	Timestamp
2	Foobar	Critical	1	This is a Critical message.		18164	Op1	1	2018-06-16T02:31:08.5741909Z	2139987027912.00
3	Foobar	Error	2	This is a Error message.		18164	Op2, Op1	1	2018-06-16T02:31:08.5774512Z	2139987056769.00
4	Foobar	Warning	3	This is a Warning message.		18164	Op3, Op2, Op1	1	2018-06-16T02:31:08.5806253Z	2139987088528.00
5	Foobar	Informatic	4	This is a Information message.		18164	Op4, Op3, Op2, Op1	1	2018-06-16T02:31:08.5839375Z	2139987121633.00
6	Foobar	Verbose	5	This is a Verbose message.		18164	Op5, Op4, Op3, Op2, Op	1	2018-06-16T02:31:08.5869711Z	2139987151986.00
7	Foobar	Start	6	This is a Start message.		18164	Op6, Op5, Op4, Op3, Op	1	2018-06-16T02:31:08.5900521Z	2139987182770.00
8	Foobar	Stop	7	This is a Stop message.		18164	Op7, Op6, Op5, Op4, Op	1	2018-06-16T02:31:08.5928701Z	2139987210961.00
9	Foobar	Suspend	8	This is a Suspend message.		18164	Op8, Op7, Op6, Op5, Op	1	2018-06-16T02:31:08.5962100Z	2139987244360.00
10	Foobar	Resume	9	This is a Resume message.		18164	Op9, Op8, Op7, Op6, Op	1	2018-06-16T02:31:08.5992892Z	2139987275142.00
11	Foobar	Transfer	10	This is a Transfer message.		18164	Op10, Op9, Op8, Op7, O	1	2018-06-16T02:31:08.6019461Z	2139987301718.00

图 7-12 通过 DelimitedListTraceListener 输出的日志文件

7.3.3　Trace

除了创建一个 TraceSource 对象来记录跟踪日志，还可以直接使用 Trace 类型来完成类似的工作。Trace 是一个本应定义成静态类型的实例类型，它的所有成员都是静态的。我们可以将 Trace 类型视为一个单例的 TraceSource 对象，TraceListener 对象以全局的形式直接注册在这个 Trace 类型之上。

与 TraceSource 不同的是，Trace 并不存在一个 SourceSwitch 作为全局开关对发出的跟踪事件进行过滤，所以调用 Trace 相应方法发出的跟踪事件会直接分发给注册的所有 TraceListener 对象。TraceListener 对象可以通过自身的 TraceFilter 对接收的跟踪事件进行过滤，图 7-13 展现了静态类型 Trace 的跟踪事件分发处理机制。

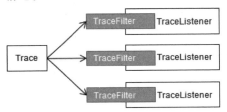

图 7-13　静态类型 Trace 的跟踪事件分发处理机制

与 TraceSource 一样，Trace 的所有公共方法全部标注了 ConditionalAttribute 特性，并将条件编译符设置为"TRACE"。如下面的代码片段所示，全局注册的 TraceListener 对象保存在通过静态属性 Listeners 表示的集合中。Trace 类型的三组方法会发送类型分别为 Error、Information 和 Warning 的跟踪事件，这些方法最终调用的是所有注册 TraceListener 对象的 TraceEvent 方法。

```
public sealed class Trace
{
    public static TraceListenerCollection Listeners { get; }

    [Conditional("TRACE")]
    public static void TraceError(string message);
    [Conditional("TRACE")]
    public static void TraceError(string format, params object[] args);

    [Conditional("TRACE")]
    public static void TraceInformation(string message);
    [Conditional("TRACE")]
    public static void TraceInformation(string format, params object[] args);

    [Conditional("TRACE")]
    public static void TraceWarning(string message);
    [Conditional("TRACE")]
    public static void TraceWarning(string format, params object[] args);
    ...
}
```

Trace 同样定义了如下所示的一系列 Write 方法和 WriteLine 方法，以及携带前置条件的 WriteIf 方法和 WriteLineIf 方法，这些方法最终都会调用注册的 TraceListener 对象的 Write 方法和 WriteLine 方法完成对日志的输出。

```csharp
public sealed class Trace
{
    [Conditional("TRACE")]
    public static void Write(object value);
    [Conditional("TRACE")]
    public static void Write(string message);
    [Conditional("TRACE")]
    public static void Write(object value, string category);
    [Conditional("TRACE")]
    public static void Write(string message, string category);

    [Conditional("TRACE")]
    public static void WriteIf(bool condition, object value);
    [Conditional("TRACE")]
    public static void WriteIf(bool condition, string message);
    [Conditional("TRACE")]
    public static void WriteIf(bool condition, object value, string category);
    [Conditional("TRACE")]
    public static void WriteIf(bool condition, string message, string category);

    [Conditional("TRACE")]
    public static void WriteLine(object value);
    [Conditional("TRACE")]
    public static void WriteLine(string message);
    [Conditional("TRACE")]
    public static void WriteLine(object value, string category);
    [Conditional("TRACE")]
    public static void WriteLine(string message, string category);

    [Conditional("TRACE")]
    public static void WriteLineIf(bool condition, object value);
    [Conditional("TRACE")]
    public static void WriteLineIf(bool condition, string message);
    [Conditional("TRACE")]
    public static void WriteLineIf(bool condition, object value, string category);
    [Conditional("TRACE")]
    public static void WriteLineIf(bool condition, string message, string category);
    ...
}
```

为了使输出的日志的内容更具结构化和可读性，我们可以利用定义在 Trace 类型中如下这些与缩进相关的成员。IndentSize 属性表示一次缩进的字符数，默认值为 4，而 IndentLevel 属性则用于返回或者设置当前的缩进层级。除了直接使用 IndentLevel 属性来控制缩进层级，还可以调用 Indent 方法和 Unindent 方法以递增或者递减的形式来设置缩进层级。

```csharp
public sealed class Trace
```

```
{
    public static int IndentLevel { get; set; }
    public static int IndentSize { get; set; }

    [Conditional("TRACE")]
    public static void Indent();
    [Conditional("TRACE")]
    public static void Unindent();
    ...
}
```

Trace 类型中同样定义了与日志输出缓冲机制相关的成员。Flush 方法用来强制输出存储在 TraceListener 中的跟踪日志。如果不希望跟踪日志在 TraceListener 的缓存区停留，则可以将 AutoFlush 属性设置为 True，Flush 方法会在接收到分发的跟踪事件后被调用。

```
public sealed class Trace
{
    public static bool                          AutoFlush { get; set; }
    public static CorrelationManager            CorrelationManager { get; }

    [Conditional("TRACE")]
    public static void Close();
    [Conditional("TRACE")]
    public static void Flush();
}
```

除了这两个与缓冲输出有关的成员，Trace 类型还定义了 Close 方法，它会调用 TraceListener 对象的同名方法来完成对资源的释放。它还有一个名为 CorrelationManager 的属性，它返回的 CorrelationManager 对象可以开启和关闭一个逻辑操作，已经在上面的演示实例中使用过这个对象。

7.4　EventSource 事件日志

基于 EventSource 的日志框架最初是为 Windows 的 ETW（Event Tracing for Windows）设计的。由于采用了发布订阅的设计思想，所以这个日志框架在日志生产和消费上是互相独立的。对于 EventSource 发出的日志事件，ETW 并非唯一的消费者，我们可以通过创建的 EventListener 对象来订阅感兴趣的日志事件，并对得到的日志消息进行针对性处理。

7.4.1　EventSource

在大部分情况下，我们倾向于定义一个派生于 EventSource 的子类型，并将日志事件的发送实现在某个方法中，不过这项工作也可以直接由创建的 EventSource 对象来完成。鉴于这两种不同的编程模式，EventSource 定义了两组（Protected 和 Public）构造函数。

```
public class EventSource : IDisposable
{
    public string                               Name { get; }
    public Guid                                 Guid { get; }
```

```
    public Exception                    ConstructionException { get; }
    public EventSourceSettings          Settings { get; }

    protected EventSource();
    protected EventSource(bool throwOnEventWriteErrors);
    protected EventSource(EventSourceSettings settings);
    protected EventSource(EventSourceSettings settings, params string[] traits);

    public EventSource(string eventSourceName);
    public EventSource(string eventSourceName, EventSourceSettings config);
    public EventSource(string eventSourceName, EventSourceSettings config,
        params string[] traits);
}
```

　　一个 EventSource 对象要求具有一个明确的名称，所以调用公共的构造函数时必须显式指定此名称。对于 EventSource 的派生类来说，如果类型上没有通过标注的 EventSourceAttribute 特性对名称进行显式设置，则类型的名称将会作为 EventSource 的名称。一个 EventSource 对象还要求被赋予一个 GUID 作为唯一标识。对于直接创建的 EventSource 对象来说，该标识是由指定的名称计算出来的，EventSource 的派生类型则可以通过标注的 EventSourceAttribute 特性来对这个标识进行显式设置。

　　EventSource 的 Settings 属性用于返回一个 EventSourceSettings 对象，这是一个标注了 FlagsAttribute 特性的枚举。该枚举对象针对 EventSource 的"设置"（Settings）主要体现在两个方法：指定输出日志的格式（Manifest 或者 Manifest Self-Describing），以及决定是否应该抛出日志写入过程中出现的异常的设置。

```
[Flags]
public enum EventSourceSettings
{
    Default                         = 0,
    ThrowOnEventWriteErrors         = 1,
    EtwManifestEventFormat          = 4,
    EtwSelfDescribingEventFormat    = 8
}
```

　　如果没有显式设置，则 EventSource 的派生类型的 Settings 属性默认为 EtwManifestEventFormat，调用公共构造函数创建的 EventSource 对象的 Settings 属性为 EtwSelfDescribingEventFormat。除了上述只读属性，EventSource 还有一个 ConstructionException 属性用于返回构造函数执行过程中抛出的异常。

　　在定义 EventSource 派生类时，虽然类型名称会默认作为 EventSource 的名称，但是通过在类型上标注 EventSourceAttribute 特性对名称进行显式设置依然是推荐的做法。这样不但可以定义一个标准的名称（如采用公司和项目或者组件名称作为前缀），而且类型改名后也不会造成任何影响。如下面的代码片段所示，除了指定 EventSource 的名称，通过标注 EventSourceAttribute 特性还可以设置作为唯一标识的 GUID，以及用于本地化的字符串资源。

```
[AttributeUsage(AttributeTargets.Class)]
public sealed class EventSourceAttribute : Attribute
```

```
{
    public string Name { get; set; }
    public string Guid { get; set; }
    public string LocalizationResources { get; set; }
}
```

对于 EventSource 派生类来说，它可以通过调用基类的 WriteEvent 方法来发送日志事件。我们在调用 WriteEvent 方法时必须指定日志事件的 ID（必需）和内容载荷（可选）。如下面的代码片段所示，EventSource 定义了一系列的 WriteEvent 重载方法来提供具有成员结构的内容载荷。

```
public class EventSource : IDisposable
{
    protected void WriteEvent(int eventId);
    protected void WriteEvent(int eventId, int arg1);
    protected void WriteEvent(int eventId, long arg1);
    protected void WriteEvent(int eventId, string arg1);
    protected void WriteEvent(int eventId, byte[] arg1);
    protected void WriteEvent(int eventId, int arg1, int arg2);
    protected void WriteEvent(int eventId, int arg1, string arg2);
    protected void WriteEvent(int eventId, long arg1, long arg2);
    protected void WriteEvent(int eventId, long arg1, string arg2);
    protected void WriteEvent(int eventId, long arg1, byte[] arg2);
    protected void WriteEvent(int eventId, string arg1, int arg2);
    protected void WriteEvent(int eventId, string arg1, long arg2);
    protected void WriteEvent(int eventId, string arg1, string arg2);
    protected void WriteEvent(int eventId, int arg1, int arg2, int arg3);
    protected void WriteEvent(int eventId, long arg1, long arg2, long arg3);
    protected void WriteEvent(int eventId, string arg1, int arg2, int arg3);
    protected void WriteEvent(int eventId, string arg1, string arg2, string arg3);

    protected void WriteEvent(int eventId, params object[] args);
    ...
}
```

由于拥有最后一个 WriteEvent 重载方法，所以我们可以采用一个或者多个任意类型的对象作为内容载荷，这个特性被称为 "Rich Event Payload"。虽然这个特性可以使 EventSource 的日志编程变得很简洁，但是在高频日志写入的应用场景下应该尽可能避免调用这个 WriteEvent 方法，因为涉及一个对象数组的创建及对值类型对象的装箱（如果指定值类型参数）。

虽然没有硬性规定，但是我们应该尽可能将 EventSource 派生类定义成封闭类型，并且采用单例的方式来使用它，这也是出于性能的考虑。除非显式标注了 NonEventAttribute 特性，否则定义在 EventSource 派生类中返回类型为 void 的公共实例方法都将作为日志事件方法。每个这样的方法关联着固定的事件 ID，如果没有利用标注的 EventAttribute 特性对事件 ID 进行显式设置，则方法在类型成员中的序号会作为此 ID。在调用上面这些 WriteEvent 方法时指定的事件 ID 必须与当前日志事件方法对应的 ID 保持一致。除了利用标注的 EventAttribute 特性指定事件 ID，还可以利用这个特性进行一些额外的设置。如下面的代码片段所示，我们可以通过该特性设置日志等级、消息、版本等信息。

```
[AttributeUsage(AttributeTargets.Method)]
```

```
public sealed class EventAttribute : Attribute
{
    public int                     EventId { get;  private set; }
    public EventLevel              Level { get;  set; }
    public string                  Message { get;  set; }
    public byte                    Version { get;  set; }
    public EventOpcode             Opcode { get;  set; }
    public EventTask               Task { get;  set; }
    public EventKeywords           Keywords { get;  set; }
    public EventTags               Tags { get;  set; }
    public EventChannel            Channel { get;  set; }
    public EventActivityOptions    ActivityOptions { get;  set; }

    public EventAttribute(int eventId);
}
```

　　由 EventSource 对象发出的日志事件同样具有等级之分，具体的日志等级可以通过
EventLevel 枚举来表示，从高到低划分为 Critical、Error、Warning、Informational 和 Verbose 这
5 个等级。如果没有通过 EventAttribute 特性对日志等级进行显式设置，则日志事件方法采用的
默认等级被设置为 Verbose。

```
public enum EventLevel
{
    LogAlways,
    Critical,
    Error,
    Warning,
    Informational,
    Verbose
}
```

　　如果对日志内容具有可读性要求，则最好提供一个完整的消息文本来描述当前事件，
EventAttribute 的 Message 提供了一个生成此消息文本的模板。消息模板可以采用{0}，{1}，...，
{n}这样的占位符，而调用日志事件方法传入的参数将作为替换它们的参数。EventAttribute 特性
的 Opcode 属性用于返回一个 EventOpcode 类型的枚举，该枚举表示日志事件对应操作的代码
（Code）。我们将定义在 EventOpcode 枚举中的操作代码分成如下几组：第 1 组的 4 个操作代码
与活动（Activity）有关，分别表示活动的开始（Start）、结束（Stop）、中止（Suspend）和恢复
（Resume）；第 2 组的两个操作代码基于数据收集的活动；第 3 组的 3 个操作代码描述的是与消
息交换相关的事件，分别表示消息的发送（Send）、接收（Receive）和回复（Reply）；第 4 组是
Info 和 Extension，前者表示一般性的信息的输出，后者表示一个扩展事件。

```
public enum EventOpcode
{
    Start                = 1,
    Stop                 = 2,
    Resume               = 7,
    Suspend              = 8,
```

```
    DataCollectionStart        = 3,
    DataCollectionStop         = 4,

    Send                       = 9,
    Receive                    = 240,
    Reply                      = 6,

    Info                       = 0,
    Extension                  = 5,
}
```

如果日志事件关联某项任务（Task），就可以用 Task 属性对它进行描述。我们还可以通过 Keywords 属性和 Tags 属性为日志事件关联一些关键字（Keyword）与标签（Tag）。一般来说，事件是根据订阅发送的，如果待发送的日志事件没有订阅者，该事件就不应该被发出，所以日志事件的订阅原则是尽可能缩小订阅的范围，这样就可以将日志导致的性能影响降到最低。如果为某个日志事件定义了关键字，我们就可以对该关键字进行精准的订阅。如果当前事件的日志具有特殊的输出渠道，就可以利用其 Channel 属性来承载输出渠道信息。这些属性的返回类型都是枚举，如下所示的代码片段展示了这些枚举类型的定义。

```
[Flags]
public enum EventKeywords : long
{
    All                        = -1L,
    None                       = 0L,
    AuditFailure               = 0x10000000000000L,
    AuditSuccess               = 0x20000000000000L,
    CorrelationHint            = 0x10000000000000L,
    EventLogClassic            = 0x80000000000000L,
    MicrosoftTelemetry         = 0x2000000000000L,
    Sqm                        = 0x8000000000000L,
    WdiContext                 = 0x2000000000000L,
    WdiDiagnostic              = 0x4000000000000L
}

public enum EventChannel : byte
{
    None                       = 0,
    Admin                      = 10,
    Operational                = 11,
    Analytic                   = 12,
    Debug                      = 13
}

[Flags]
public enum public enum EventTask
{
    None
}
```

```
[Flags]
public enum EventTags
{
    None
}
```

从上面的代码片段可以看出，枚举类型 EventTask 和 EventTags 并没有定义任何有意义的枚举选项（只定义了一个 None 选项）。因为枚举的基础类型都是整型，所以日志事件订阅者最终接收的这些数据都是相应的数字，至于不同的数值具有什么样的语义则完全可以由具体的应用来决定，所以我们可以完全不用关心这些枚举的预定义选项。EventAttribute 特性之所以将这些属性定义成枚举，并不是要求我们使用预定义的选项，而是提供一种强类型的编程方式。例如，我们可以采用如下形式定义 4 个 EventTags 常量来表示 4 种数据库类型。除了 EventTask 和 EventTags，表示关键字的 EventKeywords 也可以采用这种方式进行自由定义。

```
public class Tags
{
    public const EventTags MSSql    = (EventKeywords)1;
    public const EventTags Oracle   = (EventKeywords)2;
    public const EventTags Redis    = (EventKeywords)4;
    public const EventTags Mongodb  = (EventKeywords)8;
}
```

在大部分情况下，单一事件的日志数据往往没有实际意义，只有将在某个上下文中记录下来的一组相关日志进行聚合分析才能得到有价值的结果，采用基于"活动"（Activity）的跟踪是关联单一日志事件的常用手段。一个所谓的活动是具有严格的开始和结束边界，并且需要耗费一定时间才能完成的操作。活动具有标准的状态机，状态之间的转换可以通过对应的事件来表示，一个活动的生命周期介于开始事件和结束事件之间。EventSource 日志框架对基于活动的追踪（Activity Tracking）提供了很好的支持，EventAttribute 特性的 ActivityOptions 属性正是用来做这方面设置的。该属性返回的 EventActivityOptions 枚举具有如下选项：Disable 用于关闭活动追踪特性，Recursive 和 Detachable 分别表示是否允许活动以递归或者重叠的方式运行。我们将在后续部分详细介绍这个话题。

```
[Flags]
public enum EventActivityOptions
{
    None        = 0,
    Disable     = 2,
    Recursive   = 4,
    Detachable  = 8
}
```

由上面介绍的内容可知，定义在 EventSource 派生类中的日志方法是通过调用基类的 WriteEvent 方法来发送日志事件的，但是对于一个直接调用公共构造函数创建的 EventSource 对象来说，这个受保护的 WriteEvent 方法是无法直接被调用的，只能调用下面几个公共的 Write 方法和 Write<T>方法来发送日志事件。

```
public class EventSource : IDisposable
```

```
{
    public void Write(string eventName);
    public void Write(string eventName, EventSourceOptions options);
    public void Write<T>(string eventName, T data);
    public void Write<T>(string eventName, EventSourceOptions options, T data);
    public void Write<T>(string eventName, ref EventSourceOptions options, ref T data);
    public void Write<T>(string eventName, ref EventSourceOptions options,
        ref Guid activityId, ref Guid relatedActivityId, ref T data);
    ...
}
```

在调用 Write 方法和 Write<T>方法时需要设置事件的名称（必须）和其他相关设置（可选），还可以指定一个对象作为内容载荷。EventSource 相关的配置选项通过具有如下定义的 EventSourceOptions 结构来表示。我们可以利用 EventSourceOptions 设置事件等级、操作代码、关键字、标签和活动追踪的其他选项，在调用上述两个方法时也可以将 EventSourceOptions 作为参数。

```
[StructLayout(LayoutKind.Sequential)]
public struct EventSourceOptions
{
    public EventLevel              Level { get; set; }
    public EventOpcode             Opcode { get; set; }
    public EventKeywords           Keywords { get; set; }
    public EventTags               Tags { get; set; }
    public EventActivityOptions    ActivityOptions { get; set; }
}
```

ETW 的两种格式（Manifest 和 Manifest Self-Describing）分别对应枚举类型 EventSourceSettings 的 EtwManifestEventFormat 选项和 EtwSelfDescribingEventFormat 选项，后者提供了 Rich Event Payload 支持。由于泛型的 Write<T>方法采用的正是对该特性的体现，所以通过公共构造函数创建的 EventSource 对象的 Settings 属性会被自动设置为 EtwSelfDescribingEventFormat。只有在 EventSource 对象被订阅的前提下，针对它发送日志事件才有意义，为了避免无谓操作造成的性能影响，我们在发送日志事件之前应该调用如下几个 IsEnabled 方法。它们可以确认 EventSource 对象的日志等级、关键字或者输出渠道是否具有订阅者。

```
public class EventSource : IDisposable
{
    public bool IsEnabled();
    public bool IsEnabled(EventLevel level, EventKeywords keywords);
    public bool IsEnabled(EventLevel level, EventKeywords keywords, EventChannel channel);
    ...
}
```

7.4.2　EventListener

EventListener 提供了一种在进程内（In-Process）订阅和处理日志事件的手段。EventListener 对象=>能够接收由 EventSource 分发的日志事件的前提预先进行了订阅的事件。

EventListener 向 EventSource 就某种日志事件类型的订阅通过如下几个 EnableEvents 重载方法来完成。我们在调用这些方法时可以通过指定日志等级、关键字和命令参数的方式对分发的日志事件进行过滤。EventListener 还定义了 DisableEvents 方法来解除订阅。

```csharp
public abstract class EventListener : IDisposable
{
    public void EnableEvents(EventSource eventSource, EventLevel level);
    public void EnableEvents(EventSource eventSource, EventLevel level,
        EventKeywords matchAnyKeyword);
    public void EnableEvents(EventSource eventSource, EventLevel level,
        EventKeywords matchAnyKeyword, IDictionary<string, string> arguments);

    public void DisableEvents(EventSource eventSource);
    ...
}
```

虽然 EventListener 需要通过调用 EnableEvents 方法显式地就感兴趣的日志事件向 EventSource 发起订阅，但是由于 EventListener 能够自动感知当前进程内任意一个 EventSource 对象的创建，所以订阅变得异常容易。EventListener 类型定义了 OnEventSourceCreated 和 OnEventWritten 这两个受保护的虚方法，前者会在任何一个 EventSource 对象创建时被调用。我们通过重写这个方法完成对目标 EventSource 的订阅。目标 EventSource 对象发出日志事件后，相关信息会被封装成一个 EventWrittenEventArgs 对象作为参数调用 EventListener 的 OnEventWritten 方法。我们通过重写 OnEventWritten 方法完成日志事件的处理。实现在基类 EventListener 的这两个方法分别触发 EventSourceCreated 事件和 EventWritten 事件，所以重写这两个方法时最好能够调用基类的同名方法。

```csharp
public class EventListener : IDisposable
{
    public event EventHandler<EventSourceCreatedEventArgs> EventSourceCreated;
    public event EventHandler<EventWrittenEventArgs> EventWritten;

    protected internal virtual void OnEventSourceCreated(EventSource eventSource);
    protected internal virtual void OnEventWritten(EventWrittenEventArgs eventData);
}
```

如下所示的代码片段是 EventWrittenEventArgs 类型的定义，我们不仅可以通过它获取包括内容载荷在内的用于描述当前日志事件的所有信息，还可以得到对应的 EventSource 对象。日志事件可以采用不同的形式来指定内容载荷，它们最终会转换成一个 ReadOnlyCollection<object> 对象分发给作为订阅者的 EventListener 对象。除了表示载荷对象集合的 Payload 属性，EventWrittenEventArgs 类型还提供了 PayloadNames 属性来表示每个载荷对象对应的名称。

```csharp
public class EventWrittenEventArgs : EventArgs
{
    public EventSource                    EventSource { get; }
    public int                            EventId { get; }
    public string                         EventName { get; }
    public EventLevel                     Level { get; }
    public string                         Message { get; }
```

```
    public byte                              Version { get; }
    public EventKeywords                     Keywords { get; }
    public EventOpcode                       Opcode { get; }
    public EventTags                         Tags { get; }
    public EventTask                         Task { get; }
    public EventChannel                      Channel { get; }
    public Guid                              ActivityId { get; }
    public Guid                              RelatedActivityId { get; }

    public ReadOnlyCollection<object>        Payload { get; }
    public ReadOnlyCollection<string>        PayloadNames { get; }
}
```

前文已经演示了 EventSource 和 EventListener 的简单用法，接下来演示一个更加完整的程序。我们先以常量的形式预定义几个 EventTask 对象和 EventTags 对象，前者表示操作执行所在的应用层次，后者表示 3 种典型的关系数据库类型。

```
public class Tasks
{
    public const EventTask UI                = (EventTask)1;
    public const EventTask Business          = (EventTask)2;
    public const EventTask DA                = (EventTask)3;
}


public class Tags
{
    public const EventTags MSSQL             = (EventTags)1;
    public const EventTags Oracle            = (EventTags)2;
    public const EventTags Db2               = (EventTags)3;
}
```

我们依然沿用执行 SQL 命令的应用场景，为此对之前定义的 DatabaseSource 类型进行一些简单的修改。如下面的代码片段所示，我们在日志方法 OnCommandExecute 上标注了 EventAttribute 特性，并对它的所有属性都进行了相应的设置，其中 Task 属性和 Tags 属性使用的是上面定义的常量。值得注意的是，我们为 Message 属性设置了一个包含占位符的模板。OnCommandExecute 方法在调用 WriteEvent 方法发送日志事件之前，先利用 IsEnabled 方法确认 EventSource 对象针对指定的等级和输出渠道已经被订阅。

```
[EventSource(Name = "Artech-Data-SqlClient")]
public sealed class DatabaseSource : EventSource
{
    public static DatabaseSource Instance = new DatabaseSource();
    private DatabaseSource() {}

    [Event(1, Level = EventLevel.Informational, Keywords = EventKeywords.None,
        Opcode = EventOpcode.Info, Task = Tasks.DA, Tags = Tags.MSSQL, Version = 1,
        Message = "Execute SQL command. Type: {0}, Command Text: {1}")]
    public void OnCommandExecute(CommandType commandType, string commandText)
    {
        if (IsEnabled(EventLevel.Informational, EventKeywords.All, EventChannel.Debug))
```

```
        {
            WriteEvent(1, (int)commandType, commandText);
        }
    }
}
```

我们采用如下代码对作为日志事件订阅者的 DatabaseSourceListener 类型进行了重新定义。为了验证接收的日志事件的详细信息是否与 OnCommandExecute 方法中的订阅一致，我们在重写的 OnEventWritten 方法中输出了 EventWrittenEventArgs 对象的所有属性。

```
public class DatabaseSourceListener : EventListener
{
    protected override void OnEventSourceCreated(EventSource eventSource)
    {
        if (eventSource.Name == "Artech-Data-SqlClient")
        {
            EnableEvents(eventSource, EventLevel.LogAlways);
        }
    }

    protected override void OnEventWritten(EventWrittenEventArgs eventData)
    {
        Console.WriteLine($"EventId: {eventData.EventId}");
        Console.WriteLine($"EventName: {eventData.EventName}");
        Console.WriteLine($"Channel: {eventData.Channel}");
        Console.WriteLine($"Keywords: {eventData.Keywords}");
        Console.WriteLine($"Level: {eventData.Level}");
        Console.WriteLine($"Message: {eventData.Message}");
        Console.WriteLine($"Opcode: {eventData.Opcode}");
        Console.WriteLine($"Tags: {eventData.Tags}");
        Console.WriteLine($"Task: {eventData.Task}");
        Console.WriteLine($"Version: {eventData.Version}");
        Console.WriteLine($"Payload");
        var index = 0;
        if (eventData.PayloadNames != null)
        {
            foreach (var payloadName in eventData.PayloadNames)
            {
                Console.WriteLine($"\t{payloadName}:{eventData.Payload?[index++]}");
            }
        }
    }
}
```

在如上所示的演示程序中，我们创建了一个 DatabaseSourceListener 对象。在提取单例形式的 DatabaseSource 对象后，调用它的 OnCommandExecute 方法发送了一个关于 SQL 命令执行的日志事件。

```
using App;
using System.Data;
```

```
_ = new DatabaseSourceListener();
DatabaseSource.Instance.OnCommandExecute(CommandType.Text, "SELECT * FROM T_USER");
```

　　程序运行之后，日志事件的详细信息会输出到控制台上，如图 7-14 所示。我们从输出结果可以发现 EventWrittenEventArgs 的 Message 属性返回的依然是没有做任何格式化的原始信息，作者认为这是值得改进的地方。（S710）

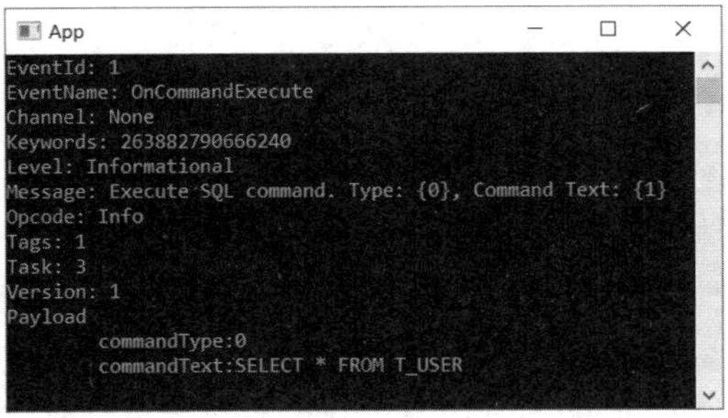

图 7-14　静态类型 Trace 的跟踪事件分发处理机制

7.4.3　活动跟踪

　　基于 TraceSource 的跟踪日志框架可以利用 CorrelationManager 构建逻辑调用链。我们可以将这个特性称为"针对活动的跟踪"（Activity Tracking）。表示一个逻辑操作的活动具有一个唯一的标识，其生命周期由开始事件和结束事件定义。由于一个逻辑操作可能由多个子操作协作完成，所以多个活动构成一个层次化的结构，逻辑调用链正是由当前活动的路径来体现的。对于作为日志事件订阅者的 EventListener 来说，它可以利用 EventWrittenEventArgs 对象得到描述订阅日志事件的所有信息。如果开启了针对活动的跟踪，则当前活动的标识也会包含其中，如下所示的代码片段中的 ActivityId 属性表示这个标识，而 RelatedActivityId 属性则表示"父操作"的活动 ID。

```
public class EventWrittenEventArgs : EventArgs
{
    public Guid ActivityId { get;  }
    public Guid RelatedActivityId { get;  }
    ...
}
```

　　由于一个活动的生命周期可以由开始事件和结束事件作为边界，所以可以通过发送两个关联的事件来定义一个表示逻辑操作的活动，以 EventSource 为核心的日志框架正是采用这种方式来实现针对活动的跟踪的。假设需要定义一个名为"Foobar"的活动，则可以利用 EventSource 发送两个名称分别为"FoobarStart"和"FoobarStop"的事件。

　　要构建一个完整的调用链，必须将表示前逻辑操作的活动流转信息保存下来。由于可能涉及异步调用，所以将当前活动标识保存在 AsyncLocal<T>对象中。当前活动流转信息的保存是通过如下派生于 EventSource 的 TplEtwProvider 类型实现的，Tpl 表示"Task Parallel Library"。

日志活动流转信息的输出与 TraceOperationBegin 和 TraceOperationEnd 这两个方法有关，它们具有相同的日志事件等级（Informational）和关键字（8L）。如果要利用一个自定义的 EventListener 来记录完整的调用链，就需要订阅这两个方法。

```
[EventSource(Name="System.Threading.Tasks.TplEventSource",
    Guid="2e5dba47-a3d2-4d16-8ee0-6671ffdcd7b5")]
internal sealed class TplEtwProvider : EventSource
{
    [Event(14, Version=1, Level=EventLevel.Informational, Keywords=8L)]
    public void TraceOperationBegin(int TaskID, string OperationName, long RelatedContext);

    [Event(15, Version=1, Level=EventLevel.Informational, Keywords=8L)]
    public void TraceOperationEnd(int TaskID, AsyncCausalityStatus Status);
    ...
}
```

接下来通过一个简单的实例来演示利用自定义的 EventSource 和 EventListener 来完成针对活动的跟踪。假设一个完整的调用链由 Foo、Bar、Baz 和 Qux 这 4 个活动组成，为此我们定义如下 FoobarSource，并针对 4 个活动分别定义了 4 组对应的事件方法，其中"{Op}Start"方法和"{Op}Stop"方法分别对应活动的开始事件与结束事件，前者的载荷信息包含活动开始的时间戳，后者的载荷信息包含操作耗时。

```
[EventSource(Name = "Foobar")]
public sealed class FoobarSource : EventSource
{
    public static readonly FoobarSource Instance = new();

    [Event(1)]
    public void FooStart(long timestamp) => WriteEvent(1, timestamp);
    [Event(2)]
    public void FooStop(double elapsed) => WriteEvent(2, elapsed);

    [Event(3)]
    public void BarStart(long timestamp) => WriteEvent(3, timestamp);
    [Event(4)]
    public void BarStop(double elapsed) => WriteEvent(4, elapsed);

    [Event(5)]
    public void BazStart(long timestamp) => WriteEvent(5, timestamp);
    [Event(6)]
    public void BazStop(double elapsed) => WriteEvent(6, elapsed);

    [Event(7)]
    public void QuxStart(long timestamp) => WriteEvent(7, timestamp);
    [Event(8)]
    public void QuxStop(double elapsed) => WriteEvent(8, elapsed);
}
```

如下所示的 FoobarListener 会订阅上面的这些事件，并将接收的调用链信息保存在一个

log.csv 文件中。在重写的 OnEventSourceCreated 方法中，除了根据 EventSource 的名称订阅由
FoobarSource 发出的 8 个事件，还需要订阅 TplEtwProvider 发出的用于保存活动流转信息的事件。
本着尽量缩小订阅范围的原则，我们在调用 EnableEvents 方法时采用日志等级和关键字对订阅
事件进行了过滤。在重写的 OnEventWritten 方法中，我们将捕捉到的事件信息（名称、活动开
始时间戳和耗时、ActivityId 和 RelatedActivityId）进行格式化后写入指定的 log .csv 文件中。

```csharp
public sealed class FoobarListener : EventListener
{
    protected override void OnEventSourceCreated(EventSource eventSource)
    {
        if (eventSource.Name == "System.Threading.Tasks.TplEventSource")
        {
            EnableEvents(eventSource, EventLevel.Informational, (EventKeywords)0x80);
        }

        if (eventSource.Name == "Foobar")
        {
            EnableEvents(eventSource, EventLevel.LogAlways);
        }
    }

    protected override void OnEventWritten(EventWrittenEventArgs eventData)
    {
        if (eventData.EventSource.Name == "Foobar")
        {
            var timestamp = eventData.PayloadNames?[0] == "timestamp"
                ? eventData.Payload?[0]
                : "";
            var elapsed = eventData.PayloadNames?[0] == "elapsed"
                ? eventData.Payload?[0]
                : "";
            var relatedActivityId = eventData.RelatedActivityId == default
                ? ""
                : eventData.RelatedActivityId.ToString();
            var line =
                @$"{eventData.EventName},{timestamp},{elapsed},{ eventData.ActivityId}
,{ relatedActivityId}";
            File.AppendAllLines("log.csv", new string[] { line });
        }
    }
}
```

　　如下所示的代码片段可以模拟由 Foo、Bar、Baz 和 Qux 这 4 个活动组成的调用链。这些活
动的控制实现在 InvokeAsync 方法中，该方法的参数 start 和 stop 提供的委托对象分别用来发送
活动的开始事件与结束事件，至于参数 body 返回的 Task 对象则表示活动自身的操作。为了模
拟活动耗时，我们需要等待一个随机的时间。

```csharp
using App;
```

```
using System.Diagnostics;

var random = new Random();
File.AppendAllLines("log.csv",
    new string[] { @"EventName,StartTime,Elapsed,ActivityId,RelatedActivityId" });
var listener = new FoobarListener();
await FooAsync();

Task FooAsync() => InvokeAsync(
    FoobarSource.Instance.FooStart, FoobarSource.Instance.FooStop, async () =>
{
    await BarAsync();
    await QuxAsync();
});

Task BarAsync() => InvokeAsync(
    FoobarSource.Instance.BarStart, FoobarSource.Instance.BarStop, BazAsync);
Task BazAsync() => InvokeAsync(FoobarSource.Instance.BazStart,
    FoobarSource.Instance.BazStop, () => Task.CompletedTask);
Task QuxAsync() => InvokeAsync(FoobarSource.Instance.QuxStart,
    FoobarSource.Instance.QuxStop, () => Task.CompletedTask);

async Task InvokeAsync(Action<long> start, Action<double> stop, Func<Task> body)
{
    start(Stopwatch.GetTimestamp());
    var sw = Stopwatch.StartNew();
    await Task.Delay(random.Next(10, 100));
    await body();
    stop(sw.ElapsedMilliseconds);
}
```

　　4 个活动分别实现在 4 个对应的方法中（FooAsync、BarAsync、BazAsync 和 QuxAsync），为了模拟基于 Task 的异步编程，我们让这 4 个方法统一返回一个 Task 对象。从这 4 个方法的定义可以看出，由相关活动构建的调用链如图 7-15 所示。

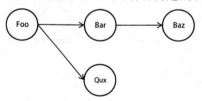

图 7-15　由相关活动构建的调用链

　　在演示程序中调用了 FooAsync 方法，并在这之前创建了一个 FoobarListener 对象来订阅日志事件，进而将格式化的事件信息写入指定的 log.csv 文件中。程序运行之后，我们会在 log.csv 文件中看到 8 条对应的日志事件记录。如图 7-16 所示，开始事件和结束事件分别记录了活动的开始时间戳与耗时，而 ActivityId 和 RelatedActivityId 可以清晰地反映整个调用链的流转。（S711）

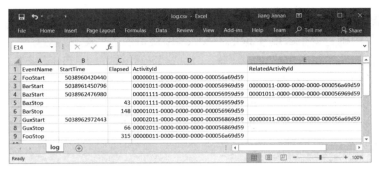

图 7-16　在 log.csv 文件中记录调用链信息

7.5　DiagnosticSource 诊断日志

以 TraceSource 和 EventSource 为核心的日志框架关注的主要是日志内容载荷在进程外的处理，所以被 TraceSource 对象作为日志内容载荷的仅限于一个字符串文本。虽然 EventSource 对象可以将一个对象作为日志内容载荷，作为订阅者的 EventListener 对象也可以在同一进程内完成对日志事件的处理，但是最终输出的其实还是序列化之后的结果。基于 DiagnosticSource 的日志框架与它们具有不同的本质，作为发布者的 DiagnosticSource 对象会将原始的日志载荷对象直接分发给处于同一进程内的订阅者。

7.5.1　标准的观察者模式

观察者模式在 DiagnosticSource 诊断日志框架中的使用更加标准，因为作为日志事件的发布者和订阅者类型需要显式实现 IObservable<T>接口和 IObserver<T>接口。观察者模式体现为观察者（订阅者）预先就某个主题向被观察者（发布者）注册一个订阅，被观察者在进行消息发送时会选择匹配的观察者实施定点发送。IObservable<T>接口和 IObserver<T>接口分别对应主题发布涉及的这两种角色，而泛型参数 T 表示发布消息的类型。如下面的代码片段所示，IObservable<T>接口定义了唯一的 Subscribe 方法用来注册订阅者；表示订阅者的 IObserver<T>接口通过 OnNext 方法处理订阅主题，而 OnCompleted 方法和 OnError 方法则分别在所有消息全部发布结束与出现错误时被调用。

```csharp
public interface IObservable<out T>
{
    IDisposable Subscribe(IObserver<T> observer);
}


public interface IObserver<in T>
{
    void OnCompleted();
    void OnError(Exception error);
    void OnNext(T value);
}
```

　　DiagnosticSource 诊断日志框架中作为发布者的是一个 DiagnosticListener 对象，虽然从命名来看它更像是一个订阅者，但是它的确是一个实现了 IObservable<T>接口的"可被观察对象"。抽象类 DiagnosticSource 是 DiagnosticListener 的基类。如下面的代码片段所示，DiagnosticSource 定义了 Write 方法用来发送诊断日志事件，该方法的两个参数分别表示事件的名称和内容载荷。两个 IsEnabled 方法用来确定指定名称和对应参数的订阅是否存在，在发送日志事件之前先通过这两个方法进行有效性确认绝对是必要甚至可以认为是必需的。StartActivity 方法和 StopActivity 方法用于实现针对活动的跟踪。

```
public abstract class DiagnosticSource
{
    protected DiagnosticSource();

    public abstract bool IsEnabled(string name);
    public virtual bool IsEnabled(string name, object arg1, object arg2 = null);

    public abstract void Write(string name, object value);

    public Activity StartActivity(Activity activity, object args);
    public void StopActivity(Activity activity, object args);
}
```

　　DiagnosticListener 实现了 IObservable<KeyValuePair<string, object>>接口，这就意味着由它发布的消息内容体现为一个"键-值"对，Key 和 Value 分别表示事件名称和内容载荷。与创建一个 TraceSource 对象或者 EventSource 对象类似，创建 DiagnosticListener 对象时同样需要指定一个确定的名称。

```
public class DiagnosticListener : DiagnosticSource,
    IObservable<KeyValuePair<string, object>>, IDisposable
{
    public string Name { get; }
    public DiagnosticListener(string name);

    public bool IsEnabled();
    public override bool IsEnabled(string name);
    public override bool IsEnabled(string name, object arg1, object arg2 = null);

    public virtual IDisposable Subscribe(IObserver<KeyValuePair<string, object>> observer);
    public virtual IDisposable Subscribe(IObserver<KeyValuePair<string, object>> observer,
        Predicate<string> isEnabled);
    public virtual IDisposable Subscribe(IObserver<KeyValuePair<string, object>> observer,

        Func<string, object, object, bool> isEnabled);

    public override void Write(string name, object value);
    public virtual void Dispose();
}
```

　　既然发布者体现为一个 IObservable<KeyValuePair<string, object>>对象，那么订阅者就是一

个 IObserver<KeyValuePair<string, object>>对象，调用 Subscribe 方法可以将这样的对象作为订阅者注册到指定的 DiagnosticListener 对象上。在调用 Subscribe 方法注册订阅者时，我们还可以指定额外的过滤条件。如果指定的是一个 Predicate<string>对象，就意味着针对事件名称进行过滤。如果指定的是一个 Func<string, object, object, bool>对象，就意味着作为过滤规则的输入除了需要包含事件名称，还包括两个额外的上下文参数。

DiagnosticListener 定义了 3 个 IsEnabled 重载方法，用来确定当前是否具有指定类型的订阅。如果有任何一个订阅存在，无参的 IsEnabled 重载方法就会返回 True。另外两个 IsEnabled 重载方法对应两个指定过滤条件的 Subscribe 重载方法，这个重载方法会利用注册时指定的过滤条件来确定是否具有匹配的订阅者。作为诊断日志事件的发布者和订阅者虽然采用进程内同步通信，但是两者在逻辑上属于相互独立的个体。如果要完成诊断日志事件的订阅，则需要先发现并获取作为事件发布者的 DiagnosticListener 对象。为了解决这个问题，DiagnosticListener 定义的 AllListeners 属性可以存储当前进程创建的所有 DiagnosticListener 对象。

```
public class DiagnosticListener :
    DiagnosticSource,
    IObservable<KeyValuePair<string, object>>, IDisposable
{
    public static IObservable<DiagnosticListener> AllListeners { get; }
    ...
}
```

由于表示所有 DiagnosticListener 集合的 AllListeners 属性是一个 IObservable<DiagnosticListener>对象，所以可以将诊断日志事件的注册封装成一个 IObserver<DiagnosticListener>对象。如果调用 Subscribe 方法将一个 IObserver<DiagnosticListener>对象作为订阅者注册到 AllListeners 属性上，则指定的订阅不仅会应用到目前创建的 DiagnosticListener 对象上，对于后续创建的 DiagnosticListener 对象，这些订阅者依然会按照定义的规则注册到它们上面。

7.5.2　AnonymousObserver<T>

无论是表示发布者的 DiagnosticListener 对象，还是定义在该类型上表示所有 DiagnosticListener 对象的静态属性 AllListeners，它们都体现为一个 IObservable<T>对象。要完成针对它们的订阅，我们需要创建一个对应的 IObserver<T>对象，AnonymousObserver<T>就是对 IObserver<T>接口的一个简单的实现。

```
public abstract class ObserverBase<T> : IObserver<T>, IDisposable
{
    public void OnNext(T value);
    protected abstract void OnNextCore(T value);

    public void OnCompleted();
    protected abstract void OnCompletedCore();

    public void OnError(Exception error);
```

```
    protected abstract void OnErrorCore(Exception error);

    public void Dispose();
    protected virtual void Dispose(bool disposing);
}

public sealed class AnonymousObserver<T> : ObserverBase<T>
{
    public AnonymousObserver(Action<T> onNext);
    public AnonymousObserver(Action<T> onNext, Action onCompleted);
    public AnonymousObserver(Action<T> onNext, Action<Exception> onError);
    public AnonymousObserver(Action<T> onNext, Action<Exception> onError,
        Action onCompleted);

    protected override void OnNextCore(T value);
    protected override void OnCompletedCore();
    protected override void OnErrorCore(Exception error);
}
```

AnonymousObserver<T>定义在"System.Reactive.Core"这个 NuGet 包中，它采用与前文演示实例提供的 Observer<T>一样的实现方式，即通过指定的委托对象（Action<T>和Action<Exception>）来实现 IObservable<T>接口的 3 个方法。除了 AnonymousObserver<T>类型，该 NuGet 包还提供了如下扩展方法来订阅注册。

```
public static class ObservableExtensions
{
    public static IDisposable Subscribe<T>(this IObservable<T> source);
    public static IDisposable Subscribe<T>(this IObservable<T> source, Action<T> onNext);
    public static IDisposable Subscribe<T>(this IObservable<T> source, Action<T> onNext,
        Action onCompleted);
    public static IDisposable Subscribe<T>(this IObservable<T> source, Action<T> onNext,
        Action<Exception> onError);
    public static IDisposable Subscribe<T>(this IObservable<T> source, Action<T> onNext,
        Action<Exception> onError, Action onCompleted);

    public static void Subscribe<T>(this IObservable<T> source, CancellationToken token);
    public static void Subscribe<T>(this IObservable<T> source, Action<T> onNext,
        CancellationToken token);
    public static void Subscribe<T>(this IObservable<T> source, IObserver<T> observer,
        CancellationToken token);
    public static void Subscribe<T>(this IObservable<T> source, Action<T> onNext,
        Action onCompleted, CancellationToken token);
    public static void Subscribe<T>(this IObservable<T> source, Action<T> onNext,
        Action<Exception> onError, CancellationToken token);
}
```

调用上面的扩展方法会使日志事件的订阅注册变得非常简单。如下所示的代码片段体现了Web 服务器针对一次 HTTP 请求处理的日志输出，服务器在接收请求后以日志的方式输出请求上下文信息和当前时间戳，在成功发送响应后输出响应消息和整个请求处理的耗时。

```
using System.Diagnostics;
```

```csharp
using System.Net;

DiagnosticListener.AllListeners.Subscribe(listener =>
{
    if (listener.Name == "Web")
    {
        listener.Subscribe(eventData =>
        {
            if (eventData.Key == "ReceiveRequest" && eventData.Value != null)
            {
                dynamic payload = eventData.Value;
                var request = (HttpRequestMessage)(payload.Request);
                var timestamp = (long)payload.Timestamp;
                Console.WriteLine(
                    @$"Receive request. Url: {request.RequestUri};Timstamp:{ timestamp}");
            }
            if (eventData.Key == "SendReply" && eventData.Value != null)
            {
                dynamic payload = eventData.Value;
                var response = (HttpResponseMessage)(payload.Response);
                var elaped = (TimeSpan)payload.Elaped;
                Console.WriteLine(
                    $"Send    reply.    Status    code: {response.StatusCode};    Elaped:
{elaped}");
            }
        });
    }
});

var source = new DiagnosticListener("Web");
var stopwatch = Stopwatch.StartNew();
if (source.IsEnabled("ReceiveRequest"))
{
    var request = new HttpRequestMessage(HttpMethod.Get, "https://www.artech.top");
    source.Write("ReceiveRequest", new
    {
        Request      = request,
        Timestamp    = Stopwatch.GetTimestamp()
    });
}
await Task.Delay(100);
if (source.IsEnabled("SendReply"))
{
    var response = new HttpResponseMessage(HttpStatusCode.OK);
    source.Write("SendReply", new
    {
        Response     = response,
        Elaped       = stopwatch.Elapsed
    });
}
```

对于诊断日志发布的部分，我们需要先创建一个名为"Web"的 DiagnosticListener 对象，并利用开启的 Stopwatch 来计算请求处理耗时。利用手动创建的 HttpRequestMessage 对象来模拟接收到的请求，在调用 Write 方法发送一个名为"ReceiveRequest"的日志事件时，该 HttpRequestMessage 对象连同当前时间戳以一个匿名对象的形式作为日志内容载荷对象。在等待 100 毫秒以模拟请求处理耗时后，调用 DiagnosticListener 对象的 Write 方法发出一个名为"SendReply"的日志事件，标志着当前请求的处理已经结束，作为内容载荷的匿名对象包含手动创建的一个 HttpResponseMessage 对象和耗时。

在前半段程序中，日志事件的订阅是通过调用 Subscribe 扩展方法实现的，在指定的 Action<DiagnosticListener>委托对象中，首先我们根据名称过滤出作为订阅目标的 DiagnosticListener 对象，然后订阅它的 ReceiveRequest 事件和 SendReply 事件。对于订阅的 ReceiveRequest 事件，我们采用动态类型（dynamic）的方式得到了表示当前请求的 HttpRequestMessage 对象和时间戳，并将请求 URL 和时间戳输出。SendReply 事件采用相同的方法提取表示响应消息的 HttpResponseMessage 对象和耗时，并将响应状态码和耗时输出。程序运行之后，控制台上的输出结果如图 7-17 所示。（S712）

图 7-17　针对请求的跟踪

7.5.3　强类型的日志事件订阅

为了降低日志事件发布者和订阅者之间的耦合度，日志事件的内容载荷在很多情况下都会采用匿名类型对象来表示。正因为如此，在本章开头和前文演示的实例中，我们只能采用 dynamic 关键字将载荷对象转换成动态类型后才能提取所需的成员。由于匿名类型并非公共类型，所以上述方式仅限于发布程序和订阅程序都在同一个程序集中才能使用。在不能使用动态类型提取数据成员的情况下，我们不得不采用反射或者表达式树的方式来解决这个问题，虽然可行但会变得很烦琐。

强类型日志事件订阅以一种很"优雅"的方式解决了这个问题。简单来说，所谓的强类型日志事件订阅就是将日志订阅处理逻辑定义在某个类型对应的方法中，这个方法可以按照日志内容载荷对象的成员结构来定义对应的参数。实现强类型的日志事件订阅需要实现两个"绑定"，即日志事件与方法之间的绑定，以及载荷的数据成员与订阅方法参数之间的绑定。

参数绑定利用载荷成员的属性名与参数名之间的映射来实现，所以订阅方法只需要根据载荷对象的属性成员来决定对应参数的类型和名称。日志事件与方法之间的映射可以利用下面的 DiagnosticNameAttribute 特性来实现。我们只需要在订阅方法上标注这个方法并指定映射的日志事件的名称。

```
public class DiagnosticNameAttribute : Attribute
```

```
{
    public string Name { get; }
    public DiagnosticNameAttribute(string name);
}
```

强类型诊断日志事件的订阅对象可以通过 DiagnosticListener 的如下几个扩展方法来完成，它们定义在"Microsoft.Extensions.DiagnosticAdapter"这个 NuGet 包中。这些 SubscribeWithAdapter 重载方法在指定对象和标准订阅对象之间进行了适配，将指定对象转换成一个 IObserver <KeyValuePair<string, object>>对象。

```
public static class DiagnosticListenerExtensions
{
    public static IDisposable SubscribeWithAdapter(this DiagnosticListener diagnostic,
        object target);
    public static IDisposable SubscribeWithAdapter(this DiagnosticListener diagnostic,
        object target, Func<string, bool> isEnabled);
    public static IDisposable SubscribeWithAdapter(this DiagnosticListener diagnostic,
        object target, Func<string, object, object, bool> isEnabled);
}
```

接下来将前面演示的实例改造成强类型日志事件订阅的方式。首先定义如下 DiagnosticCollector 作为日志事件订阅类型。可以看出这仅仅是一个没有实现任何接口或者继承任何基类的普通 POCO 类型。我们定义了 OnReceiveRequest 和 OnSendReply 两个日志事件方法，应用在它们上面的 DiagnosticNameAttribute 特性设置了对应的事件名称。为了自动获取日志内容载荷，可以根据载荷对象的数据结构为这两个方法定义参数。

```
public sealed class DiagnosticCollector
{
    [DiagnosticName("ReceiveRequest")]
    public void OnReceiveRequest(HttpRequestMessage request, long timestamp)
        => Console.WriteLine(
        $"Receive request. Url: {request.RequestUri}; Timstamp:{timestamp}");

    [DiagnosticName("SendReply")]
    public void OnSendReply(HttpResponseMessage response, TimeSpan elaped)
        => Console.WriteLine(
        $"Send reply. Status code: {response.StatusCode}; Elaped: {elaped}");
}
```

接下来只需要改变之前的日志事件订阅方式。如下面的代码片段所示，在根据名称找到作为订阅目标的 DiagnosticListener 对象之后，直接创建 DiagnosticCollector 对象，并将其作为参数调用 SubscribeWithAdapter 扩展方法进行注册。程序运行之后，同样会在控制台上输出图 7-17 所示的结果。（S713）

```
using App;
using System.Diagnostics;
using System.Net;

DiagnosticListener.AllListeners.Subscribe(listener =>
{
```

```
        if (listener.Name == "Web")
        {
            listener.SubscribeWithAdapter(new DiagnosticCollector());
        }
});

...
```

7.5.4 针对活动的跟踪

针对活动的跟踪可以反映完整的调用链信息，通过前文的介绍可知，TraceSource 和 EventSource 的日志框架都提供了活动的跟踪功能，基于 DiagnosticSource 的日志框架也不例外。在介绍 DiagnosticSource 这个抽象类定义时，我们已经提到如下两个与活动跟踪相关的方法（StartActivity 和 StopActivity），它们分别用来发送活动的开始事件和结束事件。

```
public abstract class DiagnosticSource
{
    public Activity StartActivity(Activity activity, object args);
    public void StopActivity(Activity activity, object args);
    ...
}
```

从上面的代码片段可以看出，DiagnosticSource 涉及的活动通过一个 Activity 对象来表示。一个 Activity 对象与一个逻辑操作进行关联，不仅可以反映调用链的流转，还保存了操作开始的时间戳和耗时。如下面的代码片段所示，Activity 的 Id 属性和 OperationName 属性分别表示活动的唯一标识与操作名称。Activity 的 StartTimeUtc 属性和 Duration 属性表示活动的开始时间（UTC 时间）与耗时。调用链的流转信息可以通过表示"父活动"的 Parent 属性来体现。除此之外，还可以利用其 ParentId 属性和 RootId 属性获取"父活动"与"根活动"的标识。

```
public class Activity
{
    public string      Id { get; }
    public string      OperationName { get; }

    public DateTime    StartTimeUtc { get; }
    public TimeSpan    Duration { get; }

    public string      RootId { get; }
    public Activity    Parent { get; }
    public string      ParentId { get; }

    public Activity(string operationName);
    ...
}
```

我们可以利用 Activity 的静态属性 Current 得到以 AsyncLocal<Activity>对象形式保存的当前活动。活动的开始和结束可以通过调用 Start 方法与 Stop 方法来完成。当调用 Start 方法时，Activity 对象会被分配一个唯一标识，并将当前时间作为开始时间戳。与此同时，当前的活动会

作为"父活动"赋予 Parent 属性，而自身将被作为当前活动赋予静态属性 Current。当调用 Stop
方法结束活动时，整个耗时会被计算出来并赋予 Duration 属性，并将 Parent 属性表示的"父活
动"作为当前活动。除了目前介绍的这些成员，Activity 还定义了其他若干方法和属性，第 8 章
会详细介绍这个类型。

```
public class Activity
{
    public static Activity Current { get; }

    public Activity Start();
    public void Stop();
}
```

接下来介绍一下 DiagnosticSource 是如何实现活动跟踪的。从如下所示的代码片段可以看出，
DiagnosticSource 的 StartActivity 方法和 StopActivity 方法并没有什么特别之处，它们除了调用
Start 方法和 Stop 方法开始与结束指定活动对象，只是调用 Write 方法发送了一个日志事件。发
送日志事件的名称为指定 Activity 对象的操作名称分别加上对应后缀".Start"和".Stop"，所以
需要根据此命名规则来订阅活动的开始事件和结束事件。

```
public abstract class DiagnosticSource
{
    public Activity StartActivity(Activity activity, object args)
    {
        activity.Start();
        Write(activity.OperationName + ".Start", args);
        return activity;
    }

    public void StopActivity(Activity activity, object args)
    {
        if (activity.Duration == TimeSpan.Zero)
        {
            activity.SetEndTime(Activity.GetUtcNow());
        }
        Write(activity.OperationName + ".Stop", args);
        activity.Stop();
    }
    ...
}
```

第 8 章

诊断日志（中）

第 7 章介绍了 4 种常用的诊断日志框架。其实除了微软提供的这些日志框架，还有很多第三方日志框架可供我们选择，如 Log4Net、NLog 和 Serilog 等。虽然这些日志框架几乎采用类似的设计，但是它们采用的编程模式具有很大的差异。为了对这些日志框架进行整合，微软创建了一个用来提供统一的日志编程模式的日志框架。

8.1 统一日志编程模式

日志编程模型主要涉及由 ILogger 接口、ILoggerFactory 接口和 ILoggerProvider 接口表示的 3 个核心对象，应用程序通过 ILoggerFactory 创建的 ILogger 对象来记录日志，而 ILoggerProvider 则完成相应渠道的日志输出。在对日志模型的设计介绍之前，我们先来体验一下如何利用这几个接口进行日志编程。这些接口定义在 "Microsoft.Extensions.Logging.Abstractions" 这个 NuGet 包中，具体的实现类型由 "Microsoft.Extensions.Logging" 这个 NuGet 包来提供，所有后续的演示程序都需要添加该包的引用。

8.1.1 日志输出

日志是对某个具体的事件（Event）的记录，所以每条日志消息都包含对应事件的 ID。事件本身的重要程度或者反映的问题严重性不尽相同，这一点通过日志消息的等级来表示。事件 ID 和日志等级可以通过如下所示的 EventId 类型和 LogLevel 类型来表示，前者是一个结构体，后者是一个枚举。

```
public struct EventId
{
    public int          Id { get; }
    public string       Name { get; }
    public EventId(int id, string name = null);

    public static implicit operator EventId(int i);
    public override string ToString();
}
```

```
public enum LogLevel
{
    Trace,
    Debug,
    Information,
    Warning,
    Error,
    Critical,
    None
}
```

表示 EventId 的结构体分别通过只读属性 Id 和 Name 表示事件的 ID（必须）与名称（可选）。EventId 重写了 ToString 方法来返回事件的名称（如果存在）或者 ID（如果没有设置事件名称）。从上面提供的代码片段还可以看出，EventId 定义了整型的隐式转化，所以任何涉及使用 EventId 的地方都可以直接用表示事件 ID 的整数来替换。如果忽略选项 None，则枚举 LogLevel 实际上定义了 6 种日志等级，枚举成员的顺序体现了等级的高低，Trace 最低，Critical 最高。表 8-1 列出了这 6 种日志等级的事件描述。我们可以在发送日志事件时根据枚举 LogLevel 来决定当前日志消息应该采用哪种等级。

表 8-1　日志等级

日 志 等 级	事 件 描 述
Trace	用于记录一些相对详细的消息，以辅助开发人员针对某个问题进行代码跟踪调试。由于这样的日志消息往往包含一些相对敏感的信息，所以在默认情况下不应该开启此等级
Debug	用于记录一些辅助调试的日志，这样的日志内容往往具有较短的时效性，如记录针对某个方法的调用及其返回值
Information	向管理员传达非关键信息，类似于"供您参考"之类的注释。这样的消息可以用来跟踪一个完整的处理流程，相应日志记录的消息往往具有相对较长的时效性，如记录当前请求的目标 URL
Warning	应用出现不正常行为，或者出现非预期的结果。尽管不是对实际错误做出的响应，但是警告指示组件或者应用程序未处于理想状态，并且一些进一步操作可能会导致关键错误，如用户登录时没有通过认证
Error	应用当前的处理流程因出现未被处理的异常而终止，但是整个应用不至于崩溃。这样的事件主要针对当前活动或者操作遇到的异常，而不是针对整个应用级别的错误，如添加记录时出现主键冲突
Critical	系统或者应用出现难以恢复的崩溃，或者需要引起足够重视的灾难性事件

1. 在控制台和 Visual Studio 调试窗口输出

对日志的基本编程模型有了大致了解之后，接下来通过一个简单的实例来演示如何将具有不同等级的日志消息输出到当前控制台和 Visual Studio 的调试窗口。如下所示的两个 NuGet 包提供了以下两种日志输出渠道的支持，所以演示程序需要添加针对它们的引用。

- Microsoft.Extensions.Logging.Console。
- Microsoft.Extensions.Logging.Debug。

应用程序一般使用 ILoggerFacotry 工厂创建的 ILogger 对象来记录日志，下面的演示程序利用依赖注入容器来提供 ILoggerFactory 对象。创建一个 ServiceCollection 对象，并调用

AddLogging 扩展方法注册了与日志相关的核心服务，作为依赖注入容器的 IServiceProvider 对象被构建出来后，从中提取 ILoggerFactory 对象。

```
using Microsoft.Extensions.DependencyInjection;
using Microsoft.Extensions.Logging;

var logger = new ServiceCollection()
    .AddLogging(builder => builder
        .AddConsole()
        .AddDebug())
    .BuildServiceProvider()
    .GetRequiredService<ILoggerFactory>()
    .CreateLogger("Program");

var levels = (LogLevel[])Enum.GetValues(typeof(LogLevel));
levels = levels.Where(it => it != LogLevel.None).ToArray();
var eventId = 1;
Array.ForEach(levels,
    level => logger.Log(level, eventId++, "This is a/an {0} log message.", level));
Console.Read();
```

在调用 AddLogging 扩展方法时，我们利用提供的 Action<ILoggingBuilder>委托对象完成了 ConsoleLoggerProvider 和 DebugLoggerProvider 的注册。具体来说，前者由 ILoggingBuilder 接口的 AddConsole 扩展方法注册，后者则由 AddDebug 扩展方法注册。我们通过指定日志类别（Program）调用 ILoggerFactory 接口的 CreateLogger 方法将对应的 ILogger 对象创建出来。每个 ILogger 对象都对应一个确定的类别。我们倾向于将当前写入日志的组件、服务或者类型名称作为日志类别，所以需要指定的是当前类型的名称"Program"。

调用 ILogger 的 Log 方法对每个有效的日志等级分发了 6 个日志事件，事件的 ID 分别被设置成 1~6 的整数。我们在调用 Log 方法时通过指定一个包含占位符（{0}）的消息模板和对应参数的方式来格式化最终输出的消息内容。程序运行后，控制台和 Visual Studio 的调试窗口同时输出相应的日志，如图 8-1 所示。（S801）

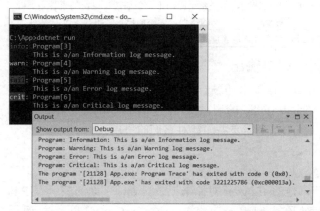

图 8-1　控制台和 Visual Studio 的调试窗口同时输出相应的日志

2．注入 ILogger<T>服务

在前面演示的程序中，我们将字符串形式表示的日志类别"Program"作为参数调用 ILoggerFactory 工厂的 CreateLogger 方法来创建对应的 ILogger 对象，实际上还可以调用泛型的 CreateLogger<T>方法创建一个 ILogger<T>对象来完成相同的工作。如果调用这个方法，就不需要额外提供日志类别，因为日志类别会根据泛型参数类型 T 自动解析出来。在如下代码片段中，我们调用了 ILoggerFactory 工厂的 CreateLogger<Program>方法将对应的 ILogger<Program>对象创建出来。作为日志负载内容的消息模板除了可以采用{0}，{1}，…，{n}这样的占位符，还可以使用任意字符串（{level}）来表示。程序启动之后，在控制台和 Visual Studio 调试窗口输出的内容与图 8-1 是完全一致的。（S802）

```
using Microsoft.Extensions.DependencyInjection;
using Microsoft.Extensions.Logging;

var logger = new ServiceCollection()
    .AddLogging(builder => builder
        .AddConsole()
        .AddDebug())
    .BuildServiceProvider()
    .GetRequiredService<ILoggerFactory>()
    .CreateLogger<Program>();
var levels = (LogLevel[])Enum.GetValues(typeof(LogLevel));
levels = levels.Where(it => it != LogLevel.None).ToArray();
var eventId = 1;
Array.ForEach(levels,
    level => logger.Log(level, eventId++, "This is a/an {level} log message.", level));
Console.Read();
```

除了利用 ILoggerFactory 工厂来创建泛型的 ILogger<Program>对象，还有更简洁的方式，那就是按照如下方式直接利用 IServiceProvider 对象来提供这个 ILogger<Program>对象。换句话说，ILogger<T>实际上可以作为依赖服务注入消费它的类型中。（S803）

```
...
var logger = new ServiceCollection()
    .AddLogging(builder => builder
        .AddConsole()
        .AddDebug())
    .BuildServiceProvider()
    .GetRequiredService<ILogger<Program>>();
...
```

3．TraceSource 和 EventSource

除了控制台和 Visual Studio 调试窗口这两种输出渠道，日志框架还提供了其他输出渠道。第 7 章重点介绍的 TraceSource 和 EventSource 的日志框架也是默认支持的两种输出渠道。这两种输出渠道的整合式由如下两个 NuGet 包提供。

- Microsoft.Extensions.Logging.TraceSource。

- Microsoft.Extensions.Logging.EventSource。

在添加了上述两个 NuGet 包的引用之后，我们对演示程序进行了如下修改。为了捕捉由 EventSource 分发的日志事件，我们自定义了一个 FoobarEventListener 类型。在应用启动时创建 FoobarEventListener 对象并分别注册了它的 EventSourceCreated 事件和 EventWritten 事件。一个名为 "Microsoft-Extensions-Logging" 的 EventSource 可以完成日志的输出，所以 EventSourceCreated 事件的处理程序专门订阅了这个 EventSource。

```csharp
using Microsoft.Extensions.DependencyInjection;
using Microsoft.Extensions.Logging;
using System.Diagnostics;
using System.Diagnostics.Tracing;

var listener = new FoobarEventListener();
listener.EventSourceCreated += (sender, args) =>
{
    if (args.EventSource?.Name == "Microsoft-Extensions-Logging")
    {
        listener.EnableEvents(args.EventSource, EventLevel.LogAlways);
    }
};

listener.EventWritten += (sender, args) =>
{
    var payload      = args.Payload;
    var payloadNames = args.PayloadNames;
    if (args.EventName == "FormattedMessage" && payload != null && payloadNames !=null)
    {
        var indexOfLevel = payloadNames.IndexOf("Level");
        var indexOfCategory = payloadNames.IndexOf("LoggerName");
        var indexOfEventId = payloadNames.IndexOf("EventId");
        var indexOfMessage = payloadNames.IndexOf("FormattedMessage");
        Console.WriteLine(@$"{(LogLevel)payload[indexOfLevel],-11}:
            { payload[indexOfCategory]}[{ payload[indexOfEventId]}]");
        Console.WriteLine($"{"",-13}{payload[indexOfMessage]}");
    }
};

var logger = new ServiceCollection()
    .AddLogging(builder => builder
        .AddTraceSource(new SourceSwitch("default", "All"),
            new DefaultTraceListener { LogFileName = "trace.log" })
        .AddEventSourceLogger())
    .BuildServiceProvider()
    .GetRequiredService<ILogger<Program>>();

var levels = (LogLevel[])Enum.GetValues(typeof(LogLevel));
levels = levels.Where(it => it != LogLevel.None).ToArray();
var eventId = 1;
```

```
Array.ForEach(levels,
    level => logger.Log(level, eventId++, "This is a/an {level} log message.", level));

internal class FoobarEventListener : EventListener
{ }
```

上述的 EventSource 对象在进行日志分发时，它会采用不同的方式对将日志消息进行格式化，最终将格式化后的内容作为内容载荷的一部分通过多个事件分发出去，EventWritten 事件处理程序选择的是一个名为 FormattedMessage 的事件，它会将包括格式化日志消息在内的内容载荷信息输出到控制台。

基于 TraceSource 和 EventSource 日志框架的输出渠道是调用 ILoggingBuilder 的 AddTraceSource 扩展方法和 AddEventSourceLogger 扩展方法进行注册的。AddTraceSource 扩展方法的调用提供了两个参数，前者是作为全局过滤器的 SourceSwitch 对象，后者则是注册的 DefaultTraceListener 对象。由于我们为注册的 DefaultTraceListener 指定了日志文件的路径，所以输出的日志消息最终会被写入指定的文件。程序运行后，日志消息会同时输出到控制台和指定的日志文件（trace.log），如图 8-2 所示。（S804）

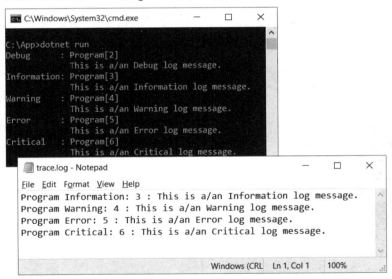

图 8-2　TraceSource 和 EventSource 的日志输出

8.1.2　日志过滤

对于使用 ILogger 对象或者 ILogger<T>对象分发的日志事件，并不能保证都会进入最终的输出渠道，因为注册的 ILoggerProvider 对象会对日志进行过滤，只有符合过滤条件的日志消息才会被真正地输出到对应的渠道。每一个分发的日志事件都具有一个确定的等级。一般来说，日志消息的等级越高，表明对应的日志事件越重要或者反映的问题越严重，自然就越应该被记录下来。所以在很多情况下，我们指定的过滤条件只需要一个最低等级，所有不低于（等于或者高于）该等级的日志都会被记录下来。

最低日志等级在默认情况下被设置为 Information，这就是前面演示程序中等级为 Trace 和 Debug 的两条日志没有被真正输出的原因。如果需要将这个作为输出"门槛"的日志等级设置得更高或者更低，则只需要将指定的等级作为参数调用 ILoggingBuilder 接口的 SetMinimumLevel 方法即可。

```
using Microsoft.Extensions.DependencyInjection;
using Microsoft.Extensions.Logging;

var logger = new ServiceCollection().AddLogging(builder => builder
    .SetMinimumLevel(LogLevel.Trace)
    .AddConsole())
    .BuildServiceProvider()
    .GetRequiredService<ILogger<Program>>();

var levels = (LogLevel[])Enum.GetValues(typeof(LogLevel));
levels = levels.Where(it => it != LogLevel.None).ToArray();
var eventId = 1;
Array.ForEach(levels,
    level => logger.Log(level, eventId++, "This is a/an {level} log message.", level));
Console.Read();
```

如上面的代码片段所示，在调用 AddLogging 扩展方法时，调用 ILoggingBuilder 接口的 SetMinimumLevel 方法将最低日志等级设置为 Trace。由于设置的是最低等级，所以所有的日志消息都会输出到控制台，如图 8-3 所示。（S805）

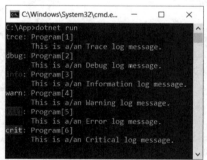

图 8-3　通过设置最低等级控制输出的日志

虽然"过滤不低于指定等级的日志消息"是常用的日志过滤规则，但是过滤规则的灵活度并不限于此，很多时候还会同时考虑日志的类别。在创建对应 ILogger 时，由于一般将当前组件、服务或者类型的名称作为日志类别，所以日志类别基本上体现了日志消息来源。如果只希望输出由某个组件或者服务发出的日志事件，就需要对类别对日志事件实施过滤。综上可知，日志过滤条件其实可以通过一个类型为 Func<string, LogLevel, bool>的委托对象来表示，它的两个输入参数分别表示日志事件的类别和等级。下面通过提供一个委托对象对日志消息进行更细粒度的过滤，所以需要对演示程序进行如下修改。

```
using Microsoft.Extensions.DependencyInjection;
```

```
using Microsoft.Extensions.Logging;

var loggerFactory = new ServiceCollection()
    .AddLogging(builder => builder
        .AddFilter(Filter)
        .AddConsole())
    .BuildServiceProvider()
    .GetRequiredService<ILoggerFactory>();

Log(loggerFactory, "Foo");
Log(loggerFactory, "Bar");
Log(loggerFactory, "Baz");

Console.Read();

static void Log(ILoggerFactory loggerFactory, string category)
{
    var logger = loggerFactory.CreateLogger(category);
    var levels = (LogLevel[])Enum.GetValues(typeof(LogLevel));
    levels = levels.Where(it => it != LogLevel.None).ToArray();
    var eventId = 1;
    Array.ForEach(levels, level => logger.Log(level, eventId++,
        "This is a/an {0} log message.", level));
}

static bool Filter(string category, LogLevel level)
{
    return category switch
    {
        "Foo" => level >= LogLevel.Debug,
        "Bar" => level >= LogLevel.Warning,
        "Baz" => level >= LogLevel.None,
        _ => level >= LogLevel.Information,
    };
}
```

　　如上面的代码片段所示，作为日志过滤器的 Func<string, LogLevel, bool>委托对象定义的过滤规则如下：对于日志类别 Foo 和 Bar，我们只会选择输出等级不低于 Debug 和 Warning 的日志；对于日志类别 Baz，任何等级的日志事件都不会被选择；至于其他日志类别，我们采用默认的最低等级 Information。在执行 AddLogging 扩展方法时，调用 ILoggerBuilder 接口的 AddFilter 扩展方法将 Func<string, LogLevel, bool>委托对象注册为全局过滤器。利用依赖注入容器提供的 ILoggerFactory 工厂创建 3 个 ILogger 对象，它们采用的类别分别为 "Foo" "Bar" "Baz"。最后利用这 3 个 ILogger 对象分发不同等级的 6 次日志事件，满足过滤条件的日志消息会输出到控制台，如图 8-4 所示。（S806）

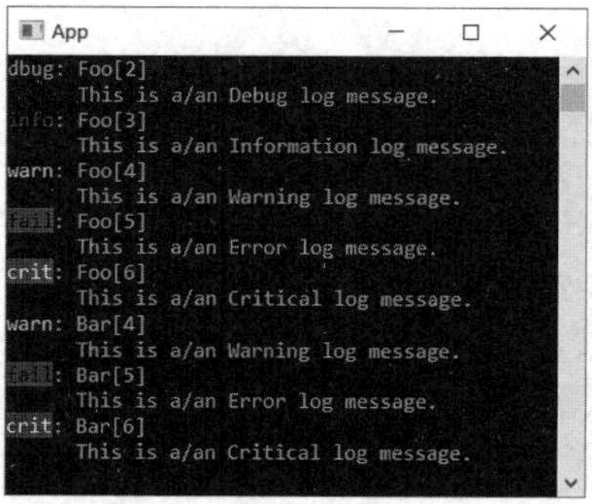

图 8-4　类别和等级的日志过滤

　　无论是调用 ILoggerBuilder 接口的 SetMinimumLevel 方法设置的最低日志等级，还是调用 AddFilter 扩展方法提供的过滤器，设置的日志过滤规则针对的都是所有注册的 ILoggerProvider 对象，但是有时需要将过滤规则应用到某个具体的 ILoggerProvider 对象上。如果将 ILoggerProvider 对象引入日志过滤规则中，那么日志过滤器应该表示成一个类型为 Func<string, string, LogLevel, bool>的委托对象，该委托对象的 3 个输入参数分别表示 ILoggerProvider 类型的全名、日志类别和等级。为了演示 LoggerProvider 的日志过滤，可以将程序进行如下修改。

```csharp
using Microsoft.Extensions.DependencyInjection;
using Microsoft.Extensions.Logging;
using Microsoft.Extensions.Logging.Console;
using Microsoft.Extensions.Logging.Debug;

var logger = new ServiceCollection()
    .AddLogging(builder => builder
        .AddFilter(Filter)
        .AddConsole()
        .AddDebug())
    .BuildServiceProvider()
    .GetRequiredService<ILoggerFactory>()
    .CreateLogger("App.Program");

var levels = (LogLevel[])Enum.GetValues(typeof(LogLevel));
levels = levels.Where(it => it != LogLevel.None).ToArray();
var eventId = 1;
Array.ForEach(levels, level => logger.Log(level, eventId++,
    "This is a/an {0} log message.", level));
Console.Read();

static bool Filter(string provider, string category, LogLevel level)
=> provider switch
{
    var p when p == typeof(ConsoleLoggerProvider).FullName => level >= LogLevel.Debug,
    var p when p == typeof(DebugLoggerProvider).FullName => level >= LogLevel.Warning,
    _ => true,
};
```

如 上 面 的 代 码 片 段 所 示 ， 我 们 注 册 的 过 滤 器 体 现 的 过 滤 规 则 如 下 ： 将 ConsoleLoggerProvider 和 DebugLoggerProvider 的最低日志等级分别设置为 Debug 和 Warning，至 于 其 他 的 ILoggerProvider 类 型 则 不 进 行 任 何 的 过 滤 。 演 示 程 序 中 同 时 注 册 了 ConsoleLoggerProvider 和 DebugLoggerProvider，对于分发的 12 条日志消息，在控制台上输出 5 条日志消息，在 Visual Studio 的调试窗口中输出 3 条日志消息，如图 8-5 所示。（S807）

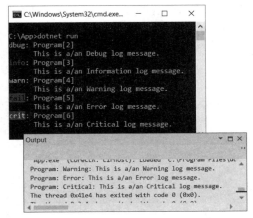

图 8-5　ILoggerProvider 类型的日志过滤

通过 Func<string, string, LogLevel, bool> 委托对象表示的日志过滤规还可以采用配置的形式来定义。以配置的形式定义的过滤规则最终都体现为对最低等级的设置，设定的这个最低日志等级可以是一个全局的默认设置，也可以专门针对某个日志类别或者 ILoggerProvider 类型。下面演示配置形式的日志过滤规则。我们首先创建一个名为 logging.json 的文件，并在其中定义如下这段配置，然后将 "Copy to Output Directory" 的属性设置为 "Copy Always"。这段配置定义了两组日志过滤规则，第 1 组是默认规则，第 2 组则是专门为 ConsoleLoggerProvider（别名为 Console）定义的过滤规则。

```
{
    "LogLevel": {
        "Default"    : "Error",
        "Foo"        : "Debug"
    },
    "Console": {
        "LogLevel": {
            "Default" : "Information",
            "Foo"     : "Warning",
            "Bar"     : "Error"
        }
    }
}
```

以配置形式定义的日志过滤规则最终会落实到对最低日志等级的设置上，其中 Default 表示默认设置，其他的则是针对具体日志类别的设置。上面定义的这段配置体现的过滤规则如下：

对于 ConsoleLoggerProvider 来说，在默认情况下，只有等级不低于 Information 的日志事件才会被输出，而对日志类别"Foo"和"Bar"来说，对应的最低日志等级分别为 Warning 和 Error。对于其他 ILoggerProvider 类型来说，如果日志类别为"Foo"，那么只有等级不低于 Debug 的日志才会被输出，其他日志类别则采用默认的等级 Error。

为了检验最终是否会采用配置定义的规则对日志消息进行过滤，首先根据配置文件生成对应的 IConfiguration 对象，然后采用依赖注入的方式创建一个 ILoggerFactory 对象。我们将 IConfiguration 对象作为参数调用 ILoggingBuilder 接口的 AddConfiguration 扩展方法将配置承载的过滤规则应用到配置模型上。我们最终采用不同的类别（"Foo""Bar""Baz"）创建 3 个 ILogger 对象，并利用它们记录 6 条具有不同等级的日志。

```
using Microsoft.Extensions.Configuration;
using Microsoft.Extensions.DependencyInjection;
using Microsoft.Extensions.Logging;

var configuration = new ConfigurationBuilder()
    .SetBasePath(Directory.GetCurrentDirectory())
    .AddJsonFile("logging.json")
    .Build();

var loggerFactory = new ServiceCollection()
    .AddLogging(builder => builder
        .AddConfiguration(configuration)
        .AddConsole()
        .AddDebug())
    .BuildServiceProvider()
    .GetRequiredService<ILoggerFactory>();


Log(loggerFactory, "Foo");
Log(loggerFactory, "Bar");
Log(loggerFactory, "Baz");

Console.Read();

static void Log(ILoggerFactory loggerFactory, string category)
{
    var logger = loggerFactory.CreateLogger(category);
    var levels = (LogLevel[])Enum.GetValues(typeof(LogLevel));
    levels = levels.Where(it => it != LogLevel.None).ToArray();
    var eventId = 1;
    Array.ForEach(levels, level => logger.Log(level, eventId++,
        "This is a/an {0} log message.", level));
}
```

由于注册了两个不同的 ILoggerProvider 类型，创建了 3 个基于不同日志类别的 ILogger 对象，所以这里面涉及分发的 36 条日志消息。按照定义在配置文件中的过滤规则，它们能否被真正地输出到 ILoggerProvider 对应的渠道体现在表 8-2 中。

表 8-2　配置文件的日志过滤

等　级	ConsoleLoggerProvider			DebugLoggerProvider		
	Foo	Bar	Baz	Foo	Bar	Baz
Trace	No	No	No	No	No	No
Debug	No	No	No	Yes	No	No
Information	No	No	Yes	Yes	No	No
Warning	Yes	No	Yes	Yes	No	No
Error	Yes	Yes	Yes	Yes	Yes	Yes
Critical	Yes	Yes	Yes	Yes	Yes	Yes

表 8-2 是针对配置定义的过滤规则进行分析的结果，而图 8-6 是程序运行（以 Debug 模式进行编译）之后控制台和 Visual Studio 调试窗口的输出结果，可以看出两者是完全一致的。（S808）

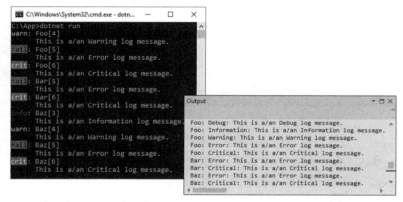

图 8-6　配置文件的日志过滤

8.1.3　日志范围

日志可以为针对某种目的（如纠错查错、系统优化和安全审核等）而进行的分析提供原始数据，所以孤立存在的一条日志消息对数据分析往往毫无用处，很多问题只有将多条相关的日志消息综合起来分析才能找到答案。日志框架为此引入了日志范围（Log Scope）的概念。所谓的日志范围是为日志记录创建的一个具有唯一标识的上下文。如果注册的 ILoggerProvider 对象支持这个特性，那么它提供的 ILogger 对象会感知到当前日志范围的存在，此时它可以将上下文信息一并记录下来。

在接下来演示的程序中，我们将一个包含多个处理步骤的事务作为日志范围，并将各个步骤的执行耗时记录下来。如下面的代码片段所示，我们利用依赖注入容器创建一个 ILogger 对象。在调用 AddConsole 扩展方法注册 ConsoleLoggerProvider 对象之后，再调用 AddSimpleConsole 扩展方法为它注册一个简单的格式化器，该方法接收一个 Action<SimpleConsoleFormatterOptions> 委托对象作为参数来对格式化器配置选项进行设置。我们利用传入的这个委托对象将配置选项的 IncludeScopes 属性设置为 True。

```
using Microsoft.Extensions.DependencyInjection;
using Microsoft.Extensions.Logging;
using System.Diagnostics;

var logger = new ServiceCollection()
    .AddLogging(builder => builder
        .AddConsole()
        .AddSimpleConsole(options => options.IncludeScopes = true))
    .BuildServiceProvider()
    .GetRequiredService<ILogger<Program>>();

using (logger.BeginScope($"Foobar Transaction[{Guid.NewGuid()}]"))
{
    var stopwatch = Stopwatch.StartNew();
    await Task.Delay(500);
    logger.LogInformation("Operation foo completes at {0}", stopwatch.Elapsed);

    await Task.Delay(300);
    logger.LogInformation("Operation bar completes at {0}", stopwatch.Elapsed);

    await Task.Delay(800);
    logger.LogInformation("Operation baz completes at {0}", stopwatch.Elapsed);
}
Console.Read();
```

　　日志范围是通过调用 ILogger 对象的 BeginScope 方法创建的。我们在调用这个方法时指定一个携带请求 ID 的字符串来描述并标识创建日志范围。创建的日志范围上下文体现为一个 IDisposable 对象，范围因 Dispose 方法的调用而终结。对于支持日志范围的 ILoggerProvider 对象来说，它提供的 ILogger 对象自身能够感知到当前上下文的存在，所以并不需要对演示程序进行额外的修改。

　　在演示程序中，执行的事务包含 3 个操作（Foo、Bar 和 Baz）。我们将事务开始的那一刻作为基准，记录每个操作完成的时间。该程序运行后会将日志输出到控制台（见图 8-7）。可以看出包含事务 ID 的日志范围上下文描述信息一并被记录下来。如果日志最终被写入海量存储中，只要知道请求 ID，就能将相关的日志提取出来并利用它们构建该请求的调用链。（S809）

图 8-7　记录日志范围上下文描述信息

8.1.4　LoggerMessage

前面的演示程序总是指定一个包含占位符（{数字}或者{文本}）的消息模板作为参数调用 ILogger 对象的 Log 方法来记录日志，所以该方法每次都需要对提供的消息模板进行解析。如果每次提供的都是相同的消息模板，那么这种对消息模板的重复解析会显得多余。如果应用对性能要求比较高，那么这绝不是一种好的编程方式。为了解决这个问题，日志框架提供了一个名为 LoggerMessage 的静态类型。我们可以利用它根据某个具体的消息模板创建一个委托对象来记录日志。

在如下所示的演示程序中，我们利用日志将 FoobarAsync 方法的"调用现场"记录下来，具体记录的内容包括输入参数、返回值和执行耗时。我们根据 FoobarAsync 的定义调用 LoggerMessage 类型的 Define 静态方法创建了一个 Action<ILogger, int, long, double, TimeSpan, Exception>类型的委托对象来记录日志。

```csharp
using Microsoft.Extensions.DependencyInjection;
using Microsoft.Extensions.Logging;
using System.Diagnostics;

var random = new Random();
var template = "Method FoobarAsync is invoked." +
    "\n\t\tArguments: foo={foo}, bar={bar}" +
    "\n\t\tReturn value: {returnValue}" +
    "\n\t\tTime:{time}";
var log = LoggerMessage.Define<int, long, double, TimeSpan>(
    logLevel: LogLevel.Trace,
    eventId: 3721,
    formatString: template);
var logger = new ServiceCollection()
    .AddLogging(builder => builder
        .SetMinimumLevel(LogLevel.Trace)
        .AddConsole())
    .BuildServiceProvider()
    .GetRequiredService<ILoggerFactory>()
    .CreateLogger("App.Program");

await FoobarAsync(random.Next(), random.Next());
await FoobarAsync(random.Next(), random.Next());
Console.Read();

async Task<double> FoobarAsync(int foo, long bar)
{
    var stopwatch = Stopwatch.StartNew();
    await Task.Delay(random.Next(100, 900));
    var result = random.Next();
    log(logger, foo, bar, result, stopwatch.Elapsed, null);
    return result;
}
```

在调用 Define 静态方法构建对应的委托对象时，我们指定了日志等级（Information）、EventId（3721）和日志消息模板。我们在 FoobarAsync 方法中利用创建的这个委托对象将当前方法的参数、返回值和执行时间通过日志记录下来。FoobarAsync 方法总共被调用了两次，所以程序运行后在控制台上输出的两组数据如图 8-8 所示。（S810）

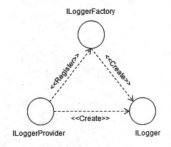

```
C:\Windows\System32\cmd.exe - dotnet r...     —     □     ×

C:\App>dotnet run
info: Program[3721]
      Method FoobarAsync is invoked.
         Arguments: foo=1973855731, bar=2042954009
         Return value: 1018654942
         Time:00:00:00.8170492
info: Program[3721]
      Method FoobarAsync is invoked.
         Arguments: foo=1751199900, bar=256390446
         Return value: 979198141
         Time:00:00:00.7280489
```

图 8-8　利用 LoggerMessage 记录日志

8.2　日志模型详解

日志模型由 ILogger、ILoggerFactory 和 ILoggerProvider 这 3 个核心对象构成，并将其称为"日志模型三要素"。这些接口都定义在"Microsoft.Extensions.Logging.Abstractions"NuGet 包中，而具体的实现则由另一个"Microsoft.Extensions.Logging"NuGet 包来提供。

8.2.1　日志模型三要素

如图 8-9 所示，ILoggerFactory 对象和 ILoggerProvider 对象都是 ILogger 对象的创建者，ILoggerProvider 对象会注册到 ILoggerFactory 对象上。有人可能认为这 3 个对象之间的关系很混乱，这主要体现在 ILogger 对象具有两个不同的创建者。

```
                    ILoggerFactory
                         ○
                       ╱   ╲
            <<Register>>   <<Create>>
                     ╱       ╲
                    ○ ─────── ○
         ILoggerProvider  <<Create>>  ILogger
```

图 8-9　日志模型三要素之间的关系（1）

虽然都体现为一个 ILogger 对象，但是 ILoggerFactory 对象和 ILoggerProvider 对象的输出其实是不同的。前者创建的 ILogger 对象被应用程序用来发送日志事件，后者提供的 ILogger 对象则被应用程序用来处理日志事件。从发布订阅模式的角度来讲，前者属于发布者，后者属于订阅者。

如果进一步引入两个实现类型，则可以将日志模型绘制成 UML，如图 8-10 所示。

LoggerFactory 类型是对 ILoggerFactory 接口的默认实现，它创建的是一个 Logger 的对象，采用"组合（Composition）"模式设计的 Logger 对象由一组 ILogger 对象组成，一组 ILogger 对象则由注册的所有 ILoggerProvider 对象提供。当应用程序利用 Logger 记录日志时，一组 ILogger 对象将日志消息分发给这些 ILogger 对象并输出到对应的渠道。

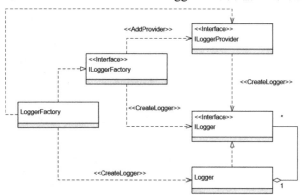

图 8-10　日志模型三要素之间的关系（2）

8.2.2　ILogger

ILogger 接口中定义了 Log、IsEnabled 和 BeginScope 共 3 个方法。日志事件的处理需要实现在 Log 方法中，IsEnabled 方法用来完成针对等级的日志过滤，而 BeginScope 方法用来创建日志范围。日志事件的内容载荷通过 Log 方法的参数 state 来提供，由于该参数类型为 Object，所以任意类型的对象都可以被使用。日志的一个重要作用就是更好地进行排错和纠错，所以这类日志承载的大部分信息用来描述抛出的异常，对应的 Exception 对象由 Log 方法的 exception 参数来提供。

```csharp
public interface ILogger
{
    bool IsEnabled(LogLevel logLevel);
    void Log(LogLevel logLevel, EventId eventId, object state, Exception? exception,
        Func<object, Exception?, string> formatter);
    IDisposable BeginScope<TState>(TState state);
}
```

一般来说，日志最终都需要格式化的字符串文本，具体来说就是提取载荷对象和异常的相关信息，并按照某个格式生成一个可以持久化或者远程传输的文本，所以对应的格式化器可以通过一个 Func<object, Exception?, string>委托对象来表示，调用 Log 方法提供的最后一个参数就是这样一个委托对象。

除了定义在 ILogger 接口中的 Log 方法，还可以使用如下这些 Log 扩展方法，它们会根据提供的模板（对应 message 参数）和参数列表（对应 args 参数）生成日志消息文本。如果没有显式指定事件 ID，则默认值为 0。

```csharp
public static class LoggerExtensions
{
```

```
    public static void Log(this ILogger logger, LogLevel logLevel, string? message,
        params object?[] args);
    public static void Log(this ILogger logger, LogLevel logLevel, EventId eventId,
        string? message, params object?[]? args);
    public static void Log(this ILogger logger, LogLevel logLevel,
        Exception? exception, string? message, params object?[] args);
    public static void Log(this ILogger logger, LogLevel logLevel, EventId eventId,
        Exception? exception, string? message, params object?[] args);
}
```

对于提供的日志消息模板具有两种占位符定义形式：一种是采用连续的零基整数（如{0}、{1}和{2}等），另一种是采用具有语义的字符串（如{Id}、{Name}和{Version}等）。实际上这些以任意字符串定义的占位符最终还是会按照模板中出现的顺序转换数字，格式化日志消息都是调用 String 的 Format 方法生成的。基于模板的日志消息格式化实现在如下所示的 FormattedLogValues 内部结构中。

```
internal struct FormattedLogValues : IReadOnlyList<KeyValuePair<string, object>>
{
    public FormattedLogValues(string? format, params object?[]? values);
    public override string ToString();
    ...
}
```

分发的日志事件必须具有一个明确的等级，所以调用 ILogger 对象的 Log 方法记录日志时必须显式指定日志消息采用的等级。我们也可以调用 6 种日志等级对应的扩展方法 Log{Level}（LogDebug、LogTrace、LogInformation、LogWarning、LogError 和 LogCritical）。下面的代码片段列出了日志等级 Debug 的 3 个 LogDebug 重载方法的定义，其他日志等级的扩展方法的定义与之类似。

```
public static class LoggerExtensions
{
    public static void LogDebug(this ILogger logger, EventId eventId,
        Exception? exception, string? message, params object?[] args);
    public static void LogDebug(this ILogger logger, EventId eventId,
        string? message, params object?[] args);
    public static void LogDebug(this ILogger logger, string? message,
        params object?[] args);
    ...
}
```

每条日志消息利用关联的"类别"（Category）指明日志消息是被谁写入的。我们一般将日志分发所在的组件、服务或者类型名称作为日志类别。日志类别是 ILogger 对象自身的属性，所以在利用 ILoggerFactory 工厂创建一个 ILogger 对象时必须提供对应的日志类别。这种以字符串形式定义日志类别的编程方式不太"友好"，也容易出错。为了提供一种强类型的日志类别设置方式，可以使用 ILogger<TCategoryName>类型，它将日志类别与某个类型（一般为记录日志所在的类型）关联起来。如下面的代码片段所示，ILogger<TCategoryName>派生于 ILogger 接口，自身并没有定义任何成员。

```
public interface ILogger<out TCategoryName> : ILogger {}
```

```
public class Logger<T> : ILogger<T>
{
    private readonly ILogger _logger;

    public Logger(ILoggerFactory factory)
        =>_logger = factory.CreateLogger(
        TypeNameHelper.GetTypeDisplayName(typeof(T)));
    IDisposable ILogger.BeginScope<TState>(TState state)
        => _logger.BeginScope(state);
    bool ILogger.IsEnabled(LogLevel logLevel)
        => _logger.IsEnabled(logLevel);
    void ILogger.Log<TState>(LogLevel logLevel, EventId eventId, TState state,
        Exception? exception, Func<TState, Exception?, string> formatter)
        => _logger.Log(logLevel, eventId, state, exception, formatter);
}
```

Logger<T>是 ILogger<TCategoryName>接口的默认实现类型，它能够根据泛型类型解析出日志类别。从上面的代码片段可以看出，具体的日志类别解析过程实现在 TypeNameHelper 类型的 GetTypeDisplayName 静态方法中，具体的采用规则如下。

- 对于一般的类型来说，日志类别名称就是该类型的全名（命名空间+类型名）。
- 如果该类型内嵌于另一个类型中（如 Foo.Bar+Baz），则表示内嵌的"+"需要替换成"."（如 Foo.Bar.Baz）。
- 对于泛型类型，泛型参数部分将不包含在日志类型名称中（如 Foobar<T>对应的日志类别为 Foobar）。

8.2.3　ILoggerProvider

ILoggerProvider 对象在日志模型中的作用在于"提供"面向具体输出渠道的 ILogger 对象。如下面的代码片段所示，ILoggerProvider 继承了 IDisposable 接口，并利用 Dispose 方法释放相关的资源。ILogger 对象实现在 CreateLogger 方法中，该方法的参数 categoryName 表示前面介绍的日志类别。

```
public interface ILoggerProvider : IDisposable
{
    ILogger CreateLogger(string categoryName);
}
```

8.2.4　ILoggerFactory

使用 ILoggerFactory 工厂创建的 ILogger 对象不能完成具体的日志输出工作，它的作用主要体现为分发日志事件。如下面的代码片段所示，ILoggerFactory 接口定义了 CreateLogger 和 AddProvider 两个方法，前者用来创建 ILogger 对象，后者则用来注册 ILoggerProvider 对象。

```
public interface ILoggerFactory : IDisposable
{
    ILogger CreateLogger(string categoryName);
    void AddProvider(ILoggerProvider provider);
```

}

1. 复合型 ILogger 对象

LoggerFactory 类型是 ILoggerFactory 接口的默认实现，它创建的是一个 Logger 对象，这个复合型 ILogger 对象是对一组面向具体输出渠道的 ILogger 对象的封装。当应用程序利用这个复合型 ILogger 对象来分发日志事件时，它仅仅是将日志事件进一步分发给这些 ILogger 对象。Logger 对象在进行日志消息分发之前会进行日志过滤，作为组合成员的 ILogger 对象只有在满足过滤规则的前提下才会接收到分发给它的日志消息。

LoggerFactory 工厂创建的是一个"动态"的 Logger 对象，即使是已经存在的 Logger 对象，LoggerFactory 状态的变化也会实时应用到它上面。如图 8-11 所示，我们预先为 LoggerFactory 工厂注册了两个 ILoggerProvider 对象（FooLoggerProvider 和 BarLoggerProvider），并使用它们对日志类别"A"和"B"创建了两个 Logger 对象，它们由注册的这两个 ILoggerProvider 对象提供的 ILogger 对象（FooLogger 和 BarLogger）组成。

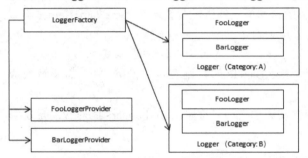

图 8-11　LoggerFactory 工厂保持对所有创建的 Logger 对象的引用

LoggerFactory 工厂保持由它创建的所有 Logger 对象的引用。如果后续过程一个新的 ILoggerProvider（BazLoggerProvider）对象以图 8-12 的形式注册进来，则 LoggerFactory 对象会利用它创建一个新的 ILogger 对象（BazLogger），并将它们作为成员添加到现有的两个 Logger 对象中。

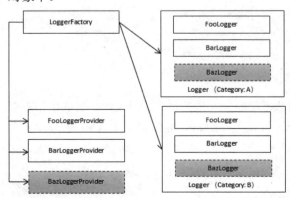

图 8-12　将新注册的 ILoggerProvider 对象应用到现有的 Logger 对象中

2．过滤规则

LoggerFactory 工厂提供 Logger 对象的"动态性"不仅体现在它会将新注册的 ILoggerProvider 对象提供的 ILogger 对象应用到现有的 Logger 对象中，还体现在日志过滤规则改变也会及时应用到现有的 Logger 对象上。如下所示为日志过滤规则的 LoggerFilterRule 类型的定义。该类型具有一个表示 ILoggerProvider 名称的 ProviderName 属性。在默认情况下 ILoggerProvider 实现类型的全名就是它的名称，该名称可以利用标注在类型上的 ProviderAliasAttribute 特性进行定制。

```
public class LoggerFilterRule
{
    public string                              ProviderName { get; }
    public string                              CategoryName { get; }
    public LogLevel?                           LogLevel { get; }
    public Func<string, string, LogLevel, bool>    Filter { get; }

    public LoggerFilterRule(string providerName, string categoryName,
        LogLevel? logLevel, Func<string, string, LogLevel, bool> filter)
    {
        ProviderName = providerName;
        CategoryName = categoryName;
        LogLevel     = logLevel;
        Filter       = filter;
    }
}
```

日志模型采用基于"前缀"的类别匹配规则。假设我们针对日志类别"Foo.Bar"和"Foo.Baz"创建了两个 Logger 对象，如果将日志过滤规则的 CategoryName 属性设置为"Foo"，那么两个 Logger 对象都满足过滤条件。日志过滤规则是通过 LoggerFilterOptions 配置选项进行设置的。如下面的代码片段所示，除了表示一组日志过滤规则的 Rules 属性，LoggerFilterOptions 还利用 MinLevel 属性来设置一个全局默认的最低日志等级。CaptureScopes 属性表示是否需要捕捉当前的日志范围。

```
public class LoggerFilterOptions
{
    public LogLevel                    MinLevel { get; set; }
    public IList<LoggerFilterRule>     Rules { get; } = new List<LoggerFilterRule>();
    public bool                        CaptureScopes { get; set; }
}
```

通过 IOptionsMonitor<LoggerFilterOptions>对象创建的 LoggerFactory 对象能够感知到过滤规则的变化，并将新的规则实时应用到所有 Logger 对象上。同一个 Logger 对象可能与多条过滤规则相匹配，此时 LoggerFactory 会为它选择一个匹配度最高的过滤规则。在对过滤规则进行选择时，使用候选规则设置的日志类型与当前类别匹配的部分越多，匹配度越高。假设两条过滤规则的日志类别分别为"Foo.Bar"和"Foo"，对于采用日志类型为"Foo.Bar.Baz"的 Logger

对象，前者具有更高的匹配度。

3. LoggerFactory

接下来从代码层面进一步介绍 LoggerFactory 工厂针对 Logger 对象的创建和维护。如下面的代码片段所示，在第二个构造函数中注入了一组 ILoggerProvider 对象和一个 IOptionsMonitor<LoggerFilterOptions>对象，前者用来提供"组装"Logger 对象的成员，后者则用来提供实时的日志过滤规则。在第三个构造函数中注入了用来提供配置选项的 IOptions<LoggerFactoryOptions>对象。下一节将会介绍这个 LoggerFactoryOptions 类型。

```
public class LoggerFactory : ILoggerFactory, IDisposable
{
    public LoggerFactory(IEnumerable<ILoggerProvider> providers,
        LoggerFilterOptions filterOptions);
    public LoggerFactory(IEnumerable<ILoggerProvider> providers,
        IOptionsMonitor<LoggerFilterOptions> filterOption);
    public LoggerFactory(IEnumerable<ILoggerProvider> providers,
        IOptionsMonitor<LoggerFilterOptions> filterOption,
        IOptions<LoggerFactoryOptions> options = null);

    public void AddProvider(ILoggerProvider provider);
    public ILogger CreateLogger(string categoryName);
    public void Dispose();
    ...
}
```

ILoggerProvider 接口派生于 IDisposable 接口，这就意味着不再使用的 ILoggerProvider 对象都应该被显式释放。由于 ILoggerProvider 对象是被注册到 LoggerFactory 工厂的，这项释放工作应该由 LoggerFactory 来负责，但是它只负责释放通过调用 AddProvider 方法注册的 ILoggerProvider 对象，构造函数中作为参数提供的 ILoggerProvider 对象的释放工作不应该由它负责。原因很简单，在默认情况下 LoggerFactory 是由依赖注入容器提供的，注入的 ILoggerProvider 对象的生命周期由容器进行管理。

在每次调用 CreateLogger 方法时都创建一个新的 Logger 对象，它会针对日志类别 Logger 对象进行缓存。如果指定相同的日志类别，则 LoggerFactory 提供的实际上是同一个 Logger 对象。在 ASP.NET Core 应用中，我们基本上都是采用依赖注入的方式使用 ILoggerFactory 工厂。如果不方便使用依赖注入，则 LoggerFactory 类型提供了如下静态的工厂方法 Create 来创建所需的 ILoggerFactory 对象。

```
public class LoggerFactory : ILoggerFactory
{
    public static ILoggerFactory Create(Action<ILoggingBuilder> configure)
    {
        var services = new ServiceCollection();
        services.AddLogging(configure);
        var serviceProvider = services.BuildServiceProvider();
        return new DisposingLoggerFactory(serviceProvider.GetService<ILoggerFactory>(),
            serviceProvider);
```

```
    }

    private sealed class DisposingLoggerFactory : ILoggerFactory, IDisposable
    {
        private readonly ILoggerFactory    _loggerFactory;
        private readonly ServiceProvider   _serviceProvider;

        public DisposingLoggerFactory(ILoggerFactory loggerFactory,
            ServiceProvider serviceProvider)
        {
            _loggerFactory = loggerFactory;
            _serviceProvider = serviceProvider;
        }

        public void AddProvider(ILoggerProvider provider)
            => _loggerFactory.AddProvider(provider);
        public ILogger CreateLogger(string categoryName)
            => _loggerFactory.CreateLogger(categoryName);
        public void Dispose() => _serviceProvider.Dispose();
    }
}
```

8.2.5　LoggerMessage

　　利用静态类型 LoggerMessage 创建的委托对象不仅可以实现强类型的日志编程，更重要的是它能够避免重复解析消息模板，所以对于涉及频繁日志写入或者对性能具有较高要求的应用最好使用这种编程方式。如果你经常查阅微软 ASP.NET Core 框架的源代码，就会发现几乎所有的日志编程都使用 LoggerMessage。

　　如果利用 LoggerMessage 进行日志编程，则可以通过指定的消息模板、日志事件 ID 和最低日志等级调用 Define 方法或者 DefineScope 方法创建的 Action<ILogger,..., Exception >对象或者 Func<ILogger,..., IDisposable>对象来分发日志事件或者创建日志范围。根据模板中定义的占位符数量的不同，日志系统提供了如下这些重载方法供我们选择。LogDefineOptions 配置选项的 SkipEnabledCheck 表示生成的委托对象在记录日志时是否需要针对指定的等级调用 ILogger 对象的 IsEnabled 方法进行前置检验。

```
public static class LoggerMessage
{
    public static Action<ILogger, Exception?> Define(LogLevel logLevel,
        EventId eventId,
        string formatString);
    public static Action<ILogger, T1, Exception?> Define<T1>(LogLevel logLevel,
        EventId eventId, string formatString);
    public static Action<ILogger, T1, T2, Exception?> Define<T1, T2>(LogLevel logLevel,
        EventId eventId, string? formatString);
    public static Action<ILogger, T1, T2, T3, Exception?> Define<T1, T2, T3>(
        LogLevel logLevel, EventId eventId, string? formatString);
    public static Action<ILogger, T1, T2, T3, T4, Exception?>
```

```
        Define<T1, T2, T3, T4>(LogLevel logLevel, EventId eventId,
        string? formatString);
    public static Action<ILogger, T1, T2, T3, T4, T5, Exception?>
        Define<T1, T2, T3, T4, T5>(LogLevel logLevel, EventId eventId,
        string? formatString);
    public static Action<ILogger, T1, T2, T3, T4, T5, T6, Exception?>
        Define<T1, T2, T3, T4, T5, T6>(LogLevel logLevel, EventId eventId,
        string? formatString);

    public static Action<ILogger, Exception?> Define(LogLevel logLevel,
        EventId eventId,
        string formatString, LogDefineOptions? options);
    public static Action<ILogger, T1, Exception?> Define<T1>(LogLevel logLevel,
        EventId eventId, string? formatString, LogDefineOptions options);
    public static Action<ILogger, T1, T2, Exception?> Define<T1, T2>(LogLevel logLevel,
        EventId eventId, string? formatString, LogDefineOptions options);
    public static Action<ILogger, T1, T2, T3, Exception?> Define<T1, T2, T3>(
        LogLevel logLevel, EventId eventId, string? formatString,
        LogDefineOptions options);
    public static Action<ILogger, T1, T2, T3, T4, Exception?>
        Define<T1, T2, T3, T4>(LogLevel logLevel, EventId eventId,
        string? formatString,
        LogDefineOptions options);
    public static Action<ILogger, T1, T2, T3, T4, T5, Exception?>
      Define<T1, T2, T3, T4, T5>(LogLevel logLevel, EventId eventId,
      string? formatString,LogDefineOptions options);
    public static Action<ILogger, T1, T2, T3, T4, T5, T6, Exception?>
        Define<T1, T2, T3, T4, T5, T6>(LogLevel logLevel, EventId eventId,
        string? formatString, LogDefineOptions options);

    public static Func<ILogger, IDisposable> DefineScope(string formatString);
    public static Func<ILogger, T1, IDisposable> DefineScope<T1>(string formatString);
    public static Func<ILogger, T1, T2, IDisposable> DefineScope<T1, T2>(
        string formatString);
    public static Func<ILogger, T1, T2, T3, IDisposable> DefineScope<T1, T2, T3>(
        string? formatString);
    public static Func<ILogger, T1, T2, T3, T4, IDisposable>
        DefineScope<T1, T2, T3, T4>(string? formatString);
    public static Func<ILogger, T1, T2, T3, T4, T5, IDisposable>
        DefineScope<T1, T2, T3, T4, T5>(string? formatString);
    public static Func<ILogger, T1, T2, T3, T4, T5, T6, IDisposable>
        DefineScope<T1, T2, T3, T4, T5, T6>(string? formatString);
}

public class LogDefineOptions
{
    public bool SkipEnabledCheck { get; set; }
}
```

8.3　日志范围

ILogger 接口的 BeginScope<TState>方法将指定的对象作为标识创建一个日志范围。对于在一个日志范围中分发的日志事件，这个标识将会作为一个重要的属性被记录下来。创建的日志范围体现为一个 IDisposable 对象，范围会因 Dispose 方法的调用而被终结。除了调用定义在 ILogger 接口中的 BeginScope<TState>方法，也可以调用如下这个同名的扩展方法来创建日志范围。

```
public interface ILogger
{
    IDisposable BeginScope<TState>(TState state);
}

public static class LoggerExtensions
{
    public static IDisposable BeginScope(this ILogger logger, string messageFormat,
        params object?[] args)
}
```

8.3.1　调用链跟踪

"第 7 章 诊断日志（上）"介绍了对于调用链跟踪的内容，基于 TraceSource、EventSource 和 DiagnosticSource 的日志框架都提供了一种被称为"活动跟踪"（Activity Tracking）的特性。我们可以利用它来跟踪记录调用链的信息。其实日志范围与这个特性在本质上是一致的，具有嵌套结构的日志范围最终体现的就是调用链流转。调用链不仅展现了请求处理涉及的核心操作及它们之间的调用堆栈，还可以将耗时和调用现场（如输入、输出和错误详情等）保留下来。调用链不仅涉及单体应用，还能将上下游应用串联起来。我们将图 8-13 的这种跨应用跟踪记录调用链信息的方式称为"分布式跟踪"（Distributed Tracing）。

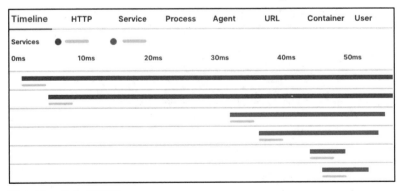

图 8-13　分布式跟踪

目前，微服务比较流行，分布式跟踪的重要作用毋庸置疑。分布式跟踪记录不仅可以清晰地勾勒出相关服务的拓扑结构，还能展现出任意服务调用涉及的重要组件或者中间件。当调用出现性能瓶颈或者异常时，借助于绘制的可视化调用链，我们可以很快地定位耗时或者出错的地方。由于分布式跟踪系统一般会将所有请求记录下来（出于性能考虑，会采用采样的方式记录完整调用链），所以对它们进行相应统计聚合后还可以得到各种维度的流量指标。

目前，市面上有很多开源和商业化的 APM 都提供了分布式跟踪的功能，如 SkyWalking、Elastic APM、Application Insights 和 DataDog 等。分布式跟踪还有一些行业标准或者是推荐的规范，如 Open Telemetry 和 W3C 的 Trace Context。由于分布式跟踪是一个很大的话题，所以我们不在本书中对它进行广泛的介绍。

1. Activity

"第 7 章 诊断日志（上）"已经介绍了 Activity 这个类型，组成跟踪调用链的操作可以很完美地通过一个 Activity 对象来表达。.NET 版本升级后，这个 Activity 类型被进一步完善。我们目前可以直接利用它来实现跨应用的分布式跟踪。接下来系统地介绍 Activity 及其相关类型。一个 Activity 对象表示一个操作，通过构造函数初始化的 OperationName 属性表示操作名称。它还利用 DisplayName 属性提供一个更具可读性的"显示名称"。

```
public class Activity : IDisposable
{
    public string OperationName { get; }
    public string DisplayName { get; set; }

    public Activity(string operationName);
    ...
}
```

W3C Trace Context 规范将组成跟踪调用链的每个操作称为"Span"，每一个 Span 具有一个由 8 字节（相当于 16 个表示十六进制数组的字符）表示的唯一标识，一个 Activty 对象相当于一个 Span。组成同一个调用链的所有 Span 共享同一个由 16 字节（相当于 32 个表示十六进制数组的字符）表示的跟踪 ID（以下简称 Trace ID）。Activty 自身具有一套默认的 Trace ID 生成机制。我们也可以利用静态属性 TraceIdGenerator 提供的委托对象对生成方式进行定制。

```
public class Activity : IDisposable
{
    public ActivityTraceId    TraceId { get; }
    public ActivitySpanId     SpanId { get; }

    public static Func<ActivityTraceId>? TraceIdGenerator { get; set; }
}

public struct ActivityTraceId : IEquatable<ActivityTraceId>
{
    public static ActivityTraceId CreateRandom();
    public static ActivityTraceId CreateFromBytes(ReadOnlySpan<byte> idData);
    public static ActivityTraceId CreateFromUtf8String(ReadOnlySpan<byte> idData);
    public static ActivityTraceId CreateFromString(ReadOnlySpan<char> idData);

    public string ToHexString();
```

```
    public override string ToString();
    public void CopyTo(Span<byte> destination);
}
public struct ActivitySpanId : IEquatable<ActivitySpanId>
{
    public static ActivitySpanId CreateRandom();
    public static ActivitySpanId CreateFromBytes(ReadOnlySpan<byte> idData);
    public static ActivitySpanId CreateFromUtf8String(ReadOnlySpan<byte> idData);
    public static ActivitySpanId CreateFromString(ReadOnlySpan<char> idData);

    public string ToHexString();
    public override string ToString();
    public void CopyTo(Span<byte> destination);
}
```

Activity 类型的 SpanId 和 TraceId 分别表示上述的这两个 ID，它们分别通过 ActivityTraceId 和 ActivitySpanId 这两个具有类似定义的结构体来表示。我们可以利用静态工厂方法 CreateRandom 创建一个随机的 ID，也可以通过其他 3 个方法根据有效的字节数组或者字符串来创建对应的 ID。字符串格式的 ID 可以通过 ToHexString 方法或者重写的 ToString 方法返回。我们还可以调用 CopyTo 方法将 ID 转换成一个 Span<byte>对象。

我们可以利用 Activity 类型的静态属性 Current 得到表示当前活动的 Activity 对象，由于它以 AsyncLocal<Activity>对象形式进行存储，所以在任何地方异步调用链都可以得到这个对象。活动的开始和结束可以通过调用 Start 与 Stop 方法来完成。当调用 Start 方法时，表示当前操作的 Activity 对象将作为"父亲"赋值给当前 Activity 对象的 Parent 属性，而它成为当前的 Activity 将父亲替换下来。当 Stop 方法被调用之后，作为"父亲"的 Activity 对象重新恢复为当前的 Activity，所以这本质上就是一个"调用堆栈"。Activity 的 ParentSpanId 属性表示作为"父亲"的 Activity 对象的 SpanId，它可以通过两个 SetParentId 重载方法进行设置。

```
public class Activity : IDisposable
{
    public static Activity      Current { get; }

    public Activity?            Parent { get; }
    public ActivitySpanId       ParentSpanId { get; }
    public DateTime             StartTimeUtc { get; }
    public TimeSpan             Duration { get; }

    public Activity Start();
    public void Stop();
    public Activity SetStartTime(DateTime startTimeUtc);
    public Activity SetEndTime(DateTime endTimeUtc);
    public void Dispose();
    ...
}
```

Activity 类型实现了 IDisposable 接口，如果它的 Stop 方法一直未曾被调用，则实现的

Dispose 方法会调用 Stop 方法确保操作正常结束。Activity 类型的 StartTimeUtc 属性会记录 Start 方法执行时的时间戳，而 Duration 属性则表示从 Start 方法到 Stop 方法之间的耗时。我们可以直接调用 SetStartTime 方法和 SetEndTime 方法修正开始时间戳或操作耗时，而且指定的必须是一个 UTC 时间，否则会抛出 InvalidOperationException 异常。

在分布式跟踪场景下，如果当前 Span 范围涉及另一个应用的 HTTP 请求，则应该将当前 Span 的上下文信息以 HTTP 报头的形式传递出去，这样才能将跨应用的所有 Span 串起来。W3C Trace Context 规范为此定义了两个重要的 HTTP 报头，其名称分别是"traceparent"和"tracestate"。

traceparent 请求报头由 4 部分组成，具体格式为"{version}-{trace-id}-{parent-id}-{trace-flags}"，它们的字节长度分别为 1、16、8 和 1。"{version}"表示协议版本，目前的值为"00"。"{trace-id}"和"{parent-id}"分别表示跟踪 ID 和"父 Span（针对接收端来说）"的 ID。"{trace-flags}"表示设置一些标记，目前我们主要利用它来承载当前调用链的"采样（Sampling）"标记。

分布式跟踪是为错误和性能诊断服务的，其自身不应该为应用带来明显的性能影响。所以我们一般不会将所有请求的完整调用链记录下来，而是根据请求吞吐量设置一个合适的采样率选择一定比率请求予以跟踪。对于未被采样的请求，我们可以直接放弃，也可以选择记录最基本的信息（如果利用聚合请求跟踪记录来统计流量，则必须保留所有请求的跟踪信息）。对于采样的请求，其"{trace-flags}"值为"01"，否则为"00"。

tracestate 请求报头用来向下游应用传递一些额外的跟踪状态，它由一系列以"{key}={value}"形式定义的"键-值"对组成，"键-值"对之间采用逗号（,）作为分隔符。如下所示的就是在 HTTP 请求报文中传递的标准 traceparent 和 tracestate 请求报头内容。

```
traceparent: 00-0af7651916cd43dd8448eb211c80319c-00f067aa0ba902b7-01
tracestate: rojo=00f067aa0ba902b7,congo=t61rcWkgMzE
```

代表 Span 的 Activity 对象利用其 Context 属性返回的 ActivityContext 表示需要向下游应用传递的上下文对象。如下面的代码片段所示，通过 traceparent 请求报头传递的 Trace ID、Span ID 和跟踪标志，以及 tracestate 请求报头的值都可以从这个上下文对象中获得。ActivityContext 类型的 IsRemote 属性表示当前上下文是否来源于远程（上游）应用，根据本地 Activity 对象创建的 ActivityContext 对象的 IsRemote 属性总是为 False，对于下游应用根据 traceparent 请求报头和 tracestate 请求报头构建 ActivityContext 上下文对象时，它的 IsRemote 属性就是 True。

```
public class Activity : IDisposable
{
    public ActivityContext          Context { get; }
    public string?                  TraceStateString {get;set; }
    public bool                     Recorded { get; }
    public ActivityTraceFlags       ActivityTraceFlags { get; set; }
    ...
}

public struct ActivityContext : IEquatable<ActivityContext>
```

```
{
    public ActivityTraceId          TraceId { get; }
    public ActivitySpanId           SpanId { get; }
    public ActivityTraceFlags       TraceFlags { get; }
    public string?                  TraceState { get; }
    public bool                     IsRemote { get; }

    public ActivityContext(ActivityTraceId traceId, ActivitySpanId spanId,
        ActivityTraceFlags traceFlags, string traceState = null,
        bool isRemote = false);

    public static bool TryParse(string traceParent, string traceState,
        out ActivityContext context);
    public static ActivityContext Parse(string traceParent, string traceState);
}

[Flags]
public enum ActivityTraceFlags
{
    None,
    Recorded
}
```

Activity 类型的 ActivityTraceFlags 属性返回的枚举用来描述 traceparent 请求报头携带的跟踪标志（{trace-flags}部分）。正如上文所说，虽然 traceparent 请求报头的"{trace-flags}"部分的目的用来存储一些可扩展的跟踪标记，但是目前只用它来表示请求是否被采样，所以 ActivityTraceFlags 枚举只定义了 None 和 Recorded 两个选项，表示是否采样的 Recorded 属性值也来源于此。

代表调用链中某个操作的 Activity 对象通过其 Id 属性表示自身的唯一标识。ParentId 属性和 RootId 属性分别表示"父操作"和"根操作"对应 Activity 对象的标识，它们可以根据 Activity 对象之间的"继承"关系自动推算出来。我们也可以调用两个 SetParentId 重载方法对 ParentId 属性进行设置。第一个 SetParentId 重载方法直接指定 ParentId 的值，另一个 SetParentId 重载方法按照 W3C 的约定提供 TraceId、SpanId 和跟踪标志。

```
public class Activity : IDisposable
{
    public string?                  Id {get; }
    public string?                  ParentId {get; }
    public string?                  RootId {get; }

    public ActivityIdFormat         IdFormat { get; }
    public static ActivityIdFormat  DefaultIdFormat { get; set; }
    public static bool              ForceDefaultIdFormat { get; set; }


    public Activity SetParentId(string parentId);
    public Activity SetParentId(ActivityTraceId traceId, ActivitySpanId spanId,
        ActivityTraceFlags activityTraceFlags = 0);
```

```
    public Activity SetIdFormat(ActivityIdFormat format);
    ...
}

public enum ActivityIdFormat
{
    Unknown,
    Hierarchical,
    W3C
}
```

Activity 类型的 IdFormat 属性表示它的 ID 采用的格式，其具体类型为 ActivityIdFormat 枚举。Activity 具有两个与 ID 格式相关的静态属性，一个是表示默认格式的 DefaultIdFormat 属性，另一个是表示是否强制使用此默认格式的 ForceDefaultIdFormat 属性。Activity 类型的 IdFormat 属性也可以通过调用 SetIdFormat 方法进行设置。

从 ActivityIdFormat 枚举的定义可以看出，Activity 对象具有两种预定义的 ID 格式，分别对应 Hierarchical 格式和 W3C 枚举项。Hierarchical 表示一种"层次化"的格式。如果采用这种格式，则作为根的 Activity 对象在执行 Start 方法时会随机生成一个 ID，而非根 Activity 对象采用"{Parent ID}.{Index}."的 ID 格式。也就是说，它将"父亲"的 ID 作为自身 ID 的前缀，并在此基础上附加自己在所有"兄弟姐妹"中的位置（1 表示第一个）。采用 Hierarchical 格式的 ID 体现了从根操作到自身的"路径"。W3C 枚举项表示按照 W3C Trace Context 规范对 Activty 的 ID 进行格式化，具体的格式为"{version}-{trace-id}-{span-id}-{trace-flags}"，也就是前文介绍的 traceparent 请求报头的格式。

Activity 对象表示的操作执行可能成功，也可能失败，成功或者失败的状态通过 Status 属性返回的 ActivityStatusCode 枚举表示。Activity 还利用 StatusDescription 属性对状态进行进一步描述。这两个属性可以通过 SetStatus 方法进行设置。

```
public class Activity : IDisposable
{
    public ActivityStatusCode        Status { get; }
    public string?                   StatusDescription {get; }
    public Activity SetStatus(ActivityStatusCode code,  string? description = null);
    ...
}

public enum ActivityStatusCode
{
    Unset,
    Ok,
    Error
}
```

Activity 具有的两个"键-值"对集合用于存储 Tag 和 Baggage，前者用于描述当前操作的"标签"，后者用于存储需要传递给子操作的信息。Tag 的值可以是字符串，也可以是一个对象，对应的属性分别为 Tags 和 TagObjects。我们可以调用 AddTag 方法、SetTag 方法、AddBaggage

方法和 SetBaggage 方法对 Tag 和 Baggage 进行设置，具体的值则可以通过 GetTagItem 方法和 GetBaggageItem 方法提取。

```
public class Activity : IDisposable
{
    public IEnumerable<KeyValuePair<string, string?>> Tags {  get; }
    public IEnumerable<KeyValuePair<string, object?>> TagObjects {  get; }
    public IEnumerable<KeyValuePair<string, string?>> Baggage {  get; }

    public Activity AddTag(string key,  object? value);
    public Activity AddTag(string key,  string? value);
    public Activity SetTag(string key,  object? value);
    public Activity AddBaggage(string key,  string? value);
    public Activity SetBaggage(string key,  string? value);

    public object? GetTagItem(string key);
    public string? GetBaggageItem(string key);
    ...
}
```

Activity 对象表示的操作可能具有一个或者多个关联的事件。我们可以将事件添加到 Events 属性表示的集合中。关联的事件通过一个 ActivityEvent 对象表示。我们可以利用它得到事件的名称、触发时间和一组关联的标签。如果某个操作具有多个前置的操作，则可以为它们创建对应的 ActivityLink 对象并将其添加到 Links 表示的集合中。一个 ActivityLink 对象通过关联 ActivityContext 上下文对象创建，它自身也包含一组关联的标签。关联的事件可以通过调用 AddEvent 方法添加。

```
public class Activity : IDisposable
{
    public IEnumerable<ActivityEvent>        Events { get; }
    public IEnumerable<ActivityLink>         Links { get; }

    public Activity AddEvent(ActivityEvent e);
    ...
}

public struct ActivityEvent
{
    public string                                       Name { get; }
    public DateTimeOffset                               Timestamp { get; }
    public IEnumerable<KeyValuePair<string, object?>>    Tags { get; }

    public ActivityEvent(string name);
    public ActivityEvent(string name, DateTimeOffset timestamp = new DateTimeOffset(),
        ActivityTagsCollection? tags = null);
    ...
}

public struct ActivityLink : IEquatable<ActivityLink>
```

```
{
    public ActivityContext                                      Context { get; }
    public IEnumerable<KeyValuePair<string, object?>>?          Tags { get; }

    public ActivityLink(ActivityContext context, ActivityTagsCollection? tags = null);
    ...
}
```

虽然 Activity 类型定义了丰富的数据成员供存储所需的跟踪信息，但是在处理过程中可能需要很多中间数据。我们可以将任意类型的对象作为自定义属性通过 SetCustomProperty 方法添加到 Activity 对象的一个内部字典中，GetCustomProperty 方法则利用设置的属性名称将对应的值提取出来。

```
public class Activity : IDisposable
{
    public void SetCustomProperty(string propertyName, object? propertyValue);
    public object? GetCustomProperty(string propertyName);
    ...
}
```

一个 Activity 对象承载用来描述跟踪操作的信息大体分为两类，一类是描述操作自身的属性，另一类则是从上游传递过来的信息。但是在创建一个 Activity 对象时，不见得需要收集所有的信息。如果我们需要对部分内容有所取舍，那么在创建 Activity 对象时一般会将 IsAllDataRequested 属性设置为 False，对于调用构造函数创建的 Activity 对象，该属性被设置成 True。

```
public class Activity : IDisposable
{
    public bool IsAllDataRequested { get; set; }
    ...
}
```

2. ActivitySource

虽然我们可以调用构造函数来创建表示跟踪操作的 Activity 对象，并利用其丰富的成员将所需的跟踪信息附加到它上面，再调用 Start 方法开启它，但是更好地创建和启动 Activity 对象的方式还是借助于 ActivitySource。顾名思义，ActivitySource 对象可以视为 Activity 的 "源"。我们可以将它与所在的应用、框架或者组件进行绑定。如下面的代码片段所示，ActivitySource 类型提供了 Name（必需）和 Version（可选）两个属性。我们可以利用它们来表示上述应用、框架或者组件的名称和版本。ActivitySource 类型提供了一系列用于创建 Activity 对象的 CreateActivity 重载方法，另一组 StartActivity 重载方法则在此基础上将创建的 Activity 对象启动。

```
public sealed class ActivitySource : IDisposable
{
    public string Name { get; }
    public string? Version { get; }

    public ActivitySource(string name, string version = "");
```

```
    public Activity? CreateActivity(string name, ActivityKind kind);
    public Activity? CreateActivity( string name, ActivityKind kind,
        ActivityContext parentContext,
        IEnumerable<KeyValuePair<string, object>> tags = null,
        IEnumerable<ActivityLink> links = null, ActivityIdFormat idFormat = 0);
    public Activity? CreateActivity(string name, ActivityKind kind, string parentId,
      IEnumerable<KeyValuePair<string, object>> tags = null,
      IEnumerable<ActivityLink> links = null, ActivityIdFormat idFormat = 0);

    public Activity? StartActivity([CallerMemberName] string name = "",
        ActivityKind kind = 0);
    public Activity? StartActivity(ActivityKind kind,
        ActivityContext parentContext = new ActivityContext(),
        IEnumerable<KeyValuePair<string, object>> tags = null,
        IEnumerable<ActivityLink> links = null,
        DateTimeOffset startTime = new DateTimeOffset(), string name = "");

    public Activity? StartActivity( string name, ActivityKind kind,
        ActivityContext parentContext,
        IEnumerable<KeyValuePair<string, object>> tags = null,
        IEnumerable<ActivityLink> links = null,
        DateTimeOffset startTime = new DateTimeOffset());

    public Activity? StartActivity(string name, ActivityKind kind, string parentId,
        IEnumerable<KeyValuePair<string, object>> tags = null,
        IEnumerable<ActivityLink> links = null,
        DateTimeOffset startTime = new DateTimeOffset());
    ...
}
```

ActivitySource 类型的 CreateActivity 方法和 StartActivity 方法涉及一个 ActivityKind 类型枚举，它表示操作的类型。我们可以从远程调用的角度将跟踪操作划分为内部（Internal）、客户端（Client）或者服务端（Server）操作，也可以从消息队列的角度将操作划分为生产者（Producer）和消费者（Consumer）。指定的这个枚举将赋值给 Activity 对象的 Kind 属性，而当前的 ActivitySource 对象会赋值给 Source 属性。对于直接调用构造函数创建的 Activity 对象，它的 Source 属性会赋值成空的 ActivitySource 对象（名称和版本均为空字符串）。

```
public class Activity : IDisposable
{
    public ActivityKind        Kind { get; }
    public ActivitySource      Source { get; }
}

public enum ActivityKind
{
    Internal,
    Server,
    Client,
    Producer,
```

```
    Consumer
}
```

3. ActivityListener

Activity 对象在 .NET 执行环境中以托管对象的方式构建了完整的调用链。我们最终需要将整个调用链进行序列化并记录下来，此时就需要一个 ActivityListener 的对象。ActivityListener 用于监听 Activity 对象的启动和终止操作并在对应的时机完成相应的处理任务。具体来说，ActivityListener 在 Activity 对象启动和终止时执行的回调体现在它的 ActivityStarted 属性和 ActivityStopped 属性上，返回的都是一个 Action<Activity>委托对象。ShouldListenTo 属性返回的 Func<ActivitySource, bool>委托对象起到了过滤器的作用，当任意一个 Activity 对象启动和终止时，它总是会将自身的 ActivitySource 对象作为参数调用每个 ActivityListener 的过滤器，只有在返回 True 的情况下，对应的过滤器才会被执行。

```
public sealed class ActivityListener : IDisposable
{
    public Action<Activity>                ActivityStarted { get; set; }
    public Action<Activity>                ActivityStopped { get; set; }
    public Func<ActivitySource, bool>      ShouldListenTo { get; set; }

    public SampleActivity<string>          SampleUsingParentId { get; set; }
    public SampleActivity<ActivityContext> Sample { get; set; }

    public void Dispose();
}
```

前文已经多次提到分布式跟踪针对请求的采样机制，它最终也体现在 ActivityListener 对象上。ActivityListener 的 SampleUsingParentId 属性和 Sample 属性返回的委托对象就是"采样器"，它们分别根据父 Activity 的 ID 和上下文来决定是否进行采样。当调用 ActivitySource 的 CreateActivity 方法或者 StartActivity 方法创建一个 Activity 对象时，它会遍历每个注册的 ActivityListener。如果方法调用时以参数（parentId）的形式显式指定了父 Activity 的 ID，则 ActivityListener 的 SampleUsingParentId 属性指定的采样器会被执行，否则使用的就是 Sample 属性返回的采样器。

```
public delegate ActivitySamplingResult SampleActivity<T>(
    ref ActivityCreationOptions<T> options);

public struct ActivityCreationOptions<T>
{
    public ActivitySource                              Source { get; }
    public string                                      Name { get; }
    public ActivityKind                                Kind { get; }
    public T                                           Parent { get; }
    public IEnumerable<KeyValuePair<string, object?>>? Tags { get; }
    public IEnumerable<ActivityLink>?                  Links { get; }
    public ActivityTagsCollection                      SamplingTags { get; }
    public ActivityTraceId                             TraceId { get; }
}
```

```
public enum ActivitySamplingResult
{
    None,
    PropagationData,
    AllData,
    AllDataAndRecorded
}
```

表示采样器的 SampleActivity 委托对象使用 ActivitySamplingResult 枚举表示采样结果，这个决定了 Activity 对象是否需要被创建，以及创建出来的 Activity 对象会携带怎样的信息。枚举项 None 表示不进行采样，这就意味着 ActivitySource 将不会创建 Activity 对象。PropagationData 枚举项表示使用上游操作传递的信息来填充创建的 Activity 对象。AllData 枚举项和 AllDataAndRecorded 枚举项则表示创建的 Activity 对象会携带所有的描述信息。如果采用 W3C 标准且采样结果为 AllDataAndRecorded，则将 Activity 标识的跟踪标志设置为 "01"。这就意味着整个调用链都采用全量跟踪。

当利用某个 ActivitySource 对象创建 Activity 对象时，如果匹配多个注册的 ActivityListener，则最终的采样结果将是包含信息最多的那个（AllDataAndRecorded > AllData > PropagationData > None）。如果采样结果为 AllData 和 AllDataAndRecorded，将创建出的 Activity 对象的 IsAllDataRequested 属性设置成 True。ActivityListener 通过调用 ActivitySource 类型的 AddActivityListener 静态方法进行全局注册。ActivityListener 类型实现了 IDisposable 接口，调用它的 Dispose 方法可以解除注册。

```
public sealed class ActivitySource : IDisposable
{
    public static void AddActivityListener(ActivityListener listener);
    ...
}
```

下面的代码片段演示了注册的 ActivityListener 对象对 ActivitySource 创建 Activity 对象的影响。如果没有匹配的 ActivityListener，或者匹配的一个或者多个 ActivityListener 提供的采样结果均为 None，则都不会有任何的 Activity 对象被创建出来。如果采样结果为 AllData 和 AllDataAndRecorded，则创建的 Activity 对象应该包含了全量数据，所以它的 IsAllDataRequested 属性将被设置成 True。如果采样结果为 PropagationData，则创建的 Activity 对象只携带上游操作传递的数据，所以它的 IsAllDataRequested 属性将被设置成 False。（S811）

```
using System.Diagnostics;

var source = new ActivitySource("Foo");

//没有匹配的 ActivityListener
Debug.Assert(source.CreateActivity("Bar", ActivityKind.Internal) == null);

//采样结果为 None
var listener1 = new ActivityListener { ShouldListenTo = MatchAll, Sample = SampleNone };
```

```
ActivitySource.AddActivityListener(listener1);
Debug.Assert(source.CreateActivity("Bar", ActivityKind.Internal) == null);

//采样结果为 PropagationData
var listener2 =
    new ActivityListener { ShouldListenTo = MatchAll, Sample = SamplePropagationData };
ActivitySource.AddActivityListener(listener2);
var activity = source.CreateActivity("Bar", ActivityKind.Internal);
Debug.Assert(activity?.IsAllDataRequested == false);

//采样结果为 SampleAllData
var  listener3 = new  ActivityListener{ ShouldListenTo = MatchAll,  Sample =
SampleAllData };
ActivitySource.AddActivityListener(listener3);
activity = source.CreateActivity("Bar", ActivityKind.Internal);
Debug.Assert(activity?.IsAllDataRequested == true);

ActivitySamplingResult SampleNone(ref ActivityCreationOptions<ActivityContext> options)
    => ActivitySamplingResult.None;
ActivitySamplingResult SamplePropagationData(
    ref ActivityCreationOptions<ActivityContext> options)
    => ActivitySamplingResult.PropagationData;
ActivitySamplingResult   SampleAllData(ref   ActivityCreationOptions<ActivityContext>
options)
    => ActivitySamplingResult.AllData;
bool MatchAll(ActivitySource activitySource) => true;
```

8.3.2 服务范围堆栈

　　日志范围呈现出具有"父子"关系的堆栈结构，如图 8-14 所示。当前异步调用链利用 AsyncLocal<T>对象的方式存储当前的日志范围。日志范围通过 IExternalScopeProvider 对象的 Push 方法被创建出来，当前日志访问通过成为自己"父亲"的方式进行保存，自己以"压栈"的方式取代"父亲"成为当前日志范围。

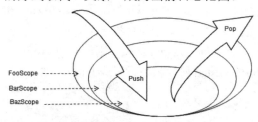

图 8-14　日志范围的堆栈结构

　　如下面的代码片段所示，Push 方法返回的日志范围体现为一个 IDisposable 对象，日志范围会因 Dispose 方法的调用而终结。当前日志范围的 Dispose 方法被调用时，自己从堆栈弹出并完成自己的使命，自己的"父亲"重新成为当前日志范围。IExternalScopeProvider 接口还定义了一个 ForEachScope 方法，它会利用 Action<object, TState>委托对象处理堆栈路径上的每一个通过 TState 表示日志范围（如 ConsoleLoggerProvider 就可以利用指定的委托对象将日志范围体现的调用堆栈路径输出到控制台上）。LoggerFactoryScopeProvider 类型是对这个接口的默认实现。

```
public interface IExternalScopeProvider
{
    IDisposable Push(object state);
    void ForEachScope<TState>(Action<object?, TState> callback, TState? state);
}

internal sealed class LoggerFactoryScopeProvider : IExternalScopeProvider
{
    public LoggerFactoryScopeProvider(ActivityTrackingOptions activityTrackingOption);

    public void ForEachScope<TState>(Action<object?, TState> callback, TState? state);
    public IDisposable Push(object state);
}
```

这种通过堆栈构建的服务范围和前文介绍的 Activity 可谓异曲同工，服务范围和 Activity 实际上是对跟踪操作的不同表达方式，所以最新版本的日志框架提供了基于 Activity 的日志范围编程方式。之前版本通过调用 ILogger 对象的 BeginScope<TState>方法创建日志范围的编程方式，现在可以通过创建、启动和终止 Activity 对象的方式来代替。我们知道一个 Activity 对象携带了很多跟踪数据，如果利用 Activity 来构建日志范围，则需要解决的一个问题是应该选择哪些跟踪数据。跟踪数据的选择策略由如下 LoggerFactoryScopeProvider 类型的枚举来决定。上面介绍的 LoggerFactoryScopeProvider 类型的构造函数就提供了基于枚举类型的参数。

```
[Flags]
public enum ActivityTrackingOptions
{
    None = 0,
    SpanId = 1,
    TraceId = 2,
    ParentId = 4,
    TraceState = 8,
    TraceFlags = 0x10,
    Tags = 0x20,
    Baggage = 0x40
}
```

如果某种日志输出渠道对日志范围提供支持，则对应的 ILoggerProvider 实现类型会同时实现 ISupportExternalScope 接口。如下面的代码片段所示，ISupportExternalScope 接口定义了唯一的 SetScopeProvider 方法，该方法会将 IExternalScopeProvider 对象"推送"给 ILoggerProvider 对象。这个方法最终被 LoggerFactory 对象使用。无论是根据指定的一组 ILoggerProvider 对象创建 LoggerFactory 对象，还是调用 AddProvider 方法对 ILoggerProvider 进行注册，都会调用 SetScopeProvider 方法将 IExternalScopeProvider 对象（具体是一个 LoggerFactoryScopeProvider 对象）推送给每一个 ILoggerProvider 对象。

```
public interface ISupportExternalScope
{
```

```
        void SetScopeProvider(IExternalScopeProvider scopeProvider);
}

public class LoggerFactory : ILoggerFactory
{
    private LoggerExternalScopeProvider        _scopeProvider;
    public LoggerFactory(IEnumerable<ILoggerProvider> providers,
        IOptionsMonitor<LoggerFilterOptions> filterOption)
    {
        ...
        SetScopeProviders(providers.ToArray());
    }
    public void AddProvider(ILoggerProvider provider)
    {
        SetScopeProviders(provider);
        ...
    }

    private void SetScopeProviders(params ILoggerProvider[] providers)
    {
        foreach (var provider in providers.OfType<ISupportExternalScope>())
        {
            provider.SetScopeProvider(
                _scopeProvider ??= _ new LoggerFactoryScopeProvider ());
        }
    }
    ...
}
```

8.3.3　Activity 的应用

　　前文演示了通过调用 ILogger 的 BeginScope<TState>方法构建日志范围的方式，接下来演示一下基于 Activity 的日志范围构建。如下面的代码片段所示，在调用 IServiceCollection 接口的 AddLogging 扩展方法时，我们调用了 ILoggingBuilder 接口的 Configure 方法对 LoggerFactoryOptions 配置选项的 ActivityTrackingOptions 属性进行了设置，其目的在于从 Activity 中提取 TraceId、SpanId 和 ParentId 来描述跟踪操作。

```
using Microsoft.Extensions.DependencyInjection;
using Microsoft.Extensions.Logging;
using System.Diagnostics;

var logger = new ServiceCollection()
    .AddLogging(builder => builder
        .Configure(options => options.ActivityTrackingOptions =
            ActivityTrackingOptions.TraceId | ActivityTrackingOptions.SpanId |
            ActivityTrackingOptions.ParentId)
        .AddConsole()
        .AddSimpleConsole(options => options.IncludeScopes = true))
    .BuildServiceProvider()
```

```
        .GetRequiredService<ILogger<Program >>();

ActivitySource.AddActivityListener(
    new ActivityListener { ShouldListenTo = _ => true, Sample = Sample });
var source = new ActivitySource("App");
using (source.StartActivity("Foo"))
{
    logger.Log(LogLevel.Information, "This is a log written in scope Foo.");
    using (source.StartActivity("Bar"))
    {
        logger.Log(LogLevel.Information, "This is a log written in scope Bar.");
        using (source.StartActivity("Baz"))
        {
            logger.Log(LogLevel.Information, "This is a log written in scope Baz.");
        }
    }
}

Console.Read();

static   ActivitySamplingResult   Sample(ref   ActivityCreationOptions<ActivityContext>
options)
    => ActivitySamplingResult.AllData;
```

我们可以调用 ActivitySource 对象的 StartActivity 方法来创建和启动表示跟踪操作的 Activity 对象。我们知道只有具有匹配的 ActivityListener，并且采样结果不为 None 的情况下，ActivitySource 才会真正将 Activity 对象创建出来，所以注册了一个 ActivityListener 对象。程序运行之后，携带范围信息（调用堆栈信息）的日志会输出到控制台上，如图 8-15 所示。（S812）

图 8-15　基于 Activty 的日志范围

8.4　依赖注入

我们总是采用依赖注入的方式来提供用于记录日志的 ILogger 对象。具体来说，有两种方式可供选择：一种是先利用作为依赖注入容器的 IServiceProvider 对象来提供一个 ILoggerFactory 工厂，再利用它根据指定日志类别创建 ILogger 对象；另一种则是直接利用 IServiceProvider 对象提供一个泛型的 ILogger<TCategoryName>对象。IServiceProvider 对象能够提供期望服务对象的前提是预先添加了相应的服务注册。我们就来看一看日志框架的服务是如何注册的，具体又注册了哪些服务。

8.4.1　核心服务

日志框架的核心服务是通过 IServiceCollection 的 AddLogging 扩展方法进行注册的。由于可以利用作为依赖注入容器来提供 ILoggerFactory 和 ILogger<TCategoryName>对象，所以该方法提供了这两个类型的服务注册，这一点可以从如下所示的代码片段看出来。

```
public static class LoggingServiceCollectionExtensions
{
    public static IServiceCollection AddLogging(this IServiceCollection services)
        => AddLogging(services, builder => {});

    public static IServiceCollection AddLogging(this IServiceCollection services,
        Action<ILoggingBuilder> configure)
    {
        services.AddOptions();
        services.TryAdd(ServiceDescriptor.Singleton
            <ILoggerFactory, LoggerFactory>());
        services.TryAdd(ServiceDescriptor.Singleton(
            typeof(ILogger<>), typeof(Logger<>)));
        services.TryAddEnumerable(ServiceDescriptor.Singleton
            <IConfigureOptions<LoggerFilterOptions>>(
            new DefaultLoggerLevelConfigureOptions(LogLevel.Information)));
        configure(new LoggingBuilder(services));
        return services;
    }
}

internal class DefaultLoggerLevelConfigureOptions :
    ConfigureOptions<LoggerFilterOptions>
{
    public DefaultLoggerLevelConfigureOptions(LogLevel level)
        : base(options => options.MinLevel = level)
    {}
}
```

除了添加 LoggerFactory 和 Logger<TCategoryName>类型的服务注册，AddLogging 扩展方法还调用 IServiceCollection 接口的 AddOptions 扩展方法注册了 Options 模式的核心服务。除此之外，这个扩展方法还以 Singleton 模式添加了一个 IConfigureOptions<LoggerFilterOptions>接口的服务注册，具体指定的是一个最低日志等级设置为 Information 的 DefaultLoggerLevelConfigureOptions 对象，这正是在默认情况下等级为 Trace 和 Debug 的日志事件会被忽略的原因。

日志事件的分发与输出还涉及其他服务，如 ILoggerProvider 的注册就是必需的。从上面给出的代码片段可以看出，AddLogging 扩展方法的第二个重载提供了一个类型为

Action<ILoggingBuilder>的参数，可以利用该参数来注册包括 ILoggerProvider 在内的其他服务。ILoggingBuilder 接口和默认实现类型 LoggingBuilder 的定义如下，可以看出 LoggingBuilder 仅仅是对一个 IServiceCollection 对象的封装。

```
public interface ILoggingBuilder
{
    IServiceCollection Services { get; }
}

internal class LoggingBuilder : ILoggingBuilder
{
    public LoggingBuilder(IServiceCollection services)
        => Services = services;
    public IServiceCollection Services { get; }
}
```

ILoggingBuilder 接口具有如下几个常用的扩展方法。SetMinimumLevel 方法用来设置最低日志等级，Add 方法用来添加或者注册新的 ILoggerProvider 对象，所有注册的 ILoggerProvider 对象可以调用 ClearProviders 方法清除。Configure 方法提供的委托对象用于对 LoggerFactoryOptions 选项进行设置。

```
public static class LoggingBuilderExtensions
{
    public static ILoggingBuilder SetMinimumLevel(this ILoggingBuilder builder,
        LogLevel level)
    {
        builder.Services.Add(ServiceDescriptor.Singleton
            <IConfigureOptions<LoggerFilterOptions>>(
            new DefaultLoggerLevelConfigureOptions(level)));
        return builder;
    }

    public static ILoggingBuilder AddProvider(this ILoggingBuilder builder,
        ILoggerProvider provider)
    {
        builder.Services.AddSingleton(provider);
        return builder;
    }

    public static ILoggingBuilder ClearProviders(this ILoggingBuilder builder)
    {
        builder.Services.RemoveAll<ILoggerProvider>();
        return builder;
    }

    public static ILoggingBuilder Configure(this ILoggingBuilder builder,
        Action<LoggerFactoryOptions> action)
    {
        builder.Services.Configure<LoggerFactoryOptions>(action);
        return builder;
```

```
    }
}
```

8.4.2 配置

利用自由注册的 ILoggerProvider 来提供输出日志内容的 ILogger 对象是日志框架设计在扩展性能上的主要体现。不同的 ILoggerProvider 实现类型具有不同的设置，由于我们在很多情况下希望将 ILoggerProvider 的设置体现在配置上，所以日志框架在服务注册方面提供了配置支持，相关的 API 由 "Microsoft.Extensions.Logging.Configuration" 这个 NuGet 包来提供。

1. ILoggerProvider 的别名

出现在配置中的 ILoggerProvider 实现类型一般都会利用一个简单的别名进行标识。当在定义某个 ILoggerProvider 实现类型时，可以通过标注如下 ProviderAliasAttribute 特性来指定别名。

```
[AttributeUsage(AttributeTargets.Class, AllowMultiple = false, Inherited = false)]
public class ProviderAliasAttribute: Attribute
{
    public string Alias { get; }
    public ProviderAliasAttribute(string alias) => this.Alias = alias;
}
```

在前文演示基于配置的日志过滤规则定义时，我们之所以能够在配置文件中采用 "Console" 表示 ConsoleLoggerProvider，是因为该类型在定义时采用这种方式将 "Console" 设置为它的别名。其他预定义的 ILoggerProvider 实现类型同样采用如下形式定义了相应的别名。

```
[ProviderAlias("Console")]
public class ConsoleLoggerProvider : ILoggerProvider {...}

[ProviderAlias("Debug")]
public class DebugLoggerProvider : ILoggerProvider {...}

[ProviderAlias("TraceSource")]
public class TraceSourceLoggerProvider : ILoggerProvider {...}

[ProviderAlias("EventSource")]
public class EventSourceLoggerProvider : ILoggerProvider {...}
```

2. 提取 ILoggerProvider 的配置

由于某种 ILoggerProvider 实现类型的配置节一般通过其类型全名或者别名来命名，所以我们能够根据具体的类型得到承载其配置的 IConfiguration 对象，这项功能体现在一个名为 ILoggerProviderConfigurationFactory 的接口上。如下面的代码片段所示，该接口提供了一个唯一的 GetConfiguration 方法，该方法根据指定的 ILoggerProvider 实现类型返回对应的 IConfiguration 对象。

```
public interface ILoggerProviderConfigurationFactory
{
    IConfiguration GetConfiguration(Type providerType);
```

```
}
```

　　如下所示的 LoggerProviderConfigurationFactory 类型是对 ILoggerProviderConfigurationFactory
接口的默认实现。在创建一个 LoggerProviderConfigurationFactory 对象时会提供一组
IConfiguration 对象（被封装成 LoggingConfiguration 对象），实现的 GetConfiguration 方法会根据
指定 ILoggerProvider 实现类型的全名和别名（先使用全名再使用别名），并从它们中提取对应的
配置节，将这些配置节作为配置源重新构建一个 IConfiguration 对象。

```
internal sealed class LoggerProviderConfigurationFactory :
    ILoggerProviderConfigurationFactory
{
    private readonly IEnumerable<LoggingConfiguration> _configurations;
    public LoggerProviderConfigurationFactory(
        IEnumerable<LoggingConfiguration> configurations)
        =>_configurations = configurations;

    public IConfiguration GetConfiguration(Type providerType)
    {
        string fullName = providerType.FullName;
        string alias = ProviderAliasUtilities.GetAlias(providerType);
        var configurationBuilder = new ConfigurationBuilder();
        foreach (LoggingConfiguration configuration in _configurations)
        {
            IConfigurationSection config =
                configuration.Configuration.GetSection(fullName);
            configurationBuilder.AddConfiguration(config);
            if (!string.IsNullOrWhiteSpace(alias))
            {
                configurationBuilder.AddConfiguration(
                    configuration.Configuration.GetSection(alias));
            }
        }
        return configurationBuilder.Build();
    }
}

internal sealed class LoggingConfiguration
{
    public IConfiguration Configuration { get; }
    public LoggingConfiguration(IConfiguration configuration)
        => Configuration = configuration;
}
```

　　如果预添加了对应的服务注册，则可以利用注入的 ILoggerProviderConfigurationFactory 服
务提取指定 ILoggerProvider 实现类型的配置。实际上我们还有更加简单的编程方式，那就是利
用注入的 ILoggerProviderConfiguration<T>（泛型参数类型表示 ILoggerProvider 实现类型）直接
得到对应的配置对象。LoggerProviderConfiguration<T>是对该接口的默认实现，从下面的代码
可知它依然是利用注入的 ILoggerProviderConfigurationFactory 对象来创建返回的 IConfiguration

对象。

```
public interface ILoggerProviderConfiguration<T>
{
    IConfiguration Configuration { get; }
}

internal sealed class LoggerProviderConfiguration<T> : ILoggerProviderConfiguration<T>
{
    public IConfiguration Configuration { get; }
    public LoggerProviderConfiguration(
        ILoggerProviderConfigurationFactory providerConfigurationFactory)
        => Configuration = providerConfigurationFactory.GetConfiguration(typeof(T));
}
```

ILoggerProviderConfigurationFactory 和 ILoggerProviderConfiguration<T>的服务注册实现在 ILoggingBuilder 接口的 AddConfiguration 扩展方法中。

```
public static class LoggingBuilderConfigurationExtensions
{
    public static void AddConfiguration(this ILoggingBuilder builder)
    {
        builder.Services.TryAddSingleton
            <ILoggerProviderConfigurationFactory,
LoggerProviderConfigurationFactory>();
        builder.Services.TryAddSingleton(typeof(ILoggerProviderConfiguration<>),
            (Type) typeof(LoggerProviderConfiguration<>));
    }
}
```

3. 利用配置设置 ILoggerProvider

一般来说，每一种 ILoggerProvider 实现类型都具有各自的配置选项。既然我们可以根据其类型得到承载配置的 IConfiguration 对象，就能进一步将配置绑定到对应的 Options 对象上。这项功能可以通过调用 LoggerProviderOptions 类型的 RegisterProviderOptions<TOptions, TProvider>方法来完成，这个方法的两个泛型参数分别表示 ILoggerProvider 实现类型和对应的配置选项类型。

```
public static class LoggerProviderOptions
{
    public static void RegisterProviderOptions<TOptions, TProvider>(
        IServiceCollection services) where TOptions: class
    {

services.TryAddEnumerable(ServiceDescriptor.Singleton<IConfigureOptions<TOptions>,
            LoggerProviderConfigureOptions<TOptions, TProvider>>());
        services.TryAddEnumerable(ServiceDescriptor
            .Singleton<IOptionsChangeTokenSource<TOptions>,
            LoggerProviderOptionsChangeTokenSource<TOptions, TProvider>>());
    }
}
```

RegisterProviderOption<TOptions，TProvider>方法注册了 IConfigureOptions<TOptions>接口和

IOptionsChangeTokenSource<TOptions>接口的两个服务，具体的实现类型分别为 LoggerProviderConfigureOptions<TOptions, TProvider>和 LoggerProviderOptionsChangeTokenSource <TOptions, TProvider>。它们都利用构造函数中注入的 ILoggerProviderConfiguration<TProvider>对象提取承载配置的 IConfiguration 对象，前者将此配置绑定为配置选项，后者实现了两者的实时同步。

```
internal sealed class LoggerProviderConfigureOptions<TOptions, TProvider>
    : ConfigureFromConfigurationOptions<TOptions> where TOptions : class
{
    public LoggerProviderConfigureOptions(
        ILoggerProviderConfiguration<TProvider> providerConfiguration)
        : base(providerConfiguration.Configuration)
    {}
}

public class LoggerProviderOptionsChangeTokenSource<TOptions, TProvider>
    : ConfigurationChangeTokenSource<TOptions>
{
    public LoggerProviderOptionsChangeTokenSource(
        ILoggerProviderConfiguration<TProvider> providerConfiguration)
        : base(providerConfiguration.Configuration)
    {}
}
```

8.4.3　日志过滤规则

虽然 LoggerFactory 定义了若干构造函数重载，但是根据"第 3 章 依赖注入（下）"介绍的关于构造函数筛选规则，作为依赖注入容器的 IServiceProvider 对象总是选择如下 LoggerFactory(IEnumerable<ILoggerProvider>)构造函数。如果 LoggerFactory 对象由此构造函数来创建，就意味着与日志过滤规则的 LoggerFilterOptions 配置选项是由注入的 IOptionsMonitor<LoggerFilterOptions>对象提供的。

```
public class LoggerFactory : ILoggerFactory
{
    public LoggerFactory(IEnumerable<ILoggerProvider> providers,
        IOptionsMonitor<LoggerFilterOptions> filterOption,
        IOptions<LoggerFactoryOptions> options = null);
    ...
}
```

如果要对过滤规则进行相应的设置，则只需注册相应的 IConfigureOptions <LoggerFilterOptions> 服务或者 IPostConfigureOptions<LoggerFilterOptions>服务对 LoggerFilterOptions 配置选项进行设置。如下这些 ILoggingBuilder 接口的 AddFilter/AddFilter<T>扩展方法就是采用这种方式对日志过滤规则进行设置的。

```
public static class FilterLoggingBuilderExtensions
{
    public static ILoggingBuilder AddFilter(this ILoggingBuilder builder,
```

```
       Func<string, string, LogLevel, bool> filter)
       => builder.ConfigureFilter(options => options.AddFilter(filter));

   public static ILoggingBuilder AddFilter(this ILoggingBuilder builder,
       Func<string, LogLevel, bool> categoryLevelFilter)
   => builder.ConfigureFilter(options => options.AddFilter(categoryLevelFilter));

   public static ILoggingBuilder AddFilter<T>(this ILoggingBuilder builder,
       Func<string, LogLevel, bool> categoryLevelFilter) where T : ILoggerProvider
       => builder.ConfigureFilter(
       options => options.AddFilter<T>(categoryLevelFilter));

   public static ILoggingBuilder AddFilter(this ILoggingBuilder builder,
       Func<LogLevel, bool> levelFilter)
       => builder.ConfigureFilter(options => options.AddFilter(levelFilter));

   public static ILoggingBuilder AddFilter<T>(this ILoggingBuilder builder,
       Func<LogLevel, bool> levelFilter) where T : ILoggerProvider =>
       builder.ConfigureFilter(options => options.AddFilter<T>(levelFilter));

   public static ILoggingBuilder AddFilter(this ILoggingBuilder builder,
       string category, LogLevel level)
       => builder.ConfigureFilter(options => options.AddFilter(category, level));

   public static ILoggingBuilder AddFilter<T>(this ILoggingBuilder builder,
       string category, LogLevel level) where T: ILoggerProvider
       => builder.ConfigureFilter(options => options.AddFilter<T>(
       category, level));

   public static ILoggingBuilder AddFilter(this ILoggingBuilder builder,
       string category, Func<LogLevel, bool> levelFilter)
       => builder.ConfigureFilter(options =>
       options.AddFilter(category, levelFilter));

   public static ILoggingBuilder AddFilter<T>(this ILoggingBuilder builder,
       string category, Func<LogLevel, bool> levelFilter) where T : ILoggerProvider
       => builder.ConfigureFilter(options =>
       options.AddFilter<T>(category, levelFilter));

   private static ILoggingBuilder ConfigureFilter(this ILoggingBuilder builder,
       Action<LoggerFilterOptions> configureOptions)
   {
       builder.Services.Configure(configureOptions);
       return builder;
   }
}
```

除了可以调用上面这些 AddFilter/AddFilter<T>扩展方法，还可以采用配置形式来提供这些日志过滤规则。由前文演示的实例可知，基于日志过滤规则的配置大体上分为两种形式：一种是与具体 ILoggerProvider 类型无关的，另一种则是针对某种类型的 ILoggerProvider。如下所示的代码片段展现了这两种日志过滤规则的定义方式。

```
{
    "LogLevel": {
        "Default"               : "{MinLogLelel}",
        "{CategoryName}"        : "{MinLogLelel}"
    },
    "{LoggerProviderName|LoggerProviderAlias}": {
        "LogLevel": {
            "Default"           : "{MinLogLelel}",
            "{CategoryName}"    : "{MinLogLelel}"
        }
    }
}
```

　　如果采用配置形式来定义日志过滤规则，则可以将承载日志过滤规则配置的 IConfiguration 对象作为参数调用 ILoggingBuilder 接口的 AddConfiguration 扩展方法。从如下代码片段可以看出，使用该扩展方法注册了 IConfigureOptions<TOptions>服务和 IOptionsChangeTokenSource <TOptions>服务。前者的实现类型为 LoggerFilterConfigureOptions，它会将配置表示的日志过滤规则应用到 LoggerFilterOptions 对象上。后者则是一个 ConfigurationChangeTokenSource <LoggerFilterOptions>对象，我们可以利用它感知配置源的变化，并及时将新的日志过滤规则实时应用到 LoggerFilterOptions 配置选项上。

```
public static class LoggingBuilderExtensions
{
    public static ILoggingBuilder AddConfiguration(this ILoggingBuilder builder,
        IConfiguration configuration)
    {
        builder.AddConfiguration();
        builder.Services.AddSingleton<IConfigureOptions<LoggerFilterOptions>>(
            new LoggerFilterConfigureOptions(configuration));
        builder.Services.AddSingleton<IOptionsChangeTokenSource<LoggerFilterOptions>>(
            new ConfigurationChangeTokenSource<LoggerFilterOptions>(configuration));
        ...
        return builder;
    }
}
```

第 9 章

诊断日志（下）

应用程序利用 ILoggerFactory 工厂创建的 ILogger 对象来记录日志，但是日志的输出则由在注册 ILoggerProvider 对象时所提供的 ILogger 对象来完成。日志框架提供了一系列不同输出渠道的 ILoggerProvider 实现类型。下面就来介绍一下它们各自的用途和使用方式，以及它们是如何完成日志输出的。

9.1 控制台

ILogger 实现类型为 ConsoleLogger，对应的 ILoggerProvider 实现类型为 ConsoleLoggerProvider，这两个类型都定义在 "Microsoft.Extensions.Logging.Console" 这个 NuGet 包中。ConsoleLogger 要将一条日志输出到控制台上，首先要解决的是格式化的问题，具体来说是如何将日志消息的内容载荷和元数据（类别、等级和事件 ID 等）格式化成呈现在控制台上的文本。日志的格式化由 ConsoleFormatter 对象来完成。

9.1.1 ConsoleFormatter

交给 ConsoleFormatter 进行格式化的日志消息或者条目体现为一个 LogEntry<TState>结构体，泛型参数 TState 表示内容载荷对象的类型。如下面的代码片段所示，一个 LogEntry<TState>对象承载着日志的内容载荷（State）、异常（Exception）及基本的元数据，如日志类型（Category）、事件 ID（EventId）和等级（LogLevel），还携带着用于格式化主体内容和异常的格式化器（调用 ILogger 对象的 Log 方法指定 Func<TState, Exception?, string>委托对象）。

```
public struct LogEntry<TState>
{
    public string      Category { get; }
    public EventId     EventId { get; }
    public LogLevel    LogLevel { get; }
    public TState      State { get; }
    public Exception?  Exception { get; }

    public Func<TState, Exception?, string>? Formatter { get; }
```

```
public LogEntry(LogLevel logLevel, string category, EventId eventId, TState state,
    Exception? exception, Func<TState, Exception?, string> formatter);
}
```

　　如下所示为 ConsoleFormatter 抽象类的定义，它定义了一个表示名称的 Name 属性，具体的格式化操作在 Write<TState>方法中完成。从文本输出的角度来讲，控制台就是一个 TextWriter 对象，所以 Write<TState>方法提供了一个 TextWriter 类型的参数来完成文本输出。除了表示待格式化日志条目的参数，该方法还定义了另一个类型为 IExternalScopeProvider 的参数用来提供日志范围相关的数据。

```
public abstract class ConsoleFormatter
{
    public string Name { get; }
    protected ConsoleFormatter(string name);
    public abstract void Write<TState>(LogEntry<TState> logEntry,
        IExternalScopeProvider scopeProvider, TextWriter textWriter);
}
```

　　日志框架默认支持 3 种格式化形式，它们分别实现在 3 个具体的 ConsoleFormatter 派生类型中。每个具体的 ConsoleFormatter 派生类型都拥有一个名称，上述 3 种格式化器的名称以常量的方式定义在如下 ConsoleFormatterNames 类型中。

```
public static class ConsoleFormatterNames
{
    public const string Simple      = "simple";
    public const string Json        = "json";
    public const string Systemd     = "systemd";
}
```

　　格式化器需要对应的配置选项来控制其格式化行为进行定制，它们可以直接使用 ConsoleFormatterOptions 配置选项类型，也可以定义它的派生类型。如下面的代码片段所示，ConsoleFormatterOptions 配置选项类型定义了 3 个属性，IncludeScopes 属性用来决定日志范围信息是否参与输出，UseUtcTimestamp 属性和 TimestampFormat 属性与时间戳呈现方式有关，前者表示是否采用 UTC 时间，后者用于设置时间戳的格式化字符串。

```
public class ConsoleFormatterOptions
{
    public bool         IncludeScopes { get; set; }
    public bool         UseUtcTimestamp { get; set; }
    public string       TimestampFormat { get; set; }
}
```

1．SimpleConsoleFormatter

　　SimpleConsoleFormatter 是默认使用的格式化器，其类型别名为"simple"（对应定义在静态类型 ConsoleFormatterNames 中的 Simple 常量）。如下面的代码片段所示，SimpleConsoleFormatter 采用的配置选项类型为 SimpleConsoleFormatterOptions。

```
internal sealed class SimpleConsoleFormatter : ConsoleFormatter, IDisposable
{
    public          SimpleConsoleFormatter(IOptionsMonitor<SimpleConsoleFormatterOptions>
```

```
options);

    public override void Write<TState>(LogEntry<TState> logEntry,
        IExternalScopeProvider scopeProvider, TextWriter textWriter);
    public void Dispose();
}

public class SimpleConsoleFormatterOptions : ConsoleFormatterOptions
{
    public bool                      SingleLine { get; set; }
    public LoggerColorBehavior       ColorBehavior { get; set; }
}

public enum LoggerColorBehavior
{
    Default,
    Enabled,
    Disabled
}
```

如果没有对进行任何定制，则 SimpleConsoleFormatter 会将交给它的日志消息按照如下所示的模板进行格式化。对于输出到控制台表示日志等级，输出的文字与对应的日志等级的映射关系体现在表 9-1 中，可以看出日志等级在控制台上均显示为仅包含 4 个字母的简写形式。日志等级同时决定了该部分内容在控制台上显示的前景色。

```
{LogLevel} : {Category}[{EventId}]
            {Message}
```

或者

```
{LogLevel} : {Category}[{EventId}]
            =>{Scope}
            {Message}
```

表 9-1　输出的文字与对应的日志等级的映射关系

日 志 等 级	显 示 文 字	前 景 颜 色	背 景 颜 色
Trace	trce	Gray	Black
Debug	dbug	Gray	Black
Information	info	DarkGreen	Black
Warning	warn	Yellow	Black
Error	fail	Red	Black
Critical	crit	White	Red

利用对其配置选项的定制，我们可以将整个日志内容以单行文本的形式输出（将 SingleLine 属性设置为 True）。如果更喜欢单色输出，则可以利用 ColorBehavior 属性禁用默认提供的着色功能。

下面程序演示了使用 SimpleConsoleFormatter 来格式化控制台输出的日志。我们利用命令行参数控制是否采用单行文本输出和着色方案。在调用 ILoggingBuiler 接口的 AddConsole 扩展方法对 ConsoleLoggerProvider 对象进行注册之后，再调用它的 AddSimpleConsole 扩展方法将

SimpleConsoleFormatter 作为格式化器，并利用作为参数的 Action <SimpleConsoleFormatterOptions> 委托对象根据命令行参数对 SimpleConsoleFormatterOptions 配置选项进行了相应设置。

```
using Microsoft.Extensions.Configuration;
using Microsoft.Extensions.Logging;
using Microsoft.Extensions.Logging.Console;

var configuration = new ConfigurationBuilder()
    .AddCommandLine(args)
    .Build();
var singleLine        = configuration.GetSection("singleLine").Get<bool>();
var colorBebavior     = configuration.GetSection("color").Get<LoggerColorBehavior>();

var logger = LoggerFactory.Create(builder => builder
    .AddConsole()
    .AddSimpleConsole(options =>
    {
        options.SingleLine          = singleLine;
        options.ColorBehavior       = colorBebavior;
    }))
    .CreateLogger<Program>();
var levels = (LogLevel[])Enum.GetValues(typeof(LogLevel));
levels = levels.Where(it => it != LogLevel.None).ToArray();
var eventId = 1;
Array.ForEach(levels,
    level => logger.Log(level, eventId++, "This is a/an {0} log message.", level));
Console.Read();
```

我们以命令行的方式 3 次启动演示程序，并利用参数（singleLine=true, color=Disabled）控制对应的格式化行为。从图 9-1 可以看出日志输出的格式与指定的命令行参数是匹配的。（S901）

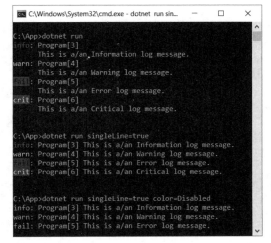

图 9-1　基于 SimpleConsoleFormatter 的格式化

2. SystemdConsoleFormatter

SystemdConsoleFormatter 在对日志进行格式化时会将日志等级转换成 Syslog 的等级，以单行文本的形式输出日志，并且不会对输出内容进行着色。SystemdConsoleFormatter 直接使用 ConsoleFormatterOptions 这个配置选项。

```
internal sealed class SystemdConsoleFormatter : ConsoleFormatter, IDisposable
{
    public SystemdConsoleFormatter(IOptionsMonitor<ConsoleFormatterOptions> options);
    public override void Write<TState>(LogEntry<TState> logEntry,
        IExternalScopeProvider scopeProvider, TextWriter textWriter);
    public void Dispose();
}
```

利用下面的实例来演示 SystemdConsoleFormatter 的格式化。我们利用命令行参数 "includeScopes" 来决定是否支持日志范围。在调用 ILoggingBuilder 接口的 AddConsole 扩展方法对 ConsoleLoggerProvider 对象进行注册后，再调用该接口的 AddSystemdConsole 扩展方法对 SystemdConsoleFormatter 及其配置选项进行注册。为了输出所有等级的日志，我们将最低日志等级设置为 Trace。为了体现异常信息的输出，我们在调用 Log 方法时传入了一个 Exception 对象。

```
using Microsoft.Extensions.Logging;

var includeScopes = args.Contains("includeScopes");

var logger = LoggerFactory.Create(builder => builder
    .SetMinimumLevel(LogLevel.Trace)
    .AddConsole()
    .AddSystemdConsole(options => options.IncludeScopes = includeScopes))
    .CreateLogger<Program>();
var levels = (LogLevel[])Enum.GetValues(typeof(LogLevel));
levels = levels.Where(it => it != LogLevel.None).ToArray();
var eventId = 1;
Array.ForEach(levels, Log);
Console.Read();

void Log(LogLevel logLevel)
{
    using (logger.BeginScope("Foo"))
    {
        using (logger.BeginScope("Bar"))
        {
            using (logger.BeginScope("Baz"))
            {
                logger.Log(logLevel, eventId++, new Exception("Error..."),
                    "This is a/an {0} log message.", logLevel);
            }
        }
    }
}
```

```
}
```

　　我们采用命令行的方式两次启动演示程序，第一次采用默认配置，第二次利用命令行参数 "includeScopes" 开启日志范围的支持。从图 9-2 所示的输出结果可以看出 6 条日志均以单条文本的形式输出到控制台上，对应的日志等级（Trace、Debug、Information、Warning、Error 和 Critical）均被转换成 Syslog 日志等级（7、7、6、4、3 和 2）。（S902）

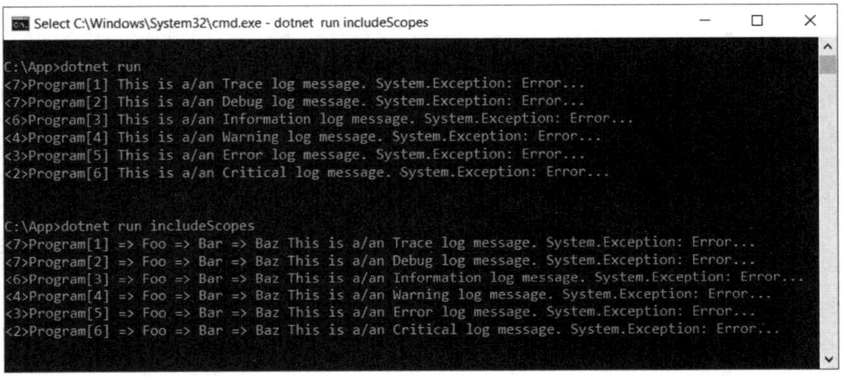

图 9-2　基于 SystemdConsoleFormatter 的格式化

3. JsonConsoleFormatter

　　JsonConsoleFormatter 使用 Utf8JsonWriter 对象以 JSON 的形式对日志进行格式化。它采用的配置选项类型为 JsonConsoleFormatterOptions。我们可以通过 JsonConsoleFormatterOptions 提供的 JsonWriterOptions 的设置进一步控制输出的 JSON 格式。

```
internal sealed class JsonConsoleFormatter : ConsoleFormatter, IDisposable
{
    public JsonConsoleFormatter(IOptionsMonitor<JsonConsoleFormatterOptions> options);

    public override void Write<TState>(LogEntry<TState> logEntry,
        IExternalScopeProvider scopeProvider, TextWriter textWriter);
    public void Dispose();
}

public class JsonConsoleFormatterOptions : ConsoleFormatterOptions
{
    public JsonWriterOptions JsonWriterOptions { get; set; }
}
```

　　我们对上面的演示程序略加修改，将 ILoggingBuilder 接口的 AddSystemdConsole 扩展方法的调用替换成 AddJsonConsole 扩展方法的调用，后者可以完成 JsonConsoleFormatter 及其配置选项的注册。为了减少控制台上输出的内容，我们移除了最低日志等级的设置。

```
using Microsoft.Extensions.Logging;

var includeScopes = args.Contains("includeScopes");

var logger = LoggerFactory
```

```
        .Create(builder => builder
            .AddConsole()
            .AddJsonConsole(options => options.IncludeScopes = includeScopes))
        .CreateLogger<Program>();
var levels = (LogLevel[])Enum.GetValues(typeof(LogLevel));
levels = levels.Where(it => it != LogLevel.None).ToArray();
var eventId = 1;
Array.ForEach(levels, Log);

Console.Read();

void Log(LogLevel logLevel)
{
    using (logger.BeginScope("Foo"))
    {
        using (logger.BeginScope("Bar"))
        {
            using (logger.BeginScope("Baz"))
            {
                logger.Log(logLevel, eventId++, new Exception("Error..."),
                    "This is a/an {0} log message.", logLevel);
            }
        }
    }
}
```

　　我们依然采用上面的方式两次执行修改后的程序。在默认情况下或开启日志范围的情况下，控制台的输出结果如图 9-3 所示。可以看出，输出的内容不仅包含参数填充生成完整内容，还包含原始的模板。日志范围的路径是以数组的方式输出的。（S903）

图 9-3　基于 JsonConsoleFormatter 的格式化

9.1.2 ConsoleLogger

如下面的代码片段所示，ConsoleLogger 的构造函数包含 name 和 loggerProcessor 两个参数，前者表示名称（实际上就是日志类别），后者是一个 ConsoleLoggerProcessor 对象，用于在控制台上输出日志内容。当执行 Log<TState>方法时，它会根据参数创建对应的 LogEntry<TState>对象，并将它和 ScopeProvider 属性返回的 IExternalScopeProvider 对象交给 Formatter 属性返回的 ConsoleFormatter 对象进行格式化。ConsoleLoggerProcessor 最终将格式化的文本内容输出到控制台上。

```
internal sealed class ConsoleLogger : ILogger
{
    public bool IsEnabled(LogLevel logLevel);
    internal ConsoleLogger(string name, ConsoleLoggerProcessor loggerProcessor);

    public void Log<TState>(LogLevel logLevel, EventId eventId, TState state,
        Exception exception, Func<TState, Exception, string> formatter);
    public IDisposable BeginScope<TState>(TState state);

    internal ConsoleFormatter          Formatter { get; set; }
    internal IExternalScopeProvider    ScopeProvider { get; set; }
    internal ConsoleLoggerOptions      Options { get; set; }
}
```

ConsoleLogger 对象采用异步的方式将日志消息写入控制台，所以它不会阻塞当前线程，但是异步写入的特性也使我们无法确定记录的日志消息何时出现在控制台上。控制台中的日志输出实现在 ConsoleLoggerProcessor 类型中，它会利用一个独立的线程来做这项工作。由于待输出的日志消息被存储在一个队列中，所以可以保证在控制台上有序输出日志。从 ConsoleLogger 类型的定义可以看出，它的 Options 属性返回如下 ConsoleLoggerOptions 配置选项，该配置选项的 FormatterName 属性用于设置格式化器名称，而 LogToStandardErrorThreshold 属性用于设置是否作为错误日志的最低等级。

```
public class ConsoleLoggerOptions
{
    public string       FormatterName { get; set; }
    public LogLevel     LogToStandardErrorThreshold { get; set; } = LogLevel.None;
}

public static class Console
{
    public static TextWriter Out {  get; }
    public static TextWriter Error {  get; }

    public static void SetOut(TextWriter newOut);
    public static void SetError(TextWriter newError);
}
```

ConsoleLogger 具有标准输出和错误输出两个输出渠道，分别对应 Console 类型的静态属性 Out 和 Error 返回的 TextWriter 对象。对于不高于 LogToStandardErrorThreshold 设定等级的日志会采用标准输出，高于或者等于该等级的日志则采用错误输出。由于 LogToStandardErrorThreshold 属性的默认值为 None，所以任何等级的日志都被写入标准输出。如下代码片段演示了如何通过设置这个属性改变不同等级日志的输出渠道。

```
using Microsoft.Extensions.Logging;
using Microsoft.Extensions.Logging.Console;

using (var @out = new StreamWriter("out.log") { AutoFlush = true })
using (var error = new StreamWriter("error.log") { AutoFlush = true })
{
    Console.SetOut(@out);
    Console.SetError(error);

    var logger = LoggerFactory.Create(builder => builder
            .SetMinimumLevel(LogLevel.Trace)
            .AddConsole(options =>
                options.LogToStandardErrorThreshold = LogLevel.Error)
            .AddSimpleConsole(options =>
                options.ColorBehavior = LoggerColorBehavior.Disabled))
        .CreateLogger<Program>();

    var levels = (LogLevel[])Enum.GetValues(typeof(LogLevel));
    levels = levels.Where(it => it != LogLevel.None).ToArray();
    var eventId = 1;
    Array.ForEach(levels, Log);
    Console.Read();

    void Log(LogLevel logLevel) => logger.Log(logLevel, eventId++,
        "This is a/an {0} log message.", logLevel);
}
```

如上面的代码片段所示，我们创建了两个本地文件（out.log 和 error.log）的 StreamWriter，并通过调用 Console 类型的静态方法 SetOut 和 SetError 将其设置为控制台的标准输出和错误输出。在 ILogingBuilder 接口的 AddConsole 扩展方法调用中，我们将 ConsoleLoggerOptions 配置选项的 LogToStandardErrorThreshold 属性设置为 Error，并调用 SetMinimumLevel 方法将最低日志等级设置为 Trace。还调用 AddSimpleConsole 扩展方法禁用着色方案。当程序运行之后，4 条不高于 Error 的日志被输出到 out.log 中，如图 9-4 所示，另外两条则作为错误日志被输出到 error.log 中，控制台上将不会有任何输出内容。（S904）

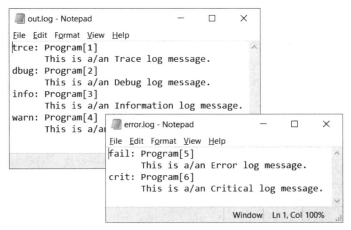

图 9-4　标准输出和错误输出

9.1.3　ConsoleLoggerProvider

　　ConsoleLogger 对象是由 ConsoleLoggerProvider 对象提供的。如下面的代码片段所示，ConsoleLoggerProvider 类型上面标注了 ProviderAliasAttribute 特性并将别名设置为"Console"，所以在使用配置文件设置过滤规则时，可以使用这个别名。它还实现了 ISupportExternalScope 接口，这就意味着它提供了日志范围的支持。ConsoleLoggerProvider 对象会对创建的 ConsoleLogger 对象根据名称进行缓存（_loggers），也就是说，CreateLogger 对象针对同一个名称提供的是同一个 ConsoleLogger 对象。

```
[ProviderAlias("Console")]
public class ConsoleLoggerProvider : ILoggerProvider, ISupportExternalScope
{
    private ConcurrentDictionary<string, ConsoleFormatter>      _formatters;
    private readonly ConcurrentDictionary<string, ConsoleLogger>    _loggers;

    public ConsoleLoggerProvider(IOptionsMonitor<ConsoleLoggerOptions> options);
    public ConsoleLoggerProvider(
        IOptionsMonitor<ConsoleLoggerOptions> options,
        IEnumerable<ConsoleFormatter> formatters);

    public ILogger CreateLogger(string name);
    public void SetScopeProvider(IExternalScopeProvider scopeProvider);

    public void Dispose();
}
```

　　ConsoleLogger 对象的 3 个属性需要由 ConsoleLoggerProvider 来提供。第一个是 Options 属性返回的 ConsoleLoggerOptions 配置选项，它由注入的 IOptionsMonitor<ConsoleLoggerOptions> 对象提供。第二个是 ScopeProvider 属性返回的 IExternalScopeProvider 对象，如果为预先注册的 ILoggerProvider，则 LoggerFactory 被依赖注入容器构建时，它会被注入构造函数中，此时会调

用它的 SetScopeProvider 方法来提供这个 IExternalScopeProvider 对象。如果直接调用 AddLoggerProvider 将一个 ConsoleLoggerProvider 对象注册到 ILoggerFactory 对象上，则后者也会调用它的 SetScopeProvider 方法来提供这个 IExternalScopeProvider 对象。

　　ConsoleLogger 的第三个属性 Formatter 返回的 ConsoleFormatter 对象又是如何提供的呢？首先，用于日志格式化的 ConsoleFormatter 对象被_formatters 字段缓存起来以避免频繁创建。如果调用的是第一个构造函数，则 ConsoleLoggerProvider 会自动创建 3 个默认的 ConsoleFormatter 对象（SimpleConsoleFormatter、SystemdConsoleFormatter 和 JsonConsoleFormatter），并根据其名称进行缓存。如果调用的是第二个构造函数，则显式提供所需的 ConsoleFormatter 对象，同样会根据其名称进行缓存。当使用 CreateLogger 方法在创建新的 ConsoleLogger 对象时，ConsoleLoggerOptions 配置选项提供的格式化器名称用于从缓存中提取对应的 ConsoleFormatter 对象。如果格式化名称没有显式设置，则默认会使用 SystemdConsoleFormatter。

9.1.4　服务注册

　　面向控制台日志输出的 3 个核心类型分别是对输出日志进行格式化的 ConsoleFormatter、具体的 ILogger 实现类型 ConsoleLogger 及其对应提供者 ConsoleLoggerProvider。它们借助于依赖注入框架被有机地整合在一起。我们现在看一看对应的服务是如何注册的。ConsoleLoggerProvider 的注册可以通过 ILoggingBuilder 接口的如下两个 AddConsole 扩展方法来完成，相关配置选项则利用提供的 Action<ConsoleLoggerOptions>委托对象进行设置。除了完成针对 ConsoleLoggerProvider 的服务注册，AddConsole 扩展方法还调用了 LoggerProviderOptions 的 RegisterProviderOptions<ConsoleLoggerOptions, ConsoleLoggerProvider>方法，该方法会提取对应的配置并将其绑定到 ConsoleLoggerOptions 对象上。所以我们可以利用配置来对 ConsoleLoggerProvider 进行设置。

```
public static class ConsoleLoggerExtensions
{
    public static ILoggingBuilder AddConsole(this ILoggingBuilder builder)
    {
        builder.AddConfiguration();
        builder.AddConsoleFormatter
          <JsonConsoleFormatter, JsonConsoleFormatterOptions>();
        builder.AddConsoleFormatter
          <SystemdConsoleFormatter, ConsoleFormatterOptions>();
        builder.AddConsoleFormatter
          <SimpleConsoleFormatter, SimpleConsoleFormatterOptions>();
        builder.Services.TryAddEnumerable(ServiceDescriptor
          .Singleton<ILoggerProvider, ConsoleLoggerProvider>());
        LoggerProviderOptions.RegisterProviderOptions<ConsoleLoggerOptions,
            ConsoleLoggerProvider>(builder.Services);
        return builder;
    }

    public static ILoggingBuilder AddConsole(this ILoggingBuilder builder,
```

```
        Action<ConsoleLoggerOptions> configure)
    {
        builder.AddConsole();
        OptionsServiceCollectionExtensions.Configure<ConsoleLoggerOptions>(
            builder.Services, configure);
        return builder;
    }
}
```

ConsoleLogger 总是利用设置的 ConsoleFormatter 对输出的日志进行格式化，不同的格式化器类型基本都具有各自对应的 Options 类型。为了能够直接使用配置的形式对格式化器进行设置，日志框架采用"FormatterOptions"作为格式化器配置节的名称。如下这两个用来配置 ConsoleFormatter 的 AddConsoleFormatter<TFormatter, TOptions>重载方法就是基于这个配置约定定义的。ILoggingBuilder 接口的 AddConsole 扩展方法内部调用 AddConsoleFormatter<TFormatter, TOptions>方法对 3 种预定义的格式化器进行了注册和设置。

```
public static class ConsoleLoggerExtensions
{
    public static ILoggingBuilder AddConsoleFormatter<TFormatter, TOptions>(
        this ILoggingBuilder builder)
        where TFormatter: ConsoleFormatter
        where TOptions: ConsoleFormatterOptions
    {
        builder.AddConfiguration();
        builder.Services.TryAddEnumerable(
            ServiceDescriptor.Singleton<ConsoleFormatter, TFormatter>());
        builder.Services.TryAddEnumerable(ServiceDescriptor.Singleton
            <IConfigureOptions<TOptions>,
            ConsoleLoggerFormatterConfigureOptions<TFormatter, TOptions>>());
        builder.Services.TryAddEnumerable(ServiceDescriptor.Singleton
            <IOptionsChangeTokenSource<TOptions>,
            ConsoleLoggerFormatterOptionsChangeTokenSource<TFormatter, TOptions>>());
        return builder;
    }

    public static ILoggingBuilder AddConsoleFormatter<TFormatter, TOptions>(
        this ILoggingBuilder builder, Action<TOptions> configure)
        where TFormatter: ConsoleFormatter
        where TOptions: ConsoleFormatterOptions
    {
        builder.AddConsoleFormatter<TFormatter, TOptions>();
        builder.Services.Configure<TOptions>(configure);
        return builder;
    }
}
```

如上面的代码片段所示，AddConsoleFormatter<TFormatter, TOptions>方法除了提供 ConsoleFormatter 的服务注册，它还额外添加了两个 IConfigureOptions<TOptions>接口和 IOptionsChangeTokenSource<TOptions>接口的服务注册。前一个服务注册采用的实现类型为

ConsoleLoggerFormatterConfigureOptions<TFormatter, TOptions>，它会提取配置节对配置选项进行绑定，一个服务注册采用的实现类型为 ConsoleLoggerFormatterOptionsChangeTokenSource<TFormatter, TOptions>，其目的在于实现配置与配置选项的实施同步。这两个类型都是按照约定的名称 "FormatterOptions" 来提取格式化器的配置的。

```
internal sealed class ConsoleLoggerFormatterConfigureOptions<TFormatter, TOptions>
    : ConfigureFromConfigurationOptions<TOptions>
    where TFormatter: ConsoleFormatter
    where TOptions: ConsoleFormatterOptions
{
    public ConsoleLoggerFormatterConfigureOptions(
        ILoggerProviderConfiguration<ConsoleLoggerProvider> providerConfiguration)
        : base(providerConfiguration.Configuration.GetSection("FormatterOptions"))
    {}
}

internal sealed class ConsoleLoggerFormatterOptionsChangeTokenSource
  <TFormatter, TOptions>
 : ConfigurationChangeTokenSource<TOptions>
 where TFormatter: ConsoleFormatter
 where TOptions: ConsoleFormatterOptions
{
 public ConsoleLoggerFormatterOptionsChangeTokenSource(
    ILoggerProviderConfiguration<ConsoleLoggerProvider> providerConfiguration)
    : base(providerConfiguration.Configuration.GetSection("FormatterOptions"))
   {}
}
```

我们可以利用如下 3 组对应的扩展方法，对 SimpleConsoleFormatter、SystemdConsoleFormatter 和 JsonConsoleFormatter 这 3 种预定义的格式化类型进行注册。

```
public static class ConsoleLoggerExtensions
{
    public static ILoggingBuilder AddSimpleConsole(this ILoggingBuilder builder)
        => builder.AddFormatterWithName("simple");

    public static ILoggingBuilder AddSimpleConsole(this ILoggingBuilder builder,
        Action<SimpleConsoleFormatterOptions> configure)
            => builder.AddConsoleWithFormatter<SimpleConsoleFormatterOptions>("simple",
        configure);

    public static ILoggingBuilder AddSystemdConsole(this ILoggingBuilder builder)
        => builder.AddFormatterWithName("systemd");

    public static ILoggingBuilder AddSystemdConsole(this ILoggingBuilder builder,
        Action<ConsoleFormatterOptions> configure)
        => builder.AddConsoleWithFormatter<ConsoleFormatterOptions>(
        "systemd", configure);

    public static ILoggingBuilder AddJsonConsole(this ILoggingBuilder builder)
        => builder.AddFormatterWithName("json");
```

```
public static ILoggingBuilder AddJsonConsole(this ILoggingBuilder builder,
  Action<JsonConsoleFormatterOptions> configure)
  =>builder.AddConsoleWithFormatter<JsonConsoleFormatterOptions>(
  "json", configure);

private static ILoggingBuilder AddFormatterWithName(this ILoggingBuilder builder,
    string name) =>
    builder.AddConsole(options=> options.FormatterName = name);

internal static ILoggingBuilder AddConsoleWithFormatter<TOptions>(
    this ILoggingBuilder builder, string name, Action<TOptions> configure)
    where TOptions: ConsoleFormatterOptions
{
    builder.AddFormatterWithName(name);
    builder.Services.Configure<TOptions>(builder.Services, configure);
    return builder;
}
}
```

从给出的服务注册相关的方法可以看出，ConsoleLogger 和采用的格式化器对应的配置选项都可以使用配置进行绑定。接下来演示一下这两种配置的应用。为了能够更加灵活地控制日志在控制台上的输出格式，自定义了格式化器类型。如下面的代码片段所示，这个名为 TemplatedConsoleFormatter 格式化器会按照指定的模板来格式化输出的日志内容，它使用的配置选项类型为 TemplatedConsoleFormatterOptions，日志格式模板就体现在它的 Template 属性上。

```
public class TemplatedConsoleFormatter : ConsoleFormatter
{
    private readonly bool    _includeScopes;
    private readonly string  _template;

    public TemplatedConsoleFormatter
        (IOptions<TemplatedConsoleFormatterOptions> options)
        : base("templated")
    {
        _includeScopes          = options.Value.IncludeScopes;
        _template               = options.Value?.Template
            ?? "[{LogLevel}]{Category}/{EventId}:{Message}\n{Scopes}\n";
    }

    public override void Write<TState>(in LogEntry<TState> logEntry,
        IExternalScopeProvider scopeProvider, TextWriter textWriter)
    {
        var builder = new StringBuilder(_template);
        builder.Replace("{Category}", logEntry.Category);
        builder.Replace("{EventId}", logEntry.EventId.ToString());
        builder.Replace("{LogLevel}", logEntry.LogLevel.ToString());
        builder.Replace("{Message}",
            logEntry.Formatter?.Invoke(logEntry.State, logEntry.Exception));
```

```
        if (_includeScopes && scopeProvider != null)
        {
            var buidler2 = new StringBuilder();
            var writer = new StringWriter(buidler2);
            scopeProvider.ForEachScope(WriteScope, writer);

            void WriteScope(object? scope, StringWriter state)
            {
                writer.Write("=>" + scope);
            }

            builder.Replace("{Scopes}", buidler2.ToString());
        }
        textWriter.Write(builder);
    }
}

public class TemplatedConsoleFormatterOptions: ConsoleFormatterOptions
{
    public string? Template { get; set; }
}
```

我们将 TemplatedConsoleFormatter 的别名指定为"templated"，格式模板利用占位符"{Category}""{EventId}""{LogLevel}""{Message}""{Scopes}"表示日志类别、事件 ID、等级、消息和范围信息。"[{LogLevel}]{Category}/{EventId}:{Message}\n{Scopes}\n"是提供的默认模板。现在我们采用如下一个名为 appsettings.json 的 JSON 格式文件来提供所有的配置。

```
{
  "Logging": {
    "Console": {
      "FormatterName": "templated",
      "LogToStandardErrorThreshold": "Error",
      "FormatterOptions": {
        "IncludeScopes": true,
        "UseUtcTimestamp": true,
        "Template": "[{LogLevel}]{Category}:{Message}\n"
      }
    }
  }
}
```

如上面的代码片段所示，我们将控制台日志输出的相关设置定义在"Logging:Console"配置节中，并定义了格式化器名称（templated）、错误日志最低等级（Error）。"FormatterOptions"配置节的内容将最终绑定到 TemplatedConsoleFormatterOptions 配置选项上。在如下所示的演示程序中，我们加载这个配置文件并提取表示"Logging"配置节的 IConfigguration 对象，将这个对象作为参数调用 ILoggingBuilder 接口的 AddConfiguration 扩展方法进行了注册。

```
using App;
using Microsoft.Extensions.Configuration;
using Microsoft.Extensions.Logging;
```

```
var logger = LoggerFactory.Create(Configure).CreateLogger<Program>();

var levels = (LogLevel[])Enum.GetValues(typeof(LogLevel));
levels = levels.Where(it => it != LogLevel.None).ToArray();
var eventId = 1;
Array.ForEach(levels, Log);
Console.Read();

void Configure(ILoggingBuilder builder)
{
    var configuration = new ConfigurationBuilder()
        .AddJsonFile("appsettings.json")
        .Build()
        .GetSection("Logging");
    builder
        .AddConfiguration(configuration)
        .AddConsole()
        .AddConsoleFormatter
        <TemplatedConsoleFormatter,TemplatedConsoleFormatterOptions>();
}

void Log(LogLevel logLevel) => logger.Log(logLevel, eventId++,
    "This is a/an {0} log message.", logLevel);
```

在调用 ILoggingBuilder 接口的 AddConsole 扩展方法对 ConsoleLoggerProvider 进行注册之后，又调用了它的 AddConsoleFormatter<TemplatedConsoleFormatter, TemplatedConsoleFormatterOptions> 方法，该方法将利用配置来绑定注册格式化器对应的 TemplatedConsoleFormatterOptions 配置选项。演示程序运行之后，每一条日志将按照配置中提供的模板进行格式化，并输出到控制台上，如图 9-5 所示。（S905）

图 9-5　基于 TemplatedConsoleFormatter 的格式化

9.2　调试器

利用 Debug 输出日志可以被附加到当前进程上的调试器（Debugger）捕获。对于 Linux 来说，日志消息会以文件的形式被写入，默认的目录一般为 "/var/logs/messages" 或者 "/var/log/syslog"。DebugLoggerProvider 提供的 DebugLogger 会采用这种方式对日志进行输出，这两个类型均定义在 "Microsoft.Extensions.Logging.Debug" 这个 NuGet 包中。

9.2.1 DebugLogger

我们采用一段相对简洁的代码模拟了 DebugLogger 的实现。如下面的代码片段所示，创建 DebugLogger 对象时需要指定其名称（日志类别）。它 IsEnabled 方法会验证调试器是否附加到了当前进程来确定后续的日志输出是否有必要。由于它不支持日志范围，所以 BeginScope<TState>方法会返回一个 NullScope 对象。

```
internal class DebugLogger : ILogger
{
    private readonly string _name;
    public DebugLogger(string name)=> _name = name;

    public IDisposable BeginScope<TState>(TState state)
    => NullScope.Instance;

    public bool IsEnabled(LogLevel logLevel)
    => (Debugger.IsAttached && (logLevel != LogLevel.None));

    public void Log<TState>(LogLevel logLevel, EventId eventId, TState state,
        Exception? exception, Func<TState, Exception?, string> formatter)
    {
        if (IsEnabled(logLevel))
        {
            string str = formatter(state, exception);
            if (!string.IsNullOrEmpty(str))
            {
                str = $"{logLevel}: {str}";
                if (exception != null)
                {

                    if (exception != null)
                    {
                        str = str + Environment.NewLine + Environment.NewLine +
                            exception.ToString();
                    }
                }
                Debug.WriteLine(str, _name);
            }
        }
    }
}

internal class NullScope : IDisposable
{
    public static NullScope Instance { get; } = new NullScope();
    private NullScope() { }
    public void Dispose() { }
}
```

在实现的 Log<TState>方法中，如果 IsEnabled 方法返回的结果为 True，则 DebugLogger 才

会利用提供的格式化器生成待输出的文本。如果指定了异常对象，则格式化文本还会附加上异常消息。这是一个存在多年的 Bug。因为既然作为格式化器的 Func<TState, Exception, string>委托对象已经考虑了异常的存在，就不应在后面重复添加异常信息。

9.2.2　DebugLoggerProvider

DebugLogger 对象是由 DebugLoggerProvider 提供的。DebugLoggerProvider 类型仅仅在实现的 CreateLogger 方法中返回根据指定名称创建的 DebugLogger 对象，并没有像前文介绍的 ConsoleLoggerProvider 对象一样对创建的 ILogger 进行缓存，这是一个可以改进的地方。DebugLoggerProvider 对象的注册由如下所示的 AddDebug 扩展方法来完成。

```
[ProviderAlias("Debug")]
public class DebugLoggerProvider : ILoggerProvider
{
    public ILogger CreateLogger(string name) => new DebugLogger(name);
    public void Dispose(){}
}

public static class DebugLoggerFactoryExtensions
{
    public static ILoggingBuilder AddDebug(this ILoggingBuilder builder)
    {
        builder.Services.TryAddEnumerable(
            ServiceDescriptor.Singleton<ILoggerProvider, DebugLoggerProvider>());
        return builder;
    }
}
```

9.3　TraceSource 日志

"第 7 章　诊断日志（上）"已经对基于 TraceSource 的跟踪日志框架进行了详细介绍，TraceSourceLoggerProvider 实现了该框架的整合，它提供的 TraceSourceLogger 对象利用一个预定义的 TraceSource 对下将日志"转发"出去。"Microsoft.Extensions.Logging.TraceSource"这个 NuGet 包中提供了以下两个类型。

9.3.1　TraceSourceLogger

从下面的代码片段可以看出，一个 TraceSourceLogger 对象实际上就是对一个 TraceSource 对象的封装。在实现的 Log<TState>方法中，它会调用 TraceSource 对象的 TraceEvent 方法来完成日志输出。

```
internal class TraceSourceLogger : ILogger
{
    private readonly TraceSource _traceSource;
    public TraceSourceLogger(TraceSource traceSource)
        =>_traceSource = traceSource;
    public IDisposable BeginScope<TState>(TState state)
```

```
        => new TraceSourceScope(state);

private static TraceEventType GetEventType(LogLevel logLevel)
{
    return logLevel switch
    {
        LogLevel.Information => TraceEventType.Information,
        LogLevel.Warning => TraceEventType.Warning,
        LogLevel.Error => TraceEventType.Error,
        LogLevel.Critical => TraceEventType.Critical,
        _ => TraceEventType.Verbose,
    };
}

public bool IsEnabled(LogLevel logLevel)
{
    if (logLevel == LogLevel.None)
    {
        return false;
    }
    var eventType = GetEventType(logLevel);
    return _traceSource.Switch.ShouldTrace(eventType);
}

public void Log<TState>(LogLevel logLevel, EventId eventId, TState state,
    Exception? exception, Func<TState, Exception?, string> formatter)
{
    if (!IsEnabled(logLevel))
    {
        return;
    }
    var message = string.Empty;
    if (formatter != null)
    {
        message = formatter(state, exception);
    }
    else
    {
        if (state != null)
        {
            message += state;
        }
        if (exception != null)
        {
            message += Environment.NewLine + exception;
        }
    }
    if (!string.IsNullOrEmpty(message))
    {
        _traceSource.TraceEvent(GetEventType(logLevel), eventId.Id, message);
```

```
        }
    }
}
```

在调用 TraceSource 对象的 TraceEvent 方法输出日志时，TraceSourceLogger 需要指定由 TraceEventType 枚举表示的跟踪事件类型，该类型由当前日志等级的 LogLevel 枚举来决定。两者之间的转换实现在 TraceEventType 方法中，具体的转换规则如表 9-2 所示。由于 TraceSource 对象利用 SourceSwitch 来实施日志过滤，所以当 TraceSourceLogger 对象的 IsEnabled 方法被调用时，它也会将指定的 LogLevel 转换成 TraceEventType，并将其作为参数调用 SourceSwitch 对象的 ShouldTrace 方法来确定后续是否输出日志。

表 9-2　日志等级与跟踪事件类型之间的转换规则

日 志 等 级	跟踪事件类型
Trace	Verbose
Debug	Verbose
Information	Information
Warning	Warning
Error	Error
Critical	Critical

TraceSourceLogger 提供了日志范围的支持，它的 BeginScope<TState>方法会返回一个 TraceSourceScope 对象。通过"第 7 章 诊断日志（上）"的内容我们知道，"活动跟踪"在基于 TraceSource 的日志框架中是利用 CorrelationManager 实现的，所以表示日志范围的 TraceSourceScope 内部也使用了这个对象。如下面的代码片段所示，在创建 TraceSourceScope 对象和调用其 Dispose 方法时，CorrelationManager 对象的 StartLogicalOperation 方法和 StopLogicalOperation 方法都会被调用。

```
internal class TraceSourceScope : IDisposable
{
    private bool _isDisposed;

    public TraceSourceScope(object state)
        =>Trace.CorrelationManager.StartLogicalOperation(state);

    public void Dispose()
    {
        if (!_isDisposed)
        {
            Trace.CorrelationManager.StopLogicalOperation();
            _isDisposed = true;
        }
    }
}
```

9.3.2　TraceSourceLoggerProvider

TraceSourceLogger 对象由 TraceSourceLoggerProvider 来提供。如下面的代码片段所示，我们

在创建一个 TraceSourceLoggerProvider 对象时需要提供一个 SourceSwitch 对象和 TraceListener 对象（可选）。在实现的 CreateLogger 方法中，它会根据指定的名称和 SourceSwitch 对象创建一个 TraceSource 对象，预先指定的 TraceListener 对象也会注册到这个 TraceSource 对象上。CreateLogger 方法最终返回根据 TraceSource 对象创建的 TraceSourceLogger 对象。

```
[ProviderAlias("TraceSource")]
public class TraceSourceLoggerProvider : ILoggerProvider
{
    public TraceSourceLoggerProvider(SourceSwitch rootSourceSwitch);
    public TraceSourceLoggerProvider(SourceSwitch rootSourceSwitch,
        TraceListener rootTraceListener);

    public ILogger CreateLogger(string name);
    public void Dispose();
}
```

创建的 TraceSourceLogger 对象并不会根据指定的日志类型进行缓存，但是创建的 TraceSource 对象会根据指定的名称进行缓存。也就是说，CreateLogger 方法针对相同的日志类别总是创建一个新的 TraceSourceLogger 对象，它们共享同一个 TraceSource 对象。TraceSourceLoggerProvider 对象的注册可以通过调用 ILoggingBuilder 接口的 AddTraceSource 重载扩展方法来完成。在调用这些方法时不仅可以指定 SourceSwitch（或者它的名称），还可以显式注册一个 TraceListener 对象。

```
public static class TraceSourceFactoryExtensions
{
    public static ILoggingBuilder AddTraceSource(this ILoggingBuilder builder,
        SourceSwitch sourceSwitch)
    {
        builder.Services.AddSingleton<ILoggerProvider>(
            _ => new TraceSourceLoggerProvider(sourceSwitch));
        return builder;
    }
    public static ILoggingBuilder AddTraceSource(this ILoggingBuilder builder,
        string switchName)
        => builder.AddTraceSource(new SourceSwitch(switchName));

    public static ILoggingBuilder AddTraceSource(this ILoggingBuilder builder,
        SourceSwitch sourceSwitch, TraceListener listener)
    {
        builder.Services.AddSingleton<ILoggerProvider>(
            _ => new TraceSourceLoggerProvider(sourceSwitch, listener));
        return builder;
    }
    public static ILoggingBuilder AddTraceSource(this ILoggingBuilder builder,
        string switchName, TraceListener listener)
        =>builder.AddTraceSource(new SourceSwitch(switchName), listener);
}
```

9.4　EventSource 日志

与跟踪日志框架的整合类似，我们也可以注册对应的 EventSourceLoggerProvider 实现与基于 EventSource 的事件日志框架进行整合，它提供的 EventSourceLogger 会利用一个 EventSource 对象将日志"转发"出去。这两个类型定义在"Microsoft.Extensions. Logging.EventSource"这个 NuGet 包中。

9.4.1　LoggingEventSource

EventSourceLogger 对象利用 LoggingEventSource 来完成对日志的输出。如下面的代码片段所示，这是一个派生于 EventSource 的内部类型。从标注到类型上的 EventSourceAttribute 特性可以看出，这个自定义的 EventSource 被命名为"Microsoft-Extensions-Logging"。

```
[EventSource(Name="Microsoft-Extensions-Logging")]
internal class LoggingEventSource : EventSource
{
    public class Keywords
    {
        public const EventKeywords Message          = 2L;
        public const EventKeywords FormattedMessage  = 4L;
        public const EventKeywords JsonMessage       = 8L;
    }

    [Event(1, Keywords=4L, Level=EventLevel.LogAlways)]
    internal void FormattedMessage(LogLevel Level, int FactoryID, string LoggerName,
        string EventId, string FormattedMessage);

    [Event(2, Keywords=2L, Level=EventLevel.LogAlways)]
    internal void Message(LogLevel Level, int FactoryID, string LoggerName,
        string EventId, ExceptionInfo Exception,
        IEnumerable<KeyValuePair<string, string>> Arguments);

    [Event(5, Keywords=8L, Level=EventLevel.LogAlways)]
    internal void MessageJson(LogLevel Level, int FactoryID, string LoggerName,
        string EventId, string ExceptionJson, string ArgumentsJson);
    ...
}


[EventData(Name ="ExceptionInfo")]
internal class ExceptionInfo
{
    public string      TypeName { get; set; }
    public string      Message { get; set; }
    public int         HResult { get; set; }
    public string      VerboseMessage { get; set; }
}
```

当 EventSourceLogger 的 Log 方法被调用时，它会调用定义在 LoggingEventSource 中相应的

日志事件方法来输出日志。LoggingEventSource 支持如下 3 种不同的内容载荷，刚好对应 3 个事件方法。从上面的代码片段可以看出，这 3 个事件具有一些共同的描述信息，如日志等级、ILoggerFactory 的 ID、日志类别和事件 ID 等。

- FormattedMessage：将格式化之后生成的完整的消息文本作为日志事件的内容载荷。
- Message：指定的异常将会转换成一个 ExceptionInfo 对象，指定的 State 对象将会转换成一个元素类型为 KeyValuePair<string, string>的集合对象。
- MessageJson：按照 "Message" 进行格式转换，并将最终生成的 ExceptionInfo 对象和 KeyValuePair<string, string>集合序列化成 JSON 格式。

9.4.2 EventSourceLogger

由同一个 EventSourceLoggerProvider 提供的所有的 EventSourceLogger 对象会构成一个链表，而前者总是保持着对链表表头的 EventSourceLogger 对象的引用。如图 9-6 所示，当利用 EventSourceLoggerProvider 创建第一个 EventSourceLogger（Foo）对象时，它会直接引用该对象。在创建第二个 EventSourceLogger（Bar）后，Foo 将作为它的 Next，对应的引用则从 Foo 换成 Bar。后续 EventSourceLogger（如 Baz）的创建逻辑与之类似。

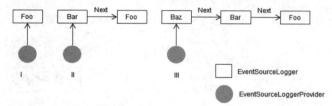

图 9-6　EventSourceLogger 链表

EventSourceLogger 是一个内部类型，它的 3 个属性 CategoryName、Level 和 Next 分别表示日志类别、最低日志等级和下一个 EventSourceLogger 对象。在创建一个 EventSourceLogger 对象时，除了需要指定日志类别和最近创建的 EventSourceLogger 对象，还需要指定最重要的 LoggingEventSource 对象和当前 ILoggerFactory 工厂的标识。

```
internal class EventSourceLogger : ILogger
{
    public string                      CategoryName { get; }
    public LogLevel                    Level { get; set; }
    public EventSourceLogger           Next { get; }

    public EventSourceLogger(string categoryName, int factoryID,
        LoggingEventSource eventSource, EventSourceLogger next);

    public bool IsEnabled(LogLevel logLevel);
    public void Log<TState>(LogLevel logLevel, EventId eventId, TState state,
        Exception? exception, Func<TState, Exception?, string> formatter);
    ...
}
```

EventSourceLogger 对象针对日志的过滤体现在表示最低日志等级的 Level 属性上，只有不低于此等级的日志事件才被输出，这样的过滤逻辑实现在 IsEnabled 方法中。由于 EventSourceLogger 利用提供的 LoggingEventSource 对象来分发日志事件，所以它的最低日志等级取决于当前应用程序针对 LoggingEventSource 对象的订阅。由于针对 LoggingEventSource 对象的订阅是动态的，所以 Level 属性也应该随着当前订阅状态动态地改变，这就是 EventSourceLoggerProvider 对象一定需要通过链表的形式间接引用所有由它创建的 EventSourceLogger 对象的根源所在，因为只有这样它才能动态地改变它们的最低日志等级。

当 EventSourceLogger 对象的 Log<TState> 方法被执行时，它会先调用 IsEnabled 方法判断指定的日志等级是否低于设定的最低等级，在确定不低于最低等级的情况下它才会利用 LoggingEventSource 完成对日志的输出。在具体的日志输出的过程中，由于具有 3 种不同的内容载荷格式（Message、FormattedMessage 和 JsonMessage）可供选择，所以 EventSourceLogger 对象会根据当前的订阅状态选择相应的事件方法，具体的实现逻辑体现在如下所示的代码片段中。

```csharp
internal class EventSourceLogger : ILogger
{
    public void Log<TState>(LogLevel logLevel, EventId eventId, TState state,
        Exception? exception, Func<TState, Exception?, string> formatter)
    {
        if (!IsEnabled(logLevel))
        {
            return;
        }

        if (_eventSource.IsEnabled(
            EventLevel.Critical, LoggingEventSource.Keywords.FormattedMessage))
        {
            string message = formatter(state, exception);
            _eventSource.FormattedMessage(logLevel,_factoryID,CategoryName,
                eventId.ToString(),message);
        }

        if (_eventSource.IsEnabled(
            EventLevel.Critical, LoggingEventSource.Keywords.Message))
        {
            ExceptionInfo exceptionInfo = GetExceptionInfo(exception);
            IEnumerable<KeyValuePair<string, string>> arguments =
                GetProperties(state);

            _eventSource.Message(logLevel, _factoryID, CategoryName,
                eventId.ToString(),exceptionInfo, arguments);
        }

        if (_eventSource.IsEnabled(
            EventLevel.Critical, LoggingEventSource.Keywords.JsonMessage))
        {
            string exceptionJson = "{}";
```

```
                    if (exception != null)
                    {
                        var exceptionInfo = GetExceptionInfo(exception);
                        var exceptionInfoData = new KeyValuePair<string, string>[]
                        {
                            new KeyValuePair<string, string>(
                                "TypeName", exceptionInfo.TypeName),
                            new KeyValuePair<string, string>(
                                "Message", exceptionInfo.Message),
                            new KeyValuePair<string, string>(
                                "HResult", exceptionInfo.HResult.ToString()),
                            new KeyValuePair<string, string>(
                                "VerboseMessage", exceptionInfo.VerboseMessage),
                        };
                        exceptionJson = ToJson(exceptionInfoData);
                    }
                    IEnumerable<KeyValuePair<string, string>> arguments =
                        GetProperties(state);
                    _eventSource.MessageJson(logLevel, _factoryID, CategoryName,
                        eventId.ToString(),exceptionJson, ToJson(arguments));
                }
            }
}
```

　　如果同时具有针对相应关键字 Message、FormattedMessage 和 JsonMessage 的订阅，则 EventSourceLogger 对象会将日志格式转化成 3 种不同的格式分别输出。"第 7 章 诊断日志（上）"开头的实例主要演示了以 FormattedMessage 格式输出的日志，下面通过一个简单的实例来比较一下针对同一条日志，以不同格式输出的内容究竟有何不同。

　　为了接收分发的日志事件，我们定义了如下 LoggingEventListener 类型。该类型派生于 EventListener，在重写的 OnEventSourceCreated 方法中对命名为 "Microsoft-Extensions-Logging" 的 LoggingEventSource 进行了订阅。在重写的 OnEventWritten 方法中，将接收的事件名称和负载成员输出到控制台上。为了反映完整的数据内容，我们对 Object[]和 IDictionary<string, object>这两种类型的成员进行了序列化。

```
public class LoggingEventListener : EventListener
{
    protected override void OnEventSourceCreated(EventSource eventSource)
    {
        if (eventSource.Name == "Microsoft-Extensions-Logging")
        {
            EnableEvents(eventSource, EventLevel.LogAlways);
        }
    }

    protected override void OnEventWritten(EventWrittenEventArgs eventData)
    {
        Console.WriteLine($"Event: {eventData.EventName}");
        var payload = eventData.Payload;
```

```
        var payloadNames = eventData.PayloadNames;
        if (payload != null && payloadNames != null)
        {
            for (int index = 0; index < payload.Count; index++)
            {
                var element = payload[index];
                if (element is object[] || element is IDictionary<string, object>)
                {
                    Console.WriteLine(
                        $"{payloadNames[index],-16}:
{ JsonSerializer.Serialize(element) }");
                    continue;
                }
                Console.WriteLine($"{payloadNames[index],-16}: { payload[index] }");
            }
            Console.WriteLine();
        }
    }
}
```

在如下所示的演示程序中，在创建 LoggingEventListener 对象之后调用 LoggerFactory 的 Create 静态方法创建了一个 ILoggerFactory 工厂，并利用 ILoggerFactory 工厂创建了一个 ILogger<Program>对象。最终此 ILogger<Program>记录了一个 Error 等级的日志。在调用 Log 方法时，除了提供一个创建的 InvalidOperationException 对象，还提供一个 Dictionary<string, object>对象作为内容载荷。作为格式化器的委托对象直接返回指定异常对象的 Message 属性。

```
using App;
using Microsoft.Extensions.Logging;

var listener = new LoggingEventListener();
var logger = LoggerFactory
    .Create(builder => builder.AddEventSourceLogger())
    .CreateLogger<Program>();

var state = new Dictionary<string, object>
{
    ["ErrorCode"] = 100,
    ["Message"] = "Unhandled exception"
};

logger.Log(LogLevel.Error, 1, state, new InvalidOperationException(
    "This is a manually thrown exception."), (_, ex) => ex?.Message??"Error");

Console.Read();
```

该程序运行之后，控制台上的输出结果如图 9-7 所示。由于 EventSourceLoggerProvider 提供的 EventSourceLogger 会发出分别以 FormattedMessage、Message 和 MessageJson 命名的事件，内容载荷具有 4 个相同的数据成员，分别对应日志等级、事件 ID、日志类别和 ILoggerFactory 对象的 ID，但是主体内容是不同的。（S906）

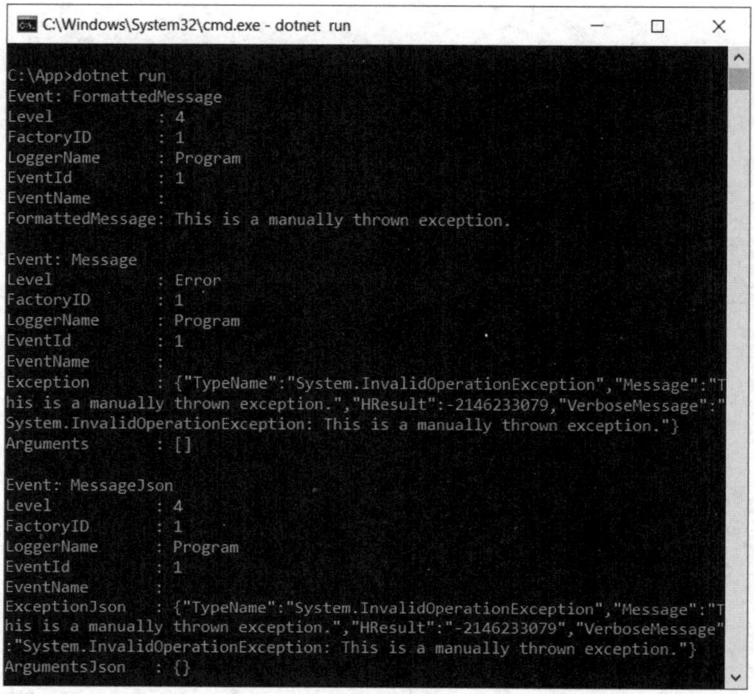

图 9-7 由 EventSourceLogger 发出的 3 种具有不同负载结构的日志事件

9.4.3 EventSourceLoggerProvider

作 为 EventSourceLogger 提 供 者 的 EventSourceLoggerProvider 对象是对一个 LoggingEventSource 对象的封装。我们已经知道由 EventSourceLoggerProvider 提供的 EventSourceLogger 对象会根据创建的先后顺序组成一个链表，_loggers 字段是对链表表头的 EventSourceLogger 对象的引用。在实现的 Dispose 方法中，所有创建的 EventSourceLogger 对象 的日志等级将被设置为 None，相当于关闭了日志输出的开关。

在实现的 CreateLogger 方法中，EventSourceLoggerProvider 对象会根据作为参数的日志类别、 初始化提供的 LoggingEventSource 对象及当前的 EventSourceLogger 创建一个新的 EventSourceLogger 对象。EventSourceLogger 类型的构造函数定义了一个名为 factoryID 的参数， 从给出的代码片段可以看出，这个参数来源于在构建 EventSourceLoggerProvider 对象时全局自 增的静态字段_globalFactoryID，所以它可以视为 EventSourceLoggerProvider 对象的全局 ID。之 所以将这个参数命名为 factoryID，是因为在旧版本中这个参数表示 LoggerFactory 的全局 ID。 从 LoggingEventSource 类型实现逻辑可以看出，这个 ID 最终会作为事件内容载荷的一部分，对 应的成员名称为 FactoryID。

```
[ProviderAlias("EventSource")]
public class EventSourceLoggerProvider : ILoggerProvider
{
    private static int                                    _globalFactoryID;
```

```
private readonly int                    _factoryID;
private EventSourceLogger                _loggers;
private readonly LoggingEventSource      _eventSource;

public EventSourceLoggerProvider(LoggingEventSource eventSource)
{
    _eventSource = eventSource;
    _factoryID = Interlocked.Increment(ref _globalFactoryID);
}

public ILogger CreateLogger(string categoryName)
    =>_loggers = new EventSourceLogger(categoryName, _factoryID, _eventSource,
    _loggers);

public void Dispose()
{
    for (EventSourceLogger logger = _loggers; logger != null;
        logger = logger.Next)
    {
        logger.Level = LogLevel.None;
    }
}
}
```

EventSourceLoggerProvider 的注册实现在 AddEventSourceLogger 扩展方法中。如下面的代码片段所示，除了注册 EventSourceLoggerProvider 和 LoggingEventSource 这两个服务，该方法还注册了与日志过滤规则相关的其他两个服务。换句话说，这个扩展方法其实更应该被命名为 AddEventSource，从而与其他同类扩展方法名（AddConsole、AddDebug 和 AddTraceSource）保持一致。

```
public static class EventSourceLoggerFactoryExtensions
{
    public static ILoggingBuilder AddEventSourceLogger(this ILoggingBuilder builder)
    {
        builder.Services.TryAddSingleton(LoggingEventSource.Instance);
        builder.Services.TryAddEnumerable(ServiceDescriptor
            .Singleton<ILoggerProvider, EventSourceLoggerProvider>());
        builder.Services.TryAddEnumerable(ServiceDescriptor
            .Singleton<IConfigureOptions<LoggerFilterOptions>,
            EventLogFiltersConfigureOptions>());
        builder.Services.TryAddEnumerable(ServiceDescriptor
            .Singleton<IOptionsChangeTokenSource<LoggerFilterOptions>,
            EventLogFiltersConfigureOptionsChangeSource>());
        return builder;
    }
}
```

9.4.4　日志范围

日志范围可以是对调用链的模拟，通过"第 7 章 诊断日志（上）"的介绍我们知道 EventSource 的日志框架输出活动跟踪信息也是对调用链的描述，所以两者可以很自然地结合在一起。LoggingEventSource 提供了如下两组活动跟踪的事件方法，如果具有 MessageJson 事件的订阅，则 EventSourceLogger 对象会调用 ActivityJsonStart 方法和 ActivityJsonStop 方法来开始与结束一个活动。如果 MessageJson 事件的订阅不存在，则 ActivityStart 方法和 ActivityStop 方法会被调用。

```
[EventSource(Name="Microsoft-Extensions-Logging")]
internal class LoggingEventSource : EventSource
{
    [Event(3, Keywords=6L, Level=EventLevel.LogAlways,
        ActivityOptions=EventActivityOptions.Recursive)]
    internal void ActivityStart(int ID, int FactoryID, string LoggerName,
        IEnumerable<KeyValuePair<string, string>> Arguments);
    [Event(4, Keywords=6L, Level=EventLevel.LogAlways)]
    internal void ActivityStop(int ID, int FactoryID, string LoggerName);

    [Event(6, Keywords=12L, Level=EventLevel.LogAlways,
        ActivityOptions=EventActivityOptions.Recursive)]
    internal void ActivityJsonStart(int ID, int FactoryID, string LoggerName,
        string ArgumentsJson);
    [Event(7, Keywords=12L, Level=EventLevel.LogAlways)]
    internal void ActivityJsonStop(int ID, int FactoryID, string LoggerName);
    ...
}
```

如下面的代码片段所示，EventSourceLogger 对象的 BeginScope<TState>方法根据是否具有针对关键字"MessageJson（8L）"的订阅来决定调用 ActivityJsonStart 方法还是 ActivityStart 方法启动活动。BeginScope<TState>方法最终创建一个 ActivityScope 对象作为日志范围，当 ActivityScope 对象的 Dispose 方法被调用时，LoggingEventSource 对象的 ActivityJsonStop 方法或者 ActivityStop 方法也会被调用。

```
internal class EventSourceLogger : ILogger
{
    private static int                      _activityIds;
    private readonly LoggingEventSource     _eventSource;
    private readonly int                    _factoryID;

    public IDisposable BeginScope<TState>(TState state)
    {
        if (!IsEnabled(LogLevel.Critical))
        {
            return NoopDisposable.Instance;
        }
        int id = Interlocked.Increment(ref _activityIds);
        if (_eventSource.IsEnabled((EventLevel) EventLevel.Critical, 8L))
        {
```

```
            _eventSource.ActivityJsonStart(id, _factoryID, CategoryName,
                ToJson(GetProperties(state)));
            return new ActivityScope(_eventSource, CategoryName, id, _factoryID,
                true);
        }
        _eventSource.ActivityStart(id, _factoryID, CategoryName,
            GetProperties(state));
        return new ActivityScope(teventSource, CategoryName, id, _factoryID, false);
    }

    private class ActivityScope : IDisposable
    {
        private readonly int                _activityID;
        private readonly string             _categoryName;
        private readonly LoggingEventSource _eventSource;
        private readonly int                _factoryID;
        private readonly bool               _isJsonStop;

        public ActivityScope(LoggingEventSource eventSource, string categoryName,
            int activityID, int factoryID, bool isJsonStop)
        {
            _categoryName    = categoryName;
            _activityID      = activityID;
            _factoryID       = factoryID;
            _isJsonStop      = isJsonStop;
            _eventSource     = eventSource;
        }

        public void Dispose()
        {
            if (_isJsonStop)
            {
                _eventSource.ActivityJsonStop(_activityID, _factoryID,
                    _categoryName);
            }
            else
            {
                _eventSource.ActivityStop(_activityID, _factoryID, _categoryName);
            }
        }
    }

    private class NoopDisposable : IDisposable
    {
        public static readonly EventSourceLogger.NoopDisposable Instance
            = new EventSourceLogger.NoopDisposable();

        public void Dispose(){}
    }
}
```

在 BeginScope<TState>方法中，作为参数的 State 对象会传入 GetProperties 方法中，其属性成

员会被提取出来并最终生成一个 IEnumerable<KeyValuePair<<string,string>>对象。但是 GetProperties 方法的设计支持实现了 IReadOnlyList<KeyValuePair<string, object>>接口的对象，如果 State 参数为其他类型，则得到的是一个空的集合，这是一个有待完善的地方。如果决定调用 LoggingEventSource 的 ActivityStart 方法开启活动，则上面这个对象将被直接作为内容载荷。如果 决定调用 ActivityJsonStart 方法，则作为内容载荷的是该对象被序列化成 JSON 格式后的字符串。

下面的实例演示了如何利用日志范围进行调用链跟踪。用来捕捉日志事件的 LoggingEventListener 类型利用重写的 OnEventSourceCreated 方法对 LoggingEventSource 和 TplEtwProvider 这两个 EevntSource 发起了订阅。在另一个重写的 OnEventWritten 方法中，我们 将日志事件的名称、承载内容、ActivityId 和 RelatedActivityId 写入一个指定的.csv 文件中。

```csharp
public class LoggingEventListener : EventListener
{
    protected override void OnEventSourceCreated(EventSource eventSource)
    {
        if (eventSource.Name == "System.Threading.Tasks.TplEventSource")
        {
            EnableEvents(eventSource, EventLevel.Informational, (EventKeywords)0x80);
        }

        if (eventSource.Name == "Microsoft-Extensions-Logging")
        {
            EnableEvents(eventSource, EventLevel.LogAlways, (EventKeywords)8);
        }
    }

    protected override void OnEventWritten(EventWrittenEventArgs eventData)
    {
        var payloadNames = eventData.PayloadNames;
        if (payloadNames != null)
        {
            int index;
            var payload = (index = payloadNames.IndexOf("ArgumentsJson")) == -1
                ? null
                : eventData.Payload?[index];
            var relatedActivityId = eventData.RelatedActivityId == default
                ? ""
                : eventData.RelatedActivityId.ToString();

            File.AppendAllLines("log.csv", new string[] {
                @$"{eventData.EventName}, {payload}, {eventData.ActivityId},
                    {relatedActivityId}" });
        }
    }
}
```

在如下所示的演示程序中，我们调用了 LoggerFactory 类型的静态方法 Create 创建了一个 ILoggerFactory 对象，并利用作为参数的 Action<ILoggingBuilder>委托对象调用 AddEventSourceLogger 扩展方法完成 EventSourceLoggerProvider 的注册。在利用 ILoggerFactory

工厂将当前类型 Program 的 ILogger 对象创建出来后，我们利用它记录了 3 条日志。

```
using App;
using Microsoft.Extensions.Logging;

File.AppendAllLines("log.csv", new string[] {
    $"EventName, Payload, ActivityId, RelatedActivityId" });
var listener = new LoggingEventListener();
var logger = LoggerFactory
    .Create(builder => builder.AddEventSourceLogger())
    .CreateLogger<Program>();

using (logger.BeginScope(new List<KeyValuePair<string, object>> { new("op", "Foo") }))
{
    logger.LogInformation("This is a test log written in scope 'Foo'");
    using (logger.BeginScope(new List<KeyValuePair<string, object>>
        { new("op", "Bar") }))
    {
        logger.LogInformation("This is a test log written in scope 'Bar'");
    }
    using (logger.BeginScope(new List<KeyValuePair<string, object>>
        { new("op", "Baz") }))
    {
        logger.LogInformation("This is a test log written in scope 'Baz'");
    }
}
```

3 条日志都是在创建的日志范围下输出的。在调用 ILogger 对象的 BeginScope<TState>方法创建日志范围时，将 State 参数设置为一个 Dictionary<string, object>类型的字典，该字典仅包含一个表示操作名称的"键-值"对。上面这段代码涉及 3 个日志范围和 3 条日志输出，所以一共触发 9 个事件，LoggingEventListener 会将检测到的 9 个事件的相关信息输入 log.csv 文件中，如图 9-8 所示。（S907）

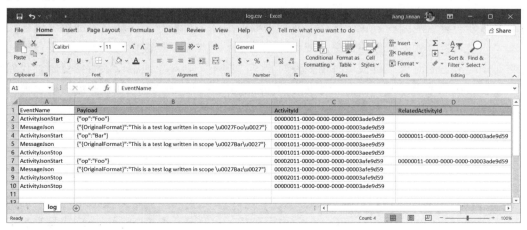

图 9-8　利用日志范围记录调用链信息

第10章

对象池

借助于有效的自动化垃圾回收（GC）机制，.NET 让开发人员不再关心对象的生命周期，但实际上很多性能问题都来源于 GC。这并不是说 .NET 的 GC 有什么问题，而是因为 GC 针对对象生命周期的跟踪和管理本身是有成本的，无论是交给应用还是框架来做，都会对性能造成影响。在对性能比较敏感的应用中，我们可以通过对象复用的方式避免垃圾对象的产生，进而避免 GC 对象回收导致的性能损失。对象池是对象复用的一种常用的手段。

10.1　利用对象池复用对象

.NET 提供了一个由"Microsoft.Extensions.ObjectPool"NuGet 包提供的简单高效的对象池框架，并使用在 ASP.NET Core 框架中。接下来就通过一些简单的实例来演示一下对象池的基本编程模式。

10.1.1　对象的"借"与"还"

和绝大部分的对象池编程方式一样，当我们需要使用某个对象时，会从对象池中"借出"一个对象。一般来说，如果对象池为空，或者对象池中所有对象正在被使用，则它可以自动完成对象的创建。借出的对象不再使用时需要及时将其"归还"到对象池中以供后续复用。我们在使用 .NET 的对象池框架时，主要使用如下 ObjectPool<T>类型，池化对象的借与还实现在 Get 方法和 Return 方法中。

```
public abstract class ObjectPool<T> where T: class
{
    public abstract T Get();
    public abstract void Return(T obj);
}
```

接下来利用一个简单的控制台程序来演示对象池的基本编程模式。在添加了"Microsoft.Extensions.ObjectPool"NuGet 包的引用之后，我们定义了 FoobarService 类型来表示希望池化的服务。如下面的代码片段所示，FoobarService 类型利用一个自增整数作为 Id 属性，静态字段_latestId 表示当前分发的最后一个标识。

```
public class FoobarService
{
    internal static int _latestId;
    public int Id { get; }
    public FoobarService() => Id = Interlocked.Increment(ref _latestId);
}
```

在如下所示的代码片段中，我们调用 ObjectPool 类型的 Create<FoobarService>静态方法得到 FoobarService 类型的对象池，这是一个 ObjectPool<FoobarService>对象。针对单个 FoobarService 对象的使用体现在本地方法 ExecuteAsync 中。我们调用 ObjectPool <FoobarService>对象的 Get 方法从对象池中借出一个 FoobarService 对象。为了确定对象是否真的被复用，在控制台上输出对象的标识。在通过延迟 1 秒的方式模拟对服务对象的长时间使用后，我们调用 ObjectPool<FoobarService>对象的 Return 方法将借出的对象释放到对象池中。

```
using App;
using Microsoft.Extensions.ObjectPool;

var objectPool = ObjectPool.Create<FoobarService>();
while (true)
{
    Console.Write("Used services: ");
    await Task.WhenAll(Enumerable.Range(1, 3).Select(_ => ExecuteAsync()));
    Console.Write("\n");
}
async Task ExecuteAsync()
{
    var service = objectPool.Get();
    try
    {
        Console.Write($"{service.Id}; ");
        await Task.Delay(1000);
    }
    finally
    {
        objectPool.Return(service);
    }
}
```

在演示程序中，我们构建了一个无限循环，并在每次迭代中并行执行 3 次 ExecuteAsync 方法。演示程序运行之后，控制台上的输出结果如图 10-1 所示。我们可以从这个结果看出每轮迭代使用的 3 个对象都是一样的。（S1001）

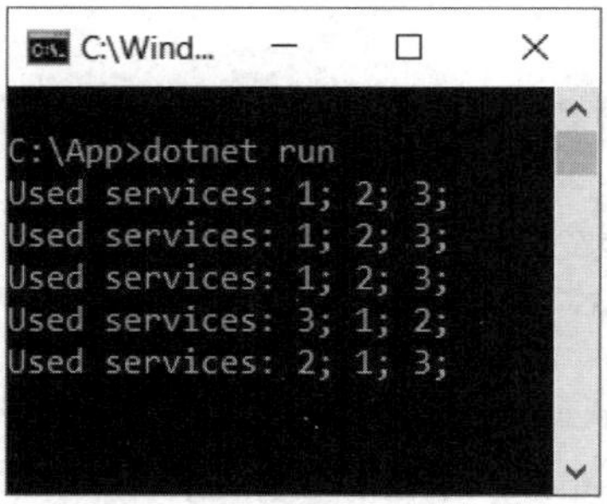

图 10-1　池化对象的复用

10.1.2　依赖注入

对于 ASP.NET Core 这种广泛采用依赖注入的编程框架中，最理想的方式还是采用注入的方式使用对象池。如果采用这种编程方式，依赖注入容器提供的并不是表示对象池的 ObjectPool<T>对象，而是一个 ObjectPoolProvider 对象。作为对象池的提供者，ObjectPoolProvider 用于提供指定类型的 ObjectPool<T>对象。绝大部分支持依赖注入的框架都会提供 IServiceCollection 接口的扩展方法来注册相应的服务，但是对象池框架并没有定义这样的扩展方法，所以需要采用原始的方式来完成 ObjectPoolProvider 的注册。如下面的代码片段所示，在创建 ServiceCollection 对象之后，调用它的 AddSingleton 扩展方法以单例模式对 ObjectPoolProvider 进行了注册，提供的实现类型为 DefaultObjectPoolProvider。

```
using App;
using Microsoft.Extensions.DependencyInjection;
using Microsoft.Extensions.ObjectPool;

var objectPool = new ServiceCollection()
    .AddSingleton<ObjectPoolProvider, DefaultObjectPoolProvider>()
    .BuildServiceProvider()
    .GetRequiredService<ObjectPoolProvider>()
    .Create<FoobarService>();
...
```

在利用 ServiceCollection 对象创建了表示依赖注入容器的 IServiceProvider 对象之后，利用它提取 ObjectPoolProvider 对象，并调用其 Create<T>方法得到表示对象池的 ObjectPool<FoobarService>对象。程序运行之后，控制台上的输出的结果如图 10-1 所示。（S1002）

10.1.3　池化对象策略

通过上面的演示程序可以看出，在默认情况下对象池可以完成对象的创建工作。我们可以想象得到它会在池中无可用对象时调用默认的构造函数来创建提供的对象。如果池化对象类型没有默认的构造函数呢，或者我们希望执行一些初始化操作呢？当不再使用的对象被归还到对象池之前，可能需要执行一些释放性质的操作（如集合对象在归还之前应该被清空）。还有一种可能是该对象不能再次复用（如它内部维护了一个处于错误状态并无法恢复的网络连接），那么它就不能被释到对象池中。上述的这些需求都可以通过 IPooledObjectPolicy<T>接口表示的池化对象策略来解决。

同样以前文演示实例中使用的 FoobarService 为例，为了避免用户直接调用构造函数来创建对应的实例，按照如下方式将其构造函数改为私有，并定义了一个静态的工厂方法 Create 来创建对应的实例。当 FoobarService 类型失去了默认的无参构造函数之后，演示程序将无法编译。

```
public class FoobarService
{
    internal static int _latestId;
    public int Id { get; }

    private FoobarService() => Id = Interlocked.Increment(ref _latestId);
    public static FoobarService Create() => new ();
}
```

为了解决这个问题，我们为 FoobarService 类型定义一个表示池化对象策略的 FoobarPolicy 类型。如下面的代码片段所示，FoobarPolicy 类型实现了 IPooledObjectPolicy<FoobarService> 接口，实现的 Create 方法通过调用 FoobarService 类型的 Create 静态方法完成对象的创建工作。另一个方法 Return 可以用于执行一些对象归还前的释放操作，它的返回值表示该对象还能否回到池中供后续使用。由于 FoobarService 对象可以被无限次复用，所以实现的 Return 方法直接返回 True。

```
public class FoobarPolicy : IPooledObjectPolicy<FoobarService>
{
    public FoobarService Create() => FoobarService.Create();
    public bool Return(FoobarService obj) => true;
}
```

在调用 ObjectPoolProvider 对象的 Create<T>方法针对指定的类型创建对应的对象池时，我们将一个 IPooledObjectPolicy<T>对象作为参数，创建的对象池将会根据该对象定义的策略来创建和释放对象。（S1003）

```
using App;
using Microsoft.Extensions.DependencyInjection;
using Microsoft.Extensions.ObjectPool;

var objectPool = new ServiceCollection()
    .AddSingleton<ObjectPoolProvider, DefaultObjectPoolProvider>()
    .BuildServiceProvider()
    .GetRequiredService<ObjectPoolProvider>()
    .Create(new FoobarPolicy());
...
```

10.1.4　对象池的大小

对象池容纳对象的数量是有限的，在默认情况下它的大小为当前计算机拥有的处理器数量的两倍，这一点可以通过如下这个简单的实例来验证。我们将每次迭代并发执行 ExecuteAsync 方法的数量设置为当前计算机的处理器数量的两倍，并将最后一次创建的 FoobarService 对象的 ID 输出。为了避免控制台上的无效输出，我们将 ExecuteAsync 方法中的控制台输出代码移除。

```csharp
using App;
using Microsoft.Extensions.DependencyInjection;
using Microsoft.Extensions.ObjectPool;

var objectPool = new ServiceCollection()
        .AddSingleton<ObjectPoolProvider, DefaultObjectPoolProvider>()
        .BuildServiceProvider()
        .GetRequiredService<ObjectPoolProvider>()
        .Create(new FoobarPolicy());
var poolSize = Environment.ProcessorCount * 2;

while (true)
{
    while (true)
    {
        await Task.WhenAll(Enumerable.Range(1, poolSize)
            .Select(_ => ExecuteAsync()));
        Console.WriteLine($"Last service: {FoobarService._latestId}");
    }
}

async Task ExecuteAsync()
{
    var service = objectPool.Get();
    try
    {
        await Task.Delay(1000);
    }
    finally
    {
        objectPool.Return(service);
    }
}
```

这个演示程序表达的意思是对象池的大小和对象消费速度刚好是一致的。在这种情况下，消费的每一个对象都是从对象池中提取出来，并且能够成功还回去。如果应用能够稳定地维持这种状态，则整个应用生命周期内创建的服务实例总量就是对象池的大小。图 10-2 所示为演示程序运行之后控制台上的输出结果，整个应用的生命周期范围内一共有 16 个对象被创建，因为前计算机的处理器数量为 8。（S1004）

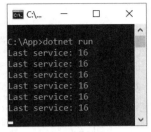

图 10-2　对象池的大小 = 对象消费速度

　　上面演示程序中对象池的大小和对象消费速度刚好是一致的，如果将对象的消费速度提高，就意味着池化的对象无法满足消费需求，新的对象将持续被创建。为了验证我们的想法，按照如下方式将每次迭代执行任务的数量加一。

```csharp
using App;
using Microsoft.Extensions.DependencyInjection;
using Microsoft.Extensions.ObjectPool;

var objectPool = new ServiceCollection()
        .AddSingleton<ObjectPoolProvider, DefaultObjectPoolProvider>()
        .BuildServiceProvider()
        .GetRequiredService<ObjectPoolProvider>()
        .Create(new FoobarPolicy());
var poolSize = Environment.ProcessorCount * 2;

while (true)
{
    while (true)
    {
        await Task.WhenAll(Enumerable.Range(1, poolSize + 1)
            .Select(_ => ExecuteAsync()));
        Console.WriteLine($"Last service: {FoobarService._latestId}");
    }
}
...
```

　　再次运行修改后的程序，我们会在控制台上看到输出结果，如图 10-3 所示。由于每次迭代对象的需求量是 17，但是对象池只能提供 16 个对象，所以每次迭代都必须额外创建一个新的对象。（S1005）

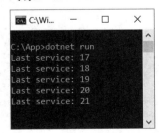

图 10-3　对象池的大小 < 对象消费速度

10.1.5　对象的释放

由于对象池容纳的对象数量是有限的，如果所有对象当前都正被使用，则它会提供一个新创建的对象。我们从对象池得到的对象在不需要时总是会试图还回去，但是对象池可能容不下那么多对象，只能将其丢弃，被丢弃的对象将最终被 GC 回收。如果对象类型实现了 IDisposable 接口，则在它不能回到对象池的情况下，它的 Dispose 方法应该被立即执行。为了验证不能正常回归对象池的对象能否被及时释放，我们再次对演示程序进行相应的修改。让 FoobarService 类型实现 IDisposable 接口，并在实现的 Dispose 方法中将自身 ID 输出到控制台上。

```
public class FoobarService: IDisposable
{
    internal static int _latestId;
    public int Id { get; }
    private FoobarService() => Id = Interlocked.Increment(ref _latestId);
    public static FoobarService Create() => new FoobarService();
    public void Dispose() => Console.Write($"{Id}; ");
}
```

按照如下方式以并发量高于对象池大小的方式对服务对象进行消费。具体来说，由于当前计算机的处理器数量为 8，对象池默认大小为 16，而我们消费 FoobarService 实例的并发量为 19。

```
class Program
{
    static async Task Main()
    {
        var objectPool = new ServiceCollection()
            .AddSingleton<ObjectPoolProvider, DefaultObjectPoolProvider>()
            .BuildServiceProvider()
            .GetRequiredService<ObjectPoolProvider>()
            .Create(new FoobarPolicy());

        while (true)
        {
            Console.Write("Disposed services:");
            await Task.WhenAll(Enumerable.Range(1,
                Environment.ProcessorCount * 2 + 3).Select(_ => ExecuteAsync()));
            Console.Write("\n");
        }

        async Task ExecuteAsync()
        {
            var service = objectPool.Get();
            try
            {
                await Task.Delay(1000);
            }
            finally
            {
                objectPool.Return(service);
```

```
            }
        }
    }
}
```

演示程序运行之后，控制台上的输出结果如图 10-4 所示，可以看出对于每次迭代消费的 19 个的对象，只有 16 个能够正常回归对象池，有 3 个将被丢弃并最终被 GC 回收。由于这样的对象将不能被复用，它的 Dispose 方法会被调用，所以定义其中的释放操作得以被及时执行。（S1006）

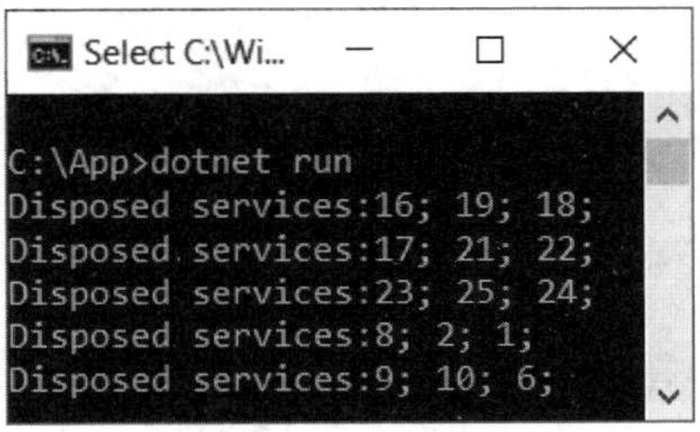

图 10-4　对象的释放

10.2　池化对象管理

前文几个演示实例已经涉及了对象池模型的大部分核心接口和类型。对象池模型的设计其实是很简单的，不过其中有一些为了提升性能而刻意为之的实现细节倒是值得我们关注。总体来说，对象池模型由 3 个核心对象构成，它们分别是表示对象池的 ObjectPool<T>对象、作为对象池提供者的 ObjectPoolProvider 对象，以及控制池化对象创建与释放行为的 IPooledObjectPolicy<T>对象。下面先来介绍最后一个对象。

10.2.1　IPooledObjectPolicy<T>

通过前文可知，表示池化对象策略的 IPooledObjectPolicy<T>对象不仅可以创建对象，还可以执行一些对象回归对象池之前所需的回收操作。除此之外，对象最终能否回到对象池中也受它的控制。如下面的代码片段所示，IPooledObjectPolicy<T>接口定义了两个方法，Create 方法用来创建池化对象，对象回归前需要执行的操作实现在 Return 方法上，该方法的返回值决定了指定的对象是否应该回归对象池。抽象类 PooledObjectPolicy<T>实现了该接口。我们一般将它作为自定义策略类型的基类。

```
public interface IPooledObjectPolicy<T>
{
    T Create();
    bool Return(T obj);
}

public abstract class PooledObjectPolicy<T> : IPooledObjectPolicy<T>
```

```
{
    protected PooledObjectPolicy(){}

    public abstract T Create();
    public abstract bool Return(T obj);
}
```

默认使用的是如下 DefaultPooledObjectPolicy<T>类型，由于它直接通过反射来创建池化对象，所以要求表示池化对象类型的泛型参数 T 必须有一个公共的默认无参构造函数。它的 Return 方法直接返回 True，这就意味着提供的对象可以被无限制地复用。

```
public class DefaultPooledObjectPolicy<T> : PooledObjectPolicy<T> where T: class, new()
{
    public override T Create() => Activator.CreateInstance<T>();
    public override bool Return(T obj) => true;
}
```

10.2.2 ObjectPool<T>

对象池通过 ObjectPool<T>对象表示。如下面的代码片段所示，ObjectPool<T>是一个抽象类，通过 Get 方法提供池化对象，我们在使用完池化对象之后调用 Return 方法将其释放到对象池中以供后续复用。

```
public abstract class ObjectPool<T> where T: class
{
    protected ObjectPool(){}

    public abstract T Get();
    public abstract void Return(T obj);
}
```

1. DefaultObjectPool<T>

默认使用的对象池体现为一个 DefaultObjectPool<T>对象，该对象是本节重点介绍的内容。前文已经说过，对象池具有固定的大小，并且默认为当前计算机处理器数量的两倍。假设对象池的大小为 N，那么 DefaultObjectPool<T>对象会使用一个单一对象和一个长度为 N-1 的数组来存储由它提供的 N 个池化对象，如图 10-5 所示。

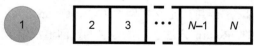

图 10-5 对象池针对池化对象的存储

如下面的代码片段所示，DefaultObjectPool<T>使用 _firstItem 字段来存储第一个池化对象，余下的则存储在 _items 字段表示的数组中。值得注意的是，这个数组的元素类型并非池化对象的类型 T，而是一个封装了池化对象的结构体 ObjectWrapper。如果将该数组元素类型修改为引用类型 T，那么当我们对某个元素进行复制时，运行程序会进行类型校验（验证指定对象类型是否派生于 T），无形之中带来了一定的性能损失（值类型数组就不需要进行派生类型的校验）。前文已经提到，对象池中存在一些性能优化的细节，这就是其中之一。

```
public class DefaultObjectPool<T> : ObjectPool<T> where T : class
{
    private protected T                              _firstItem;
    private protected readonly ObjectWrapper[]       _items;
    …
    private protected struct ObjectWrapper
    {
        public T Element;
    }
}
```

DefaultObjectPool<T>类型定义了如下两个构造函数。我们在创建一个 DefaultObjectPool<T>对象时会提供一个 IPooledObjectPolicy<T>对象并指定对象池的大小。对象池的大小默认设置为处理器数量的两倍并体现在第一个构造函数中。如果指定的是一个 DefaultPooledObjectPolicy<T>对象，则表示默认池化对象策略的_isDefaultPolicy 字段被设置成 True。因为 DefaultPooledObjectPolicy<T>对象的 Return 方法总是返回 True，并且没有任何具体的操作，所以在将对象释放回对象池时就不需要调用 Return 方法了，这是第二个性能优化的细节。

```
public class DefaultObjectPool<T> : ObjectPool<T> where T : class
{
    private protected T                                  _firstItem;
    private protected readonly ObjectWrapper[]           _items;
    private protected readonly IPooledObjectPolicy<T>    _policy;
    private protected readonly bool                      _isDefaultPolicy;
    private protected readonly PooledObjectPolicy<T>     _fastPolicy;

    public DefaultObjectPool(IPooledObjectPolicy<T> policy)
        : this(policy, Environment.ProcessorCount * 2)
    {}

    public DefaultObjectPool(IPooledObjectPolicy<T> policy, int maximumRetained)
    {
        _policy             = policy ;
        _fastPolicy         = policy as PooledObjectPolicy<T>;
        _isDefaultPolicy    = IsDefaultPolicy();
        _items              = new ObjectWrapper[maximumRetained - 1];

        bool IsDefaultPolicy()
        {
            var type = policy.GetType();
            return type.IsGenericType &&
                type.GetGenericTypeDefinition() == typeof(DefaultPooledObjectPolicy<>);
        }
    }

    [MethodImpl(MethodImplOptions.NoInlining)]
    private T Create() => _fastPolicy?.Create() ?? _policy.Create();
}
```

　　从第二个构造函数的定义可以看出，指定的 IPooledObjectPolicy<T>对象除了会赋值给_policy
字段，如果提供的是一个 PooledObjectPolicy<T>对象，则该对象还会同时赋值给另一个名为
_fastPolicy 的字段。在进行池化对象的提取和释放时，_fastPolicy 字段表示的池化对象策略被优先
选用，这个逻辑体现在 Create 方法上。因为调用类型的方法比调用接口方法具有更好的性能（所
以该字段才会被命名为_fastPolicy），这是第三个性能优化的细节。这个细节还告诉我们在自定义
池化对象策略时，最好将 PooledObjectPolicy<T>作为基类，而不是直接实现 IPooledObjectPolicy
<T>接口。

　　如下所示为重写 Get 方法和 Return 方法的定义。用于提供池化对象的 Get 方法很简单，它
会采用原子操作使用 Null 将_firstItem 字段表示的对象"替换"，如果该字段不为 Null，则直接
将其作为返回的对象，否则它会遍历数组的每个 ObjectWrapper 对象，并使用 Null 将其封装的
对象"替换"，第一个成功替换的对象将作为返回值。如果所有 ObjectWrapper 对象封装的对象
都为 Null，就意味着所有对象都被"借出"或者尚未创建，此时返回的是创建的新对象。

```csharp
public class DefaultObjectPool<T> : ObjectPool<T> where T : class
{
    public override T Get()
    {
        var item = _firstItem;
        if (item == null ||
            Interlocked.CompareExchange(ref _firstItem, null, item) != item)
        {
            var items = _items;
            for (var i = 0; i < items.Length; i++)
            {
                item = items[i].Element;
                if (item != null && Interlocked.CompareExchange(
                    ref items[i].Element, null, item) == item)
                {
                    return item;
                }
            }
            item = Create();
        }
        return item;
    }

    public override void Return(T obj)
    {
        if (_isDefaultPolicy || (_fastPolicy?.Return(obj) ?? _policy.Return(obj)))
        {
            if (_firstItem != null || Interlocked.CompareExchange(ref _firstItem,
                obj, null) != null)
            {
                var items = _items;
                for (var i = 0; i < items.Length && Interlocked.CompareExchange(
                    ref items[i].Element, obj, null) != null; ++i)
```

```
                        {}
                    }
                }
            }
        }
        ...
    }
```

　　将对象释放到对象池的 Return 方法也很好理解。它需要判断指定的对象能否释放到对象池中，如果使用的是默认的池化对象策略，则答案是肯定的，否则只能通过调用 IPooledObjectPolicy<T>对象的 Return 方法来判断。从上面的代码片段可以看出，这里依然会优先选择_fastPolicy 字段表示的 PooledObjectPolicy<T>对象以获得更好的性能。

　　在确定指定的对象可以释放到对象之后，如果_firstItem 字段为 Null，则 Return 方法采用原子操作使用指定的对象将其"替换"。如果该字段不为 Null 或者原子替换失败，则该方法便利用数组的每个 ObjectWrapper 对象，并采用原子操作将它们封装的空引用替换成指定的对象。整个方法会在某个原子替换操作成功或者整个遍历过程结束之后返回。

　　DefaultObjectPool<T>之所以使用一个数组附加一个单一对象来存储池化对象，是因为单一字段的读/写比数组元素的读/写具有更好的性能。从上面的代码片段可以看出，无论是 Get 方法还是 Return 方法，都优先选择_firstItem 字段。如果池化对象的使用率不高，基本上使用的都是该字段存储的对象，则此时的性能是最高的。

2. DisposableObjectPool<T>

　　通过前文的演示实例我们知道，在池化对象类型实现了 IDisposable 接口的情况下，如果某个对象在回归对象池时对象池已满，则该对象将被丢弃。与此同时，被丢弃对象的 Dispose 方法将立即被调用。但是这种现象并没有在 DefaultObjectPool<T>类型的代码中体现出来，这是为什么呢？实际上 DefaultObjectPool<T>还有一个名为 DisposableObjectPool<T>的派生类。从下面的代码片段可以看出，表示池化对象类型的泛型参数 T 要求实现 IDisposable 接口。如果池化对象类型实现了 IDisposable 接口，则通过默认 ObjectPoolProvider 对象创建的对象池就是一个 DisposableObjectPool<T>对象。

```
internal sealed class DisposableObjectPool<T>
    : DefaultObjectPool<T>, IDisposable where T : class
{
    private volatile bool _isDisposed;
    public DisposableObjectPool(IPooledObjectPolicy<T> policy)
        : base(policy)
    {}

    public DisposableObjectPool(IPooledObjectPolicy<T> policy, int maximumRetained)
        : base(policy, maximumRetained)
    {}

    public override T Get()
    {
        if (_isDisposed)
```

```
        {
            throw new ObjectDisposedException(GetType().Name);
        }
        return base.Get();
}

public override void Return(T obj)
{
    if (_isDisposed || !ReturnCore(obj))
    {
        DisposeItem(obj);
    }
}

private bool ReturnCore(T obj)
{
    bool returnedToPool = false;
    if (_isDefaultPolicy || (_fastPolicy?.Return(obj) ?? _policy.Return(obj)))
    {
        if (_firstItem == null &&
            Interlocked.CompareExchange(ref _firstItem, obj, null) == null)
        {
            returnedToPool = true;
        }
        else
        {
            var items = _items;
            for (var i = 0; i < items.Length && !(returnedTooPool = Interlocked
                .CompareExchange(ref items[i].Element, obj, null) == null); i++)
            {}
        }
    }
    return returnedTooPool;
}

public void Dispose()
{
    _isDisposed = true;
    DisposeItem(_firstItem);
    _firstItem = null;

    ObjectWrapper[] items = _items;
    for (var i = 0; i < items.Length; i++)
    {
        DisposeItem(items[i].Element);
        items[i].Element = null;
    }
}

private void DisposeItem(T item)
```

```
    {
        if (item is IDisposable disposable)
        {
            disposable.Dispose();
        }
    }
}
```

从上面代码片段可以看出，DisposableObjectPool<T>自身类型也实现了 IDisposable 接口，它会在 Dispose 方法中调用目前对象池中的每个对象的 Dispose 方法。用于提供池化对象的 Get 方法除会验证自身的 Disposed 状态外并没有特别之处。当对象未能成功回归对象池时，可以通过调用该对象的 Dispose 方法将其释放的操作体现在重写的 Return 方法中。

10.2.3　ObjectPoolProvider

表示对象池的 ObjectPool<T>对象是通过 ObjectPoolProvider 提供的。如下面的代码片段所示，抽象类 ObjectPoolProvider 定义了两个 Create<T>方法，抽象方法需要指定具体的池化对象策略。另一个 Create<T>方法由于采用默认的池化对象策略，所以要求对象类型具有一个默认无参构造函数。

```
public abstract class ObjectPoolProvider
{
    public ObjectPool<T> Create<T>() where T : class, new()
        => Create<T>(new DefaultPooledObjectPolicy<T>());
    public abstract ObjectPool<T> Create<T>(IPooledObjectPolicy<T> policy) where T :
class;
}
```

在前文的演示实例中，我们使用的是 DefaultObjectPoolProvider 类型。如下面的代码片段所示，DefaultObjectPoolProvider 派生于抽象类 ObjectPoolProvider，Create<T>方法会根据泛型参数 T 是否实现 IDisposable 接口分别创建 DisposableObjectPool<T>对象和 DefaultObjectPool <T>对象。

```
public class DefaultObjectPoolProvider : ObjectPoolProvider
{
    public int MaximumRetained { get; set; } = Environment.ProcessorCount * 2;
    public override ObjectPool<T> Create<T>(IPooledObjectPolicy<T> policy)
        => typeof(IDisposable).IsAssignableFrom(typeof(T))
        ? new DisposableObjectPool<T>(policy, MaximumRetained)
        : new DefaultObjectPool<T>(policy, MaximumRetained);
}
```

DefaultObjectPoolProvider 类型定义了一个表示对象池大小的 MaximumRetained 属性，采用处理器数量的两倍作为默认容量也体现在这里。这个属性并非只读，所以我们可以利用它根据具体需求调整提供对象池的大小。在 ASP.NET Core 应用中，我们基本上都会采用依赖注入的方式利用注入的 ObjectPoolProvider 对象来创建具体类型的对象池。前文还演示了另一种创建对象池的方式，那就是直接调用 ObjectPool 类型的 Create<T>方法，该方法的实现体现在如下所示的代码片段中。

```
public static class ObjectPool
{
    public static ObjectPool<T> Create<T>(IPooledObjectPolicy<T> policy)
        where T: class, new()
        => new DefaultObjectPoolProvider().Create<T>(
        policy ?? new DefaultPooledObjectPolicy<T>());
}
```

到目前为止，我们已经将整个对象池的设计模型进行了完整的介绍。总体来说，这是一个简单、高效并且具有可扩展性的对象池框架，该模型涉及的几个核心接口和类型的示意图如图 10-6 所示。

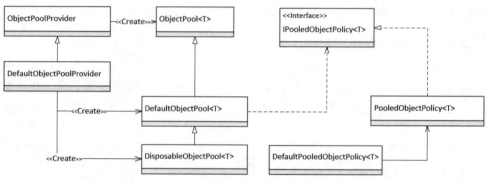

图 10-6　对象池模型

10.3　扩展应用

原则上所有的引用类型对象都可以通过对象池来提供，但是在具体的应用中需要权衡是否值得用。虽然对象池能够通过对象复用的方式避免 GC，但是利用它存储的对象会消耗内存，如果对象复用的频率很小，则使用对象池是不值的。如果某些小对象的使用周期很短，并且能够确保 GC 在第 0 代就能将其回收，这样的对象其实也不太适合放在对象池中，因为第 0 代 GC 的性能其实是很高的。除此之外，对象释放到对象池之后就有可能被其他线程提取出来，如果释放的时机不对，就有可能造成多个线程同时操作同一个对象。总之，我们在使用之前需要考虑当前场景是否适用对象池，在使用时严格按照"有借有还""不用才还"的原则。

10.3.1　池化集合

我们知道一个 List<T>对象内部会使用一个数组来保存列表元素。数组是定长的，所以 List<T>有一个最大容量（体现为它的 Capacity 属性）。当列表元素数量超过数组容量时，必须对列表对象进行扩容，即创建一个新的数组并复制现有的元素。当前元素越多，需要执行的复制操作就越多，对性能的影响自然就越大。如果创建 List<T>对象，并在其中不断地添加对象，就有可能会导致多次扩容，所以如果能够预知元素数量，就能在创建 List<T>对象时应该指定一个合适的容量。但是在很多情况下，列表元素数量是动态变化的，预先确定其长度是不可能

的。此时我们可以利用对象池来解决这个问题。针对集合的对象池还能解决大对象（默认超过
85000 字节）的分配和回收问题。

　　接下来通过一个简单的实例来演示一下如何采用对象池的方式来提供一个 List\<Foobar\>对
象，元素类型 Foobar 如下所示。为了能够显式控制列表对象的创建和归还，我们自定义了如下
表示池化对象策略的 FoobarListPolicy。上一节通过介绍对象池的默认实现，我们知道直接继承
PooledObjectPolicy\<T\>类型比实现 IPooledObjectPolicy\<T\>接口具有更好的性能优势。

```
public class FoobarListPolicy : PooledObjectPolicy<List<Foobar>>
{
    private readonly int _initCapacity;
    private readonly int _maxCapacity;

    public FoobarListPolicy(int initCapacity, int maxCapacity)
    {
        _initCapacity = initCapacity;
        _maxCapacity  = maxCapacity;
    }
    public override List<Foobar> Create() => new();
    public override bool Return(List<Foobar> obj)
    {
        if(obj.Capacity < _maxCapacity)
        {
            obj.Clear();
            return true;
        }
        return false;
    }
}

public class Foobar
{
    public int Foo { get; }
    public int Bar { get; }
    public Foobar(int foo, int bar)
    {
        Foo = foo;
        Bar = bar;
    }
}
```

　　如上面的代码片段所示，我们在 FoobarListPolicy 类型中定义了两个字段，_initCapacity 字
段表示列表创建时指定的初始容量，_maxCapacity 字段表示对象池存储列表的最大容量。之所
以要限制列表的最大容量，是为了避免复用概率很少的大容量列表常驻内存。在实现的 Create
方法中，我们利用初始容量创建 List\<Foobar\>对象。在 Return 方法中，我们先将待回归的列表
清空，再根据其当前容量决定是否要将其释放到对象池。

下面的程序演示了采用对象池的方式来提供 List<Foobar>列表。我们在调用 ObjectPoolProvider 对象的 Create<T>创建表示对象池的 ObjectPool<T>对象时，指定了作为池化对象策略的 FoobarListPolicy 对象。将初始和最大容量设置成 1KB（1024B）和 1MB（1024B×1024B）。利用对象池提供了一个 List<Foobar>对象，并在其中添加了 10000 个元素。（S1007）

```
using App;
using Microsoft.Extensions.DependencyInjection;
using Microsoft.Extensions.ObjectPool;
using System.Text.Json;

var objectPool = new ServiceCollection()
    .AddSingleton<ObjectPoolProvider, DefaultObjectPoolProvider>()
    .BuildServiceProvider()
    .GetRequiredService<ObjectPoolProvider>()
    .Create(new FoobarListPolicy(1024, 1024 * 1024));

string json;
var list = objectPool.Get();
try
{
    list.AddRange(Enumerable.Range(1, 1000).Select(it => new Foobar(it, it)));
    json = JsonSerializer.Serialize(list);
}
finally
{
    objectPool.Return(list);
}
```

10.3.2   池化 StringBuilder

由于字符串的不可改变的特性，如果频繁涉及针对字符串拼接的操作，则会导致很多字符串的分配，此时应该使用 StringBuilder。实际上 StringBuilder 对象的创建也会导致托管内存的分匹配，而且它自身也存在类似于列表对象的扩容问题，所以最好的方法就是利用对象池的方式来复用它们。对象池框架针对 StringBuilder 对象的池化提供了原生支持，接下来通过一个简单的实例来演示具体的用法。（S1008）

```
using Microsoft.Extensions.DependencyInjection;
using Microsoft.Extensions.ObjectPool;

var objectPool = new ServiceCollection()
    .AddSingleton<ObjectPoolProvider, DefaultObjectPoolProvider>()
    .BuildServiceProvider()
    .GetRequiredService<ObjectPoolProvider>()
    .CreateStringBuilderPool(1024, 1024 * 1024);

var builder = objectPool.Get();
```

```
try
{

    for (int index = 0; index < 100; index++)
    {
        builder.Append(index);
    }
    Console.WriteLine(builder);
}
finally
{

    objectPool.Return(builder);

}
```

如上面的代码片段所示，我们直接调用 ObjectPoolProvider 的 CreateStringBuilderPool 扩展
方法得到 StringBuilder 对象池（类型为 ObjectPool<StringBuilder>）。与上一节的演示实例一样，
指定 StringBuilder 对象的初始化和最大容量。池化 StringBuilder 对象的核心体现在对应的策略
类型上，即如下 StringBuilderPooledObjectPolicy 类型。

```
public class StringBuilderPooledObjectPolicy : PooledObjectPolicy<StringBuilder>
{
    public int InitialCapacity { get; set; }                  = 100;
    public int MaximumRetainedCapacity { get; set; }          = 4 * 1024;

    public override StringBuilder Create()=> new StringBuilder(InitialCapacity);
    public override bool Return(StringBuilder obj)
    {
        if (obj.Capacity > MaximumRetainedCapacity)
        {
            return false;
        }
        obj.Clear();
        return true;
    }
}
```

可以看出 StringBuilderPooledObjectPolicy 的定义和前文定义的 FoobarListPolicy 类型如出一
辙。在默认情况下，池化 StringBuilder 对象的初始化和最大容量分别为 100 和 5096。如下所示
为 ObjectPoolProvider 用于创建 ObjectPool<StringBuilder>对象的两个 CreateStringBuilderPool 扩
展方法的定义。

```
public static class ObjectPoolProviderExtensions
{
    public static ObjectPool<StringBuilder> CreateStringBuilderPool(
        this ObjectPoolProvider provider)
        => provider.Create(new StringBuilderPooledObjectPolicy());

    public static ObjectPool<StringBuilder> CreateStringBuilderPool(
        this ObjectPoolProvider provider,
        int initialCapacity, int maximumRetainedCapacity)
    {
```

```
        var policy = new StringBuilderPooledObjectPolicy()
        {
            InitialCapacity = initialCapacity,
            MaximumRetainedCapacity = maximumRetainedCapacity,
        };
        return provider.Create(policy);
    }
}
```

10.3.3　ArrayPool<T>

接下来介绍的对象框架和前文介绍的对象池框架没有什么关系，但一样属于我们常用的对象池使用场景。我们在编程时会大量使用集合，集合类型（除基于链表的集合外）很多都采用一个数组作为内部存储，所以会有扩容问题。如果这个数组很大，则会造成 GC 的压力。我们已经采用池化集合的方案解决了这个问题。

在很多情况下需要创建一个对象时，我们实际上需要一段确定长度的连续对象序列。假设将数组对象进行池化，当我们需要一段定长的对象序列时，从池中提取一个长度大于所需长度的可用数组，并从中截取可用的连续片段（一般从头开始）。在使用完之后，我们无须执行任何的释放操作，直接将数组对象归还到对象池中即可。这种基于数组的对象池使用方式可以利用 ArrayPool<T>来实现。

```
public abstract class ArrayPool<T>
{
    public abstract T[] Rent(int minimumLength);
    public abstract void Return(T[] array, bool clearArray);

    public static ArrayPool<T> Create();
    public static ArrayPool<T> Create(int maxArrayLength, int maxArraysPerBucket);

    public static ArrayPool<T> Shared { get; }
}
```

如上面的代码片段所示，抽象类型 ArrayPool<T>同样提供了对象池的两个基本操作方法，其中，Rent 方法从对象池中"借出"一个不小于（不是等于）指定长度的数组，该数组最终被通过 Return 方法释放到对象池。Return 方法的 clearArray 参数表示在归还数组之前是否要将其清空，这取决我们针对数组的使用方式。如果我们每次都需要覆盖原始的内容，并且之前填充的内容不需要回收，就没有必要额外执行这种多余操作。

我们可以通过 Create 方法创建一个 ArrayPool<T>对象。池化的数组并未直接存储在对象池中，长度接近的多个数组会被封装成一个桶（Bucket），这样的好处是在执行 Rent 方法时可以根据指定的数组长度快速找到最为匹配的数组（大于并接近指定的数组长度）。对象池存储的是一组 Bucket 对象，允许的数组长度越大，桶的数量就越多。Create 方法除了可以指定数组允许的最大长度，还可以指定每个桶的容量。除了调用 Create 方法创建一个独立使用的 ArrayPool<T>对象，还可以使用 Shared 属性返回一个应用范围内共享的 ArrayPool<T>对象。ArrayPool<T>的使用非常方便，如下代码片段演示了一个读取文件的实例。（S1009）

```
using System.Buffers;
using System.Text;

using var fs = new FileStream("test.txt", FileMode.Open);
var length = (int)fs.Length;
var bytes = ArrayPool<byte>.Shared.Rent(length);
try
{
    await fs.ReadAsync(bytes, 0, length);
    Console.WriteLine(Encoding.Default.GetString(bytes, 0, length));
}
finally
{
    ArrayPool<byte>.Shared.Return(bytes);
}
```

10.3.4　MemoryPool<T>

　　数组是对托管堆中用于存储同类对象的一段连续内存的表达，而另一个类型 Memory<T>则具有更加广泛的应用，因为它不仅可以表示一段连续的托管（Managed）内存，还可以表示一段连续的 Native 内存，甚至线程堆栈内存。具有如下定义的 MemoryPool<T>表示 Memory<T>类型的对象池。

```
public abstract class MemoryPool<T> : IDisposable
{
    public abstract int               MaxBufferSize { get; }
    public static MemoryPool<T>        Shared { get; }

    public void Dispose();
    protected abstract void Dispose(bool disposing);
    public abstract IMemoryOwner<T> Rent(int minBufferSize = -1);
}

public interface IMemoryOwner<T> : IDisposable
{
    Memory<T> Memory { get; }
}
```

　　MemoryPool<T>和 ArrayPool<T>具有类似的定义，如通过 Shared 属性获取当前应用全局共享的 MemoryPool<T>对象，通过 Rent 方法从对象池中借出一个不小于指定大小的 Memory<T>对象。不同的是，MemoryPool<T>的 Rent 方法并没有直接返回一个 Memory<T>对象，而是一个封装了该对象的 IMemoryOwner<T>对象。MemoryPool<T>也没有定义一个用来释放 Memory<T>对象的 Return 方法，这个操作是通过 IMemoryOwner<T>对象的 Dispose 方法完成的。如果采用 MemoryPool<T>，则前面针对 ArrayPool<T>的演示实例可以改写成如下形式。（S1010）

```
using System.Buffers;
using System.Text;

using var fs = new FileStream("test.txt", FileMode.Open);
```

```
var length = (int)fs.Length;
using (var memoryOwner = MemoryPool<byte>.Shared.Rent(length))
{
    await fs.ReadAsync(memoryOwner.Memory);
    Console.WriteLine(Encoding.Default.GetString(
        memoryOwner.Memory.Span.Slice(0, length)));
}
```

第11章

缓存

缓存是提高应用程序性能和可用性最常用和最有效的"银弹"。借助 .NET 提供的缓存框架，我们不仅可以将数据缓存在应用进程的本地内存中，还可以采用分布式的形式将缓存数据存储在一个"中心数据库"中。对于分布式缓存，我们还可以选择不同的存储方式，如 Redis、SQL Server 等。

11.1 将数据缓存起来

.NET 提供了两个独立的缓存框架，一个是针对本地内存的缓存，另一个是针对分布式存储的缓存。前者可以在不经过序列化的情况下直接将对象存储在应用程序进程的内存中，后者则需要将对象序列化成字节数组并存储到一个独立的"中心数据库"。对于分布式缓存，.NET 提供了 Redis 和 SQL Server 的原生支持。

11.1.1 将数据缓存在内存中

相较于数据库和远程服务调用这种 I/O 操作来说，内存的访问在性能上将获得不只一个数量级的提升，所以将数据对象直接缓存在应用进程的内存中具有最佳的性能优势。基于内存的缓存框架实现在"Microsoft.Extensions.Caching.Memory"这个 NuGet 包中，具体的缓存功能由 IMemoryCache 对象提供。由于缓存的数据直接存储在内存中，所以无须考虑序列化问题，对缓存数据的类型也就没有任何限制。

缓存的操作主要是对缓存数据的读和写，这两个基本操作都是由 IMemoryCache 对象来完成的。对于像 ASP.NET Core 这种支持依赖注入应用开发框架来说，采用注入的方式使用 IMemoryCache 对象是推荐的编程方式。在如下所示的演示程序中，我们通过调用 AddMemoryCache 扩展方法将内存缓存的服务注册添加到创建的 ServiceCollection 对象中，最终利用构建的 IServiceProvider 对象得到我们所需的 IMemoryCache 对象。

```
using Microsoft.Extensions.Caching.Memory;
using Microsoft.Extensions.DependencyInjection;

var cache = new ServiceCollection()
```

```
    .AddMemoryCache()
    .BuildServiceProvider()
    .GetRequiredService<IMemoryCache>();

for (int index = 0; index < 5; index++)
{
    Console.WriteLine(GetCurrentTime());
    await Task.Delay(1000);
}

DateTimeOffset GetCurrentTime()
{
    if (!cache.TryGetValue<DateTimeOffset>("CurrentTime", out var currentTime))
    {
        cache.Set("CurrentTime", currentTime = DateTimeOffset.UtcNow);
    }
    return currentTime;
}
```

为了展现缓存的效果，我们将当前时间缓存起来。如上面的代码片段所示，用于返回当前时间的 GetCurrentTime 方法在执行时会调用 IMemoryCache 对象的 TryGetValue<T>方法，该方法根据指定的 Key（CurrentTime）提取缓存的时间。如果通过 GetCurrentTime 方法的返回值确定时间尚未被缓存，则它会调用 Set 方法对当前时间予以缓存。上面的演示程序会以 1 秒的间隔 5 次调用 GetCurrentTime 方法，并将返回的时间输出控制台上。由于使用了缓存，所以每次都会输出相同的时间。（S1101）

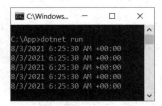

图 11-1　缓存在内存中的时间

11.1.2　将数据缓存在 Redis 中

虽然采用基于本地内存缓存可以获得最高的性能优势，但是对于部署在集群的应用程序无法确保缓存内容的一致性。为了解决这个问题，我们可以选择将数据缓存在某个独立的存储中心，以便让所有的应用程序共享同一份缓存数据，这种缓存形式被称为"分布式缓存"。.NET 为分布式缓存提供了 Redis 和 SQL Server 这两种原生的存储形式。

Redis 是目前较为流行的 NoSQL 数据库，所以很多编程平台都将其作为分布式缓存的首选。由于演示程序运行在 Windows 下，所以我们使用与之完全兼容的 Memurai 来代替 Redis。考虑到有的读者可能没有在 Windows 环境下体验过 Redis/Memurai，所以我们先简单介绍一下如何安装 Redis/Memurai。Redis/Memurai 最简单的安装方式就是采用 Chocolatey 命令行

（Chocolatey 是 Windows 环境下一款优秀的软件包管理工具），Chocolatey 的官方网站提供了各种安装方式。在确保 Chocolatey 被正常安装的情况下，我们可以执行"choco install redis-64"命令安装或者升级 64 位的 Redis，从图 11-2 可以看出我们真正安装的是用来代替 Redis 的 Memurai 开发版本。

图 11-2　安装 Redis/Memurai

Redis/Memurai 服务器的启动也很简单，我们只需要以命令行的形式执行"memurai"命令即可。如果在执行该命令之后看到图 11-3 所示的输出结果，则表示本地的 Redis/Memurai 服务器被正常启动，输出的结果会指明服务器采用的网络监听端口（默认为 6379）和进程号。

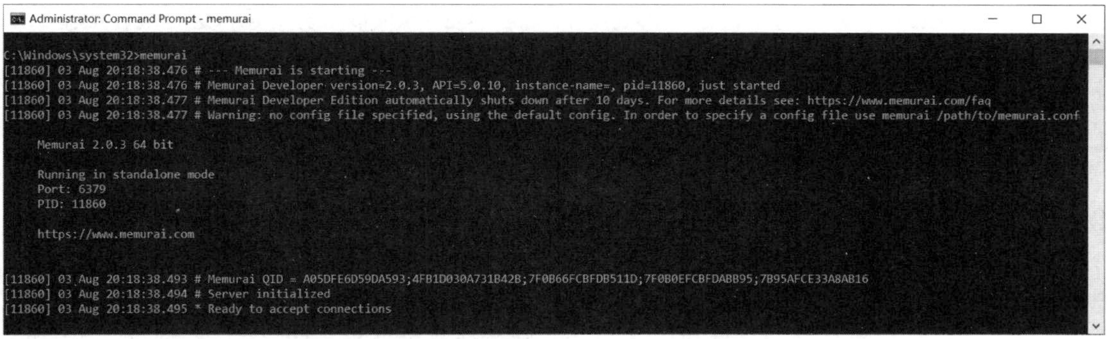

图 11-3　以命令行的形式启动 Redis/Memurai 服务器

接下来对上面的演示程序进行简单的修改，将基于内存的本地缓存切换到基于 Redis 数据库的分布式缓存。无论是采用 Redis、SQL Server，还是其他的分布式存储方式，缓存的读和写都是通过 IDistributedCache 对象完成的。Redis 分布式缓存承载于 "Microsoft.Extensions.Caching.Redis" 这个 NuGet 包中。我们需要手动添加该 NuGet 包的依赖。

```
using Microsoft.Extensions.Caching.Distributed;
using Microsoft.Extensions.DependencyInjection;

var cache = new ServiceCollection()
    .AddDistributedRedisCache(options =>
    {
        options.Configuration = "localhost";
        options.InstanceName = "Demo";
    })
    .BuildServiceProvider()
    .GetRequiredService<IDistributedCache>();

for (int index = 0; index < 5; index++)
{
    Console.WriteLine(await GetCurrentTimeAsync());
    await Task.Delay(1000);
}

async Task<DateTimeOffset> GetCurrentTimeAsync()
{
    var timeLiteral = await cache.GetStringAsync("CurrentTime");
    if (string.IsNullOrEmpty(timeLiteral))
    {
        await cache.SetStringAsync("CurrentTime",
            timeLiteral = DateTimeOffset.UtcNow.ToString());
    }
    return DateTimeOffset.Parse(timeLiteral);
}
```

从上面的代码片段可以看出，分布式缓存和内存缓存在总体编程模式上是一致的。我们需要先完成 IDistributedCache 服务的注册，再利用依赖注入框架提供该服务对象来进行缓存数据的读和写。IDistributedCache 服务的注册是通过调用 IServiceCollection 接口的 AddDistributedRedisCache 方法来完成的。我们在调用这个方法时提供了一个 RedisCacheOptions 对象，并利用它的 Configuration 属性和 InstanceName 属性设置 Redis 数据库的服务器与实例名称。

由于采用的是本地的 Redis 服务器，所以将 Configuration 属性设置为 localhost。其实 Redis 数据库并没有所谓的实例的概念，RedisCacheOptions 类型的 InstanceName 属性的目的在于当多个应用共享同一个 Redis 数据库时，缓存数据可以利用它进行区分。当缓存数据被保存到 Redis 数据库时，对应的 Key 以 InstanceName 为前缀。应用程序运行后（确保 Redis 数据库的服务器被正常启动），如果我们利用浏览器来访问它，则依然可以得到与图 11-1 类似的输出结果。

（S1102）

对于基于内存的本地缓存来说，我们可以将任何类型的数据置于缓存中。但是分布式缓存涉及网络传输和持久化存储，置于缓存中的数据类型只能是字节数组。所以我们需要自行负责对缓存对象的序列化和反序列化工作。如上面的代码片段所示，我们首先将表示当前时间的 DateTime 对象转换成字符串，然后采用 UTF-8 编码进一步转换成字节数组。调用 IDistributedCache 接口的 SetAsync 方法缓存的数据是最终的字节数组，也可以直接调用 SetStringAsync 扩展方法将字符串编码为字节数组。在读取缓存数据时，可以调用 IDistributedCache 接口的 GetStringAsync 方法，它会将字节数组转换成字符串。

缓存数据在 Redis 数据库中是以散列（Hash）的形式存储的，对应的 Key 会将设置的 InstanceName 属性作为前缀。为了查看 Redis 数据库中究竟存储了哪些数据，我们可以按照图 11-4 所示的形式执行 Redis 命令获取存储的数据。从输出结果可以看出存入 Redis 数据库的不仅包括指定的缓存数据（Sub-Key 为 data），还包括其他两组缓存条目的描述信息，对应的 Sub-Key 分别为 absexp 和 sldexp，表示缓存的绝对过期时间（Absolute Expiration Time）和滑动过期时间（Sliding Expiration Time）。

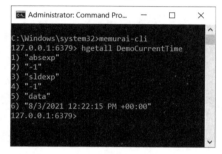

图 11-4　查看 Redis 数据库中存储的数据

11.1.3　将数据缓存在 SQL Server 中

除了使用 Redis 这种主流的 NoSQL 数据库来支持分布式缓存，还可以使用关系型数据库 SQL Server。SQL Server 的分布式缓存实现在 "Microsoft.Extensions.Caching.SqlServer" 这个 NuGet 包中。我们需要先确保该 NuGet 包被正常安装到演示的应用程序中。SQL Server 的分布式缓存实际上就是将表示缓存数据的字节数组存储在 SQL Server 的某个具有固定结构的数据表中，所以我们需要先创建这样一个缓存表。该表可以通过 "dotnet-sql-cache" 命令行工具进行创建。如果该命令行工具尚未安装，则可以执行 "dotnet tool install --global dotnet-sql-cache" 命令进行安装。

具体来说，存储缓存数据的表可以采用命令行的形式执行 "dotnet sql-cache create" 命令来创建。执行这个命令应该指定的参数可以通过 "dotnet sql-cache create --help" 命令来查看。从图 11-5 可以看出，该命令需要指定 3 个参数，它们分别表示缓存数据库的连接字符串、缓存表的 Schema 和名称。

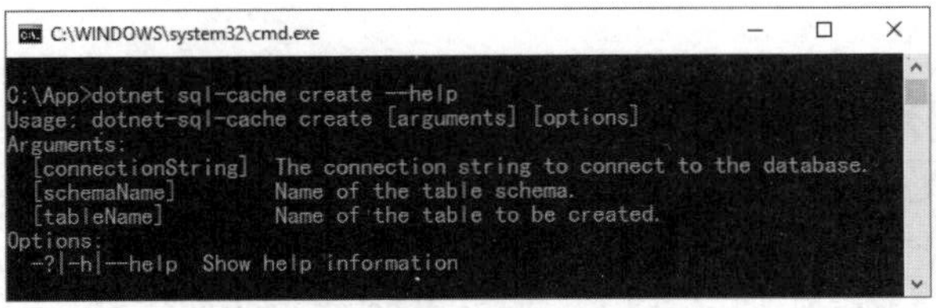

图 11-5 "dotnet sql-cache create" 命令的帮助文档

接下来只需要以命令行的形式执行"dotnet sql-cache create"命令就可以在指定的数据库中创建缓存表。对于演示的应用程序来说，可以按照图 11-6 所示的方式执行"dotnet sql-cache create"命令，该命令会在本机一个名为 DemoDB 的数据库中（数据库需要预先创建好）创建一个名为 AspnetCache 的缓存表，该表使用 dbo 作为 Schema。

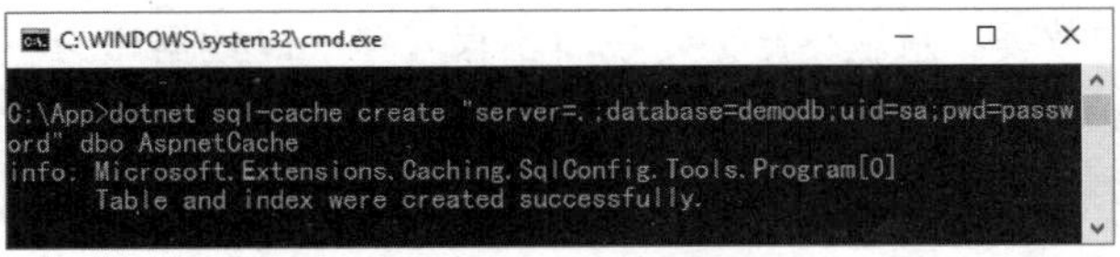

图 11-6 执行 "dotnet sql-cache create" 命令创建缓存表

在所有的准备工作完成之后，我们只需要对上面的程序进行如下修改就可以将缓存存储方式从 Redis 数据库切换到 SQL Server 数据库。由于采用的同样是分布式缓存，所以不需要对缓存数据的设置和提取的代码做任何改变，我们需要修改的地方仅仅是服务注册部分。如下面的代码片段所示，我们调用 IServiceCollection 接口的 AddDistributedSqlServerCache 扩展方法完成了对应的服务注册。在调用这个方法时，通过设置 SqlServerCacheOptions 对象 3 个属性的方式指定了缓存数据库的连接字符串、缓存表的 Schema 和名称。

```
public class Program
{
    public static void Main()
    {
        Host.CreateDefaultBuilder()
        .ConfigureWebHostDefaults(builder => builder
            .ConfigureServices(svcs => svcs.AddDistributedSqlServerCache(options =>
            {
                options.ConnectionString =
                    "server=.;database=demodb;uid=sa;pwd=password";
                options.SchemaName        = "dbo";
                options.TableName         = "AspnetCache";
            }))
            .Configure(app => app.Run(async context =>
            {
                var cache = context.RequestServices
                    .GetRequiredService<IDistributedCache>();
                var currentTime = await cache.GetStringAsync("CurrentTime");
                if (null == currentTime)
                {
                    currentTime = DateTime.Now.ToString();
```

```
                            await cache.SetAsync("CurrentTime",
                                Encoding.UTF8.GetBytes(currentTime));
                        }
                        await context.Response.WriteAsync($"{currentTime}({DateTime.Now})");

                }))))
            .Build()
            .Run();
    }
}
```

如果要查看最终存入 SQL Server 数据库中的缓存数据，则只需要在数据库中查看对应的缓存表。对于该应用程序缓存的时间戳，它会以图 11-7 所示的形式保存在创建的缓存表（AspnetCache）中。与基于 Redis 数据库的存储方式类似，与缓存数据的值一并存储的还包括缓存的过期信息。（S1103）

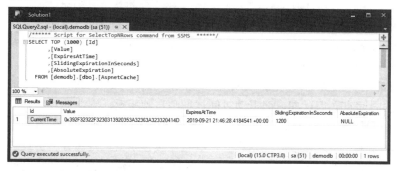

图 11-7　存储在缓存表中的数据

11.2　本地内存缓存

在通过前文实例了解了读/写缓存的编写方式之后，接下来对 .NET 的缓存框架进行系统介绍。如果采用基于内存的缓存，则可以将任意类型的对象保存在缓存中，但是真正保存在内存中的其实不是指定的缓存数据对象，而是通过 ICacheEntry 接口表示的缓存条目（Cache Entry）。

11.2.1　ICacheEntry

我们提供的数据对象在真正被缓存之前需要被封装成一个 ICacheEntry 对象，该对象表示真正保存在内存中的一个缓存条目。ICacheEntry 接口的 Key 属性和 Value 属性分别表示缓存键与缓存数据，Size 属性表示缓存的容量。这个容量是应用程序在设置缓存时自行指定的，而不是自动计算出来的。

```
public interface ICacheEntry : IDisposable
{
    object      Key { get; }
    object      Value { get; set; }
    long?       Size { get; set; }
```

```
    DateTimeOffset?          AbsoluteExpiration { get; set; }
    TimeSpan?                AbsoluteExpirationRelativeToNow { get; set; }
    TimeSpan?                SlidingExpiration { get; set; }
    IList<IChangeToken>      ExpirationTokens { get; }

    IList<PostEvictionCallbackRegistration>  PostEvictionCallbacks { get; }
    CacheItemPriority                        Priority { get; set; }
}
```

缓存数据仅仅是真实数据的一份副本，应用程序应该尽可能保证两者的一致性。缓存一致性可以通过过期策略来实现。当调用 IMemoryCache 接口的 TryGetValue 方法通过指定的 Key 试图获取对应的缓存数据时，该方法会进行过期检验。过期的内存条目被直接从缓存字典中移除，此时该方法返回 False。

具体来说，本地内存缓存会采用两种时间过期策略，分别是绝对时间（Absolute Time）和滑动时间（Sliding Time）的过期策略。绝对时间过期是指缓存对象会在执行的某个时刻自动过期，ICacheEntry 接口的 AbsoluteExpiration 属性就是我们为缓存条目设置的绝对过期时间。除了设置过期时间点，还可以指定一个 TimeSpan 对象来设置 AbsoluteExpirationRelativeToNow 属性。在这种情况下，ICacheEntry 对象会基于当前时间来计算绝对过期时间。

如果采用绝对时间过期策略，就意味着无论缓存对象最近使用的频率如何，对应的 ICacheEntry 对象总是在指定的时间点之后过期。而滑动时间过期则与此相反，它会通过缓存条目最近是否被使用过来决定缓存是否应该过期。具体来说，我们可以为某个缓存条目设置一个 TimeSpan 对象表示的时间段，如果在最近这段时间内没有读取过该缓存条目，则缓存将会过期。反之，缓存的每一次使用都会将过期时间延长，而指定的这个时间段就是延后的时长。滑动时间过期设置的过期时长通过 ICacheEntry 接口的 SlidingExpiration 属性来设置。

除了上述 3 个属性，ICacheEntry 接口还有一个与缓存过期有关的 ExpirationTokens 属性，它返回一个元素类型为 IChangeToken 的集合。一个 IChangeToken 对象一般与某个需要被监控的对象绑定，并在监控对象发生变化的情况下对外发送通知，在这里我们利用这些 IChangeToken 对象来判断当前缓存是否过期。也就是说，基于内存的缓存具有两种过期策略：一种是基于时间（绝对时间或者相对时间）的过期策略，另一种是利用 IChangeToken 对象来发送过期通知。假设内存的数据来自一个物理文件，那么最理想的方式就是让缓存在文件被修改之前永不过期，这种应用场景可以利用后一种缓存过期策略来实现。

虽然基于内存的缓存具有最好的性能，但是如果当前进程的内存资源被缓存数据大量占据，就没有足够的空间来放置程序运行过程中创建的对象。在这种情况下运行时的 GC 将会实施垃圾回收。如果缓存占据的内存不能被释放，则垃圾回收的作用将大打折扣。为了解决这个问题，基于内存的缓存采用了一种被称为"内存压缩"的机制，该机制确保在运行时执行垃圾回收会按照相应的策略以一定的比率压缩缓存占据的内存空间。

所谓的压缩，实际上就是根据预定义的策略删除那些"重要性低"的 ICacheEntry 对象。通过 ICacheEntry 接口的 Priority 属性表示的优先级是判断缓存条目重要性的决定性因素之一。预

定义的 4 种缓存优先级定义在如下类型为 CacheItemPriority 的枚举中。内存压缩只针对 Low、
Normal 和 High 这 3 种优先级的 ICacheEntry 对象，从其命名可以看出优先级为 NeverRemove 的
ICacheEntry 对象在过期之前不会从内存中移除。

```
public interface ICacheEntry : IDisposable
{
    CacheItemPriority Priority { get; set; }
    ...
}

public enum CacheItemPriority
{
    Low,
    Normal,
    High,
    NeverRemove
}
```

综上所述，除了应用程序显式移除某个缓存条目，表示缓存条目的 ICacheEntry 对象还有可
能因过期而被移除，或者因为优先等级低而在实施缓存压缩过程中被移除。但是我们不能保证
被移除的 ICacheEntry 对象所携带的数据对于当前应用程序毫无影响。为了解决这个问题，我们
可以注册一些在 ICacheEntry 对象被逐出（Eviction）时执行的回调，该回调通过如下所示的
PostEvictionDelegate 类型的委托对象表示。我们可以从该委托对象的输入参数中得到试图被移
除 ICacheEntry 对象的 Key 属性和 Value 属性，以及通过 EvictionReason 枚举表示的被移除的原
因。而参数 State 属性是在注册这个回调时指定的。

```
public delegate void PostEvictionDelegate(object key, object value, EvictionReason reason,
    object state);
public enum EvictionReason
{
    None,
    Removed,
    Replaced,
    Expired,
    TokenExpired,
    Capacity
}
```

我们并不会直接将一个 PostEvictionDelegate 对象注册到某个 ICacheEntry 对象上，而是选择
将该委托对象表示的回调操作连同传入的状态对象（对应 state 参数）封装在如下所示的
PostEvictionCallbackRegistration 对象中。表示缓存条目的 ICacheEntry 接口具有
PostEvictionCallbacks 属性，它返回一个 PostEvictionCallbackRegistration 对象的集合。所谓的回
调注册正是向这个集合中添加相应的 PostEvictionCallbackRegistration 对象的过程。

```
public class PostEvictionCallbackRegistration
{
    public PostEvictionDelegate        EvictionCallback { get; set; }
    public object                      State { get; set; }
}
```

```
public interface ICacheEntry : IDisposable
{
    IList<PostEvictionCallbackRegistration> PostEvictionCallbacks { get; }
    ...
}
```

除了直接利用定义在 ICacheEntry 接口的成员设置某个缓存条目的相关属性，还可以调用该接口的一些扩展方法。由于直接针对属性的设置本身就非常简单、直接，这些扩展方法并不具有简化的作用，所以它们的意义其实并不大，唯一的好处是某个方法会为我们做一些基本的参数验证。

```
public static class CacheEntryExtensions
{
    public static ICacheEntry SetValue(this ICacheEntry entry, object value);
    public static ICacheEntry SetAbsoluteExpiration(this ICacheEntry entry,
        DateTimeOffset absolute);
    public static ICacheEntry SetAbsoluteExpiration(this ICacheEntry entry,
        TimeSpan relative);
    public static ICacheEntry SetSlidingExpiration(this ICacheEntry entry,
        TimeSpan offset);
    public static ICacheEntry AddExpirationToken(this ICacheEntry entry,
        IChangeToken expirationToken);

    public static ICacheEntry SetPriority(this ICacheEntry entry,
        CacheItemPriority priority);
    public static ICacheEntry SetSize(this ICacheEntry entry, long size);
    public static ICacheEntry SetValue(this ICacheEntry entry, object value)

    public static ICacheEntry RegisterPostEvictionCallback(this ICacheEntry entry,
        PostEvictionDelegate callback);
    public static ICacheEntry RegisterPostEvictionCallback(this ICacheEntry entry,
        PostEvictionDelegate callback, object state);
}
```

11.2.2　MemoryCacheEntryOptions

通过前文的介绍可知，缓存数据被封装成一个 ICacheEntry 对象，一个 ICacheEntry 对象除了封装指定的缓存数据，还承载着一些其他的元数据。这些信息决定缓存何时失效，以及在内存压力较大时是否应该被移除。这些元数据信息最终作为配置选项通过一个 MemoryCacheEntryOptions 对象表示。所以我们在该类型中可以看到与 ICacheEntry 接口类似的属性成员。

```
public class MemoryCacheEntryOptions
{
    public DateTimeOffset?          AbsoluteExpiration { get; set; }
    public TimeSpan?                AbsoluteExpirationRelativeToNow { get; set; }
    public TimeSpan?                SlidingExpiration { get; set; }
    public IList<IChangeToken>      ExpirationTokens { get; }
```

```
    public CacheItemPriority                          Priority { get; set; }
    public IList<PostEvictionCallbackRegistration>    PostEvictionCallbacks {  get; }
}
```

与上面介绍的 ICacheEntry 接口类似，我们可以直接利用定义在 MemoryCacheEntryOptions 中的这些属性设置对应的缓存配置选项，缓存框架还额外定义了如下所示的扩展方法。这种方式并不利于编程，开发人员可以根据自己的喜好选择缓存选项的设置方式。

```
public static class MemoryCacheEntryExtensions
{
    public static MemoryCacheEntryOptions SetAbsoluteExpiration(
        this MemoryCacheEntryOptions options, DateTimeOffset absolute);
    public static MemoryCacheEntryOptions SetAbsoluteExpiration(
        this MemoryCacheEntryOptions options, TimeSpan relative);
    public static MemoryCacheEntryOptions SetSlidingExpiration(
        this MemoryCacheEntryOptions options, TimeSpan offset);
    public static MemoryCacheEntryOptions SetPriority(this MemoryCacheEntryOptions options,
        CacheItemPriority priority);
    public static MemoryCacheEntryOptions SetSize(this MemoryCacheEntryOptions options,
        long size)

    public static MemoryCacheEntryOptions AddExpirationToken(
        this MemoryCacheEntryOptions options, IChangeToken expirationToken);

    public static MemoryCacheEntryOptions RegisterPostEvictionCallback(
        this MemoryCacheEntryOptions options, PostEvictionDelegate callback);
    public static MemoryCacheEntryOptions RegisterPostEvictionCallback(
        this MemoryCacheEntryOptions options, PostEvictionDelegate callback, object state);
}
```

由于 IMemoryCache 对象最终存储的是 ICacheEntry 对象，所以一个 MemoryCacheEntryOptions 对象承载的缓存配置选项最终需要应用到对应的 ICacheEntry 对象上，这个过程可以调用 ICacheEntry 接口的 SetOptions 扩展方法来完成。

```
public static class CacheEntryExtensions
{
    public static ICacheEntry SetOptions(this ICacheEntry entry,
        MemoryCacheEntryOptions options);
}
```

11.2.3　IMemoryCache

基于内存缓存的读和写最终落在通过 IMemoryCache 接口表示的服务对象上。IMemoryCache 对象承载的操作非常明确，那就是缓存数据的设置（添加新的缓存或者替换现有缓存）、获取和移除，但是 IMemoryCache 接口只定义了分别用于获取和移除缓存的 TryGetValue 方法与 Remove 方法，并没有一个名为 Set 的方法设置缓存。取而代之的是 CreateEntry 方法，该方法仅仅根据我们指定的键创建一个 ICacheEntry 对象。

```
public interface IMemoryCache : IDisposable
{
    ICacheEntry        CreateEntry(object key);
```

```
bool              TryGetValue(object key, out object value);
void              Remove(object key);
}
```

对于 IMemoryCache 接口的默认实现类型 MemoryCache 来说，它直接利用一个字典对象来保存添加的缓存条目。表示缓存条目的 ICacheEntry 对象是通过它的 CreateEntry 方法创建的，但是它是通过什么途径被添加到这个字典对象中的呢？其实，对于一个 MemoryCache 对象来说，它对缓存的设置发生在 ICacheEntry 对象的 Dispose 方法被调用时。当 MemoryCache 根据指定的 Key 创建一个 ICacheEntry 对象时，它会注册一个回调，当 ICacheEntry 对象的 Dispose 方法被执行时，注册的回调负责将 ICacheEntry 对象添加到缓存字典中。下面的这段程序很好地证实了这一点。

```
var cache = new ServiceCollection()
    .AddMemoryCache()
    .BuildServiceProvider()
    .GetRequiredService<IMemoryCache>();
var entry = cache.CreateEntry("foobar");
entry.Value= "abc";
Debug.Assert(!cache.TryGetValue("foobar", out var value));
Debug.Assert(null == value);

entry.Dispose();
Debug.Assert(cache.TryGetValue("foobar", out value));
Debug.Assert(value.Equals("abc"));
```

在前面的演示实例中，我们调用 IMemoryCache 接口的 Set 方法完成缓存的设置，但是 Set 方法只是针对 IMemoryCache 接口的一个扩展方法。除了演示实例中使用的 Set 方法，IMemoryCache 接口还有如下所示的 Set 重载扩展方法。对于这些方法来说，它们都会调用 CreateEntry 方法根据指定的 Key 创建一个新的 ICacheEntry 对象，在对该对象进行相应设置之后，ICacheEntry 对象的 Dispose 方法会被调用，并将自身添加到缓存字典中。

```
public static class CacheExtensions
{
    public static TItem Set<TItem>(this IMemoryCache cache, object key, TItem value);
    public static TItem Set<TItem>(this IMemoryCache cache, object key, TItem value,
        MemoryCacheEntryOptions options);
    public static TItem Set<TItem>(this IMemoryCache cache, object key, TItem value,
        IChangeToken expirationToken);
    public static TItem Set<TItem>(this IMemoryCache cache, object key, TItem value,
        DateTimeOffset absoluteExpiration);
    public static TItem Set<TItem>(this IMemoryCache cache, object key, TItem value,
        TimeSpan absoluteExpirationRelativeToNow);
}
```

由于 IMemoryCache 接口的 TryGetValue 方法总是以 object 对象的形式返回缓存数据，为了便于编程，缓存系统提供了如下这些泛型的方法。TryGetValue 方法和 Get 方法仅仅实现了缓存数据的提取操作，而 GetOrCreate 方法会在指定的缓存不存在时利用提供的委托对象重新设置缓存。

```
public static class CacheExtensions
{
    public static bool TryGetValue<TItem>(this IMemoryCache cache, object key,
        out TItem value);

    public static object Get(this IMemoryCache cache, object key);
    public static TItem Get<TItem>(this IMemoryCache cache, object key);

    public static TItem GetOrCreate<TItem>(this IMemoryCache cache, object key,
        Func<ICacheEntry, TItem> factory);
    public static Task<TItem> GetOrCreateAsync<TItem>(this IMemoryCache cache, object key,
        Func<ICacheEntry, Task<TItem>> factory);
}
```

1. MemoryCacheOptions

IMemoryCache 接口的默认实现是定义在 "Microsoft.Extensions.Caching.Memory" 这个 NuGet 包的 MemoryCache 类型中。但是正式介绍该类型提供的默认缓存实现原理之前，需要先了解一个表示对应配置选项的 MemoryCacheOptions 类型（不要与配置选项类型 MemoryCacheEntryOptions 混淆）。如下面的代码片段所示，该类型实现了 IOptions<MemoryCacheOptions>接口[①]，所以可以采用 Options 模式将其注册为一个服务。

```
public class MemoryCacheOptions : IOptions<MemoryCacheOptions>
{
    public ISystemClock       Clock { get;  set; }
    public TimeSpan           ExpirationScanFrequency { get; set; }
    public long?              SizeLimit { get; set; }
    public double             CompactionPercentage { get; set; }

    MemoryCacheOptions IOptions<MemoryCacheOptions>.Value { get; }
}
```

除了实现定义在 IOptions<MemoryCacheOptions>接口的 Value 属性（该属性会直接返回它自己），MemoryCacheOptions 类型还有其他 3 个配置选项属性。由于绝对过期的计算是基于某个具体的时间点，所以时间的同步（客户端与服务器的时间同步，以及集群中多台服务器之间时间同步）很重要，MemoryCacheOptions 类型的 Clock 属性可以设置和返回这个同步时钟。

ExpirationScanFrequency 属性的时长表示过期扫描的频率，也就是两次扫描所有缓存条目以确定它们是否过期的时间间隔，默认的间隔是 1 分钟。SizeLimit 属性和 CompactionPercentage 属性则与缓存压缩有关。SizeLimit 属性表示缓存的最大容量，如果没有显式设置，就意味着对容量没有限制。如果对 SizeLimit 属性进行了显式设置，则提供的每个 ICacheEntry 的 Size 属性必须被赋值。CompactionPercentage 属性表示每次实施缓存压缩时移除的缓存容量占当前总容量的百分比，默认值为 0.05（5%）。

[①] 将配置选项类型实现 IOptions<TOptions>接口或者 IOptionsMonitor<TOptions>接口并不是一种好的编程方式，配置选项类型只需要单纯地封装配置选项数据。实际上，这样的定义方式在微软的原生框架中也是极少见的。

2. 缓存的设置

在了解了必要的储备知识之后，接下来正式介绍 MemoryCache。如下面的代码片段所示，一个 MemoryCache 对象根据提供的 MemoryCacheOptions 对象创建。我们先介绍它承载的 3 个基本缓存操作是如何实现的。MemoryCache 对象直接利用一个 ConcurrentDictionary<object, CacheEntry>对象来保存添加的内存条目，所以添加、删除和获取都是基于这个字典对象的操作。由于 MemoryCache 对象背后的存储结构是这样一个对象，所以它默认支持多线程并发，应用程序无须自行解决线程同步问题。

```
public class MemoryCache : IMemoryCache
{
    public MemoryCache(IOptions<MemoryCacheOptions> optionsAccessor)

    public ICacheEntry        CreateEntry(object key);
    public bool               TryGetValue(object key, out object value);
    public void               Remove(object key);
    ...
}
```

对于 MemoryCache 对象提供的几种基本的缓存操作来说，缓存设置相对来说比较复杂，因为它涉及过期缓存的检验。我们在前文已经提到，MemoryCache 对象将提供的 CacheEntry 添加（包括替换现有的 CacheEntry）到缓存字典是利用注册到 CacheEntry 对象的一个回调来完成的，该回调会在 CacheEntry 的 Dispose 方法中被执行。下面介绍的实际上就是这个注册的回调所执行的操作。

MemoryCache 支持两种时间（绝对时间和滑动时间）的过期策略。绝对时间过期策略利用 ICacheEntry 对象的 AbsoluteExpiration 属性和 AbsoluteExpirationRelativeToNow 属性判断缓存是否过期。如果这两个属性都做了设置，那么究竟应该采用哪一个呢？其实，MemoryCache 在这种情况下会选择距离当前时间最近的时间，如当前时间为 1:00:00，AbsoluteExpiration 属性就被设置为 2:00:00，而 AbsoluteExpirationRelativeToNow 属性被设置为 30 分钟，缓存的绝对过期时间应该是 1:30:00。如果 AbsoluteExpirationRelativeToNow 属性被设置为 2 小时，则缓存的绝对过期时间应该是 2:00:00。当 MemoryCache 在进行缓存设置时，它会根据这个原则计算出正确的绝对过期时间。

对于滑动时间过期策略来说，缓存是否过期取决于缓存最后一次被读取的时间。对于通过 MemoryCache 对象的 CreateEntry 方法创建的 CacheEntry 对象来说，它会携带这个最后被访问的时间戳，MemoryCache 在设置与读取缓存时都会将这个时间设置为当前系统时间，这里的"当前时间"是由 MemoryCacheOptions 的 Clock 属性返回的系统时钟来提供的。如果在创建 MemoryCache 时没有为 MemoryCacheOptions 指定这样一个系统时钟，则它默认采用本地时间。

在为 CacheEntry 设置正确的绝对过期时间和最后访问时间戳之后，MemoryCache 就开始过期检验。具体采用的过期检验机制会在下面单独介绍。如果检验结果为过期，并且缓存字典中已经包含一个具有相同 Key 的 ICacheEntry 对象，则后者将从缓存字典中移除。此时注册在

ICacheEntry 对象（不是缓存字典中包含的 ICacheEntry 对象）的 PostEvictionCallbacks 属性上的所有回调会被执行。由于它被逐出的原因是过期，所以回调的参数 reason 将被设置为 EvictionReason.Expired。

　　如果提供的 CacheEntry 对象尚未过期，并且当前缓存字典中并没有一个对应的 CacheEntry 对象（它与提供的 CacheEntry 对象具有相同的 Key），则提供的 CacheEntry 对象会直接添加到缓存字典中。如果这个 CacheEntry 对象的 ExpirationTokens 属性包含一个或者多个用于发送缓存过期通知的 IChangeToken 对象，并且其中任何一个 CacheEntry 对象的 HasChanged 属性为 True，则该 CacheEntry 对象也会被视为过期。

　　如果缓存字典中已经存在一个与提供的 ICacheEntry 对象具有相同 Key 的缓存条目，则该条目将直接被新的 ICacheEntry 对象替换。对于被替换的 ICacheEntry 对象，注册在其 PostEvictionCallbacks 属性上的所有回调被执行。由于它被逐出的原因是被新的 CacheEntry 对象替换，所以回调的参数 reason 将被设置为 EvictionReason.Replace。缓存设置流程如图 11-8 所示。

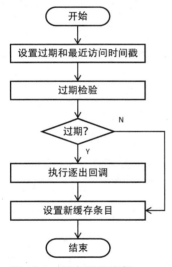

图 11-8　缓存设置流程

3. 过期检验

　　对于时间（绝对时间或者滑动时间）的过期策略来说，确定某个缓存条目是否过期的逻辑很明确，此处不再介绍。利用 IChangeToken 对象来发送过期通知的情况很少。下面利用一个简单实例来演示这种过期策略的应用。假设需要从一个物理文件中读取文件内容，为了最大限度地避免针对文件系统的 I/O 操作，可以将文件内容进行缓存。缓存的内容将永久有效，直到物理文件的内容被修改。为此我们在一个控制台应用中编写了如下程序。

```
using Microsoft.Extensions.Caching.Memory;
using Microsoft.Extensions.DependencyInjection;
using Microsoft.Extensions.FileProviders;
```

```csharp
var fileProvider = new PhysicalFileProvider(Directory.GetCurrentDirectory());
var fileName = "time.txt";
var @lock = new object();

var cache = new ServiceCollection()
    .AddMemoryCache()
    .BuildServiceProvider()
    .GetRequiredService<IMemoryCache>();

var options = new MemoryCacheEntryOptions();
options.AddExpirationToken(fileProvider.Watch(fileName));
options.PostEvictionCallbacks.Add(
    new PostEvictionCallbackRegistration { EvictionCallback = OnEvicted });

Write(DateTime.Now.ToString());
cache.Set("CurrentTime", Read(), options);

while (true)
{
    Write(DateTime.Now.ToString());
    await Task.Delay(1000);
    if (cache.TryGetValue("CurrentTime", out string currentTime))
    {
        Console.WriteLine(currentTime);
    }
}

string Read()
{
    lock (@lock)
    {
        return File.ReadAllText(fileName);
    }
}

void Write(string contents)
{
    lock (@lock)
    {
        File.WriteAllText(fileName, contents);
    }
}

void OnEvicted(object key, object value, EvictionReason reason, object state)
{
    options.ExpirationTokens.Clear();
    options.AddExpirationToken(fileProvider.Watch(fileName));
    cache.Set("CurrentTime", Read(), options);
}
```

如上面的代码片段所示，我们首先在当前目录下创建了一个名为 time.txt 的文件，并将当前时间作为内容写入该文件，然后利用依赖注入框架提供了一个 IMemoryCache 对象。我们创建了一个指向目标文件所在目录（实际上就是当前目录）的 PhysicalFileProvider 对象，并调用其 Watch 方法监控目标文件，返回的 IChangeToken 对象通过调用 AddExpirationToken 方法添加到创建的 MemoryCacheEntryOptions 对象的 ExpirationTokens 属性中。目标文件一旦发生改变，对应的缓存将被标识为过期，并在后续的扫描过程中从缓存字典中移除。为了使更新后的文件内容自动添加到缓存中，可以注册一个"缓存逐出"回调。

我们以 1 秒的间隔将表示当前时间的字符串作为内容覆盖 time.txt 文件，并随后读取和输出缓存的时间。值得注意的是，从修改文件到读取缓存之间具有 1 秒的间隔，其目的是确保缓存框架能够正常接收到目标文件的变化，并对缓存进行正确的过期处理。运行这个程序之后，控制台上的输出结果如图 11-9 所示。可以看出，输出的内容与目标文件的内容是同步的。（S1104）

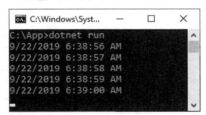

图 11-9　使物理文件的内容与缓存数据同步

关于 MemoryCache 对象针对所有 ICacheEntry 对象所做的过期检验，还有一点需要着重说明：虽然可以利用 MemoryCacheOptions 对象的 ExpirationScanFrequency 属性设置过期扫描的时间间隔，但是在后台并没有一个作业根据这个设定对所有的 ICacheEntry 对象进行扫描，真正的过期扫描发生在利用 MemoryCache 对象设置、提取、移除及实施内存压缩的时候。换句话说，如果我们在很长一段时间内没有执行任何缓存操作，并且在这段时间内没有出现过垃圾回收，则所有过期的 ICacheEntry 对象实际上还是保存在内存中的。MemoryCache 对象会记录最近一次过期扫描的时间，对于下一次扫描请求，如果间隔时间小于设定，则该请求会被自动忽略。

4．缓存压缩

如果 MemoryCache 对象被设置为需要压缩缓存占用的内存（该选项通过 MemoryCacheOptions 类型的 CompactOnMemoryPressure 属性来设置，该属性默认返回 True，即需要在出现内存压力的情况下对缓存予以压缩），则运行程序执行垃圾回收时，它总是以一个固定的比率将某些重要程度不高的 ICacheEntry 对象从缓存字典中移除。我们可以通过如下所示的实例来演示 MemoryCache 对象的缓存压缩。

```
using Microsoft.Extensions.Caching.Memory;
using Microsoft.Extensions.DependencyInjection;

var cache = new ServiceCollection()
    .AddMemoryCache(options => {
        options.SizeLimit             = 10;
```

```
            options.CompactionPercentage = 0.2;
    })
    .BuildServiceProvider()
    .GetRequiredService<IMemoryCache>();

for (int i = 1; i <= 5; i++)
{
    cache.Set(i, i.ToString(), new MemoryCacheEntryOptions
    {
        Priority        = CacheItemPriority.Low,
        Size            = 1
    });
}

for (int i = 6; i <= 10; i++)
{
    cache.Set(i, i.ToString(), new MemoryCacheEntryOptions
    {
        Priority        = CacheItemPriority.Normal,
        Size            = 1
    });
}

cache.Set(11, "11", new MemoryCacheEntryOptions
{
    Priority    = CacheItemPriority.Normal,
    Size        = 1
});

await Task.Delay(1000);

Console.WriteLine("Key\tValue");
Console.WriteLine("--------------------");
for (int i = 1; i <= 11; i++)
{
    Console.WriteLine($"{i}\t{cache.Get<string>(i) ?? "N/A"}");
}
```

如上面的代码片段所示，我们利用依赖注入框架提供了一个 IMemoryCache 对象。在进行相关的服务注册时，首先将 MemoryCacheOptions 对象的 SizeLimit 属性和 CompactionPercentage 属性分别设置为 10 与 0.2。然后利用 MemoryCache 设置了 11 个 ICacheEntry 对象，这 11 个 ICacheEntry 对象具有相同的 Size（1），但是优先级不尽相同（前 5 个和后 6 个分别为 Low 与 Normal）。我们最终尝试读取并输出这 11 个 ICacheEntry 对象的值，但是最终程序运行之后，控制台上的输出结果如图 11-10 所示。（S1105）

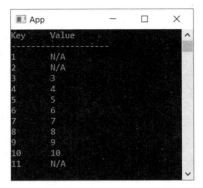

图 11-10 MemoryCache 以压缩缓存的方式清除 ICacheEntry 对象

由于将缓存的总容量设置为 10，所以当我们试图添加第 11 个 ICacheEntry 对象时已经超出了这个限制，此时会触发缓存的压缩。由于设置的压缩比为 20%，所以具有最低优先级的前两个 ICacheEntry 对象会从缓存字典中移除。这个实例还说明当缓存总容量超出限制时缓存设置会失败，如演示实例中的第 11 次缓存设置并没有成功。

5. 服务注册

ASP.NET Core 应用程序中总是采用依赖注入的方式来使用 IMemoryCache 服务，所以在应用程序启动时需要进行相应的服务注册。通过前面演示的多个实例可知，IMemoryCache 的服务注册是通过 IServiceCollection 接口的 AddMemoryCache 扩展方法来完成的。具有如下两个 AddMemoryCache 重载方法可供选择，前者采用 Singleton 模式在提供的 IServiceCollection 接口中添加了 MemoryCache 类型的注册，后者则在此基础上完成了 MemoryCacheOptions 的配置。

```csharp
public static class MemoryCacheServiceCollectionExtensions
{
    public static IServiceCollection AddMemoryCache(this IServiceCollection services)
    {
        services.AddOptions();
        services.TryAdd(ServiceDescriptor.Singleton<IMemoryCache, MemoryCache>());
        return services;
    }

    public static IServiceCollection AddMemoryCache(this IServiceCollection services,
        Action<MemoryCacheOptions> setupAction)
    {
        services.AddMemoryCache();
        services.Configure(setupAction);
        return services;
    }
}
```

11.3　分布式缓存

如果将缓存数据直接保存在本地内存中，则在集群的部署场景下会导致多台服务器缓存数据不一致。在这种情况下，我们需要采用分布式缓存。分布式缓存不再将多个缓存副本分散于每台应用服务器内存中，而是采用独立的缓存存储。

11.3.1　IDistributedCache

分布式缓存的读和写实现在通过 IDistributedCache 接口表示的服务中。具体的操作除了缓存的设置、提取及移除，还包括刷新缓存。刷新是针对滑动时间过期策略而言的，每次刷新都会将对应缓存条目的最后访问时间设置为当前时间。IDistributedCache 接口为这 4 种基本的缓存操作提供了对应的方法，每组方法都包含同步版本和异步版本。由于采用集中式存储，必然涉及网络传输或者持久化，所以分布式缓存只支持字节数组这一种数据类型，应用程序需要自行解决缓存对象的序列化和反序列化问题。

```
public interface IDistributedCache
{
    void Set(string key, byte[] value, DistributedCacheEntryOptions options);
    Task SetAsync(string key, byte[] value, DistributedCacheEntryOptions options);

    byte[] Get(string key);
    Task<byte[]> GetAsync(string key);

    void Remove(string key);
    Task RemoveAsync(string key);

    void Refresh(string key);
    Task RefreshAsync(string key);
}
```

与基于内存的缓存一样，当设置分布式缓存条目时，除了提供以字节数组表示的缓存数据，还需要提供一些其他的配置选项来控制设置的缓存条目何时过期，具体的过期策略被封装成一个 DistributedCacheEntryOptions 对象。分布式缓存同样支持两种基于时间（绝对时间和滑动时间）的过期策略，绝对过期时间和滑动过期时间除了可以通过 DistributedCacheEntryOptions 相应的属性来指定，还可以调用对应的扩展方法。

```
public class DistributedCacheEntryOptions
{
    public DateTimeOffset?   AbsoluteExpiration { get; set; }
    public TimeSpan?         AbsoluteExpirationRelativeToNow { get; set; }
    public TimeSpan?         SlidingExpiration { get; set; }
}

public static class DistributedCacheEntryExtensions
{
    public static DistributedCacheEntryOptions SetAbsoluteExpiration(
```

```
      this DistributedCacheEntryOptions options, DateTimeOffset absolute);
   public static DistributedCacheEntryOptions SetAbsoluteExpiration(
      this DistributedCacheEntryOptions options, TimeSpan relative);
   public static DistributedCacheEntryOptions SetSlidingExpiration(
      this DistributedCacheEntryOptions options, TimeSpan offset);
}
```

如果在设置分布式缓存时采用默认的过期配置，则可以调用 IDistributedCache 接口的 Set 方法或者 SetAsync 方法，这样只需要指定缓存条目的 Key 属性和 Value 属性，而无须提供 DistributedCacheEntryOptions 对象。

```
public static class DistributedCacheExtensions
{
   public static void Set(this IDistributedCache cache, string key, byte[] value);
   public static Task SetAsync(this IDistributedCache cache, string key, byte[] value);
}
```

由于 Set 方法和 SetAsync 方法支持以字节数组表示的缓存数据，如果应用程序缓存的是一个具体的对象，则它在被添加到缓存之前需要被序列化成字节数组。当应用程序从分布式缓存中提取缓存数据之后，需要采用匹配的方式将其反序列成对应类型的对象。如果缓存的是一个简单的字符串，则缓存的设置和提取都可以通过调用如下这些方法来实现，这些方法会采用 UTF-8 对字符串进行编码和解码。

```
public static class DistributedCacheExtensions
{
   public static void SetString(this IDistributedCache cache, string key, string value);
   public static void SetString(this IDistributedCache cache, string key, string value,
      DistributedCacheEntryOptions options);
   public static Task SetStringAsync(this IDistributedCache cache, string key,
      string value);
   public static Task SetStringAsync(this IDistributedCache cache, string key,
      string value, DistributedCacheEntryOptions options);

   public static string GetString(this IDistributedCache cache, string key);
   public static Task<string> GetStringAsync(this IDistributedCache cache, string key);
}
```

11.3.2 Redis 缓存

Redis 是实现分布式缓存最好的选择，所以微软提供了基于 Redis 数据库的分布式缓存的原生支持。如图 11-11 所示，基于 Redis 数据库的分布式缓存实现在 "Microsoft.Extensions. Caching.Redis" 这个 NuGet 包中，而具体针对 Redis 数据库的访问则借助一个名为 StackExchange.Redis 的框架来完成。StackExchange.Redis 是 .NET 领域知名的 Redis 客户端框架。由于篇幅有限，所以本章不会涉及对 StackExchange.Redis 的介绍。

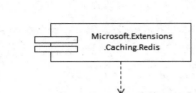

图 11-11　借助 StackExchange.Redis 框架访问 Redis 数据库

基于 Redis 数据库的分布式缓存具体实现在 RedisCache 类型上，它是对 IDistributedCache 接口的实现。如下面的代码片段所示，我们在创建一个 RedisCache 对象时需要提供一个 RedisCacheOptions 对象，后者承载了与目标数据库相关的配置选项。RedisCacheOptions 类型的 Configuration 属性相当于数据库的连接字符串，而 InstanceName 属性则表示数据库实例的名称。但 InstanceName 仅仅是逻辑上的名称，在数据库服务器上并不存在一个对应的数据库实例。分布式缓存在 Redis 数据库上是以散列（Hash）的形式存储的，这个 InstanceName 属性实际上会作为数据项对应 Key 的前缀。

```
public class RedisCache : IDistributedCache, IDisposable
{
    public RedisCache(IOptions<RedisCacheOptions> optionsAccessor);
    ...
}

public class RedisCacheOptions : IOptions<RedisCacheOptions>
{
    public string       Configuration { get; set; }
    public string       InstanceName { get; set; }
    RedisCacheOptions IOptions<RedisCacheOptions>.Value { get; }
}
```

当调用 RedisCache 对象的 Set 方法或者 SetAsync 方法写入缓存数据时，RedisCache 会将指定的缓存数据（字节数组）保存到 Redis 数据库中。与缓存数据一并保存的还包括缓存条目的绝对过期时间和滑动过期时间，具体的值是对应 DateTimeOffset 对象和 TimeSpan 对象的 Ticks 属性的值（一个 Tick 表示 1 纳秒，即一千万分之一秒，1 毫秒等于 10 000 000 纳秒。DateTimeOffset 对象的 Ticks 属性值是指返回距离 "0001 年 1 月 1 日午夜 12:00:00" 这个基准时间点的纳秒数），这一点可以通过如下所示的实例进行演示。

```
using Microsoft.Extensions.Caching.Distributed;
using Microsoft.Extensions.DependencyInjection;

var cache = new ServiceCollection()
    .AddDistributedRedisCache(options =>
    {
        options.Configuration       = "localhost";
        options.InstanceName        = "Demo";
    })
    .BuildServiceProvider()
```

```
        .GetRequiredService<IDistributedCache>();

var time = DateTimeOffset.UtcNow.AddHours(1);
cache.SetString("Foobar", time.Ticks.ToString(), new DistributedCacheEntryOptions
{
    AbsoluteExpiration = time,
    SlidingExpiration = TimeSpan.FromMinutes(1)
});
```

如上面的代码片段所示，我们基于本地 Redis 数据库创建了一个 RedisCache 对象，它采用的实例名称为 Demo。接下来利用此 RedisCache 对象写入了一个 Key 为 Foobar 的缓存，缓存的内容是 1 小时之后这个时间点的 Ticks 属性值，这个时间也是我们为缓存设置的绝对过期时间。除了绝对过期时间，我们还将滑动过期时间设置为 1 分钟（600 000 000 纳秒）。

在启动本地 Redis 服务的情况下运行这个程序后，缓存数据将会被保存起来。我们按照前面实例演示的方式执行 Redis 命令行来查看保存到 Redis 数据库中的缓存数据。由于缓存数据以散列的形式存储，并且 Key 会以指定的实例名称（Demo）为前缀，按照图 11-12 所示的方式执行 "hgetall DemoFoobar" 命令即可。从输出结果可以看出，缓存的值与绝对过期时间及滑动过期时间被保存起来，而具体的值就是对应的 Ticks 属性值。（S1106）

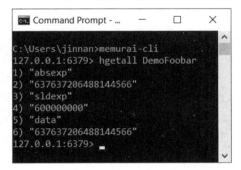

图 11-12　查看 Redis 数据库中存储的数据

当我们利用 RedisCache 设置缓存或者根据提供的 Key 获取对应缓存数据时，对应的方法自动执行刷新工作，其目的在于为保存在 Redis 数据库中的缓存项设置一个最新的过期时间。具体的实现逻辑其实很简单：RedisCache 会根据当前时间和保存在 Redis 数据库中的绝对过期时间与滑动过期时间计算一个新的过期时长，采用的算法为 Min（AbsoluteExpiration −Now, SlidingExpiration）。这个实时计算出的过期时长会立即应用到 Redis 数据库中对应的缓存数据项，最终借助 Redis 数据库自身基于 TTL 的过期机制使该数据项在过期之后被自动清除。

我们最后介绍一下注册 RedisCache 服务的 AddDistributedRedisCache 扩展方法。如下面的代码片段所示，该扩展方法除了采用 Singleton 模式完成了 RedisCache 的服务注册，还采用 Options 模式对相应的配置选项进行了设置。

```
public static class RedisCacheServiceCollectionExtensions
{
    public static IServiceCollection AddDistributedRedisCache(
```

```
        this IServiceCollection services, Action<RedisCacheOptions> setupAction)
{
    services.AddOptions();
    services.Configure(setupAction);
    services.Add(ServiceDescriptor.Singleton<IDistributedCache, RedisCache>());
    return services;
}
}
```

11.3.3 SQL Server 缓存

除了适合做分布式缓存的 NoSQL 数据库，还有关系型数据库 SQL Server，基于后者的分布式缓存实现在 SqlServerCache 类型中，该类型由 "Microsoft.Extensions. Caching.SqlServer" 这个 NuGet 包提供。在正式介绍 SqlServerCache 之前，需要先了解承载配置选项的 SqlServerCacheOptions 类型。

```
public class SqlServerCache : IDistributedCache
{
    public SqlServerCache(IOptions<SqlServerCacheOptions> options);
    ...
}

public class SqlServerCacheOptions : IOptions<SqlServerCacheOptions>
{
    public string ConnectionString { get; set; }
    public string TableName { get; set; }
    public string SchemaName { get; set; }

    public TimeSpan        DefaultSlidingExpiration { get; set; }
    public ISystemClock    SystemClock { get; set; }
    public TimeSpan?       ExpiredItemsDeletionInterval { get; set; }

    SqlServerCacheOptions IOptions<SqlServerCacheOptions>.Value { get; }
}
```

由于需要将缓存数据及相关的控制信息保存到 SQL Server 的某个具有预定义结构的表中，所以 SqlServerCacheOptions 需要提供目标数据库和数据表的信息。具体来说，它的 ConnectionString 属性表示目标数据库的连接字符串，而 TableName 属性和 SchemaName 属性分别表示缓存数据表的名称与 Schema。

我们在进行缓存设置时可以通过一个 DistributedCacheEntryOptions 对象设置绝对过期时间和滑动过期时间。如果这两者都没有被设置，就意味着缓存永远不会过期，所以缓存记录将永远保存在数据库中，这无疑会导致缓存表的容量无限制扩大。为了解决这个问题，SqlServerCache 在这种情况下会采用基于滑动时间的缓存过期策略，默认的滑动过期时间由 SqlServerCacheOptions 的 DefaultSlidingExpiration 属性来表示，该属性的默认值为 20 分钟。至于定义在 SqlServerCacheOptions 中另一个与缓存过期有关的 SystemClock 属性，返回的是一个用来提供同步时间的系统时钟。

与基于 Redis 的分布式缓存相比，基于 SQL Server 的分布式缓存差异最大的就是如何删除过期缓存条目。对于 Redis 来说，它自身就具有为某个记录设置过期时间并在其过期之后将其清除的功能，而 SQL Server 不具备这样的功能，所以 SqlServerCache 需要自行清除过期缓存记录。SqlServerCache 两次相邻清除操作执行的时间间隔由 SqlServerCacheOptions 的 ExpiredItemsDeletionInterval 属性表示，如果创建 SqlServerCache 时提供的 SqlServerCacheOptions 没有显式指定这个属性，则默认采用的时间间隔为 30 分钟。考虑到性能，过期缓存记录的清理不应该过于频繁。具体来说，这个时间间隔不应该小于 5 分种，如果指定的时间间隔小于这个值就会抛出异常。

通过前文的演示实例可知，缓存表可以通过执行"dotnet sql-cache create"命令来创建。SQL Server 缓存数据表结构如图 11-13 所示，该表有 5 行。Id 和 Value 分别表示缓存的 Key 与 Value；SlidingExpirationInSeconds 和 AbsoluteExpiration 表示滑动过期时间（以秒为单位）与绝对过期时间（以秒为单位）；ExpiresAtTime 是综合 SlidingExpirationInSeconds 和 AbsoluteExpiration 计算出的过期时间点。也就是说，使用 SqlServerCache 判断某个缓存是否过期只需要将当前时间与这个时间进行比较即可。

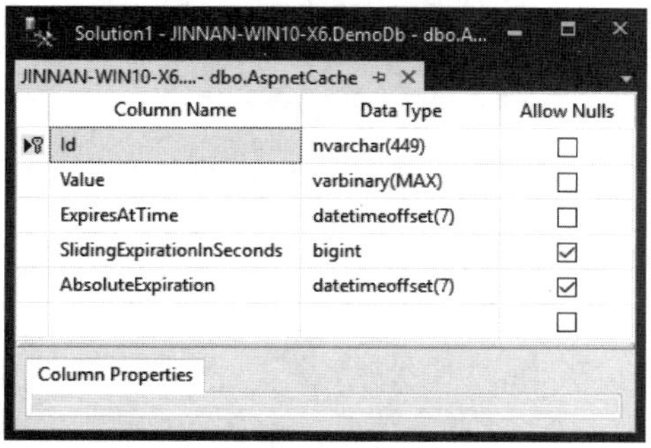

图 11-13 SQL Server 缓存数据表结构

调用 SqlServerCache 的 Set 方法或者 SetAsync 方法对缓存的设置，实际上就是在图 11-13 所示的这张表中添加或者修改一条缓存记录。对于缓存表中表示绝对过期时间的 AbsoluteExpiration 字段，缓存的绝对过期时间既可以通过 DistributedCacheEntryOptions 的 AbsoluteExpiration 属性来设置，也可以通过其 AbsoluteExpirationRelativeToNow 属性来设置。如果我们对这两个属性都进行了设置，则基于内存的缓存来会选择距离当前时间最近的时间点作为缓存真正的绝对过期时间。但是基于 SqlServerCache 的缓存则会优先选择 AbsoluteExpirationRelativeToNow 属性，只有在该属性没有被显式赋值的情况下它才会选择 AbsoluteExpiration 属性。我认为采用一致规则也许是更好的选择。

当利用 SqlServerCache 的 Get 方法或者 GetAsync 方法提取缓存数据时，它会根据指定的 Key 从数据库中提取对应的缓存记录，只有在缓存记录尚未过期的情况下它才会返回缓存的数据，而判断某条缓存记录是否过期只需要让系统时钟提供的当前时间与其 ExpiresAtTime 字段表示的时间进行比较。如果调用 Refresh 方法或者 RefreshAsync 方法对指定的缓存进行刷新，则

SqlServerCache 会重新计算过期时间，并将该时间作为对应缓存记录的 ExpiresAtTime。

与基于内存的缓存一样，虽然通过 SqlServerCacheOptions 的 ExpiredItemsDeletionInterval 属性设置了清除过期缓存记录的时间间隔，但是在后台并没有一个长时间运行的作业定期做这样的清理工作。过期缓存记录的清理是在调用 Set（SetAsync）方法、Get（GetAsync）方法、Refresh（RefreshAsync）方法和 Remove（RemoveAsync）方法时触发的，所以它并不能保证过期的缓存记录在指定的时间间隔范围内被及时清除。

我们最后介绍一下注册 SqlServerCache 服务的 AddDistributedSqlServerCache 扩展方法。如下面的代码片段所示，该扩展方法除了采用 Singleton 模式完成了 SqlServerCache 的服务注册，还采用 Options 模式对相应的配置选项进行了设置。

```
public static class SqlServerCachingServicesExtensions
{
    public static IServiceCollection AddDistributedSqlServerCache(
        this IServiceCollection services, Action<SqlServerCacheOptions> setupAction)
    {
        services
            .AddOptions()
            .Add(ServiceDescriptor.Singleton<IDistributedCache, SqlServerCache>());
        services.Configure(setupAction);
        return services;
    }
}
```

第12章

HTTP 调用

本书大部分内容都是从服务提供者的角度在 ASP.NET Core 框架上构建 Web 应用或者 API 的，本章从消费者的视角介绍如何调用 Web API。我们一般都会使用 HttpClient 对象，由于大部分读者对这个类型都很熟悉，所以本章关注的重点并非 HttpClient 对象本身，而是创建它的 IHttpClientFactory 工厂。

12.1 HttpClient 的工厂

在一个采用依赖注入框架的应用中，我们一般不推荐利用手动创建的 HttpClient 对象来进行 HTTP 调用，使用的 HttpClient 对象最好利用注入的 IHttpClientFactory 工厂来创建。前者引起的问题，以及后者带来的好处，将通过如下这几个演示程序来展现。IHttpClientFactory 类型由 "Microsoft.Extensions.Http" 这个 NuGet 包提供，"Microsoft.NET.Sdk.Web" SDK 包具有该包的默认引用。如果采用 "Microsoft.NET.Sdk" SDK 包，则需要添加该包的引用。

12.1.1 手动创建 HttpClient

HttpClient 类型实现了 IDisposable 接口，如果采用在每次调用时创建新的对象，则按照我们理解的编程规范，调用结束之后就应该主动调用 Dispose 方法及时地将其释放。如下演示程序就采用了这种编程方式，运行一个 ASP.NET Core 应用程序，它提供了一个返回 "Hello World" 的终节点。

```
using System.Diagnostics;

var app = WebApplication.Create(args);
app.MapGet("/", () => "Hello World!");
await app.StartAsync();

while (true)
{
    using (var httpClient = new HttpClient())
    {
        try
```

```
    {
        var reply = await httpClient.GetStringAsync("http://localhost:5000");
        Debug.Assert(reply == "Hello World!");
    }
    catch (Exception ex)
    {
        Console.WriteLine(ex.Message);
    }
    }
}
```

ASP.NET Core 应用运行之后，我们在一个无限循环中对它发起调用。每次迭代创建的 HttpClient 对象会在完成调用之后被释放。当该应用程序运行之后，初始阶段都没有问题。当调用次数累积到一定规模之后，应用程序会大量地抛出 HttpRequestExcetion 异常，并提示"Only one usage of each socket address (protocol/network address/port) is normally permitted"，如图 12-1 所示。（S1201）

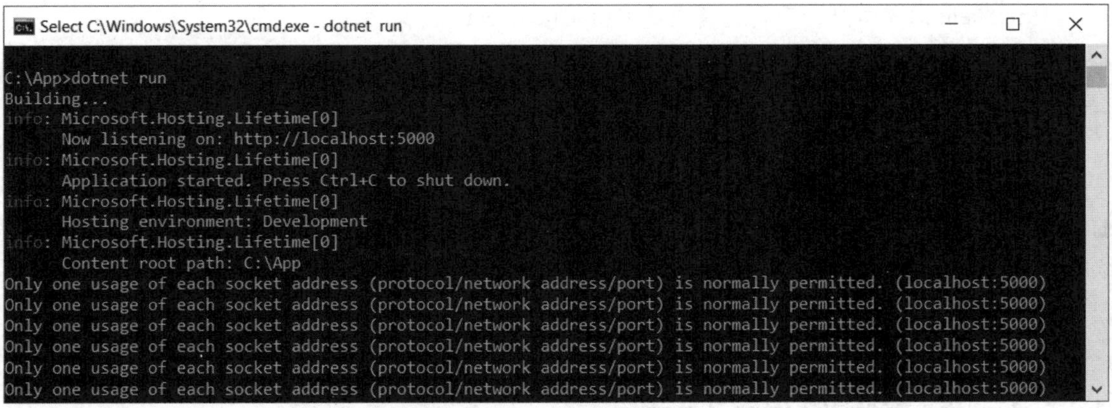

图 12-1 频繁创建 HttpClient 对象导致的异常

这个演示程序表明频繁创建 HttpClient 对象是不可取的。如果我们需要自行创建 HttpClient 对象并频繁地使用它们，则应该尽可能地复用这个对象。如果将演示程序修改成如下形式，使用单例的 HttpClient 对象就不会抛出上面的异常，但是这又会带来一些额外的问题。HttpRequestExcetion 异常在前面的程序中为何会出现，后面的程序究竟又有哪些问题。我们将在后面回答这个问题。（S1202）

```
using System.Diagnostics;
var app = WebApplication.Create(args);
app.MapGet("/", () => "Hello World!");
await app.StartAsync();

var httpClient = new HttpClient();
while (true)
{
    try
```

```
    {
        var reply = await httpClient.GetStringAsync("http://localhost:5000");
        Debug.Assert(reply == "Hello World!");
    }
    catch (Exception ex)
    {
        Console.WriteLine(ex.Message);
    }
}
```

12.1.2　使用 IHttpClientFactory 工厂

引入 IHttpClientFactory 工厂将会使一切变得简单，我们只要在需要进行 HTTP 调用时利用这个工厂创建对应的 HttpClient 对象。虽然 HttpClient 类型实现了 IDisposable 接口，但是在完成了调用之后根本不需要调用它的 Dispose 方法。在下面的演示程序中，我们调用 ServiceCollection 对象的 AddHttpClient 扩展方法对 IHttpClientFactory 工厂进行了注册，并利用构建的 IServiceProvider 对象得到了 IHttpClientFactory 对象。在每次进行 HTTP 调用时，利用 IHttpClientFactory 工厂实时地将 HttpClient 对象创建出来。（S1203）

```
using System.Diagnostics;

var app = WebApplication.Create(args);
app.MapGet("/", () => "Hello World!");
await app.StartAsync();

var httpClientFactory = new ServiceCollection()
    .AddHttpClient()
    .BuildServiceProvider()
    .GetRequiredService<IHttpClientFactory>();

while (true)
{
    try
    {
        var reply = await httpClientFactory.CreateClient()
            .GetStringAsync("http://localhost:5000");
        Debug.Assert(reply == "Hello World!");
    }
    catch (Exception ex)
    {
        Console.WriteLine(ex.Message);
    }
}
```

12.1.3　直接注入 HttpClient

上面介绍的 CreateClient 扩展方法还注册了 HttpClient 类型的服务，所以 HttpClient 对象可以直接作为注入的服务来使用。在如下所示的演示程序中，我们直接利用 IServiceProvider 对象

来创提供 HttpClient 对象，它与上面演示的程序是等效的。（S1204）

```
using System.Diagnostics;

var app = WebApplication.Create(args);
app.MapGet("/", () => "Hello World!");
await app.StartAsync();

var serviceProvider = new ServiceCollection()
    .AddHttpClient()
    .BuildServiceProvider();
while (true)
{
    try
    {
        var reply = await serviceProvider.GetRequiredService<HttpClient>()
            .GetStringAsync("http://localhost:5000");
        Debug.Assert(reply == "Hello World!");
    }
    catch (Exception ex)
    {
        Console.WriteLine(ex.Message);
    }
}
```

12.1.4 定制 HttpClient

当调用 IServiceCollection 接口的 AddHttpClient 扩展方法进行服务注册时可以对 HttpClient 进行相应的定制，如可以设置超时时间、默认请求报头和网络代理等。如果应用程序涉及众多不同类型 API 的调用，则调用不同的 API 可能需要采用不同的设置，如局域网内部调用就比外部调用需要更小的超时设置。为了解决这个问题，我们对提供的设置赋予一个唯一的名称，在使用时针对这个标识提取对应的设置来创建 HttpClient 对象，为了方便描述，我们将这个唯一标识称为 HttpClient 的命名。在接下来的演示实例中，我们将设置两个 HttpClient 来调用指向"www.foo.com"和"www.bar.com"这两个域名的 API。为此我们需要在 host 文件中添加如下映射关系。

```
127.0.0.1          www.foo.com
127.0.0.1          www.bar.com
```

在如下所示的演示实例中，我们为 ASP.NET Core 应用注册的终节点返回包含请求的域名和路径。调用 IServiceCollection 接口的 AddHttpClient 方法注册两个名称分别为"foo"和"bar"的 HttpClient，并对它们的基础地址进行针对性的设置。（S1205）

```
using System.Diagnostics;

var app = WebApplication.Create(args);
app.Urls.Add("http://0.0.0.0:80");
app.MapGet("/{path}" , (HttpRequest resquest, HttpResponse response)
    =>response.WriteAsync($"{resquest.Host}{resquest.Path}"));
```

```
await app.StartAsync();

var services = new ServiceCollection();
services.AddHttpClient("foo",
    httpClient => httpClient.BaseAddress = new Uri("http://www.foo.com"));
services.AddHttpClient("bar",
    httpClient => httpClient.BaseAddress = new Uri("http://www.bar.com"));
var httpClientFactory = services
    .BuildServiceProvider()
    .GetRequiredService<IHttpClientFactory>();

var reply = await httpClientFactory.CreateClient("foo").GetStringAsync("abc");
Debug.Assert(reply == "www.foo.com/abc");
reply = await httpClientFactory.CreateClient("bar").GetStringAsync("xyz");
Debug.Assert(reply == "www.bar.com/xyz");
```

我们将 HttpClient 的注册名称作为参数调用 IHttpClientFactory 工厂的 Create 方法得到对应的 HttpClient 对象。由于基础地址已经设置好了，所以在进行 HTTP 调用时只需要指定相对地址（abc 和 xyz）即可。

12.1.5　强类型客户端

强类型客户端是指针对具体场景自定义的用于调用指定 API 的类型，强类型客户端直接使用注入的 HttpClient 进行 HTTP 调用。对于上一个实例的应用场景，我们就可以定义 FooClient 和 BarClient 两个客户端类型，并使用它们分别调用指向不同域名的 API。如下面的代码片段所示，我们直接在其构造函数中注入了 HttpClient 对象，并在 GetStringAsync 方法中使用它来完成最终的 HTTP 调用。

```
public class FooClient
{
    private readonly HttpClient _httpClient;
    public FooClient(HttpClient httpClient) => _httpClient = httpClient;
    public Task<string> GetStringAsync(string path)
        => _httpClient.GetStringAsync(path);
}

public class BarClient
{
    private readonly HttpClient _httpClient;
    public BarClient(HttpClient httpClient) => _httpClient = httpClient;
    public Task<string> GetStringAsync(string path)
        => _httpClient.GetStringAsync(path);
}
```

由于 FooClient 和 BarClient 对使用的 HttpClient 具有不同的要求，所以要采用如下方式调用 IServiceCollection 接口的 AddHttpClient<TClient>扩展方法，并且客户端类型对 HttpClient 进行设置，具体设置的依然是基础地址。由于 AddHttpClient<TClient>扩展方法会将作为泛型参数的 TClient 类型注册为服务，所以可以直接利用 IServiceProvider 对象提取对应的客户端实例。

（S1206）

```
using App;
using System.Diagnostics;

var app = WebApplication.Create(args);
app.Urls:Add("http://0.0.0.0:80");
app.MapGet("/{path}", (HttpRequest resquest, HttpResponse response)
    => response.WriteAsync($"{resquest.Host}{resquest.Path}"));
await app.StartAsync();

var services = new ServiceCollection();
services.AddHttpClient<FooClient>("foo", httpClient
    => httpClient.BaseAddress = new Uri("http://www.foo.com"));
services.AddHttpClient<BarClient>("bar", httpClient
    => httpClient.BaseAddress = new Uri("http://www.bar.com"));
var serviceProvider = services.BuildServiceProvider();
var foo = serviceProvider.GetRequiredService<FooClient>();
var bar = serviceProvider.GetRequiredService<BarClient>();

var reply = await foo.GetStringAsync("abc");
Debug.Assert(reply == "www.foo.com/abc");
reply = await bar.GetStringAsync("xyz");
Debug.Assert(reply == "www.bar.com/xyz");
```

12.1.6　失败重试

在任何环境下都不可能确保每次 HTTP 调用都能成功，所以失败重试是很有必要的。失败重试是要讲究策略的，返回何种响应状态才需要重试？重试多少次？时间间隔多长？一提到策略化自动重试，大多数人会想到 Polly 这个开源框架，"Microsoft.Extensions.Http.Polly"这个 NuGet 包提供了 IHttpClientFactory 工厂和 Polly 的整合。在添加了这个包引用之后，我们将演示程序进行修改。如下面的代码片段所示，我们注册的终节点接收到的每 3 个请求只有一个会返回状态码为 200 的响应，其余两个响应码均为 500。如果客户端能够确保失败后至少进行两次重试，就能保证客户端调用成功。（S1207）

```
using Polly;
using Polly.Extensions.Http;
using System.Diagnostics;

var app = WebApplication.Create(args);
var counter = 0;
app.MapGet("/",
    (HttpResponse response) => response.StatusCode = counter++ % 3 == 0 ? 200 : 500);
await app.StartAsync();

var services = new ServiceCollection();
services
    .AddHttpClient(string.Empty)
    .AddPolicyHandler(HttpPolicyExtensions
```

```
        .HandleTransientHttpError()
        .WaitAndRetryAsync(2, _ => TimeSpan.FromSeconds(1)));
var httpClientFactory = services
    .BuildServiceProvider()
    .GetRequiredService<IHttpClientFactory>();

while (true)
{
    var request = new HttpRequestMessage(HttpMethod.Get, "http://localhost:5000");
    var response = await httpClientFactory.CreateClient().SendAsync(request);
    Debug.Assert(response.IsSuccessStatusCode);
}
```

如上面的代码片段所示，调用 AddHttpClient 扩展方法注册了一个默认匿名 HttpClient（名称采用空字符串）之后，接着调用返回的 IHttpClientBuilder 对象的 AddPolicyHandler 扩展方法设置了失败重试策略。AddPolicyHandler 扩展方法的参数类型为 IAsyncPolicy <HttpResponseMessage>，我们利用 HttpPolicyExtensions 类型的 HandleTransientHttpError 静态方法创建一个用来处理偶发错误（如 HttpRequestException 异常和 5XX/408 响应）的 PolicyBuilder<HttpResponseMessage>对象。最终调用该对象的 WaitAndRetryAsync 方法返回所需的 IAsyncPolicy<HttpResponseMessage>对象，并通过参数设置了重试次数（两次）和每次重试时间间隔（1 秒）。

在利用表示依赖注入容器的 IServiceProvider 对象得到 IHttpClientFactory 之后，我们在一个无限循环中利用它创建的 HttpClient 对本地承载的 API 发起调用。虽然服务端每 3 次调用只有一次是成功的，但是两次重试足以确保最终的调用是成功的。我们提供的调试断言证实了这一点。

12.2　HttpMessageHandler 管道

ASP.NET Core 的核心是由中间件组成的请求处理管道，HttpClient 也采用了类似的设计。HttpClient 管道由一组 HttpMessageHandler 对象构成，这些 HttpMessageHandler 对象相当于 ASPNET Core 的中间件。

12.2.1　HttpMessageHandler

作为组成 HttpClient 管道的一个处理器，HttpMessageHandler 负责处理分发给它的请求和响应。对于管道的某个 HttpMessageHandler 对象来说，请求来源于前一个处理器，处理结束之后会发送给下一个处理器。响应来源于下一个处理器，并在处理完成之后发送给前一个处理器。第一个处理器从客户端程序中获取请求并将响应交给它，最后一个处理器负责将请求通过网络发送出去并接收回复的响应。这仅仅是一般的处理流程，实际上 HttpMessageHandler 对象在接收到请求之后，能够决定是否"向后传递"。

如下面的代码片段所示，HttpMessageHandler 是一个实现了 IDisposable 接口的抽象类型。在默认情况下，当 HttpClient 对象的 Dispose 方法被调用时，调用组成管道的每个

HttpMessageHandler 的 Dispose 方法会随之被调用。不过这个行为可以改变，我们可以选择单纯地释放 HttpClient 对象而忽略管道上的处理器，IHttpClientFactory 工厂借用此特性实现了对 HttpMessageHandler 对象的复用。HttpMessageHandler 针对请求和响应的处理体现在 SendAsync 抽象方法上，作为参数的 HttpRequestMessage 对象表示待处理的请求，而返回的 Task <HttpResponseMessage>对象则体现了对响应的处理。SendAsync 抽象方法利用提供的 CancellationToken 对象来接收中止处理的通知。

```
public abstract class HttpMessageHandler : IDisposable
{
    protected abstract Task<HttpResponseMessage> SendAsync(HttpRequestMessage request,
        CancellationToken cancellationToken);
    public void Dispose();
    protected virtual void Dispose(bool disposing);
}
```

HttpClient 派生于 HttpMessageInvoker 类型，该类型是对一个 HttpMessageHandler 对象的封装。如下面的代码片段所示，这个封装的 HttpMessageHandler 对象是在两个构造函数中提供的，第二个构造函数还具有一个名为 disposeHandler 的参数，上述单纯释放 HttpClient 对象而忽略其处理器的特性就体现在这里。

```
public class HttpMessageInvoker : IDisposable
{
    private HttpMessageHandler _handler;

    public HttpMessageInvoker(HttpMessageHandler handler);
    public HttpMessageInvoker(HttpMessageHandler handler, bool disposeHandler);

    public virtual Task<HttpResponseMessage> SendAsync(HttpRequestMessage request,
        CancellationToken cancellationToken);

    public void Dispose();
    protected virtual void Dispose(bool disposing);
}

public class HttpClient : HttpMessageInvoker
{

    public HttpClient();
    public HttpClient(HttpMessageHandler handler);
    public HttpClient(HttpMessageHandler handler, bool disposeHandler);
}
```

12.2.2 DelegatingHandler

DelegatingHandler 将多个 HttpMessageHandler 对象按照一定的顺序构建成一个完整管道。如图 12-2 所示，一个 DelegatingHandler 表示位于一个管道"非尾端"的处理器，它具有一个针对下一个处理器的引用。从这个意义上讲，处理器管道可以通过第一个 DelegatingHandler 对象来表示。

图 12-2　通过 DelegatingHandler 构建的 HttpMessageHandler 管道

我们通过如下所示的代码模拟了抽象类 DelegatingHandler 的定义。DelegatingHandler 利用其 InnerHandler 属性引用同一个管道中的下一个处理器。重写的 SendAsync 方法会调用 InnerHandler 属性的 SendAsync 方法将请求传递给后续管道进行处理，所以自定义 DelegatingHandler 类中重写的 SendAsync 最终都会调用基类的 SendAsync 方法。它还重写了受保护的 Dispose 方法，并在此调用了下一个处理器的 Dispose 方法，所以通过释放管道第一个处理器就能逐个释放所有处理器。

```csharp
public abstract class DelegatingHandler : HttpMessageHandler
{
    public HttpMessageHandler InnerHandler { get; set; }
    protected DelegatingHandler(HttpMessageHandler innerHandler)
        => InnerHandler = innerHandler;

    protected internal override Task<HttpResponseMessage> SendAsync(
        HttpRequestMessage request, CancellationToken cancellationToken)
        => InnerHandler?.SendAsync(request, cancellationToken);

    protected override void Dispose(bool disposing)
    {
        InnerHandler?.Dispose(disposing);
        base.Dispose(disposing);
    }
}
```

接下来通过演示程序使用 IHttpClientFactory 工厂创建了一个 HttpClient 对象，并查看其管道依次由哪些类型的 HttpMessageHandler 对象组成。如下面的代码片段所示，我们定义了一个辅助方法 PrintPipeline 以递归的形式将指定 HttpMessageHandler 对象及其下一个处理器的类型输出到控制台上。

```csharp
using Microsoft.Extensions.DependencyInjection;
using System.Reflection;

var httpClient = new ServiceCollection()
    .AddHttpClient()
    .BuildServiceProvider()
    .GetRequiredService<IHttpClientFactory>()
    .CreateClient();
var handlerField = typeof(HttpMessageInvoker).GetField("_handler",
    BindingFlags.NonPublic | BindingFlags.Instance);
```

```
PrintPipeline((HttpMessageHandler?)handlerField?.GetValue(httpClient), 0);

static void PrintPipeline(HttpMessageHandler? handler, int index)
{
    if (index == 0)
    {
        Console.WriteLine(handler?.GetType().Name);
    }
    else
    {
        Console.WriteLine($"{new string(' ', index * 4)}=>{handler?.GetType().Name}");
    }
    if (handler is DelegatingHandler delegatingHandler)
    {
        PrintPipeline(delegatingHandler.InnerHandler, index + 1);
    }
}
```

我们利用依赖注入容器提供的 IHttpClientFactory 工厂创建 HttpClient 对象，并利用反射方式得到表示处理器的 HttpMessageHandler 对象，它实际上就是管道的第一个 DelegatingHandler 对象。我们首先将这个对象作为参数调用 PrintPipeline 方法，然后将构成管道的每个处理器类型名称输出，如图 12-3 所示为最终的输出结果。（S1208）

图 12-3　默认处理器管道

从图 12-3 中的输出结果可以看出，对于采用默认配置构建的 IHttpClientFactory 工厂创建的 HttpClient 对象来说，它的处理器管道由如下 4 个类型的处理器构成。

- LifetimeTrackingHttpMessageHandler：在指定的生命周期内复用 HttpMessageHandler 对象以提供更好的性能。
- LoggingScopeHttpMessageHandler：在整个调用的边界（从开始调用到返回结果）输出相应的跟踪诊断日志（如记录整个调用耗时）。
- LoggingHttpMessageHandler：在网络交互边界（从请求发送到响应接收）输出相应的跟踪诊断日志（如单纯记录网络通信耗时）。
- HttpClientHandler：完成基于网络传输的请求发送和响应接收。

对于任何一个由 IHttpClientFactory 工厂创建的 HttpClient 对象来说，除位于管道末端作为主处理器的 HttpClientHandler 可以替换外，上述的其他几个处理器总是存在的。我们可以通过配置为构建的管道添加任意处理器，并将它们添加到 LoggingScopeHttpMessageHandler 和

LoggingHttpMessageHandler 之间。我们编写了一个简单的实例来演示自定义处理器的注册。如下面的代码片段所示，我们定义了 4 个 HttpMessageHandler 类型，其中派生于 HttpClientHandler 的 ExtendedHttpClientHandler 将作为管道末端的主处理器，其他 3 个派生于 DelegatingHandler 的处理器将额外"注入"管道中。

```
public class ExtendedHttpClientHandler          : HttpClientHandler { }
public class FooHttpMessageHandler              : DelegatingHandler { }
public class BarHttpMessageHandler              : DelegatingHandler { }
public class BazHttpMessageHandler              : DelegatingHandler { }
```

　　如下面的代码片段所示，在调用 AddClient 扩展方法得到返回的 IHttpClientBuilder 对象之后，又调用了它的 ConfigurePrimaryHttpMessageHandler 扩展方法，并利用一个 Func<HttpMessageHandler>委托对象将 ExtendedHttpClientHandler 对象注册为主处理器。接下来调用了 IHttpClientBuilder 对象的 AddHttpMessageHandler 扩展方法利用提供的 Func<IServiceProvider, DelegatingHandler>委托对象添加额外的 3 个处理器。

```
using App;
using Microsoft.Extensions.DependencyInjection;
using System.Reflection;

var services = new ServiceCollection();
services.AddHttpClient(string.Empty)
    .ConfigurePrimaryHttpMessageHandler(_ => new ExtendedHttpClientHandler())
    .AddHttpMessageHandler(_ => new FooHttpMessageHandler())
    .AddHttpMessageHandler(_ => new BarHttpMessageHandler())
    .AddHttpMessageHandler(_ => new BazHttpMessageHandler());

var httpClient = services.BuildServiceProvider()
    .GetRequiredService<IHttpClientFactory>()
    .CreateClient();
var handlerField = typeof(HttpMessageInvoker).GetField("_handler",
    BindingFlags.NonPublic | BindingFlags.Instance);
PrintPipeline((HttpMessageHandler?)handlerField?.GetValue(httpClient), 0);

static void PrintPipeline(HttpMessageHandler? handler, int index)
{
    if (index == 0)
    {
        Console.WriteLine(handler?.GetType().Name);
    }
    else
    {
        Console.WriteLine($"{new string(' ', index * 4)}=>{handler?.GetType().Name}");
    }
    if (handler is DelegatingHandler delegatingHandler)
    {
        PrintPipeline(delegatingHandler.InnerHandler, index + 1);
    }
}
```

在利用 IServiceProvider 对象构建出 IHttpClientFactory 工厂之后，再利用它将 HttpClient 对象创建出来，并采用与前一个实例相同的方式将它的处理器管道结构输出。组成管道的处理器顺序体现在输出结果中，如图 12-4 所示。（S1209）

图 12-4 定制处理器管道

12.2.3 诊断日志

对于由 IHttpClientFactory 工厂创建的 HttpClient 来说，它的处理器管道总是包含两个与日志相关的处理器，对应的类型分别是 LoggingScopeHttpMessageHandler 和 LoggingHttpMessageHandler，它们都会在不同的边界或范围输出相应的跟踪诊断日志。前者的边界是针对整个管道的调用，后者则是针对最后一个面向网络传输。它们究竟会输出怎样的日志呢？我们通过一个简单的实例来寻找答案。如下面的代码片段所示，我们自定义一个继承自 DelegatingHandler 的 DelayHttpMessageHanadler 类型，它会在调用后续处理器前后模拟 1 秒和 2 秒的耗时。

```csharp
public class DelayHttpMessageHanadler : DelegatingHandler
{
    protected override async Task<HttpResponseMessage> SendAsync(
        HttpRequestMessage request, CancellationToken cancellationToken)
    {
        await Task.Delay(TimeSpan.FromSeconds(1), cancellationToken);
        var response = await base.SendAsync(request, cancellationToken);
        await Task.Delay(TimeSpan.FromSeconds(2), cancellationToken);
        return response;
    }
}
```

在调用 AddHttpClient 扩展方法对 DelayHttpMessageHanadler 进行注册之前，我们还添加了日志的服务注册。具体来说，添加了控制台的输出，并开启了日志范围的支持。在利用 IHttpClientFactory 工厂将 HttpClient 对象创建出来后，再利用它向地址 "http://www.baidu.com" 发送一个 GET 请求。

```csharp
using App;
using Microsoft.Extensions.DependencyInjection;
using Microsoft.Extensions.Logging;

var services = new ServiceCollection()
    .AddLogging(logging => logging
```

```
        .AddConsole()
        .AddSimpleConsole(options => options.IncludeScopes = true));
services.AddHttpClient(string.Empty)
    .AddHttpMessageHandler(() => new DelayHttpMessageHanadler());
var httpClient = services
    .BuildServiceProvider()
    .GetRequiredService<IHttpClientFactory>()
    .CreateClient();
await httpClient.GetAsync("http://www.baidu.com");
```

　　程序运行之后，我们会在控制台上看到 4 条日志。第 1 条日志和最后一条日志是由 LoggingScopeHttpMessageHandler 对象输出的，它创建了一个日志范围，范围名称采用模板为 "HTTP {Method} {URL}"，最后一条日志会输出整个管道上的调用耗时。第 2 条和第 3 条日志是由 LoggingHttpMessageHandler 对象输出的，它们写入的时机分别是发送请求前和接收到请求后，最后一条日志还是输出两者之间的时间间隔，也就是面向网络传输的耗时。从输出的内容可以看出，两个耗时基本相差 3 秒，刚好是注册的 DelayHttpMessageHanadler 对象模拟延时。（S1210）

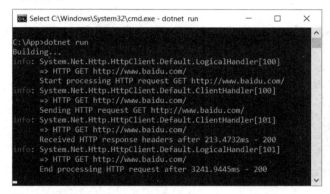

图 12-5 诊断日志（Level≥Information）

　　由于在默认情况下只有等级不低于 Information 的日志才会输出到控制台上，所以看不到上述两个输出的更低等级（Trace）的日志。接下来对程序进行如下修改，通过添加日志过滤器输出所有等级的日志。

```
using App;
using Microsoft.Extensions.DependencyInjection;
using Microsoft.Extensions.Logging;

var services = new ServiceCollection()
    .AddLogging(logging => logging
        .SetMinimumLevel(LogLevel.Trace)
        .AddConsole()
        .AddSimpleConsole(options => options.IncludeScopes = true));
services.AddHttpClient(string.Empty)
    .AddHttpMessageHandler(() => new DelayHttpMessageHanadler());
var httpClient = services
```

```
    .BuildServiceProvider()
    .GetRequiredService<IHttpClientFactory>()
    .CreateClient();
await httpClient.GetAsync("http://www.baidu.com");
```

再次运行演示程序，控制台上将会输出日志，如图 12-6 所示。我们可以看出 LoggingScopeHttpMessageHandler 和 LoggingHttpMessageHandler 会将请求和响应的报头写入等级为 Trace 的日志中。（S1211）

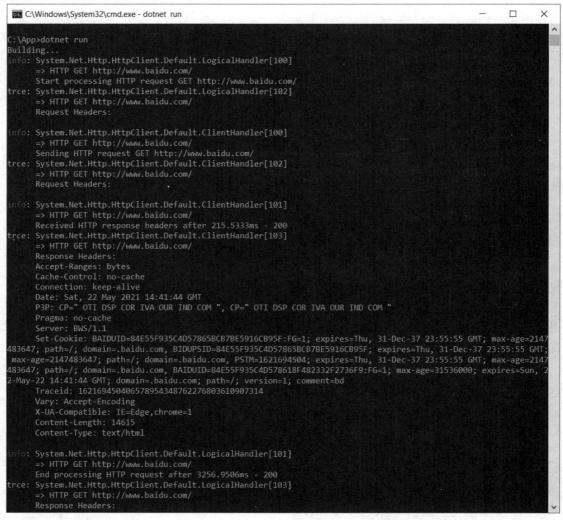

图 12-6　诊断日志（All）

12.2.4　复用 HttpClientHandler

HttpClient 对象 HTTP 调用最终是利用其处理器完成的，所以我们可以将 HttpClient 作为处理器的 HttpMessageHandler 对象的代理。在默认情况下，面向网络传输的 HTTP 调用是通过 HttpClientHandler 对象完成的。由于 HttpClientHandler 对象的 HTTP 调用建立在底层的 TCP 连接上，所以复用已经创建的连接是确保性能的核心手段，连接的复用可以借助 HttpClientHandler 对象的复用来实现。在默认情况下，调用 HttpClient 对象的 Dispose 方法时，封装的 HttpClientHandler 对象的 Dispose 方法也会随之被调用，开启的连接会随之关闭。在本章开头演示的第一个实例中，我们选择在每次调用之后都执行 HttpClient 对象的 Dispose 方法，这样做会导致 TCP 连接频繁地创建和关闭，影响性能，但是实验的结果却抛出了一个 HttpRequestExcetion 异常，并提示 "Only one usage of each socket address (protocol/network address/port) is normally permitted"，这是为什么呢？

接下来重新运行这个程序。与此同时，执行 "netstat" 命令查看本机的网络状态。随着运行程序，HttpRequestExcetion 异常不断被抛出，我们会发现控制台上不断涌现出状态为 TIME_WAIT 的连接，如图 12-7 所示。TCP 连接的状态为什么会转变成 TIME_WAIT，它和应用程序抛出的异常又有何关联呢？

图 12-7　频繁创建和关闭网络连接导致的网络状态

我们知道 TCP 是面向连接的双边协议，连接的创建和关闭都需要双方进行 "协商"。对于建立连接的 3 次 "握手"，很多开发人员已经非常熟悉了，所以这里只简单介绍关闭连接的协商流程。假设创建了一个从 A 到 B 的连接，如果 A 决定关闭该连接，则它会向 B 发送一个 FIN 数据包。B 在接收到这个 FIN 数据包之后，除了回复 ACK 确认，也会向 A 发送一个 FIN 数据包。当 A 接收到源自 B 的 FIN 数据包之后，本地的网络状态就会转变成 TIME_WAIT。TIME_WAIT 表示在真正关闭连接之前的一段必要等待过程。之所以不能马上关闭连接，是考虑到此时很有可能还有未接收到的数据包，所以它需要利用这一段等待时间接收和处理它们。一般来说，等待时长来源于操作系统的设置，Windows 将这个时间保存在注册表中，默认为 2 分钟。

出现少量的 TIME_WAIT 状态的连接是没有什么问题的，但是对于上述的演示程序来说，每一个 HttpClient 对象的 Dispose 方法的调用都将底层的 TCP 连接转变成 TIME_WAIT 状态。由于这样的连接并未被关闭，对应的 Socket 并未得到释放，而每个 Socket 都独占一个本地端口，一旦可用的端口耗尽，将无法创建新的连接，最终导致出现 HttpRequestExcetion 异常。

为了解决这个问题，我们采用以单例形式使用 HttpClient 对象。但是对于一个长时间运行的应用或者服务来说，又会带来一些新的问题，如在应用运行期间无法感知 DNS 映射的实时改变。

由于 HttpClient 对象会将 HTTP 调用转移到作为处理器的 HttpMessageHandler 对象，它仅仅是这个处理器的代理，所以真正需要复用的是这个 HttpMessageHandler 对象。虽然每次调用 IHttpClientFactory 工厂的 CreateClient 方法都会创建一个新的 HttpClient 对象，但是它们内部可能使用的是同一个处理器。为了解决"感知 DNS 映射变化"这样的问题，我们可以设置复用的有效时间。

除了在指定时间范围内复用处理器，还有一些针对性的配置和调用策略（如基础地址、超时时限和失败重试等）需要应用到创建的 HttpClient 对象上。这些功能需求都体现在 HttpClient 的创建上，所以我们需要将这部分逻辑抽象出来，这就是 IHttpClientFactory 工厂设计的目的。接下来将从设计层面介绍 IHttpClientFactory 工厂是如何根据设置来创建对应 HttpClient 对象的。

12.3 HttpClient 的构建

虽然 IHttpClientFactory 工厂的最终使命是根据配置创建 HttpClient 对象，但我们知道 HttpClient 对象的核心是作为处理器的 HttpMessageHandler，所以如何为创建的 HttpClient 提供 HttpMessageHandler 对象才是整个构建体系的核心。

12.3.1 HttpMessageHandlerBuilder

作为 HttpClient 处理器的 HttpMessageHandler 对象是由 HttpMessageHandlerBuilder 构建的。如下面的代码片段所示，HttpMessageHandlerBuilder 是一个抽象类，HttpMessageHandler 对象的构建体现在 Build 抽象方法上。

```
public abstract class HttpMessageHandlerBuilder
{
    public abstract string                              Name { get; set; }
    public abstract HttpMessageHandler                  PrimaryHandler { get; set; }
    public abstract IList<DelegatingHandler>            AdditionalHandlers { get; }
    public virtual IServiceProvider                     Services { get; }

    public abstract HttpMessageHandler Build();

    protected static HttpMessageHandler CreateHandlerPipeline(
        HttpMessageHandler primaryHandler,
        IEnumerable<DelegatingHandler> additionalHandlers)
    {
        IReadOnlyList<DelegatingHandler> additionalHandlersList =
            additionalHandlers as IReadOnlyList<DelegatingHandler>
            ?? additionalHandlers.ToArray();
        HttpMessageHandler next = primaryHandler;
        for (int i = additionalHandlersList.Count - 1; i >= 0; i--)
        {
            var handler = additionalHandlersList[i];
```

```
        handler.InnerHandler = next;
        next = handler;
    }
    return next;
}
}
```

IHttpClientFactory 工厂总是根据 HttpClient 的名称来提取对应的配置，进而将对应的 HttpClient 对象创建出来，该名称体现在 HttpMessageHandlerBuilder 类型的 Name 属性上。如果没有显式指定，则它采用空字符串作为默认名称，这和 Options 选项的命名规则是完全一致的。HttpMessageHandlerBuilder 构建的并非一个单一的 HttpMessageHandler 对象，而是由它"牵头"的处理器管道。管道末端用来发送请求和接收响应的 HttpMessageHandler 对象被称为"主处理器"，通过其 PrimaryHandler 属性表示。

除主处理器外的其他处理器类型均为 DelegatingHandler，它们被保存在 AdditionalHandlers 属性表示的列表中。HttpMessageHandlerBuilder 还利用其 Services 属性表示的 IServiceProvider 对象来提供构建过程所需的依赖服务。它还提供了一个 CreateHandlerPipeline 静态方法根据指定主处理器和一组前置处理器创建表示处理器管道的 HttpMessageHandler 对象。

HttpMessageHandlerBuilder 的默认实现类型是一个名为 DefaultHttpMessageHandlerBuilder 的内部类型，可以使用简化的代码模拟它的实现。如下面的代码片段所示，表示依赖注入容器的 IServiceProvider 对象是在构造函数中指定的，它实现的 Build 方法会定义在基类上的静态方法 CreateHandlerPipeline 完成对处理器管道的创建。如果没有显式设置，则构建的管道采用 HttpClientHandler 作为主处理器。

```
internal sealed class DefaultHttpMessageHandlerBuilder : HttpMessageHandlerBuilder
{
    public override string                      Name { get; set; }
    public override HttpMessageHandler          PrimaryHandler { get; set; }
        = new HttpClientHandler();
    public override IList<DelegatingHandler>    AdditionalHandlers { get; }
        = new List<DelegatingHandler>();
    public override IServiceProvider            Services { get; }

    public DefaultHttpMessageHandlerBuilder(IServiceProvider services)
        => Services = services;

    public override HttpMessageHandler Build()
        => CreateHandlerPipeline(PrimaryHandler, AdditionalHandlers);
}
```

12.3.2　HttpClientFactoryOptions

DefaultHttpClientFactory 是对 IHttpClientFactory 工厂的默认实现，它总是利用 HttpClient 名称对应的配置选项来构建 HttpClient 对象，具体配置选项定义在如下 HttpClientFactoryOptions 类型中。IHttpClientFactory 工厂会控制处理器的生命周期，具体的时间长短通过 HandlerLifetime 属性来控制，默认为 2 分钟，并且不能小于 1 秒。

```
public class HttpClientFactoryOptions
{
  public TimeSpan                                          HandlerLifetime { get; set; }
  public IList<Action<HttpMessageHandlerBuilder>> HttpMessageHandlerBuilderActions { get; }
  public IList<Action<HttpClient>>                         HttpClientActions { get; }

    public Func<string, bool>                              ShouldRedactHeaderValue { get; set; }
    public bool                                            SuppressHandlerScope { get; set; }
}
```

DefaultHttpClientFactory 利用 HttpMessageHandlerBuilder 来构建 HttpClient 的处理器管道。具体来说，DefaultHttpClientFactory 将 HttpMessageHandlerBuilder 对象创建出来之后，它会从 HttpClientFactoryOptions 配置选项的 HttpMessageHandlerBuilderActions 属性中提取所有的 Action<HttpMessageHandlerBuilder>委托对象，并利用它们对 HttpMessageHandlerBuilder 进行进一步设置。当 HttpClient 对象被创建出来之后，DefaultHttpClientFactory 还会从 HttpClientActions 属性中提取所有的 Action<HttpClient>委托对象，并对它们进行进一步设置。

构成管道的 LoggingScopeHttpMessageHandler 对象和 LoggingHttpMessageHandler 对象会将请求和响应的报头输出到等级为 Trace 的日志中。但是有的请求或者响应报头携带的内容可能比较敏感，将它们输出到日志中会带来安全隐患，在这种情况下就需要使用 HttpClientFactoryOptions 配置选项的 ShouldRedactHeaderValue 属性。该属性返回一个 Func<string, bool>委托对象，它用来确定指定的报头（输入参数表示报头名称）携带的内容是否需要在日志中被屏蔽（Redact）。在下面的演示程序中，我们开启了控制台中的日志输出，并且只收集等级为 Trace 的日志。调用 Configure<TOptions>扩展方法对 HttpClientFactoryOptions 配置选项的 ShouldRedactHeaderValue 属性进行了设置，指定的委托对象会屏蔽除名称为 Foo 和 Bar 外的其他报头。

```
using Microsoft.Extensions.DependencyInjection;
using Microsoft.Extensions.Http;
using Microsoft.Extensions.Logging;

var httpClient = new ServiceCollection()
    .Configure<HttpClientFactoryOptions>(
        options => options.ShouldRedactHeaderValue = ShouldRedact)
    .AddLogging(logging => logging
        .AddFilter(level => level == LogLevel.Trace)
        .AddConsole()
        .AddSimpleConsole(options => options.IncludeScopes = true))
    .AddHttpClient()
    .BuildServiceProvider()
    .GetRequiredService<IHttpClientFactory>()
    .CreateClient();

var request = new HttpRequestMessage(HttpMethod.Get, "http://www.baidu.com");
request.Headers.Add("Foo", "123");
request.Headers.Add("Bar", "456");
request.Headers.Add("Baz", "789");
```

```
await httpClient.SendAsync(request);
```

```
static bool ShouldRedact(string headerName) => headerName != "Foo" && headerName !=
"Bar";
```

　　在利用创建的 HttpClient 对象针对目标地址"http://www.baidu.com"发起请求之前，我们添加了名称为 Foo、Bar 和 Baz 的 3 个请求报头。演示程序运行之后，我们会在控制台上看到以日志形式记录的请求和响应报头（见图 12-8），可以看出除 Foo 和 Bar 这两个请求报头有真实的内容外，其他的报头值都是"*"。（S1212）

图 12-8　在日志中屏蔽指定的报头值

　　对于 HttpClient 对象的每一次创建请求，DefaultHttpClientFactory 都会利用依赖注入容器来构建 HttpMessageHandlerBuilder 对象。在默认的情况下，DefaultHttpClientFactory 会利用表示当前（针对应用或者请求）的 IServiceProvider 对象创建一个表示服务范围的 IServiceScope 对象，并利用它提供的 IServiceProvider 对象来提供 HttpMessageHandlerBuilder。当构建的处理器管道的生命周期结束之后，IServiceScope 对象会被释放，构建过程中创建的非单例依赖服务也会一并被释放。

　　但这个行为是可以通过 HttpClientFactoryOptions 配置选项的 SuppressHandlerScope 属性改变的。顾名思义，该属性表示是否需要屏蔽为构建 HttpMessageHandler 对象而创建的服务范围。

如果将这个属性显式设置为 True，则不再额外创建服务范围，DefaultHttpClientFactory 将直接使用当前的 IServiceProvider 对象来创建 HttpClient。除非我们能够百分之百地明确可能导致的结果，否则不要设置该属性。为了让大家意识到修改这个属性可能带来的严重后果，我们来演示一个简单的实例。

如下面的代码片段所示，我们定义了一个派生于 DelegatingHandler 的 FoobarHttpMessageHandler 处理器类型。在它的构造函数中注入了类型为 Foo 和 Bar 的两个对象，这两个类型派生于实现了 IDisposable 接口的基类 DependentService。在它们的构造函数和实现/重写的 Dispose 方法中输出一段文字以确定对象被创建和释放的时机。

```
public class FoobarHttpMessageHandler : DelegatingHandler
{
public FoobarHttpMessageHandler(Foo foo, Bar bar)=>
    Console.WriteLine($"[{DateTimeOffset.Now}]{GetType().Name} is constructed.");
    protected override void Dispose(bool disposing)
    {
        Console.WriteLine($"[{DateTimeOffset.Now}]{GetType().Name} is Disposed.");
        base.Dispose(disposing);
    }
}

public abstract class DependentService : IDisposable
{
    protected DependentService() =>
        Console.WriteLine($"[{DateTimeOffset.Now}]{GetType().Name} is constructed.");
    public void Dispose() =>
        Console.WriteLine($"[{DateTimeOffset.Now}]{GetType().Name} is disposed.");
}

public class Foo : DependentService { }
public class Bar : DependentService { }
```

在调用 IServiceCollection 接口的 AddHttpClient 扩展方法之前，添加了 Foo 对象和 Bar 对象的服务注册，采用的生命周期模式分别为 Transient 和 Scoped。我们通过设置 HttpClientFactoryOptions 配置选项的方式将 FoobarHttpMessageHandler 对象添加到处理器管道中，并将生命周期设置为 2 秒。在得到 IHttpClientFactory 工厂之后，利用创建的 HttpClient 对象完成了 3 次 HTTP 调用，将调用的时间间隔设置为 2 秒，并显示执行一次垃圾回收。

```
using App;
using Microsoft.Extensions.DependencyInjection;
using Microsoft.Extensions.Http;

var services = new ServiceCollection()
    .AddTransient<Foo>()
    .AddScoped<Bar>()
    .Configure<HttpClientFactoryOptions>(options =>
    {
        options.HandlerLifetime = TimeSpan.FromSeconds(2);
```

```
            options.HttpMessageHandlerBuilderActions.Add(AddHandler);
    });
var httpClientFactory = services
    .AddHttpClient()
    .BuildServiceProvider()
    .GetRequiredService<IHttpClientFactory>();

for (int index = 0; index < 3; index++)
{
    await httpClientFactory.CreateClient().GetAsync("http://www.baidu.com");
    await Task.Delay(TimeSpan.FromSeconds(2));
    GC.Collect();
}

Console.Read();

static void AddHandler(HttpMessageHandlerBuilder builder)
{
    builder.AdditionalHandlers.Add(ActivatorUtilities
        .CreateInstance<FoobarHttpMessageHandler>(builder.Services));
}
```

演示程序运行之后，控制台上的输出结果如图 12-9 所示。由于调用的时间间隔与处理器的生命周期是一致的，所以每次调用都会创建一个新的 FoobarHttpMessageHandler 对象。由于该对象是在一个服务范围内创建的，所以依赖的 Foo 对象和 Bar 对象都会被重新创建，输出结果也证实了这一点。（S1213）

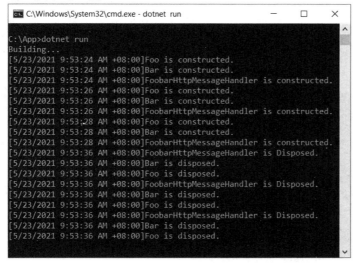

图 12-9　HttpMessageHandler 的创建和释放（默认）

虽然 FoobarHttpMessageHandler 在创建后 2 秒就过期了，但是它并没有及时地被回收，不过它和依赖的 Foo 对象和 Bar 对象的 Dispose 方法几乎在同一个时刻被调用。从图 12-9 可以看出，对象释放的时间和创建第一个 FoobarHttpMessageHandler 的时间相差 12 秒。这个时间间隔并非随机产生的，而是由两个因素导致的结果：第一，只有在第一个处理器过期之后才会启动它们的释放工作；第二，每次释放的时间间隔为 10 秒。所以 FoobarHttpMessageHandler 被创建后 2 秒过期，但是在 12 秒后才会被真正回收。目前演示的针对 HttpMessageHandler 及其依赖对象的创建和释放都是默认的行为，这个行为由 HttpClientFactoryOptions 配置选项的 SuppressHandlerScope 属性决定。现在按照如下方式将这个属性设置为 True。

```
using App;
using Microsoft.Extensions.Http;

var services = new ServiceCollection()
    .AddTransient<Foo>()
    .AddScoped<Bar>()
    .Configure<HttpClientFactoryOptions>(options =>
    {
        options.HandlerLifetime = TimeSpan.FromSeconds(2);
        options.HttpMessageHandlerBuilderActions.Add(AddHandler);
        options.SuppressHandlerScope = true;
    });
...
```

再次运行程序，控制台上的输出结果如图 12-10 所示。可以看出采用 Scoped 生命周期模式注册的 Bar 对象只创建了一次，这是因为它和 Foo 对象都是直接利用作为根容器的 IServiceProvider 对象创建的。也正是这个原因，虽然 HttpMessageHandler 在过期后能够被回收释放，但是注入的依赖对象却不能。将 HttpClientFactoryOptions 配置选项的 SuppressHandlerScope 属性设置为 True，不仅会导致依赖对象不能释放，还有可能导致它们被过早释放。假设 HttpMessageHandler 是在 ASP.NET Core 应用请求处理过程中创建的，那么依赖的非单例对象将会在请求处理结束之前被释放掉，而此时 HttpMessageHandler 对象极有可能尚未过期。（S1214）

图 12-10　HttpMessageHandler 的创建和释放（SuppressHandlerScope = true）

12.3.3　IHttpMessageHandlerBuilderFilter

对于用来构建管道的 HttpMessageHandlerBuilder，除了可以由 HttpClientFactoryOptions 配置选项的 HttpMessageHandlerBuilderActions 属性中添加的 Action<HttpMessageHandlerBuilder>委托对象对其进行设置，还可以由注册的 IHttpMessageHandlerBuilderFilter 对象进行设置。如下面的代码片段所示，IHttpMessageHandlerBuilderFilter 接口定义了唯一的 Configure 方法，该方法同样返回一个 Action<HttpMessageHandlerBuilder>委托对象，作为输出的 Action<HttpMessageHandlerBuilder>委托对象用于完成对 HttpMessageHandlerBuilder 对象的后续处理。

```
public interface IHttpMessageHandlerBuilderFilter
{
    Action<HttpMessageHandlerBuilder>        Configure(Action<HttpMessageHandlerBuilder>
next);
}
```

当 HttpMessageHandlerBuilder 对象被创建后，注册的 IHttpMessageHandlerBuilderFilter 对象会被提取出来，它们的 Configure 方法返回的 Action<HttpMessageHandlerBuilder>委托对象会依次对 HttpMessageHandlerBuilder 对象进行设置。由于返回的委托对象可以自行决定是否执行后续操作，以及后续操作执行的时机（在当前定制操作之前或者之后执行），所以 IHttpMessageHandlerBuilderFilter 对象针对管道的定制具有更加灵活的控制功能。

IHttpMessageHandlerBuilderFilter 具有如下一个名为 LoggingHttpMessageHandlerBuilderFilter 的实现类型，正是它将前文介绍的两个与日志相关的 HttpMessageHandler 添加到构建的管道中的。为了确保这两个 HttpMessageHandler 被放置到合适的位置，LoggingHttpMessageHandlerBuilderFilter 选择将添加处理器的操作放在最后执行。正是这一点最终确定了 LoggingScopeHttpMessageHandler 对象被放置到前面（LifetimeTrackingHttpMessageHandler 之后），而 LoggingHttpMessageHandler 对象被放置到最后（主处理器之前）。

```
internal sealed class LoggingHttpMessageHandlerBuilderFilter
    : IHttpMessageHandlerBuilderFilter
{
    private readonly ILoggerFactory                          _loggerFactory;
    private readonly IOptionsMonitor<HttpClientFactoryOptions>   _optionsMonitor;

    public LoggingHttpMessageHandlerBuilderFilter(ILoggerFactory loggerFactory,
        IOptionsMonitor<HttpClientFactoryOptions> optionsMonitor)
    {

        _loggerFactory = loggerFactory;
        _optionsMonitor = optionsMonitor;
    }

    public Action<HttpMessageHandlerBuilder> Configure(
        Action<HttpMessageHandlerBuilder> next)
    {
        return (builder) =>
        {
```

```
        next(builder);
        var loggerName = !string.IsNullOrEmpty(builder.Name)
            ? builder.Name : "Default";
        var outerLogger = _loggerFactory .CreateLogger
            ($"System.Net.Http.HttpClient.{loggerName}.LogicalHandler");
        var innerLogger = _loggerFactory
            .CreateLogger($"System.Net.Http.HttpClient.{loggerName}.ClientHandler");
        var options = _optionsMonitor.Get(builder.Name);

        builder.AdditionalHandlers.Insert(0,
            new LoggingScopeHttpMessageHandler(outerLogger, options));
        builder.AdditionalHandlers.Add(
            new LoggingHttpMessageHandler(innerLogger, options));
    };
  }
}
```

12.3.4 IHttpClientFactory

如下所示为 IHttpClientFactory 接口的定义，它定义了唯一的 CreateClient 方法，并根据指定的名称创建对应的 HttpClient 对象。前面演示的大部分实例调用的是另一个无参的同名扩展方法，该扩展方法会使用默认的配置选项名称作为 HttpClient 的名称。我们说匿名 HttpClient 的命名方式与 Options 类似，实际上它直接使用的是 Options 的默认名称（Options.DefaultName）。

```
public interface IHttpClientFactory
{
    HttpClient CreateClient(string name);
}

public static class HttpClientFactoryExtensions
{
    public static HttpClient CreateClient(this IHttpClientFactory factory)
        => factory.CreateClient(Options.DefaultName);
}
```

DefaultHttpClientFactory 是对 IHttpClientFactory 接口的默认实现，针对 HttpClient 对象的创建和生命周期管理体现在图 12-11 中。它维护着两个特殊的数据结构，即"活动处理器字典"（Active Handler Dictionary）和"过期处理器队列"（Expired Handler Queue）。

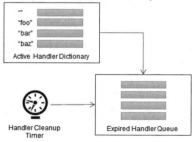

图 12-11 HttpClient 对象的创建和生命周期管理

活动处理器字典维护着已经创建且未过期的 HttpMessageHandler 对象和 HttpClient 名称之间的映射。对于任何一个针对 HttpClient 创建请求，DefaultHttpClientFactory 对象都会根据指定名称尝试从该字典中提取一个活动的 HttpMessageHandler 对象。如果存在，则 DefaultHttpClientFactory 会将这个对象作为创建的 HttpClient 对象的处理器，否则它会利用 HttpMessageBuilderHandler 对象构建一个新的处理器，并添加到活动处理器字典中。

活动处理器字典中的每个 HttpMessageHandler 对象都关联着一个定时器（Timer），后者会在过期时将关联的处理器移到过期处理器队列中。另一个定时器会以固定的频率（10 秒）从该队列中提取已经过期的 HttpMessageHandler 对象，并通过调用 Dispose 方法将其释放。在大致了解了 HttpClient 的创建与释放原理之后，接下来从代码的角度进行更细致的介绍。

1.　LifetimeTrackingHttpMessageHandler

对于任何一个由 IHttpClientFactory 工厂创建的 HttpClient 对象来说，位于处理器管道首位的总是一个 LifetimeTrackingHttpMessageHandler 对象。如下面的代码片段所示，它仅仅是一个简单派生自 DelegatingHandler 的处理器类型，并没有什么特别的实现。

```
internal class LifetimeTrackingHttpMessageHandler : DelegatingHandler
{
    public LifetimeTrackingHttpMessageHandler(HttpMessageHandler innerHandler)
        : base(innerHandler){}
    protected override void Dispose(bool disposing){}
}
```

2.　ActiveHandlerTrackingEntry

保存在"活动处理器字典"中的 HttpMessageHandler 对象以一个 ActiveHandlerTrackingEntry 对象的形式进行存储。如下面的代码片段所示，除了表示处理器的 Handler 属性（该属性返回上述的 LifetimeTrackingHttpMessageHandler 对象），还可以利用 ActiveHandlerTrackingEntry 对象获得对应的配置名称（Name 属性）、过期时间（Lifetime 属性）和构建 HttpMessageHandler 所创建的服务范围（Scope）。

```
internal class ActiveHandlerTrackingEntry
{
    private bool                                 _timerInitialized;
    private Timer                                _timer;
    private TimerCallback                        _callback;
    private readonly object                      _lock = new object();

    public string                               Name { get; }
    public LifetimeTrackingHttpMessageHandler   Handler { get; private set; }
    public TimeSpan                             Lifetime { get; }
    public IServiceScope                        Scope { get; }

    public ActiveHandlerTrackingEntry(string name,
        LifetimeTrackingHttpMessageHandler handler, TimeSpan lifetime,
        IServiceScope scope)
    {
```

```
        Handler         = handler;
        Lifetime        = lifetime;
        Name            = name;
        Scope           = scope;
    }

    public void StartExpiryTimer(TimerCallback callback)
    {
        if (Lifetime == Timeout.InfiniteTimeSpan)
        {
            return;
        }
        if (Volatile.Read(ref _timerInitialized))
        {
            return;
        }
        lock (_lock)
        {
            if (Volatile.Read(ref _timerInitialized))
            {
                return;
            }
            _callback = callback;
            _timer = new Timer(Tick, this, Lifetime, Timeout.InfiniteTimeSpan);
            _timerInitialized = true;
        }
    }

    private void Tick(object state)
    {
        lock (_lock)
        {
            if (_timer != null)
            {
                _timer.Dispose();
                _timer = null;
                _callback(this);
            }
        }
    }
}
```

　　将过期处理器从活动字典移到过期队列的计时器通过 ActiveHandlerTrackingEntry 类型的 _timer 字段表示，它被 StartExpiryTimer 方法初始化。过期处理器的移动通过作为参数的 TimerCallback 回调完成。从上面的代码片段可以看出，创建这个计时器的时间间隔被设置成一个无限大时间跨度，而处理器的过期时间则设置为第一次触发的时间，所以通过 Tick 方法定义的计时器回调只会在处理器过期时执行一次。当它将过期处理器移到过期队列之后，这个计时器就会被释放。

3. ExpiredHandlerTrackingEntry

和活动处理器字典一样，过期处理器队列也并没有直接存储 HttpMessageHandler 对象，而是将它封装成一个 ExpiredHandlerTrackingEntry 对象。如下面的代码片段所示，除了利用 InnerHandler 属性返回封装的 HttpMessageHandler 对象（位于 LifetimeTrackingHttpMessageHandler 之后的 HttpMessageHandler 对象），还可以利用 Name 属性得到 HttpClient 的名称。由于处理器在默认情况下利用依赖注入容器在一个新的服务范围中被创建，所以这个服务范围也应该随着处理器的释放而被释放。

```
internal class ExpiredHandlerTrackingEntry
{
    private readonly WeakReference    _livenessTracker;
    public string                     Name { get; }
    public IServiceScope              Scope { get; }
    public HttpMessageHandler         InnerHandler { get; }
    public bool CanDispose =>         !_livenessTracker.IsAlive;

    public ExpiredHandlerTrackingEntry(ActiveHandlerTrackingEntry entry)
    {
        Name                = entry.Name;
        Scope               = entry.Scope;
        _livenessTracker    = new WeakReference(entry.Handler);
        InnerHandler        = entry.Handler.InnerHandler;
    }
}
```

虽然 ExpiredHandlerTrackingEntry 封装的是一个过期的 HttpMessageHandler 对象，但是过期的 HttpMessageHandler 对象也可能正在或者在未来一段时间内依然被使用（这取决于应用针对 HttpClient 对象的使用方式）。所以我们不能贸然地将过期的 HttpMessageHandler 对象释放，那么如何确定释放 HttpMessageHandler 的时机呢？从前面给出的定义可以看出，位于处理器首位的 LifetimeTrackingHttpMessageHandler 对象并没有什么需要被释放的资源，所以对处理器的释放实际上是指对所有其他 HttpMessageHandler 对象的释放。正如其类型名称告诉我们的，LifetimeTrackingHttpMessageHandler 对象能够跟踪处理器管道的生命周期，并最终确定对管道的释放时机，那么具体又是如何实现的呢？

如图 12-12 所示，当处理器管道被构建之后，LifetimeTrackingHttpMessageHandler 对象将用来创建对应的 HttpClient 对象，HttpClient 对象是对这个 LifetimeTrackingHttpMessageHandler 对象唯一的引用。当 HttpClient 对象被回收时，作为处理器的 LifetimeTrackingHttpMessageHandler 对象也被回收。但是管道的第二个处理器（默认是一个 LoggingScopeHttpMessageHandler 对象）是被过期处理器队列的某个 ExpiredHandlerTrackingEntry 对象所引用的，所以不会被自动回收。

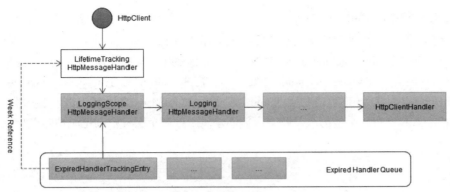

图 12-12　基于 GC 的管道生命周期的跟踪管理

正是因为 LifetimeTrackingHttpMessageHandler 对象和所在的 HttpClient 对象具有一致的生命周期（对于 GC 来说），我们可以将 LifetimeTrackingHttpMessageHandler 对象被 GC 回收作为安全释放处理器管道的时机。由于 GC 回收操作的执行具有不确定性，所以处理器的释放也是如此，很有可以在过期之后很久都常驻内存。

如上面的代码片段所示，当一个 ExpiredHandlerTrackingEntry 对象被创建时，一个弱引用被创建出来，并指向 ActiveHandlerTrackingEntry 封装的 LifetimeTrackingHttpMessageHandler 对象。CanDispose 属性利用这个弱引用确定作为管道第一个处理器的 LifetimeTrackingHttpMessageHandler 对象是否存在，进而确定释放管道后续处理器的安全时机。与图 12-12 描述的一样，创建的 ActiveHandlerTrackingEntry 对象的 InnerHandler 属性指向管道的第二个 HttpMessageHandler 对象。

4．DefaultHttpClientFactory

DefaultHttpClientFactory 是 IDefaultHttpClientFactory 接口的默认实现类型，所以 HttpClient 的创建流程，以及对应处理器管理生命周期的跟踪就体现在该类型中。DefaultHttpClientFactory 类型的构造函数中注入了 4 个对象，分别是表示依赖注入容器的 IServiceProvider 对象，用于创建服务范围的 IServiceScopeFactory 对象、提供配置选项的 IOptionsMonitor <HttpClientFactoryOptions>对象及一组注册的 IHttpMessageHandlerBuilderFilter 对象。

前文介绍的两个特殊数据结构（活动处理器字典和过期处理器队列）分别体现在 DefaultHttpClientFactory 类型的_activeHandlers 字段和_expiredHandlers 字段上。活动处理器字典的 Key 为 HttpClient 的名称，而 Value 则是一个 Lazy<ActiveHandlerTrackingEntry>对象。过期处理器队列的元素类型就是前文介绍的 ExpiredHandlerTrackingEntry。

```
internal class DefaultHttpClientFactory : IHttpClientFactory
{
    private readonly ConcurrentDictionary<string, Lazy<ActiveHandlerTrackingEntry>>
        _activeHandlers
        = new ConcurrentDictionary<string, Lazy<ActiveHandlerTrackingEntry>>();
    private readonly ConcurrentQueue<ExpiredHandlerTrackingEntry> _expiredHandlers
        = new ConcurrentQueue<ExpiredHandlerTrackingEntry>();
```

```
private readonly IServiceProvider                               _services;
private readonly IServiceScopeFactory
    _serviceScopeFactory;
private readonly IOptionsMonitor<HttpClientFactoryOptions>      _optionsMonitor;
private readonly IHttpMessageHandlerBuilderFilter[]             _filters;

public DefaultHttpClientFactory(IServiceProvider services,
    IServiceScopeFactory serviceScopeFactory,
    IOptionsMonitor<HttpClientFactoryOptions> optionsMonitor,
    IEnumerable<IHttpMessageHandlerBuilderFilter> filters)
{
    _services               = services;
    _serviceScopeFactory    = serviceScopeFactory;
    _optionsMonitor         = optionsMonitor;
    _filters                = filters.ToArray();
}

public HttpClient CreateClient(string name)
{
    var activeEntry = _activeHandlers
    .GetOrAdd(name, CreateHandlerTrackingEntry).Value;
    activeEntry.StartExpiryTimer(ExpiryTimer_Tick);
    var client = new HttpClient(handler: activeEntry.Handler,
    disposeHandler: false);
    foreach (var action in _optionsMonitor.Get(name).HttpClientActions)
    {
        action(client);
    }
    return client;
}
...
}
```

在实现的 CreateClient 方法中，对于指定的 HttpClient 配置名称来说，如果活动处理器队列中存在对应的 Lazy<ActiveHandlerTrackingEntry>对象，对应的 ActiveHandlerTrackingEntry 对象封装的处理器（一个 LifetimeTrackingHttpMessageHandler 对象）被用来创建返回的 HttpClient 对象。由于处理器管道和 HttpClient 对象在生命周期上是相互独立的，所以 HttpClient 对象的 Dispose 方法被调用时（实际上根本不需要调用），复用的处理器管道不应该被释放，所以 CreateClient 方法在调用构造函数创建 HttpClient 对象时会将 disposeHandler 参数设置为 False。如果 HttpClientFactoryOptions 配置选项的 HttpClientActions 属性返回的列表包含相应的 Action<HttpMessageHandlerBuilder>委托对象，则它们将被依次提取出来对创建的 HttpClient 对象进行"二次加工"。

　　在得到用于封装活动处理器的 ActiveHandlerTrackingEntry 对象之后，其 StartExpiryTimer 方法被调用，指定的回调指向如下 ExpiryTimer_Tick 方法。该方法负责在处理器过期之后将当前的 ActiveHandlerTrackingEntry 对象从活动处理器字典中提取出来并创建一个 ExpiredHandlerTrackingEntry。在将创建的 ExpiredHandlerTrackingEntry 添加到过期处理器队列之后，ExpiryTimer_Tick 方法会调用 StartCleanupTimer 方法启动一个定时器来定期对过期处理器进行清理。

```
internal class DefaultHttpClientFactory : IHttpClientFactory
{
    private readonly ConcurrentDictionary<string, Lazy<ActiveHandlerTrackingEntry>>
        _activeHandlers
        = new ConcurrentDictionary<string, Lazy<ActiveHandlerTrackingEntry>>();
    private readonly ConcurrentQueue<ExpiredHandlerTrackingEntry> _expiredHandlers
        = new ConcurrentQueue<ExpiredHandlerTrackingEntry>();

    private void ExpiryTimer_Tick(object state)
    {
        var active = (ActiveHandlerTrackingEntry)state;
        _activeHandlers.TryRemove(active.Name,
            out Lazy<ActiveHandlerTrackingEntry> found);
        var expired = new ExpiredHandlerTrackingEntry(active);
        _expiredHandlers.Enqueue(expired);
        StartCleanupTimer();
    }
    ...
}
```

　　使用 StartCleanupTimer 方法创建的“过期处理器清理定时器”通过_cleanupTimer 字段表示，它会在另一个 StopCleanupTimer 方法中被释放和重置。和 ExpiredHandlerTrackingEntry 用于释放过期处理器的定时器一样，设置的时间间隔被设置为无限大的时间跨度，首次执行时间被设置为 10 秒，所以一个定时器仅在这段时间内有效。之所以没有使用一个全局的定时器，是因为这样能够确保定时操作只有在过期处理器存在的情况下才会执行。如果过期处理器长时间都不存在，则不会有任何操作被定时执行（空转）。

　　具体的清理操作实现在 CleanupTimer_Tick 方法中。由于一个定时器只用于一轮单一的清理操作，所以该方法总是先调用 StopCleanupTimer 方法关闭现有定时器，再调用 StartCleanupTimer 方法开启新的定时器，最后才执行清理操作。CleanupTimer_Tick 方法遍历过期处理器队列中的每一个 ExpiredHandlerTrackingEntry，如果 CanDispose 属性表明对应的处理器可以被释放，则调用 Dispose 方法释放该处理器及它被构建时创建的服务范围。如果一轮清理工作执行结束之后还存在过期的处理器，则再次调用 StartCleanupTimer 方法，这样导致 10 秒之后开始新一轮的清理工作。

```csharp
internal class DefaultHttpClientFactory : IHttpClientFactory
{
    private readonly ConcurrentDictionary<string, Lazy<ActiveHandlerTrackingEntry>>
        _activeHandlers
        = new ConcurrentDictionary<string, Lazy<ActiveHandlerTrackingEntry>>();
    private readonly ConcurrentQueue<ExpiredHandlerTrackingEntry> _expiredHandlers
        = new ConcurrentQueue<ExpiredHandlerTrackingEntry>();

    private Timer                     _cleanupTimer;
    private readonly TimeSpan _defaultCleanupInterval = TimeSpan.FromSeconds(10);

    private readonly object _cleanupTimerLock = new object();
    private readonly object _cleanupActiveLock = new object();

    internal virtual void StartCleanupTimer()
    {
        lock (_cleanupTimerLock)
        {
            _cleanupTimer ??= new Timer(CleanupTimer_Tick, this,
                    _defaultCleanupInterval,Timeout.InfiniteTimeSpan);
        }
    }

    internal virtual void StopCleanupTimer()
    {
        lock (_cleanupTimerLock)
        {
            _cleanupTimer.Dispose();
            _cleanupTimer = null;
        }
    }

    private void CleanupTimer_Tick(object state)
    {
        StopCleanupTimer();
        if (!Monitor.TryEnter(_cleanupActiveLock))
        {
            StartCleanupTimer();
            return;
        }

        try
        {
            for (int index = 0; index < _expiredHandlers.Count; index++)
            {
                _expiredHandlers.TryDequeue(out var entry);
                if (entry.CanDispose)
                {
                    entry.InnerHandler.Dispose();
                    entry.Scope?.Dispose();
```

```
            }
            else
            {
                _expiredHandlers.Enqueue(entry);
            }
        }
    }
    finally
    {
        Monitor.Exit(_cleanupActiveLock);
    }

    if (_expiredHandlers.Any())
    {
        StartCleanupTimer();
    }
}
}
```

在创建 HttpClient 对象时，如果指定的配置名称不存在活动处理器，则 CreateClient 方法会调用如下 CreateHandlerTrackingEntry 方法来创建对应的 Lazy<ActiveHandlerTrackingEntry>对象。处理器管道的创建其实很简单，CreateClient 方法首先利用 IServiceProvider 对象得到用于构建处理器的 HttpMessageHandlerBuilder 对象，然后将其作为参数依次调用每个 IHttpMessageHandlerBuilderFilter 对象的 Configure 方法，在将它交给 HttpClientFactoryOptions 的 HttpMessageHandlerBuilderActions 属性包含的每个 Action<HttpMessageHandlerBuilder>委托对象进行二次加工后，调用其 Build 方法创建表示处理器管道的 HttpMessageHandler 对象（一个 LoggingScopeHttpMessageHandler 对象）。

```
internal class DefaultHttpClientFactory : IHttpClientFactory
{
    private readonly IServiceProvider                              _services;
    private readonly IServiceScopeFactory
      _serviceScopeFactory;
    private readonly IOptionsMonitor<HttpClientFactoryOptions>     _optionsMonitor;
    private readonly IHttpMessageHandlerBuilderFilter[]            _filters;

    private Lazy<ActiveHandlerTrackingEntry> CreateHandlerTrackingEntry(string name)
    {
        return new Lazy<ActiveHandlerTrackingEntry>(CreateHandlerTrackingEntryCore);

        ActiveHandlerTrackingEntry CreateHandlerTrackingEntryCore()
        {
            IServiceProvider services = _services;
            IServiceScope serviceScope = null;
            var options = _optionsMonitor.Get(name);

            if (!options.SuppressHandlerScope)
            {
```

```
        serviceScope = _serviceScopeFactory.CreateScope();
        services = serviceScope.ServiceProvider;
    }

    try
    {
        var builder = services.GetRequiredService<HttpMessageHandlerBuilder>();
        Action<HttpMessageHandlerBuilder> configure = Configure;
        for (int index = _filters.Length - 1; index >= 0; index--)
        {
            configure = _filters[index].Configure(configure);
        }
        configure(builder);
        var handler = new LifetimeTrackingHttpMessageHandler(builder.Build());
        return new ActiveHandlerTrackingEntry(name, handler,
            options.HandlerLifetime, serviceScope);
    }
    catch
    {
        serviceScope?.Dispose();
        throw;
    }

    void Configure(HttpMessageHandlerBuilder b)
    {
        for (int
            index = 0; index < options.HttpMessageHandlerBuilderActions.Count;
            index++)
        {
            options.HttpMessageHandlerBuilderActions[index](b);
        }
    }
    }
}
...
}
```

创建 HttpMessageHandlerBuilder 提供的 IServiceProvider 对象根据 HttpClientFactoryOptions 配置选项的 SuppressHandlerScope 属性而有所不同。如果该属性被设置为 False（默认值），则表示服务范围的 IServiceScope 对象会被创建出来，HttpMessageHandlerBuilder 由该范围内的 IServiceProvider 对象创建。如果显式地将 SuppressHandlerScope 的属性设置为 True，则用于创建 HttpMessageHandlerBuilder 的就是当前的 IServiceProvider 对象。到目前为止，我们将 DefaultHttpClientFactory 工厂针对 HttpClient 对象的创建过程进行了详细介绍。这个过程涉及一系列接口和类型，它们之间的相互关系如图 12-13 所示。

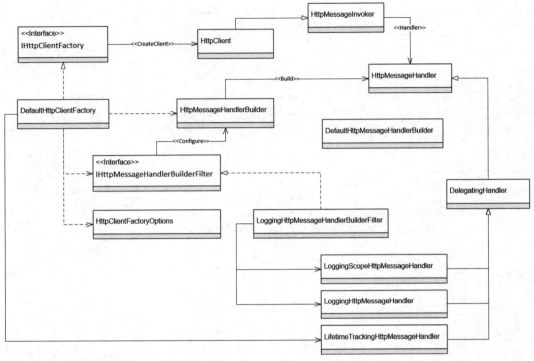

图 12-13 IHttpClientFactory 整体设计

12.4　依赖注入

作为 IDefaultHttpClientFactory 接口的默认实现，DefaultHttpClientFactory 最终完成了 HttpClient 对象的创建。HttpClient 对象的创建过程涉及一系列服务对象和配置选项，它们通过依赖注入框架被整合到一起。接下来看一看相关的服务是如何注册的。

12.4.1　基础服务注册

IHttpClientFactory 工厂相关的核心服务的注册是通过调用 IServiceCollection 接口的一系列 AddHttpClient 扩展方法完成的，这些扩展方法大部分都返回一个 IHttpClientBuilder 对象。和其他的基础框架有所不同，这个用来进一步注册服务的 Builder 对象除了包含承载服务注册的 IServiceCollection 对象，还具有一个表示 HttpClient 名称的 Name 属性。换句话说，这些 AddHttpClient 扩展方法除了完成一些公共服务的注册，还提供了 HttpClient 名称的设置。如下所示的内部类型 DefaultHttpClientBuilder 是对 IHttpClientBuilder 接口的默认实现。

```
public interface IHttpClientBuilder
{
    string                 Name { get; }
    IServiceCollection     Services { get; }
}
```

```
internal class DefaultHttpClientBuilder : IHttpClientBuilder
{
    public string                    Name { get; }
    public IServiceCollection        Services { get; }

    public DefaultHttpClientBuilder(IServiceCollection services, string name);
}
```

以 DefaultHttpClientFactory 为核心的基础服务都是通过 AddHttpClient 扩展方法进行注册的。由于该扩展方法可能被多次调用，为了避免重复添加服务注册，这里的服务注册都是通过调用 TryXxx 方法来完成的。从下面的代码片段可以看出，除了 DefaultHttpClientFactory，TryXxx 方法还完成了 HttpMessageHandlerBuilder/DefaultHttpMessageHandlerBuilder 的服务注册。

```
public static class HttpClientFactoryServiceCollectionExtensions
{
    public static IServiceCollection AddHttpClient(this IServiceCollection services)
    {
        ...
        services.TryAddTransient
            <HttpMessageHandlerBuilder, DefaultHttpMessageHandlerBuilder>();
        services.TryAddSingleton<IHttpClientFactory>(
            provider => provider.GetRequiredService<DefaultHttpClientFactory>());
        services.TryAddTransient<HttpClient>( provider => provider
            .GetRequiredService<IHttpClientFactory>().CreateClient(string.Empty));
        return services;
    }
}
```

由于 HttpMessageHandlerBuilder 的服务注册采用的生命周期模式为 Transient，所以每次构建处理器管道时都会创建一个新的 DefaultHttpMessageHandlerBuilder 对象。我们之所以能够直接注入 HttpClient，也是因为 HttpClient 的服务注册也在 AddHttpClient 扩展方法中被添加，注入的 HttpClient 对象就是通过 IHttpClientFactory 工厂创建的。上面的 AddHttpClient 扩展方法旨在完成基础服务的注册，如下 3 个重载方法则在此基础上针对指定的 HttpClient 名称进行进一步配置。例如，我们可以指定用来对创建的 HttpClient 对象进行进一步定制的委托对象，其类型可以是 Action<HttpClient>，也可以是 Action<IServiceProvider, HttpClient>。这 3 个重载方法返回一个 IHttpClientBuilder 对象。

```
public static class HttpClientFactoryServiceCollectionExtensions
{
    public static IHttpClientBuilder AddHttpClient(this IServiceCollection services,
        string name)
    {
        AddHttpClient(services);
        return new DefaultHttpClientBuilder(services, name);
    }

    public static IHttpClientBuilder AddHttpClient(this IServiceCollection services,
        string name, Action<HttpClient> configureClient)
```

```
{
    AddHttpClient(services);
    var builder = new DefaultHttpClientBuilder(services, name);
    builder.ConfigureHttpClient(configureClient);
    return builder;
}

public static IHttpClientBuilder AddHttpClient(this IServiceCollection services,
    string name, Action<IServiceProvider, HttpClient> configureClient)
{
    AddHttpClient(services);
    var builder = new DefaultHttpClientBuilder(services, name);
    builder.ConfigureHttpClient(configureClient);
    return builder;
}
}
```

12.4.2 定制 HttpClient

在调用上述 3 个 AddHttpClient 扩展方法得到返回的 IHttpClientBuilder 对象之后，我们不仅可以利用它对目标 HttpClient 对象的创建行为进行进一步设置，还能对创建的 HttpClient 对象进行再加工。IHttpClientBuilder 接口具有一系列扩展方法，下面对其进行详细介绍。

1. ConfigureHttpClient

当我们将 Action<HttpClient>委托对象或者 Action<IServiceProvider, HttpClient>委托对象作为参数调用上述一系列 AddHttpClient 重载扩展方法时，它们会创建一个 DefaultHttpClientBuilder 对象，并将传入的委托对象作为参数调用该对象的 ConfigureHttpClient 扩展方法。如下面的代码片段所示，ConfigureHttpClient 扩展方法会将指定的 Action<HttpClient>委托对象添加到 HttpClientFactoryOptions 配置选项的 HttpClientActions 属性中。Action<IServiceProvider, HttpClient>委托对象在被转换成 Action<HttpClient>类型后，也被放入了相同的地方。

```
public static class HttpClientBuilderExtensions
{
    public static IHttpClientBuilder ConfigureHttpClient(
        this IHttpClientBuilder builder,
         Action<HttpClient> configureClient)
    {
        builder.Services.Configure<HttpClientFactoryOptions>(builder.Name,
            options => options.HttpClientActions.Add(configureClient));
        return builder;
    }
    public static IHttpClientBuilder ConfigureHttpClient(
        this IHttpClientBuilder builder,
         Action<IServiceProvider, HttpClient> configureClient)
    {
        builder.Services.AddTransient<IConfigureOptions<HttpClientFactoryOptions>>(
            services =>
```

```
    {
        return new ConfigureNamedOptions<HttpClientFactoryOptions>(builder.Name,
            options => options.HttpClientActions.Add(
                    client => configureClient(services, client));
            );
    });
    return builder;
    }
}
```

2. ConfigureHttpMessageHandlerBuilder

由于 HttpClient 管道是由 HttpMessageHandlerBuilder 构建的，所以处理管道的定制都可以通过 HttpMessageHandlerBuilder 的制定来实现。如下 ConfigureHttpMessageHandlerBuilder 扩展方法将指定的 Action<HttpMessageHandlerBuilder>委托对象添加到 HttpClientFactoryOptions 配置选项的 HttpMessageHandlerBuilderActions 属性中，进而达到定制 HttpMessageHandlerBuilder 的目的。

```
public static class HttpClientBuilderExtensions
{
    public static IHttpClientBuilder ConfigureHttpMessageHandlerBuilder(
        this IHttpClientBuilder builder,
        Action<HttpMessageHandlerBuilder> configureBuilder)
    {
        builder.Services.Configure<HttpClientFactoryOptions>(builder.Name,
            options => options.HttpMessageHandlerBuilderActions.Add(configureBuilder));
        return builder;
    }
}
```

3. AddHttpMessageHandler

通过前面的内容我们知道，默认构建的 HttpClient 管道由 4 个处理器构成，如果希望在管道中添加其他额外的处理器，则可以调用如下 3 个重载的 AddHttpMessageHandler 扩展方法，它们通过设置 HttpClientFactoryOptions 配置选项的方式将处理器添加到 HttpMessageHandlerBuilder 对象的 AdditionalHandlers 属性中。

```
public static class HttpClientBuilderExtensions
{
    public static IHttpClientBuilder AddHttpMessageHandler(
        this IHttpClientBuilder builder,
        Func<DelegatingHandler> configureHandler)
    {
        builder.Services.Configure<HttpClientFactoryOptions>(builder.Name, options =>
        {
            options.HttpMessageHandlerBuilderActions.Add(b
                => b.AdditionalHandlers.Add(configureHandler()));
        });

        return builder;
    }
    public static IHttpClientBuilder AddHttpMessageHandler(
```

```
        this IHttpClientBuilder builder,
        Func<IServiceProvider, DelegatingHandler> configureHandler)
    {
        builder.Services.Configure<HttpClientFactoryOptions>(builder.Name, options =>
        {
            options.HttpMessageHandlerBuilderActions.Add(
                b => b.AdditionalHandlers.Add(configureHandler(b.Services)));
        });

        return builder;
    }

    public static IHttpClientBuilder AddHttpMessageHandler<THandler>(
        this IHttpClientBuilder builder)
        where THandler : DelegatingHandler
    {
        builder.Services.Configure<HttpClientFactoryOptions>(builder.Name, options =>
        {
            options.HttpMessageHandlerBuilderActions.Add(b =>
                b.AdditionalHandlers.Add(b.Services.GetRequiredService<THandler>()));
        });

        return builder;
    }
}
```

4. ConfigurePrimaryHttpMessageHandler

处理器管道默认采用的主处理器是一个 HttpClientHandler 对象，如果有更好的选择，则可以调用如下几个重载的 ConfigurePrimaryHttpMessageHandler 扩展方法将指定的 HttpMessageHandler 对象作为主处理器。这几个扩展方法通过设置 HttpClientFactoryOptions 配置选项的方式将指定的处理器赋值给 HttpMessageHandlerBuilder 对象的 PrimaryHandler 属性。

```
public static class HttpClientBuilderExtensions
{
    public static IHttpClientBuilder c(
        this IHttpClientBuilder builder, Func<HttpMessageHandler> configureHandler)
    {
        builder.Services.Configure<HttpClientFactoryOptions>(builder.Name, options =>
        {
            options.HttpMessageHandlerBuilderActions.Add(
                b => b.PrimaryHandler = configureHandler());
        });

        return builder;
    }

    public static IHttpClientBuilder ConfigurePrimaryHttpMessageHandler(
        this IHttpClientBuilder builder,
        Func<IServiceProvider, HttpMessageHandler> configureHandler)
```

```
    {
        builder.Services.Configure<HttpClientFactoryOptions>(builder.Name, options =>
        {
            options.HttpMessageHandlerBuilderActions.Add(
                b => b.PrimaryHandler = configureHandler(b.Services));
        });

        return builder;
    }
    public static IHttpClientBuilder ConfigurePrimaryHttpMessageHandler<THandler>(
        this IHttpClientBuilder builder)
        where THandler : HttpMessageHandler
    {
        builder.Services.Configure<HttpClientFactoryOptions>(builder.Name, options =>
        {
            options.HttpMessageHandlerBuilderActions.Add(
                b => b.PrimaryHandler = b.Services.GetRequiredService<THandler>());
        });

        return builder;
    }
}
```

5．SetHandlerLifetime

HttpClient 对象处理器管道的生命周期由 HttpClientFactoryOptions 配置选项的 HandlerLifetime 属性控制，该属性的默认值为 2 分钟。如果需要改变处理器管道的生命周期，则可以调用如下 SetHandlerLifetime 扩展方法。

```
public static class HttpClientBuilderExtensions
{
    public static IHttpClientBuilder SetHandlerLifetime(
        this IHttpClientBuilder builder,TimeSpan handlerLifetime)
    {
        builder.Services.Configure<HttpClientFactoryOptions>(builder.Name,
            options => options.HandlerLifetime = handlerLifetime);
        return builder;
    }
}
```

6．RedactLoggedHeaders

HttpClient 管道默认包含两个用来记录日志的 HttpMessageHandler，如果开启了 Trace 等级的日志收集，则它们会将请求和响应报头的内容记录下来。如果某些涉及敏感信息的报头内容不想被记录下来，则可以设置 HttpClientFactoryOptions 配置选项的 ShouldRedactHeaderValue 属性进行屏蔽。如下 RedactLoggedHeaders 扩展方法提供了更方便的编程方式。我们可以利用它直接指定需要屏蔽的报头。

```
public static class HttpClientBuilderExtensions
{
    public static IHttpClientBuilder RedactLoggedHeaders(
```

```
            this IHttpClientBuilder builder,
            IEnumerable<string> redactedLoggedHeaderNames)
   {
            builder.Services.Configure<HttpClientFactoryOptions>(builder.Name, options =>
            {
                var sensitiveHeaders = new HashSet<string>(
                    redactedLoggedHeaderNames, StringComparer.OrdinalIgnoreCase);
                options.ShouldRedactHeaderValue = header
                    => sensitiveHeaders.Contains(header);
            });

            return builder;
   }
}
```

12.4.3 强类型客户端

在支持依赖注入的编程框架中，HttpClient 主要有 3 种消费方式：第一种，利用注入的 IHttpClientFactory 工厂创建指定剧名或者匿名 HttpClient 对象；第二种，直接注入 匿名的 HttpClient 对象；第三种，将 HttpClient 对象注入客户端类型的构造函数中，并通过注入客户端对象的方式间接地使用它。我们将第三种称为"强类型的 HttpClient 编程模式"，这种编程模式下的客户端对象是通过 ITypedHttpClientFactory<TClient>工厂创建的。

1. ITypedHttpClientFactory<TClient>

ITypedHttpClientFactory<TClient>接口的泛型参数 TClient 表示客户端类型。如下面的代码片段所示，该接口定义了一个唯一的 CreateClient 方法，该方法利用指定的 HttpClient 对象创建指定类型的客户端对象。

```
public interface ITypedHttpClientFactory<TClient>
{
    TClient CreateClient(HttpClient httpClient);
}
```

DefaultTypedHttpClientFactory<TClient>类型是对 ITypedHttpClientFactory<TClient>接口的默认实现。从下面的代码片段可以看出，客户端对象最终是利用指定的 IServiceProvider 对象创建的。具体来说，DefaultTypedHttpClientFactory<TClient>内嵌了一个 Cache 类型，客户端对象最终是通过其 Activator 属性返回的 ObjectFactory 对象创建的。从该 ObjectFactory 对象的构建可以看出，在为创建的客户端对象选择构造函数时，要求构造函数必须包含一个 HttpClient 类型的参数。

```
internal sealed class DefaultTypedHttpClientFactory<TClient>
    :ITypedHttpClientFactory<TClient>
{
    private readonly Cache                _cache;
    private readonly IServiceProvider     _services;

    public DefaultTypedHttpClientFactory(Cache cache, IServiceProvider services)
```

```
{
    _cache          = cache;
    _services       = services;
}

public TClient CreateClient(HttpClient httpClient)
    => (TClient)_cache.Activator(_services, new object[] { httpClient });

public class Cache
{
    private static readonly Func<ObjectFactory> _createActivator = ()
        => ActivatorUtilities.CreateFactory(
        typeof(TClient), new Type[] { typeof(HttpClient) });
    private ObjectFactory        _activator;
    private bool                 _initialized;
    private object               _lock;

    public ObjectFactory                 Activator => LazyInitializer.EnsureInitialized(
        ref _activator,
        ref _initialized,
        ref _lock,
        _createActivator);
}
}
```

在用于注册基础服务的 AddHttpClient 扩展方法中，除了完成前面介绍的几个基础服务的注册，它还注册了如下 3 个与强类型的 HttpClient 编程模式相关的服务。如下面的代码片段所示，除了 ITypedHttpClientFactory<TClient>/DefaultTypedHttpClientFactory<TClient>，内嵌的 Cache 类型也以 Singleton 模式进行了注册。

```
public static IServiceCollection AddHttpClient(this IServiceCollection services)
{
    ...
    services.TryAdd(ServiceDescriptor.Transient(
        typeof(ITypedHttpClientFactory<>), typeof(DefaultTypedHttpClientFactory<>)));
    services.TryAdd(ServiceDescriptor.Singleton(
        typeof(DefaultTypedHttpClientFactory<>.Cache),
        typeof(DefaultTypedHttpClientFactory<>.Cache)));
    return services;
}
```

2. AddTypedClient

既然强类型客户端对象是通过依赖注入容器创建的，那么相应的服务必须在应用程序运行时进行注册。强类型客户端的服务注册可以通过 IHttpClientBuilder 接口的 AddTypedClient 扩展方法来完成。下面采用简洁的代码模拟了它们的实现。

```
public static class HttpClientBuilderExtensions
{
    public static IHttpClientBuilder AddTypedClient<TClient>(
        this IHttpClientBuilder builder)
```

```
        where TClient : class
{
    builder.Services.AddTransient(Create);
    return builder;

    TClient Create(IServiceProvider serviceProvider)
    {
        var httpClient = serviceProvider
            .GetRequiredService<IHttpClientFactory>()
            .CreateClient(builder.Name);
        return serviceProvider
            .GetRequiredService<ITypedHttpClientFactory<TClient>>()
            .CreateClient(httpClient);
    }
}

public static IHttpClientBuilder AddTypedClient<TClient>(
    this IHttpClientBuilder builder, Func<HttpClient, TClient> factory)
    where TClient : class
{
    builder.Services.AddTransient(Create);
    return builder;
    TClient Create(IServiceProvider serviceProvider)
    {
        var httpClient = serviceProvider
            .GetRequiredService<IHttpClientFactory>()
            .CreateClient(builder.Name);
        return factory(httpClient);
    }
}

public static IHttpClientBuilder AddTypedClient<TClient>(
    this IHttpClientBuilder builder,
    Func<HttpClient, IServiceProvider, TClient> factory) where TClient : class
{
    builder.Services.AddTransient(Create);
    return builder;
    TClient Create(IServiceProvider serviceProvider)
    {
        var httpClient = serviceProvider
            .GetRequiredService<IHttpClientFactory>()
            .CreateClient(builder.Name);
        return factory(httpClient,serviceProvider);
    }
}

public static IHttpClientBuilder AddTypedClient<TClient, TImplementation>(
    this IHttpClientBuilder builder)
    where TClient : class
    where TImplementation : class, TClient
```

```
    {
        builder.Services.AddTransient(Create);
        return builder;
        TClient Create(IServiceProvider serviceProvider)
        {
            var httpClient = serviceProvider
                .GetRequiredService<IHttpClientFactory>()
                .CreateClient(builder.Name);
            return serviceProvider
                .GetRequiredService<ITypedHttpClientFactory<TImplementation>>()
                .CreateClient(httpClient);
        }
    }
}
```

上述 4 个 AddTypedClient 重载扩展方法体现了 3 种不同的强类型客户端服务注册方式：第一种，提供具体的客户端类型；第二种，提供创建客户端对象的工厂（Func<HttpClient, TClient>委托对象或者 Func<HttpClient, IServiceProvider, TClient>委托对象）；第三种，提供客户端接口（或者抽象类）和对应的实现类型。从上面代码片段提供的模拟实现来看，强类型客户端 TClient 的服务注册均采用 Transient 生命周期模式。

3. AddHttpClient<TClient>

在本章开头进行强类型客户端演示时，我们并没有调用上面介绍的任何一个 AddTypedClient 扩展方法，而是调用 IServiceCollection 接口的 AddHttpClient<TClient>扩展方法。IServiceCollection 接口具有如下一系列的 AddHttpClient<TClient>扩展方法，这些扩展方法会自动完成基础服务的注册、HttpClient 的配置，并在此基础上完成指定客户端类型的服务注册。

```
public static class HttpClientFactoryServiceCollectionExtensions
{
    public static IHttpClientBuilder AddHttpClient<TClient>(
        this IServiceCollection services) where TClient: class;
    public static IHttpClientBuilder AddHttpClient<TClient>(
        this IServiceCollection services, Action<HttpClient> configureClient)
        where TClient: class;
    public static IHttpClientBuilder AddHttpClient<TClient>(
        this IServiceCollection services,
        Action<IServiceProvider, HttpClient> configureClient) where TClient: class;
    public static IHttpClientBuilder AddHttpClient<TClient>(
        this IServiceCollection services, string name) where TClient: class;
    public static IHttpClientBuilder AddHttpClient<TClient>(
        this IServiceCollection services, string name, Action<HttpClient>
configureClient)
        where TClient: class;
    public static IHttpClientBuilder AddHttpClient<TClient>(
        this IServiceCollection services, string name,
        Action<IServiceProvider, HttpClient> configureClient)
        where TClient: class;
}
```

　　从服务注册的角度来说，AddHttpClient<TClient>扩展方法和上面介绍的 AddTypedClient 扩展方法的本质上是一致的。不过 AddHttpClient<TClient>扩展方法具有一个特别之处：如果没有显式指定 HttpClient 配置名称，则这里并不会使用空字符串作为默认的配置名称，而是利用客户端类型解析一个具体的配置名称（在大部分情况下是类型名称），下面代码片段的调试断言体现了这一点。

```
var services = new ServiceCollection();
Debug.Assert(services.AddHttpClient<FooClient>().Name == nameof(FooClient));
Debug.Assert(services.AddHttpClient<BarClient>().Name == nameof(BarClient));

public class FooClient {}
public class BarClient {}
```

　　如果客户端类型为接口或者抽象类，并且在注册时需要指定具体的实现类型，则可以调用入如下 AddHttpClient<TClient, TImplementation>扩展方法。

```
public static class HttpClientFactoryServiceCollectionExtensions
{
    public static IHttpClientBuilder AddHttpClient<TClient, TImplementation>(
        this IServiceCollection services)
        where TClient: class
        where TImplementation: class, TClient;

    public static IHttpClientBuilder AddHttpClient<TClient, TImplementation>(
        this IServiceCollection services, Action<HttpClient> configureClient)
        where TClient: class
        where TImplementation: class, TClient;

    public static IHttpClientBuilder AddHttpClient<TClient, TImplementation>(
        this IServiceCollection services,
        Action<IServiceProvider, HttpClient> configureClient)
        where TClient: class
        where TImplementation: class, TClient;

    public static IHttpClientBuilder AddHttpClient<TClient, TImplementation>(
        this IServiceCollection services, Func<HttpClient, TImplementation> factory)
        where TClient: class where TImplementation: class, TClient;

    public static IHttpClientBuilder AddHttpClient<TClient, TImplementation>(
        this IServiceCollection services,
        Func<HttpClient, IServiceProvider, TImplementation> factory)
        where TClient: class
        where TImplementation: class, TClient;

    public static IHttpClientBuilder AddHttpClient<TClient, TImplementation>(
        this IServiceCollection services, string name)
        where TClient: class
        where TImplementation: class, TClient;

    public static IHttpClientBuilder AddHttpClient<TClient, TImplementation>(
```

```
        this IServiceCollection services, string name,
        Action<HttpClient> configureClient)
        where TClient: class
        where TImplementation: class, TClient;

    public static IHttpClientBuilder AddHttpClient<TClient, TImplementation>(
        this IServiceCollection services, string name,
        Action<IServiceProvider, HttpClient> configureClient)
        where TClient: class
        where TImplementation: class, TClient;

    public static IHttpClientBuilder AddHttpClient<TClient, TImplementation>(
        this IServiceCollection services, string name,
        Func<HttpClient, TImplementation> factory)
        where TClient: class
        where TImplementation: class, TClient;

    public static IHttpClientBuilder AddHttpClient<TClient, TImplementation>(
        this IServiceCollection services, string name,
        Func<HttpClient, IServiceProvider, TImplementation> factory)
        where TClient: class
        where TImplementation: class, TClient;
}
```

第13章

数据保护

数据保护（Data Protection）框架旨在解决数据在传输与持久化存储过程中的一致性（Integrity）和机密性（Confidentiality）问题，前者用于检验接收到的数据是否经过篡改，后者通过对原始的数据进行加密以避免真实的内容被人窥视。数据保护是支撑 ASP.NET Core 身份认证的一个重要的基础框架，也可以作为独立的框架供我们使用。

13.1　加密与哈希

虽然数据保护框架旨在通过哈希和加密的方式解决数据的一致性和机密性的问题，但是它提供的 API 主要面向 ASP.NET Core 应用的开发者。基于这样的一个定位，即便对于一个对密码学（Cryptology）知之甚少的开发者，也可以很容易地使用数据保护框架提供的 API。我们来感受一下这样的编程体验。

13.1.1　数据加密与解密

对提供的原始数据（字符串或者二进制数组）进行加密是数据保护框架提供的基本功能，接下来利用一个简单的程序来演示一下加解密如何实现。如图 13-1 所示，数据的加解密均由 IDataProtector 对象来完成，而该对象由 IDataProtectionProvider（不是 IDataProtectorProvider）对象来提供，所以在大部分应用场景中，数据的加密和解密只涉及这两个对象。有了依赖注入的加持，我们也不需要了解 IDataProtector 和 IDataProtectionProvider 两个接口的具体实现类型，只需要在利用注入的 IDataProtectionProvider 对象来提供对应的 IDataProtector 对象，并利用后者完成加解密的工作。

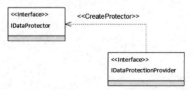

图 13-1　数据加密编程涉及的两个对象

上述两个接口定义在 "Microsoft.AspNetCore.DataProtection.Abstractions" 这个 NuGet 包中，它们的默认实现类型及其他核心类型承载于 "Microsoft.AspNetCore.DataProtection" 这个 NuGet 包中，所以需要为演示程序添加 NuGet 包的引用。由于要使用依赖注入框架，所以需要添加 "Microsoft.Extensions.DependencyInjection" 的引用。必要的 NuGet 包引用添加完成之后，编写如下演示程序。（S1301）

```
using Microsoft.AspNetCore.DataProtection;
using Microsoft.Extensions.DependencyInjection;
using System.Diagnostics;

var originalPayload = Guid.NewGuid().ToString();
var protectedPayload = Encrypt("foo", originalPayload);
var unprotectedPayload = Decrypt("foo", protectedPayload);
Debug.Assert(originalPayload == unprotectedPayload);

static string Encrypt(string purpose, string originalPayload)
    => GetDataProtector(purpose).Protect(originalPayload);
static string Decrypt(string purpose, string protectedPayload)
    => GetDataProtector(purpose).Unprotect(protectedPayload);

static IDataProtector GetDataProtector(string purpose)
{
    var services = new ServiceCollection();
    services.AddDataProtection();
    return services
        .BuildServiceProvider()
        .GetRequiredService<IDataProtectionProvider>()
        .CreateProtector(purpose);
}
```

如上面的代码片段所示，我们将数据的加密和解密操作分别定义在 Encrypt 方法和 Decrypt 方法中，它们使用的 IDataProtector 对象由 GetDataProtector 方法来提供。在 GetDataProtector 方法中，我们创建了一个 ServiceCollection 对象，并调用 AddDataProtection 扩展方法注册了数据保护框架的基础服务。最终利用创建的 IServiceProvider 对象来提供所需的 IDataProtectionProvider 对象。IDataProtectionProvider 接口的 CreateProtector 方法定义了一个字符串类型名为 "purpose" 的参数。从字面上来讲，该参数表示加密的 "目的"（Purpose），它在整个数据保护模型中起到了 "密钥隔离" 的作用，本书后续内容将其称为 "Purpose 字符串"。

Encrypt 方法和 Decrypt 方法利用指定的 Purpose 字符串作为参数调用 GetDataProtector 方法得到对应的 IDataProtector 对象之后，分别调用该对象的 Protect 方法和 Unprotect 方法完成给定文本内容的加密和解密。我们使用一个 GUID 转换的字符串作为待加密的数据，并使用 "foo" 作为 Purpose 字符串调用 Encrypt 方法对它进行了加密，最后采用相同的 Purpose 字符串调用 Decrypt 方法对加密内容进行解密。

上面的演示程序通过调用 IServiceProvider 对象的 GetRequiredService<T>扩展方法得到所需的 IDataProtectionProvider 对象，该对象也可以按照如下形式调用 GetDataProtectionProvider 方法来获取。IServiceProvider 接口还定义了 GetDataProtector 方法直接返回 IDataProtector 对象。

```
...
static IDataProtector GetDataProtector(string purpose)
{
    var services = new ServiceCollection();
    services.AddDataProtection();
    return services
        .BuildServiceProvider()
        .GetDataProtectionProvider()
        .CreateProtector(purpose);
}
```

或者

```
...
static IDataProtector GetDataProtector(string purpose)
{
    var services = new ServiceCollection();
    services.AddDataProtection();
    return services
        .BuildServiceProvider()
        .GetDataProtector (purpose);
}
```

除了利用依赖注入框架，我们也可以按照如下方法利用静态类型 DataProtectorProvider（定义在 "Microsoft.AspNetCore.DataProtection.Extensions" 这个 NuGet 包中）来创建 IDataProtectionProvider 对象。该静态类型提供了若干用于创建 IDataProtector 对象的 Create 重载方法。我们选择的重载传入的参数为当前应用的名称。

```
...
static IDataProtector GetDataProtector(string purpose)
    => DataProtectionProvider.Create("App").CreateProtector(purpose);
```

前文已经提到，参与同一份数据加解密的两个 IDataProtector 对象必须具有一致的 Purpose 字符串，现在就来验证这一点。如下面的代码片段所示，我们在调用 Decrypt 方法进行解密时将 Purpose 字符串从 "foo" 替换成 "bar"。

```
...
var originalPayload = Guid.NewGuid().ToString();
var protectedPayload = Encrypt ("foo", originalPayload);
var unprotectedPayload = Decrypt ("bar", protectedPayload);
Debug.Assert(originalPayload == unprotectedPayload);
...
```

当调用 IDataProtector 对象的 Unprotect 方法对指定内容进行解密时，由于当前 Purpose 字符串与待解密内容采用的 Purpose 字符串不一致，会直接抛出 CryptographicException 异常，如图 13-2 所示。（S1302）

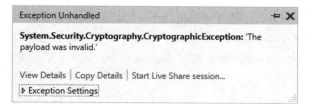

图 13-2　Purpose 字符串不一致导致的 GryptographicException 异常

13.1.2　设置加密内容的有效期

我们知道无论采用哪种加密算法，采用的密钥位数有多长，如果计算资源或者时间充足，则都能解密成功。但是黑客具有的计算资源总归是有限的，如果能够在密钥推算出来之前已经无效了，则采用的加密方式是安全的。有效时间的加解密通过 ITimeLimitedDataProtector 对象来完成，这个对象的接口都定义在 "Microsoft.AspNetCore.DataProtection.Extensions" NuGet 包中。为了使用这个对象，我们将演示程序修改成如下形式。

```
using Microsoft.AspNetCore.DataProtection;
using Microsoft.Extensions.DependencyInjection;
using System.Diagnostics;

var originalPayload = Guid.NewGuid().ToString();
var protectedPayload = Encrypt("foo", originalPayload, TimeSpan.FromSeconds(5));

var unprotectedPayload = Decrypt("foo", protectedPayload);
Debug.Assert(originalPayload == unprotectedPayload);

await Task.Delay(5000);
Decrypt("foo", protectedPayload);

static string Encrypt(string purpose, string originalPayload, TimeSpan timeout)
    => GetDataProtector(purpose)
    .Protect(originalPayload, DateTimeOffset.UtcNow.Add(timeout));
static string Decrypt(string purpose, string protectedPayload)
    => GetDataProtector(purpose).Unprotect(protectedPayload, out _);

static ITimeLimitedDataProtector GetDataProtector(string purpose)
{
    var services = new ServiceCollection();
    services.AddDataProtection();
    return services
        .BuildServiceProvider()
        .GetDataProtector(purpose)
        .ToTimeLimitedDataProtector();
}
```

使用 GetDataProtector 方法返回一个 ITimeLimitedDataProtector 对象，它通过 IDataProtector 对象的 ToTimeLimitedDataProtector 扩展方法 "转化" 而成。用于加密的 Encrypt 方法添加了一

个表示过期时间的 timeout 参数（类型为 TimeSpan），由于 ITimeLimitedDataProtector 接口的 Protect 方法中表示过期时间的参数类型为 DateTimeOffset，所以基于当前时间和指定的过期时间（TimeSpan）将这个过期时间点计算出来。ITimeLimitedDataProtector 接口用于解密的 Unprotect 方法具有一个表示过期日期的输出参数。

在演示程序中，我们调用 Encrypt 方法对数据进行加密时将过期时间设置为 5 秒。对于加密后的内容，我们采用相同的方式对它进行了两次解密，第一次发生在 5 秒内，第二次发生在 5 秒后。程序运行后，第一次解密成功，第二次抛出 CryptographicException 异常，如图 13-3 所示。（S1303）

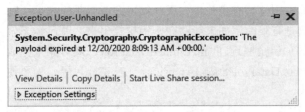

图 13-3　加密数据过期导致的解密异常

13.1.3　撤销密钥

我们除了可以设置密钥的有效时间范围，还可以直接撤销全部或者指定的密钥。在演示密钥撤销之前，我们先要具有一些关于"密钥管理"的内容储备，该内容是本章后续内容的核心。数据加密本质上是利用指定的密钥采用某种算法对数据进行混淆，而解密则是利用对应的密钥采用解密算法对混淆数据进行还原，这和我们生活中开关锁其实是一致的。制锁的工艺表示不同的加密算法，钥匙则表示密钥。我们习惯将多把钥匙系在一个钥匙串上，数据保护框架也是如此，这个绑着一串密钥的钥匙串通过 IKeyRing 对象表示。IKeyRing 对象由对应的 IKeyRingProvider 来提供，密钥的管理通过 IKeyManager 对象来完成，创建和撤销就是两项核心的密钥管理操作。

在如下演示程序中，我们创建了 ServiceCollection 对象并调用 AddDataProtection 扩展方法注册了数据保护框架的核心服务。在利用创建的 IServiceProvider 对象得到 IDataProtector 对象之后，再利用 IDataProtector 对象对指定的文本进行加密。在此之后，撤销加密采用的密钥。

```
using Microsoft.AspNetCore.DataProtection;
using Microsoft.AspNetCore.DataProtection.KeyManagement;
using Microsoft.AspNetCore.DataProtection.KeyManagement.Internal;
using Microsoft.Extensions.DependencyInjection;

var services = new ServiceCollection();
services.AddDataProtection();
var sericeProvider = services.BuildServiceProvider();
var protector = sericeProvider.GetDataProtector("foobar");
var originalPayload = Guid.NewGuid().ToString();
var protectedPayload = protector.Protect(originalPayload);
```

```
var keyRingProvider = sericeProvider.GetRequiredService<IKeyRingProvider>();
var KeyRing = keyRingProvider.GetCurrentKeyRing();
var keyManager = sericeProvider.GetRequiredService<IKeyManager>();
keyManager.RevokeKey(KeyRing.DefaultKeyId);
protector.Unprotect(protectedPayload);
```

具体来说，我们利用 IServiceProvider 对象提供的 IKeyRingProvider 对象得到对应的 IKeyRing 对象，该对象的 DefaultKeyId 属性表示默认使用的密钥 ID，撤销的也这是这个 ID 表示的密钥。我们借助依赖注入容器得到 IKeyManager 对象，并将此密钥 ID 作为参数调用其 RevokeKey 方法。在撤销密钥之后，我们利用同一个 IDataProtector 对加密内容进行解密，此时程序会抛出 CryptographicException 异常，如图 13-4 所示。（S1304）

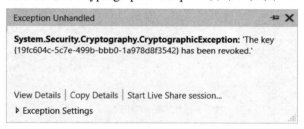

图 13-4　撤销密钥导致的解密异常

除了调用 IKeyManager 对象的 RevokeKey 方法撤销某个指定的密钥，还可以按照如下方式调用它的 RevokeAllKeys 方法撤销所有密钥。如果我们觉得目前所有的密钥都不安全，则可以调用这个方法。我们在调用该方法时需要指定一个撤销的时间和原因（可选）。（S1305）

```
using Microsoft.AspNetCore.DataProtection;
using Microsoft.AspNetCore.DataProtection.KeyManagement;
using Microsoft.Extensions.DependencyInjection;

var services = new ServiceCollection();
services.AddDataProtection();
var sericeProvider = services.BuildServiceProvider();
var protector = sericeProvider.GetDataProtector("foobar");
var originalPayload = Guid.NewGuid().ToString();
var protectedPayload = protector.Protect(originalPayload);

var keyManager = sericeProvider.GetRequiredService<IKeyManager>();
keyManager.RevokeAllKeys(revocationDate: DateTimeOffset.UtcNow, reason: "No reason");
protector.Unprotect(protectedPayload);
```

13.1.4　"瞬时"加解密

在某些应用场景中，数据的加解密只在一个限定的上下文中进行（如当前应用的生命周期内），这种场景适用一种被称为"瞬时（Transient 或者 Ephemeral）加解密"的方式。这种加解密方式会使用到 EphemeralDataProtectionProvider 类型，该类型同样实现了 ITimeLimitedDataProtector 接口。如果利用它提供的 IDataProtector 对象对一段二进制内容进行加密，则密文只能通过它自身提供的 IDataProtector 对象才能解开。

如下面的代码片段所示，我们定义了一个 CreateEphemeralDataProtectionProvider 方法用来创建上述的 EphemeralDataProtectionProvider 对象。我们在调用 ServiceCollection 对象的 AddDataProtection 扩展方法并得到返回的 IDataProtectionBuilder 之后，再调用 IDataProtectionBuilder 对象的 UseEphemeralDataProtectionProvider 扩展方法完成 EphemeralDataProtectionProvider 的服务注册，所以最终得到的 IDataProtectionProvider 对象的类型就是 EphemeralDataProtectionProvider。

```
using Microsoft.AspNetCore.DataProtection;
using Microsoft.Extensions.DependencyInjection;
using System.Diagnostics;

var originalPayload = Guid.NewGuid().ToString();
var dataProtectionProvider = CreateEphemeralDataProtectionProvider();
var protector = dataProtectionProvider.CreateProtector("foobar");
var protectedPayload = protector.Protect(originalPayload);

protector = dataProtectionProvider.CreateProtector("foobar");
Debug.Assert(originalPayload == protector.Unprotect(protectedPayload));

protector = CreateEphemeralDataProtectionProvider().CreateProtector("foobar");
protector.Unprotect(protectedPayload);

static IDataProtectionProvider CreateEphemeralDataProtectionProvider()
{
    var services = new ServiceCollection();
    services.AddDataProtection()
        .UseEphemeralDataProtectionProvider();
    return services
        .BuildServiceProvider()
        .GetRequiredService<IDataProtectionProvider>();
}
```

在利用 EphemeralDataProtectionProvider 提供的 IDataProtector 对象对一段文本加密后，我们对密文实施了两次解密。第一次采用 IDataProtector 对象通过同一个 EphemeralDataProtectionProvider 对象提供，第二次则不是。该演示程序运行之后，第一次解密顺利完成，第二次则抛出了 CryptographicException 异常，如图 13-5 所示。（S1306）

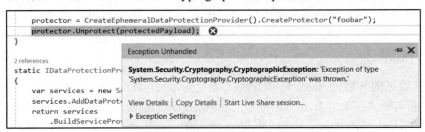

图 13-5　利用 EphemeralDataProtectionProvider 提供"瞬时"加解密抛出的异常

13.1.5　密码哈希

用户密码作为机密性最高的信息是不能以明文形式存储的，我们一般会存储密码的哈希值。虽然哈希的非对称性确保不能直接通过哈希值得到被哈希的原始内容，但是在强大的计算面前已经不足以提供给我们期望的安全保障。对于密钥的保护来说，目前最安全的哈希方式应该是 PBKDF2（Password-Based Key Derivation Function 2）。PBKDF2 是一种基于密码的 Key Derivation（采用某种算法根据指定的密码或者主键生成一个密钥）函数，它采用伪随机函数以任意指定长度导出密钥。目前，它是 RSA 实验室公钥加密标准（Public-Key Cryptography Standards，PKCS）序列的一部分。PBKDF2 提高安全系数主要采用"添加随机盐"和"多次哈希"两种方式。如果希望对 PBKDF2 具有更深入的了解，则可以参阅官方规范文档。

我们可以利用"Microsoft.AspNetCore.Cryptography.KeyDerivation"这个 NuGet 包提供的 API 对密码进行哈希。这是一个完全独立的类库，与上文介绍的以 IDataProtector 对象为核心的数据保护框架没有关系。基于 PBKDF2 的密码哈希可以直接调用 KeyDerivation 类型的如下静态方法 Pbkdf2 来完成。

```
public static class KeyDerivation
{
    public static byte[] Pbkdf2(string password, byte[] salt, KeyDerivationPrf prf,
        int iterationCount, int numBytesRequested);
}

public enum KeyDerivationPrf
{
    HMACSHA1,
    HMACSHA256,
    HMACSHA512
}
```

PBKDF2 并没有限制使用某种固定的加密算法。在调用上面 Pbkdf2 方法时，我们可以利用 prf 参数指定采用的伪随机算法（Pseudo-random Function，PRF）。这是一个 KeyDerivationPrf 类型的枚举，3 个枚举项对应的哈希算法分别为 SHA-1、SHA-256 和 SHA-512。PBKDF2 方法的其他参数分别表示待哈希的密码、随机盐、迭代次数（次数越大，安全系数越高）和最终生成哈希值的字节数。

```
using Microsoft.AspNetCore.Cryptography.KeyDerivation;
using System.Security.Cryptography;

var password  = "password";
var salt      = new byte[16];
var iteration = 1000;

using (var generator = RandomNumberGenerator.Create())
{
    generator.GetBytes(salt);
}
```

```
Console.WriteLine(Hash(KeyDerivationPrf.HMACSHA1));
Console.WriteLine(Hash(KeyDerivationPrf.HMACSHA256));
Console.WriteLine(Hash(KeyDerivationPrf.HMACSHA512));

string Hash(KeyDerivationPrf prf)
{
    var hashed = KeyDerivation.Pbkdf2(
        password: password,
        salt: salt,
        prf: prf,
        iterationCount: iteration,
        numBytesRequested: 32);
    return Convert.ToBase64String(hashed);
}
```

上面的代码片段演示了如何为提供的密码（password）生成指定位数（32 字节，256 位）的哈希值。我们采用一个随机生成的盐值（16 字节，128 位），执行 1000 次迭代，针对 3 种不同的哈希算法生成对应的哈希值。Base64 编码后的 3 个哈希值输出到控制台上，如图 13-6 所示。（S1307）

图 13-6 采用 PBKDF2 生成的密码哈希

13.2 加密模型

前文使用开闭锁来类比加解密，并引入了"钥匙串"的概念，通过 IKeyRing 接口表示的"钥匙串"是整个数据保护框架的核心。一个 IKeyRing 对象不仅挂着"钥匙"，还挂着"锁"，这把"锁"就是真正用来加解密的 IAuthenticatedEncryptor 对象。

13.2.1 IAuthenticatedEncryptor

前面的演示实例总是利用 IDataProtector 对象对数据进行加解密，最终的加解密操作都会转移到 IAuthenticatedEncryptor 对象。如下面的代码片段所示，IAuthenticatedEncryptor 接口定义了用来加解密的 Encrypt 方法和 Decrypt 方法。在调用这两个方法时，不仅要提供待加解密的数据，还需要提供一份额外的认证数据，它们都体现为一个 ArraySegment<byte>对象。

```
public interface IAuthenticatedEncryptor
{
    byte[] Encrypt(ArraySegment<byte> plaintext,
        ArraySegment<byte> additionalAuthenticatedData);

    byte[] Decrypt(ArraySegment<byte> ciphertext,
        ArraySegment<byte> additionalAuthenticatedData);
```

```
}
```

该接口之所以被命名为 IAuthenticatedEncryptor，是因为它不仅参与加解密操作以解决机密性（Confidentiality）的问题，还利用哈希检验收到的待解密数据是否被篡改，同时解决数据一致性认证（Authentication）的问题。

13.2.2　IKey

IAuthenticatedEncryptor 对象表示用于加解密的"锁"，作为"钥匙"的密钥通过如下 IKey 接口表示。每个密钥都具有通过 Guid 表示的唯一标识，对应 IAuthenticatedEncryptor 接口的 KeyId 属性。该接口的 CreationDate 属性表示密钥创建的时间，而 ActivationDate（激活时间）属性和 ExpirationDate（失效时间）属性决定了密钥的有效时间范围。

```
public interface IKey
{
    Guid                            KeyId { get; }
    DateTimeOffset                  CreationDate { get; }
    DateTimeOffset                  ActivationDate { get; }
    DateTimeOffset                  ExpirationDate { get; }
    bool                            IsRevoked { get; }
    IAuthenticatedEncryptorDescriptor  Descriptor { get; }

    IAuthenticatedEncryptor CreateEncryptor();
}
```

密钥是可以被撤销的，被撤销密钥的 IsRevoked 属性返回 True。前文已经提到"IKeyRing 对象不仅挂着钥匙，还挂着锁"，其实更加准确的说法是"锁直接挂在钥匙上"，因为调用一个 IKey 对象的 CreateEncryptor 方法就可以创建对应的 IAuthenticatedEncryptor 对象。

IKey 接口通过 Descriptor 属性提供一个描述加密器的 IAuthenticatedEncryptorDescriptor 对象，用于加解密的 IAuthenticatedEncryptor 对象是通过它创建的，所以 IKey 对象的 Descriptor 属性承载了密钥最核心的内容。密钥需要持久化存储，所以要求 IAuthenticatedEncryptorDescriptor 对象能够被序列化，这里采用基于 XML 的序列化方式，这一点也可以从 IAuthenticatedEncryptorDescriptor 接口的定义看出来。如下面的代码片段所示，该接口定义了唯一的 ExportToXml 方法，并将承载的内容以 XML 的形式进行导出，该方法具体返回一个 XmlSerializedDescriptorInfo 对象，利用该对象的 SerializedDescriptorElement 属性就能得到导出的 XML。

```
public interface IAuthenticatedEncryptorDescriptor
{
    XmlSerializedDescriptorInfo ExportToXml();
}


public sealed class XmlSerializedDescriptorInfo
{
    public XmlSerializedDescriptorInfo(XElement serializedDescriptorElement,
        Type deserializerType);

    public Type          DeserializerType { get; }
```

```
   public XElement    SerializedDescriptorElement { get; }
}
```

XmlSerializedDescriptorInfo 对象的 DeserializerType 属性返回的是对应反序列化器的类型，该类型实现了如下 IAuthenticatedEncryptorDescriptorDeserializer 接口。如果将导出的 XML 元素作为参数调用反序列化器的 ImportFromXml 方法，就能重新创建 IAuthenticatedEncryptorDescriptor 对象。

```
public interface IAuthenticatedEncryptorDescriptorDeserializer
{
    IAuthenticatedEncryptorDescriptor ImportFromXml(XElement element);
}
```

13.2.3　IKeyRing

接下来看一看表示"钥匙串"的 IKeyRing 接口的定义。如下面的代码片段所示，IKeyRing 接口的 DefaultKeyId 属性返回默认密钥的标识，而 DefaultAuthenticatedEncryptor 属性则返回使用默认密钥进行加解密的 IAuthenticatedEncryptor 对象。由于 IDataProtector 对象在默认情况下使用了 IAuthenticatedEncryptor 对象，所以前面在演示密钥撤销时，只需要撤销这个默认密钥。既然是一个钥匙串，自然不会只挂一把钥匙（密钥）。如果需要使用其他密钥进行加解密，则可以将密钥 ID 作为参数调用 IKeyRing 对象的 GetAuthenticatedEncryptorByKeyId 方法来创建对应密钥的 IAuthenticatedEncryptor 对象。该方法具有一个布尔类型的输出参数，该参数表示指定的密钥是否处于被撤销的状态。

```
public interface IKeyRing
{
    Guid                    DefaultKeyId { get; }
    IAuthenticatedEncryptor    DefaultAuthenticatedEncryptor { get; }

    IAuthenticatedEncryptor GetAuthenticatedEncryptorByKeyId(Guid keyId,
        out bool isRevoked);
}
```

如下所示的内部类型 KeyRing 是对 IKeyRing 接口的默认实现。当创建一个 KeyRing 对象时提供挂在这个"钥匙串"上的所有密钥和默认密钥。这些由 IKey 对象表示的密钥最终封装成一个 KeyHolder 对象存储。从下面的代码片段可以看出，IAuthenticatedEncryptor 对象是通过 KeyHolder 的 GetEncryptorInstance 方法创建的。考虑到多线程并发的问题，该方法利用加锁和 Volatile 确保同步。

```
internal sealed class KeyRing : IKeyRing
{
    private readonly KeyHolder                _defaultKeyHolder;
    private readonly Dictionary<Guid, KeyHolder>    _keyIdToKeyHolderMap;

    public Guid                    DefaultKeyId { get; }
    public IAuthenticatedEncryptor    DefaultAuthenticatedEncryptor
        => _defaultKeyHolder.GetEncryptorInstance(out _);
```

```csharp
public KeyRing(IKey defaultKey, IEnumerable<IKey> allKeys)
{
    _keyIdToKeyHolderMap = new Dictionary<Guid, KeyHolder>();
    foreach (IKey key in allKeys)
    {
        _keyIdToKeyHolderMap.Add(key.KeyId, new KeyHolder(key));
    }
    if (!_keyIdToKeyHolderMap.ContainsKey(defaultKey.KeyId))
    {
        _keyIdToKeyHolderMap.Add(defaultKey.KeyId, new KeyHolder(defaultKey));
    }

    DefaultKeyId       = defaultKey.KeyId;
    _defaultKeyHolder  = _keyIdToKeyHolderMap[DefaultKeyId];
}

public IAuthenticatedEncryptor GetAuthenticatedEncryptorByKeyId(Guid keyId,
    out bool isRevoked)
{
    isRevoked = false;
    _keyIdToKeyHolderMap.TryGetValue(keyId, out var holder);
    return holder?.GetEncryptorInstance(out isRevoked);
}

private sealed class KeyHolder
{
    private readonly IKey               _key;
    private IAuthenticatedEncryptor     _encryptor;

    internal KeyHolder(IKey key) => _key = key;
    internal IAuthenticatedEncryptor GetEncryptorInstance(out bool isRevoked)
    {
        var encryptor = Volatile.Read(ref _encryptor);
        if (encryptor == null)
        {
            lock (this)
            {
                encryptor = Volatile.Read(ref _encryptor);
                if (encryptor == null)
                {
                    encryptor = _key.CreateEncryptor();
                    Volatile.Write(ref _encryptor, encryptor);
                }
            }
        }
        isRevoked = _key.IsRevoked;
        return encryptor;
    }
}
}
```

13.2.4　IKeyRingProvider

由于对数据实施加解密的是 IAuthenticatedEncryptor 对象，而该对象是由 IKeyRing 对象提供的，所以只要能够获得 IKeyRing 对象，就能使用它提供的默认密钥或者指定密钥进行数据的加解密。当前应用的 IKeyRing 对象是通过 IKeyRingProvider 对象的 GetCurrentKeyRing 方法提供的。

```
public interface IKeyRingProvider
{
    IKeyRing GetCurrentKeyRing();
}
```

应用程序使用的密钥可能会持久化存储在本地文件中，也可能需要通过远程调用的方式来获取，如果加解密操作比较频繁，将密钥进行缓存是必要的。除了上面的 IKeyRingProvider 接口，数据保护框架还定义了如下 ICacheableKeyRingProvider 接口，它的 GetCacheableKeyRing 方法提供了一个被缓存的 IKeyRing 对象，该方法提供的 now 参数将作为确定缓存是否过期的基准时间。

```
public interface ICacheableKeyRingProvider
{
    CacheableKeyRing GetCacheableKeyRing(DateTimeOffset now);
}
```

ICacheableKeyRingProvider 提供的是一个 CacheableKeyRing 对象。这是对一个 IKeyRing 对象的封装。如下面的代码片段所示，为了确定缓存的 IKeyRing 对象的有效性，构造函数中还提供了 expirationToken 和 expirationTime 两个参数，前者表示接收过期信号的 CancellationToken 对象，后者则表示过期时间。除了提供检验有效性的 IsValid 静态方法，CacheableKeyRing 类型还提供了另一个 WithTemporaryExtendedLifetime 方法用来延长密钥的有效时间（2 分钟），该方法返回具有延长生命周期的 CacheableKeyRing 对象。

```
public sealed class CacheableKeyRing
{
    private readonly CancellationToken      _expirationToken;

    internal DateTime                       ExpirationTimeUtc { get; }
    internal IKeyRing                       KeyRing { get; }

    internal CacheableKeyRing(CancellationToken expirationToken,
        DateTimeOffset expirationTime, IKey defaultKey, IEnumerable<IKey> allKeys)
        : this(expirationToken, expirationTime,
        keyRing: new KeyRing(defaultKey, allKeys))
    {}

    internal CacheableKeyRing(CancellationToken expirationToken,
        DateTimeOffset expirationTime, IKeyRing keyRing)
    {
        _expirationToken      = expirationToken;
        ExpirationTimeUtc     = expirationTime.UtcDateTime;
        KeyRing               = keyRing;
```

```
    }

    internal static bool IsValid(CacheableKeyRing keyRing, DateTime utcNow)
    {
        return keyRing != null
            && !keyRing._expirationToken.IsCancellationRequested
            && keyRing.ExpirationTimeUtc > utcNow;
    }

    internal CacheableKeyRing WithTemporaryExtendedLifetime(DateTimeOffset now)
    {
        var extension = TimeSpan.FromMinutes(2);
        return new CacheableKeyRing(CancellationToken.None, now + extension, KeyRing);
    }
}
```

13.2.5　IDataProtector

我们总是利用 IDataProtectionProvider 提供的 IDataProtector 对象对数据进行加密。如下面的代码片段所示，IDataProtectionProvider 接口只定义了唯一的 CreateProtector 方法来创建对应的 IDataProtector 对象。IDataProtector 对象针对数据的加解密体现在定义的 Protect 方法和 Unprotect 方法上。IDataProtector 派生于 IDataProtectionProvider 接口，也就是说一个 IDataProtector 对象也能作为一个 IDataProtectionProvider 对象来创建其他的 IDataProtector 对象。我们将后者称为前者的子对象。

```
public interface IDataProtectionProvider
{
    IDataProtector CreateProtector(string purpose);
}

public interface IDataProtector : IDataProtectionProvider
{
    byte[] Protect(byte[] plaintext);
    byte[] Unprotect(byte[] protectedData);
}
```

在一个应用中可能会涉及不同数据类型的加密，它们采用的密钥应该是相互"隔离"的。使用 IDataProtectionProvider 对象的 CreateProtector 方法在创建一个新的 IDataProtector 对象时需要指定 "Purpose 字符串"，它能够提供"安全隔离"。当利用某个 IDataProtectionProvider 对象分别针对不同的 Purpose 字符串（Foo 和 Bar）创建了两个 IDataProtector 对象，并用它们采用相同的密钥对两组数据进行加密，假设加密后的数据分别为 A 和 B。当 A 和 B 被解密时，采用的 IDataProtector 对象要求拥有一致的 Purpose 字符串，否则解密失败。

IDataProtector 对象被赋予了一个 Purpose 字符串，而它自身又是一个 IDataProtectionProvider 对象，当利用它创建一个新的 IDataProtector 对象时，后者会"继承"前者的 Purpose 字符串，所以一个 IDataProtector 对象拥有一组有序的 Purpose 字符串序列。Purpose 字符串序列的最后一个对象是当前 IDataProtector 对象被创建时显式指定的，前面的对象都是从"先辈"继承下来的。这样的设计不仅解决了隔离的基本需求，还使我们可以设计出一种"层次化"的加密体系。例如，我们可以将层次化的 Purpose 字符串映射为公司的组织架构。

Purpose 字符串的层次化体现了 IDataProtector 对象之间的关系，这样的设计非常适合多租户应用场景。每个租户可以自行构建属于自己的 Purpose 字符串层次体系，只要保证每个租户顶层的 Purpose 字符串是唯一的，即使它们使用相同的密钥，租户之间也能起到安全隔离的作用。

数据保护框架还提供了 IPersistedDataProtector 接口和 ITimeLimitedDataProtector 接口，它们均派生于 IDataProtector 接口。对于给出的加密数据，如果试图对它解密并进行长期存储，则调用 IPersistedDataProtector 对象的 DangerousUnprotect 方法，该方法体现的解密操作具有某种"危险性"。当我们调用这个方法时除了需要指定待解密的数据，还需要指定一个布尔类型的参数 ignoreRevocationErrors，该参数表示是否接收已经撤销的密钥。如果将该参数设置为 True，则即使加密数据包采用的密钥已经被撤销，解密依然成功。

```
public interface IPersistedDataProtector : IDataProtector
{
    byte[] DangerousUnprotect(byte[] protectedData, bool ignoreRevocationErrors,
        out bool requiresMigration, out bool wasRevoked);
}

public interface ITimeLimitedDataProtector : IDataProtector
{
    ITimeLimitedDataProtector CreateProtector(string purpose);
    byte[] Protect(byte[] plaintext, DateTimeOffset expiration);
    byte[] Unprotect(byte[] protectedData, out DateTimeOffset expiration);
}
```

DangerousUnprotect 方法定义了两个输出参数：第一个参数 requiresMigration 表示当数据存在安全隐患时，在持久化存储之前最好考虑重新实施数据保护方案。一般来说，如果加密密钥已经被撤销或者不是当前默认密钥，该参数就会返回 True。第二个参数 wasRevoked 用于判断密钥是否处于被撤销的状态。

为了提高安全系数，我们要求加密的数据必须在指定的时限内才能被成功解密，在这种情况下就需要使用 ITimeLimitedDataProtector 对象。从上面的代码片段可以看出，定义在 ITimeLimitedDataProtector 接口中用于加密的 Protect 方法除了具有一个表示待加密数据的字节数组，还需要指定一个过期时间。Unprotect 方法对数据进行解密时会检验加密数据是否过期。正常解密之后，除了通过返回值得到原始数据，还可以通过输出参数得到加密时指定的时间。

1. KeyRingBasedDataProtector

真正被用于加解密的 IDataProtector 实现类型是如下 KeyRingBasedDataProtector，它利用提供的 IKeyRing 对象来实现对数据的加解密。具体来说，IKeyRing 对象提供了表示密钥的 IKey 对象，该对象关联的 IAuthenticatedEncryptor 对象能够完成最终的加解密工作。

```
internal sealed class KeyRingBasedDataProtector :IPersistedDataProtector
{
    private readonly IKeyRingProvider      _keyRingProvider;
```

```csharp
private readonly string[]                     _purposes;

public KeyRingBasedDataProtector(IKeyRingProvider keyRingProvider,
    string[] purposes)
{
    _keyRingProvider   = keyRingProvider;
    _purposes          = purposes;
}

public byte[] Protect(byte[] plaintext)
{
    var keyRing = _keyRingProvider.GetCurrentKeyRing();
    var keyId = keyRing.DefaultKeyId;
    var encryptor = keyRing.DefaultAuthenticatedEncryptor;
    var additionalAuthenticatedData =
        CreateAdditionalAuthenticatedData(_purposes ,keyId, true);
    return encryptor.Encrypt(new ArraySegment<byte>(plaintext),
        new ArraySegment<byte>(additionalAuthenticatedData));
}

public byte[] Unprotect(byte[] protectedData) => DangerousUnprotect(protectedData,
    false, out _, out _);

public byte[] DangerousUnprotect(byte[] protectedData, bool ignoreRevocationErrors,
    out bool requiresMigration, out bool wasRevoked)
{
    var keyId = ExtractKeyId(protectedData);
    var keyRing = _keyRingProvider.GetCurrentKeyRing();
    var encryptor = keyRing.GetAuthenticatedEncryptorByKeyId(keyId,
        out wasRevoked);
    if (encryptor == null)
    {
        if (_keyRingProvider is KeyRingProvider provider
           && provider.InAutoRefreshWindow())
        {
            keyRing = provider.RefreshCurrentKeyRing();
            encryptor = keyRing.GetAuthenticatedEncryptorByKeyId(keyId,
                out wasRevoked);
        }
        if (encryptor == null)
        {
            throw new CryptographicException("Key is not found.");
        }
    }
    if (wasRevoked && !ignoreRevocationErrors)
    {
        throw new CryptographicException("Key is revoked.");
    }
    requiresMigration = wasRevoked || keyId != keyRing.DefaultKeyId;
    var additionalAuthenticatedData =
```

```
              CreateAdditionalAuthenticatedData(_purposes, keyId, false);
        return encryptor.Decrypt(new ArraySegment<byte>(protectedData),
            new ArraySegment<byte>(additionalAuthenticatedData));
    }

    public IDataProtector CreateProtector(string purpose)
    {
        var purposes = _purposes.Concat(new string[] { purpose });
        return new KeyRingBasedDataProtector(_keyRingProvider, purposes.ToArray());
    }

    //根据 Purpose 字符串和密钥 ID 为加密或者解密生成附加认证数据
    private byte[] CreateAdditionalAuthenticatedData(string[] purposes, Guid keyId,
        bool protecting)
    {
    //省略实现
    }

    //提取密钥 ID
    private Guid ExtractKeyId(byte[] protectedData)
    {
    //省略实现
    }
}
```

如上面的代码片段所示，KeyRingBasedDataProtector 实现了 IPersistedDataProtector 接口。我们创建 KeyRingBasedDataProtector 对象时需要指定一个 IKeyRingProvider 对象和一组 Purpose 字符串。它的 Protect 方法利用 IKeyRingProvider 对象来提供当前 IKeyRing 对象，进而得到针对默认密钥的 IAuthenticatedEncryptor 对象。当我们利用 IAuthenticatedEncryptor 对象进行加密时，除了提供待加密内容，还需要提供一个附加的认证数据，它是通过 CreateAdditionalAuthenticatedData 方法根据当前 Purpose 字符串序列和密钥 ID 生成的。调用 IAuthenticatedEncryptor 对象的 Encrypt 方法生成的加密内容会包含密钥 ID。

KeyRingBasedDataProtector 承载的解密操作实现在 DangerousUnprotect 方法中。该方法先从待解密内容中提取密钥 ID，再利用当前 IKeyRing 对象得到对应密钥。如果此密钥不存在，但是当前时间仍在缓存刷新窗口内（默认的 KeyRingProvider 会定时验证当前密钥的时效性，并在必要的时候自动生成新的密钥），则它会尝试执行密钥刷新操作，并在此之后重新提取密钥。如果成功提取密钥，则 DangerousUnprotect 方法直接利用对应的 IAuthenticatedEncryptor 对象完成解密工作，解密所需的附加认证数据依然是利用当前 Purpose 字符串序列和密钥 ID 生成的，Purpose 字符串的安全隔离作用就体现于此。

如果最终无法找到对应的密钥，则 DangerousUnprotect 方法会抛出一个 CryptographicException 类型的异常。假如提取的密钥已经被撤销，在不允许采用撤销密钥解密（对应 ignoreRevocationErrors 参数）的情况下，该方法还会抛出 CryptographicException 异常。如果采用的密钥已经撤销，或者并非当前默认密钥，则 DangerousUnprotect 方法的输出参数

requiresMigration 都 将 被 设 置 为 True。实 现 的 另 一 个 Unprotect 方 法 会 直 接 调 用 DangerousUnprotect 方法。在实现的另一个 CreateProtector 方法中，指定的 Purpose 字符串将与自身的 Purpose 字符串序列进行合并，合并后的 Purpose 字符串序列将和 IKeyRingProvider 对象一起用来创建返回的 KeyRingBasedDataProtector 对象。

我们在编程时总是利用一个 IDataProtectionProvider 对象提供 IDataProtector 对象对数据进行加解密，所以 KeyRingBasedDataProtector 必然有一个对应的 IDataProtectionProvider 实现类型，该类型就是如下 KeyRingBasedDataProtectionProvider。

```
internal sealed class KeyRingBasedDataProtectionProvider : IDataProtectionProvider
{
    private readonly IKeyRingProvider _keyRingProvider;

    public KeyRingBasedDataProtectionProvider(IKeyRingProvider keyRingProvider)
        => _keyRingProvider = keyRingProvider;
    public IDataProtector CreateProtector(string purpose)
        => new KeyRingBasedDataProtector(_keyRingProvider, new string[]{purpose})
}
```

2. TimeLimitedDataProtector

KeyRingBasedDataProtector 仅仅实现了 IPersistedDataProtector 接口，并未提供加密数据的时间限制，该特性实现在 TimeLimitedDataProtector 类型上。TimeLimitedDataProtector 实现了 ITimeLimitedDataProtector 接口，如下所示的简化代码基本体现了其加解密逻辑。

```
internal class TimeLimitedDataProtector : ITimeLimitedDataProtector
{
    private readonly IDataProtector  _innerProtector;
    private IDataProtector           _innerProtectorWithTimeLimitedPurpose;

    public TimeLimitedDataProtector(IDataProtector innerProtector)
        => _innerProtector = innerProtector;

    public byte[] Protect(byte[] plaintext, DateTimeOffset expiration)
    {
        var buffer = new byte[8 + plaintext.Length];
        WriteExpiration(buffer, 0, expiration.UtcTicks);
        Buffer.BlockCopy(plaintext, 0, buffer, 8, plaintext.Length);
        return GetInnerProtectorWithTimeLimitedPurpose().Protect(buffer);
    }

    public byte[] Protect(byte[] plaintext)
        => Protect(plaintext, DateTimeOffset.MaxValue);

    public byte[] Unprotect(byte[] protectedData) => Unprotect(protectedData, out _);

    public byte[] Unprotect(byte[] protectedData, out DateTimeOffset expiration)
    {
        var plainText = GetInnerProtectorWithTimeLimitedPurpose()
            .Unprotect(protectedData);
```

```
        if (plainText.Length < 8)
        {
            throw new CryptographicException("Invalid payload.");
        }
        expiration = new DateTimeOffset(ReadExpiration(plainText, 0), TimeSpan.Zero);
        if (DateTimeOffset.UtcNow > expiration)
        {
            throw new CryptographicException("Expired payload.");
        }
        var buffer = new byte[plainText.Length - 8];
        Buffer.BlockCopy(plainText, 8, buffer, 0, buffer.Length);
        return buffer;
    }

    public ITimeLimitedDataProtector CreateProtector(string purpose)
        => new TimeLimitedDataProtector(_innerProtector.CreateProtector(purpose));

    IDataProtector IDataProtectionProvider.CreateProtector(string purpose)
        => CreateProtector(purpose);

    private IDataProtector GetInnerProtectorWithTimeLimitedPurpose()
    {
        var protector = Volatile.Read(ref _innerProtectorWithTimeLimitedPurpose);
        if (protector == null)
        {
            IDataProtector protector2 = _innerProtector.CreateProtector(
                "Microsoft.AspNetCore.DataProtection.TimeLimitedDataProtector.v1");
            IDataProtector original = Interlocked.CompareExchange(
                ref _innerProtectorWithTimeLimitedPurpose, protector2, null);
            protector = original ?? protector2;
        }
        return protector;
    }

    private void WriteExpiration (byte[] buffer, int offset, long value)
    {
        buffer[offset] = (byte)(value >> 0x38);
        buffer[offset + 1] = (byte)(value >> 0x30);
        buffer[offset + 2] = (byte)(value >> 40);
        buffer[offset + 3] = (byte)(value >> 0x20);
        buffer[offset + 4] = (byte)(value >> 0x18);
        buffer[offset + 5] = (byte)(value >> 0x10);
        buffer[offset + 6] = (byte)(value >> 8);
        buffer[offset + 7] = (byte)value;
    }

    private static long ReadExpiration (byte[] buffer, int offset)
    {
        return (((long)buffer[offset + 0]) << 56)
            | (((long)buffer[offset + 1]) << 48)
```

```
            | (((long)buffer[offset + 2]) << 40)
            | (((long)buffer[offset + 3]) << 32)
            | (((long)buffer[offset + 4]) << 24)
            | (((long)buffer[offset + 5]) << 16)
            | (((long)buffer[offset + 6]) << 8)
            | (long)buffer[offset + 7];
    }
}
```

如上面的代码片段所示，TimeLimitedDataProtector 实际上是对另一个 IDataProtector 对象的封装，但是它并未直接使用该对象实施加解密操作，具体加解密是由它创建的另一个 IDataProtector 对象完成的，"Microsoft.AspNetCore.DataProtection.TimeLimitedDataProtector.v1" 为该对象创建时指定的 Purpose 字符串。

数据加密体现在第二个 Protect 方法上。在对提供的原始数据进行加密之前，该方法会将指定过期时间的 UtcTicks 属性值（Int64）转换成一个长度为 8 的字节数组，并将其作为前缀附加到待加密内容前面。这个包含过期时间前置内容的字节数组最终交给上述的 IDataProtector 对象进行加密，该方法最终返回加密后的字节数组。另一个不考虑过期时间的 Protect 方法会直接调用这个方法，并将过期时间设置为 DateTimeOffset.MaxValue（永不过期）。

对应的解密操作实现在第二个 Unprotect 方法上。首先该方法直接利用上面创建的 IDataProtector 对象对提供的字节数组进行解密，然后提取前 8 字节的内容并试图将其转换成过期时间，如果过期时间提取失败或者确定加密内容已经过期，则会抛出 CryptographicException 异常。解密得到内容在剔除表示过期时间的前 8 字节后，余下的部分就是原始的数据。另一个 Unprotect 方法会直接调用这个方法。TimeLimitedDataProtector 实现的两个 CreateProtector 方法会返回一个新的 TimeLimitedDataProtector 对象。

为了更好地使用 ITimeLimitedDataProtector 对象进行限定时间的加解密，数据保护框架定义了如下这些扩展方法。我们可以利用它们直接针对字符串实施加解密，或者利用 TimeSpan 对象表示过期时间。ToTimeLimitedDataProtector 扩展方法还可以直接将一个 IDataPotector 对象转化成 ITimeLimitedDataProtector 对象，这是我们目前得到一个 ITimeLimitedDataProtector 对象的唯一方式，因为 TimeLimitedDataProtector 仅仅是针对另一个 IDataPotector 对象的封装，所以并没有一个对应的 IDataProtectionProvider 实现类型。

```
public static class DataProtectionAdvancedExtensions
{
    public static string Protect(this ITimeLimitedDataProtector protector,
        string plaintext, DateTimeOffset expiration)
    {
        var wrapper = new TimeLimitedWrappingProtector(protector)
        {
            Expiration = expiration
        };
        return wrapper.Protect(plaintext);
    }
```

```csharp
public static byte[] Protect(this ITimeLimitedDataProtector protector,
    byte[] plaintext, TimeSpan lifetime)
    => protector.Protect(plaintext, DateTimeOffset.UtcNow + lifetime);

public static string Protect(this ITimeLimitedDataProtector protector,
    string plaintext, TimeSpan lifetime)
    =>protector.Protect(plaintext, DateTimeOffset.Now + lifetime);

public static string Unprotect(this ITimeLimitedDataProtector protector,
    string protectedData, out DateTimeOffset expiration)
{
    var wrapper = new TimeLimitedWrappingProtector(protector);
    expiration = wrapper.Expiration;
    return wrapper.Unprotect(protectedData);
}

public static ITimeLimitedDataProtector ToTimeLimitedDataProtector(
    this IDataProtector protector)
    => (protector as ITimeLimitedDataProtector)
    ?? new TimeLimitedDataProtector(protector);

private sealed class TimeLimitedWrappingProtector
    : IDataProtector, IDataProtectionProvider
{
    public DateTimeOffset Expiration;
    private readonly ITimeLimitedDataProtector _innerProtector;

    public TimeLimitedWrappingProtector(ITimeLimitedDataProtector innerProtector)
        => _innerProtector = innerProtector;

    public IDataProtector CreateProtector(string purpose)
        => throw new NotImplementedException();

    public byte[] Protect(byte[] plaintext)
        => _innerProtector.Protect(plaintext, Expiration);

    public byte[] Unprotect(byte[] protectedData)
        => _innerProtector.Unprotect(protectedData, out Expiration)
}
}
```

3. EphemeralDataProtectionProvider

我们在前面演示了仅一个本地执行上下文中进行的"瞬时"加解密，这种加解密模式是通过如下 EphemeralDataProtectionProvider 类型实现的。由于每个 EphemeralDataProtectionProvider 都使用一个独立的 IKeyRing 对象，其中包含的密钥（只会使用默认密钥）并不会被持久化存储，所以同一份数据的加解密涉及的 EphemeralDataProtectionProvider 对象也必须是同一个。

```csharp
public sealed class EphemeralDataProtectionProvider : IDataProtectionProvider
{
```

```
private readonly KeyRingBasedDataProtectionProvider _dataProtectionProvider;
public EphemeralDataProtectionProvider()
{
    var keyringProvider = OSVersionUtil.IsWindows()
        ? new EphemeralKeyRing<CngGcmAuthenticatedEncryptorConfiguration>()
        : new EphemeralKeyRing<ManagedAuthenticatedEncryptorConfiguration>();
    _dataProtectionProvider = new
        KeyRingBasedDataProtectionProvider(keyringProvider);
}
public IDataProtector CreateProtector(string purpose)
    => _dataProtectionProvider.CreateProtector(purpose);

private sealed class EphemeralKeyRing<T> : IKeyRing, IKeyRingProvider
    where T : AlgorithmConfiguration, new()
{
//省略成员
}
}
```

到目前为止，我们已经对数据保护框架提供的基于 IKeyRing 对象的加解密体系进行了全面的介绍，现在利用图 13-7 来做一个小结：加解密使用的密钥以一个 IKey 对象的形式挂在由 IKeyRing 对象表示的"钥匙串"上，每个 IKey 对象都具有一个最终被用来加解密的 IAuthenticatedEncryptor 对象。每个 IKeyRing 对象都采用某种策略选择一个 IKey 对象作为默认密钥，而当前的 IKeyRing 对象由注册的 IKeyRingProvider 来提供。

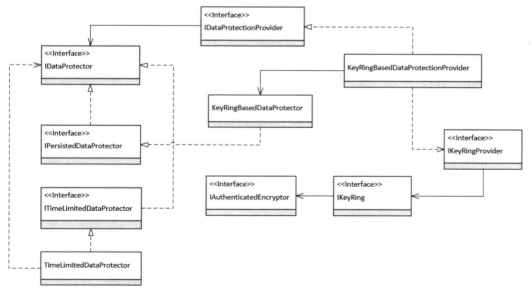

图 13-7　基于 IKeyRing 的加解密框架

消费者总是利用注册的 IDataProtectionProvider 提供的 IDataProtector 对象进行加解密操作。由于默认注册 IDataProtectionProvider 实现类型为 KeyRingBasedDataProtectorProvider，所以最终

使用的是由它提供的 KeyRingBasedDataProtector 对象。KeyRingBasedDataProtector 对象在进行加密时会利用 IKeyRingProvider 对象得到 IKeyRing 对象，并利用其提供的默认密钥的 IAuthenticatedEncryptor 对数据进行加密，加密后的数据会携带密钥的 ID。在对数据进行解密时，KeyRingBasedDataProtector 会从待解密内容中提取密钥 ID，并利用此 ID 从当前 IKeyRing 对象中找到相应的密钥，利用该密钥的 IAuthenticatedEncryptor 对象完成最终的解密操作。

13.3 密钥管理

通过以 IKeyRing 对象为核心的加密模型的介绍，我们知道利用 IDataProtectionProvider 对象提供的 IDataProtector 对象大体上是如何进行加解密的，但是挂在 IKeyRing 对象上的密钥是如何产生并管理的呢？这正是本节重点介绍的内容。包括密钥创建在内针对密钥的管理是通过 IKeyManager 对象来完成的，它采用的配置选项定义在 KeyManagementOptions 类型中。

13.3.1 KeyManagementOptions

如下所示的 KeyManagementOptions 配置选项承载了与密钥管理相关的设置。它的 AutoGenerateKeys 属性表示数据保护框架能否自动创建新的密钥，该属性值默认为 True。另一个 NewKeyLifetime 属性则表示密钥的生命周期，即密钥自创建到过期经历的时间，默认值为 90 天。

```
public class KeyManagementOptions
{
    public bool              AutoGenerateKeys { get; set; }
    public TimeSpan          NewKeyLifetime { get; set; }
    public IXmlRepository    XmlRepository { get; set; }
    public IXmlEncryptor     XmlEncryptor { get; set; }

    public IList<IAuthenticatedEncryptorFactory> AuthenticatedEncryptorFactories { get; }
    public AlgorithmConfiguration AuthenticatedEncryptorConfiguration { get; set; }
    public IList<IKeyEscrowSink> KeyEscrowSinks {  get; }
}
```

1. AlgorithmConfiguration

每种 IAuthenticatedEncryptor 类型代表了相应的加密算法，加密算法相关的配置类型则派生于抽象类 AlgorithmConfiguration，KeyManagementOptions 的 AuthenticatedEncryptorConfiguration 属性返回的是一个配置对象。AlgorithmConfiguration 定义了如下 CreateNewDescriptor 抽象方法来创建描述 IAuthenticatedEncryptor 对象的 IAuthenticatedEncryptorDescriptor 对象，前文介绍的 IKey 对象的 Descriptor 属性值就来源于此。

```
public abstract class AlgorithmConfiguration
{
    public abstract IAuthenticatedEncryptorDescriptor CreateNewDescriptor();
}
```

　　如下所示的 AuthenticatedEncryptorConfiguration 继承了抽象类 AlgorithmConfiguration，这是数据保护框架默认使用的配置类型。由于 IAuthenticatedEncryptor 对象同时支持针对数据的加解密和一致性认证，所以 AuthenticatedEncryptorConfiguration 对象提供了加密和哈希算法的配置。

```
public sealed class AuthenticatedEncryptorConfiguration : AlgorithmConfiguration
{
    public EncryptionAlgorithm EncryptionAlgorithm { get; set; }
    public ValidationAlgorithm ValidationAlgorithm { get; set; }

    public override IAuthenticatedEncryptorDescriptor CreateNewDescriptor();
}

public enum EncryptionAlgorithm
{

    AES_128_CBC,
    AES_192_CBC,
    AES_256_CBC,
    AES_128_GCM,
    AES_192_GCM,
    AES_256_GCM
}

public enum ValidationAlgorithm
{

    HMACSHA256,
    HMACSHA512
}
```

　　采用的加密算法体现在 EncryptionAlgorithm 属性上，而 ValidationAlgorithm 属性返回用于一致性检验的哈希算法，这两个属性的返回类型均为枚举。从具体枚举项的定义可以看出，加密采用的是高级加密标准（Advanced Encryption Standard，AES），我们可以选择不同的密钥位数（128 位、192 位和 256 位）及加密模式（Cipher Block Chaining,CBC 和 Galois/Counter Mode，GCM）。至于哈希，我们可以选择 SHA-256 或者 SHA-512 HMAC（Hash-based Message Authentication Code）。

　　上面 AuthenticatedEncryptorConfiguration 对象的 CreateNewDescriptor 方法返回的是一个 AuthenticatedEncryptorDescriptor 对象。通过解析对应 XML 生成该对象的反序列化器体现为一个 AuthenticatedEncryptorDescriptorDeserializer 对象，对应的类型定义体现在如下所示的代码片段中。

```
public sealed class AuthenticatedEncryptorDescriptor : IAuthenticatedEncryptorDescriptor
{
    public AuthenticatedEncryptorDescriptor(
        AuthenticatedEncryptorConfiguration configuration, ISecret masterKey);
    public XmlSerializedDescriptorInfo ExportToXml();
}
```

```
public interface ISecret : IDisposable
{
    int Length { get; }
    void WriteSecretIntoBuffer(ArraySegment<byte> buffer);
}

public sealed class AuthenticatedEncryptorDescriptorDeserializer :
    IAuthenticatedEncryptorDescriptorDeserializer
{
    public IAuthenticatedEncryptorDescriptor ImportFromXml(XElement element);
}
```

除了 AuthenticatedEncryptorConfiguration 类型，抽象类 AlgorithmConfiguration 还有如下 3 个派生类型。

- ManagedAuthenticatedEncryptorConfiguration：采用指定的对称加密和哈希算法托管（Managed）类型。
- CngCbcAuthenticatedEncryptorConfiguration：采用 CBC 模式的 Windows CNG（Cryptography Next Generation）加密算法和 HMAC 哈希算法。
- CngGcmAuthenticatedEncryptorConfiguration：采用 GCM 模式的 Windows CNG（Cryptography Next Generation）算法实现数据的加密和哈希。

对于上面 3 个 AlgorithmConfiguration 派生类型，下面列出了其 CreateNewDescriptor 方法返回的 IAuthenticatedEncryptorDescriptor 对象的实现类型，以及对应的反序列化器类型。

- ManagedAuthenticatedEncryptorDescriptor。
  ManagedAuthenticatedEncryptorDescriptorDeserializer。
- CngCbcAuthenticatedEncryptorDescriptor。
  CngCbcAuthenticatedEncryptorDescriptorDeserializer。
- CngGcmAuthenticatedEncryptorDescriptor。
  CngGcmAuthenticatedEncryptorDescriptorDeserializer。

2. IAuthenticatedEncryptorFactory

我们知道表示密钥的 IKey 对象具有创建对应 IAuthenticatedEncryptor 对象的功能，实际上这个功能是 IAuthenticatedEncryptorFactory 对象赋予它的。IAuthenticatedEncryptorFactory 接口表示创建 IAuthenticatedEncryptor 对象的工厂，根据指定的密钥创建对应 IAuthenticatedEncryptor 对象的操作体现在它的 CreateEncryptorInstance 方法上。应用程序采用的所有 IAuthenticatedEncryptorFactory 对象都需要添加到 KeyManagementOptions 配置选项的 AuthenticatedEncryptorFactories 属性中。

```
public interface IAuthenticatedEncryptorFactory
{
    IAuthenticatedEncryptor CreateEncryptorInstance(IKey key);
}
```

由于密钥的核心内容承载于 IKey 对象的 Descriptor 属性返回的

IAuthenticatedEncryptorDescriptor 对 象 上 ， 所 以 该 对 象 由 表 示 加 密 算 法 配 置 的 AlgorithmConfiguration 对 象 的 CreateNewDescriptor 方 法 进 行 创 建 。 此 配 置 对 象 来 源 于 KeyManagementOptions 配 置 选 项 的 AuthenticatedEncryptorConfiguration 属 性 。 由 于 IAuthenticatedEncryptor 对 象 是 根 据 对 应 的 IAuthenticatedEncryptorDescriptor 对 象 创 建 的 ， 不 同 类型的描述类型对应不同的创建方式，所以 IAuthenticatedEncryptorFactory 接口同样具有如下 4 种对应的实现类型。对于某个具体的 IAuthenticatedEncryptorFactory 对象来说，如果 IKey 对象 不能提供与之匹配的 IAuthenticatedEncryptorDescriptor 对象，则其 CreateEncryptorInstance 方法 一般会返回 Null。

- AuthenticatedEncryptorFactory。
- ManagedAuthenticatedEncryptorFactory。
- CngCbcAuthenticatedEncryptorFactory。
- CngGcmAuthenticatedEncryptorFactory。

IAuthenticatedEncryptor 接口具有如下 3 个实现类型。ManagedAuthenticatedEncryptorFactory、 CngCbcAuthenticatedEncryptorFactory 和 CngGcmAuthenticatedEncryptorFactory 与它们具有一一 对应的关系。对于 AuthenticatedEncryptorFactory 来说，它在非 Windows 环境下创建的是一个 ManagedAuthenticatedEncryptor 对 象 ； 在 Windows 环 境 下 ， 如 果 加 密 算 法 采 用 的 是 AES_128_GCM 或者 AES_256_GCM，则它会创建一个 GcmAuthenticatedEncryptor 对象，否则 最终创建的将是一个 CbcAuthenticatedEncryptor 对象。

- ManagedAuthenticatedEncryptor。
- CbcAuthenticatedEncryptor。
- GcmAuthenticatedEncryptor。

3．IXmlRepository

创建的密钥和对密钥的撤销最终都会转换成一个通过 XElement 表示的 XML 元素，并通过 IXmlRepository 对象进行存储。如下面的代码片段所示，IXmlRepository 接口不仅提供了用于存 储此类 XML 元素的 StoreElement 方法，还提供了一个 GetAllElements 方法用来提取所有的 XML 元素。

```
public interface IXmlRepository
{
    IReadOnlyCollection<XElement> GetAllElements();
    void StoreElement(XElement element, string friendlyName);
}
```

如 下 所 示 的 FileSystemXmlRepository 类 型 和 RegistryXmlRepository 类 型 实 现 了 IXmlRepository 接口。前者会将密钥以 XML 文件的方式存储在指定的目录下，而后者则会采用 基于注册表的存储方式。应用程序采用的密钥存储方式由 KeyManagementOptions 配置选项的 AuthenticatedEncryptorFactories 属性返回的 IXmlRepository 对象决定。

```
public class FileSystemXmlRepository : IXmlRepository
{
```

```
    public FileSystemXmlRepository(DirectoryInfo directory,
        ILoggerFactory loggerFactory);

    public virtual IReadOnlyCollection<XElement> GetAllElements();
    public virtual void StoreElement(XElement element, string friendlyName);
}

public class RegistryXmlRepository : IXmlRepository
{
    public RegistryXmlRepository(RegistryKey registryKey,
        ILoggerFactory loggerFactory);

    public virtual IReadOnlyCollection<XElement> GetAllElements();
    public virtual void StoreElement(XElement element, string friendlyName);
}
```

4．IXmlEncryptor

密钥不能以明文形式存储，所以在存储之前需要对承载密钥的 XML 进行加密，具体的加密工作落在 IXmlEncryptor 对象上，该对象可以在 KeyManagementOptions 配置选项的 XmlEncryptor 属性上进行设置。如下面的代码片段所示，IXmlEncryptor 接口定义了 Encrypt 方法，并对指定的 XML 元数据进行加密，该方法返回的 EncryptedXmlInfo 对象不仅包含被加密的内容，还提供了对应解密器（Decryptor）的类型。

```
public interface IXmlEncryptor
{
    EncryptedXmlInfo Encrypt(XElement plaintextElement);
}

public sealed class EncryptedXmlInfo
{
    public Type        DecryptorType { get; }
    public XElement    EncryptedElement { get; }
}
```

对加密后的 XML 进行解密是通过 IXmlDecryptor 对象来完成的。上述的 EncryptedXmlInfo 对象的 DecryptorType 属性返回的是该接口的实现类型。在进行解密时，系统会根据存储的解密器类型创建对应的 IXmlDecryptor 对象，并将待解密的 XML 元素作为参数调用其 Decrypt 方法就能得到原始的内容。如果 KeyManagementOptions 配置选项的 XmlEncryptor 属性未被赋值，则密钥最终会以明文的方式存储。

```
public interface IXmlDecryptor
{
    XElement Decrypt(XElement encryptedElement);
}
```

对于 IXmlEncryptor 接口和 IXmlDecryptor 接口，数据保护框架提供了如下 4 组实现类型。
- NullXmlEncryptor/NullXmlDecryptor：不进行加密，直接采用明文。
- DpapiXmlEncryptor/DpapiXmlDecryptor：利用 Windows DPAPI（Data Protection API）进

行加解密。

- DpapiNGXmlEncryptor/DpapiNGXmlDecryptor：利用 Windows DPAPI:NG 进行加解密，针对 Windows 8/Windows Server 2012 或更高版本。
- CertificateXmlEncryptor/EncryptedXmlDecryptor：利用指定的 X.509 证书进行加解密。

5．IKeyEscrowSink

IKeyManager 对象会将创建的密钥交给配置的 IXmlRepository 对象进行存储。如果想要密钥在被存储之前能够进行一些前置处理，则可以交给注册的 IKeyEscrowSink 对象来完成。如下面的代码片段所示，IKeyEscrowSink 接口定义了一个 Store 方法来处理指定的密钥。从类型和方法命名可以看出，设计 IKeyEscrowSink 接口的初衷是提供一种第三方密钥保管的机制。KeyManagementOptions 的 KeyEscrowSinks 属性返回一组 IKeyEscrowSink 对象，它们将按照在列表中的顺序依次执行。

```
public interface IKeyEscrowSink
{
    void Store(Guid keyId, XElement element);
}
```

13.3.2　Key

到目前为止，我们只接触了表示密钥的 IKey 接口，现在来认识一下具体的实现类型 Key。Key 是一个内部类型，派生于如下抽象基类 KeyBase。

```
internal abstract class KeyBase : IKey
{
    private readonly Lazy<IAuthenticatedEncryptorDescriptor>        _lazyDescriptor;
    private readonly IEnumerable<IAuthenticatedEncryptorFactory>    _encryptorFactories;
    private IAuthenticatedEncryptor                                 _encryptor;

    public KeyBase(
        Guid keyId,
        DateTimeOffset creationDate,
        DateTimeOffset activationDate,
        DateTimeOffset expirationDate,
        Lazy<IAuthenticatedEncryptorDescriptor> lazyDescriptor,
        IEnumerable<IAuthenticatedEncryptorFactory> encryptorFactories)
    {
        KeyId               = keyId;
        CreationDate        = creationDate;
        ActivationDate      = activationDate;
        ExpirationDate      = expirationDate;
        _lazyDescriptor     = lazyDescriptor;
        _encryptorFactories = encryptorFactories;
    }


    public Guid                     KeyId { get; }
    public DateTimeOffset           ActivationDate { get; }
```

```
        public DateTimeOffset       CreationDate { get; }
        public DateTimeOffset       ExpirationDate { get; }
        public bool                 IsRevoked { get; private set; }

        public IAuthenticatedEncryptorDescriptor Descriptor=> _lazyDescriptor.Value;

        public IAuthenticatedEncryptor CreateEncryptor()
        {
            if (_encryptor == null)
            {
                foreach (var factory in _encryptorFactories)
                {
                    var encryptor = factory.CreateEncryptorInstance(this);
                    if (encryptor != null)
                    {
                        _encryptor = encryptor;
                        break;
                    }
                }
            }

            return _encryptor;
        }

        internal void SetRevoked() => IsRevoked = true;
}
```

我们构建一个 KeyBase 对象时除了需要指定密钥 ID、创建时间、激活和过期时间，还需要指定一组 IAuthenticatedEncryptorFactory 对象和一个 Lazy <IAuthenticatedEncryptorDescriptor>对象，后者用来初始化 Descriptor 属性。CreateEncryptor 方法逐个利用 IAuthenticatedEncryptorFactory 工厂来创建对应的 IAuthenticatedEncryptor 对象，直到一个具体的 IAuthenticatedEncryptor 对象被创建出来。KeyBase 还提供了一个用来设置撤销状态的 SetRevoked 方法。派生于 KeyBase 的 Key 类型定义如下，在创建 Key 类时需要提供一个具体的 IAuthenticatedEncryptorDescriptor 对象。

```
internal sealed class Key : KeyBase
{
    public Key(
        Guid keyId,
        DateTimeOffset creationDate,
        DateTimeOffset activationDate,
        DateTimeOffset expirationDate,
        IAuthenticatedEncryptorDescriptor descriptor,
        IEnumerable<IAuthenticatedEncryptorFactory> encryptorFactories)
        : base(keyId,
            creationDate,
            activationDate,
            expirationDate,
            new Lazy<IAuthenticatedEncryptorDescriptor>(() => descriptor),
```

```
                    encryptorFactories)
        {}
}
```

13.3.3　IKeyManager

IKeyManager 对象用来管理密钥，主要涉及密钥的创建、提取和撤销。如下面的代码片段所示，当调用 IKeyManag 对象的 CreateNewKey 方法创建一个表示密钥的 IKey 对象时，需要指定密钥的激活时间和过期时间。我们既可以调用 RevokeKey 方法撤销某个密钥，也可以调用 RevokeAllKeys 方法撤销所有密钥。所有密钥通过 GetAllKeys 方法提供，出于调高性能的考虑，返回的密钥列表来源于缓存。由于新的密钥可能被创建，现有的密钥也有可能被撤销，所以这样的操作都应该让密钥缓存立即过期，以促使新密钥及时生效和回收密钥及时失效，密钥缓存过期可以借助 GetCacheExpirationToken 方法返回的 CancellationToken 对象来通知。

```
public interface IKeyManager
{
    IKey CreateNewKey(DateTimeOffset activationDate, DateTimeOffset expirationDate);
    IReadOnlyCollection<IKey> GetAllKeys();
    void RevokeAllKeys(DateTimeOffset revocationDate, string reason = null);
    void RevokeKey(Guid keyId, string reason = null);
    CancellationToken GetCacheExpirationToken();
}
```

数据保护框架以 XML 的形式存储密钥，默认的 IKeyManager 实现类型为 XmlKeyManager。接下来通过模拟代码来介绍一下 XmlKeyManager 对象密钥的创建、撤销和回收的实现原理。如下所示的模拟代码所示，XmlKeyManager 类型的构造函数中注入了用来提供配置选项的 IOptions<KeyManagementOptions>对象。GetCacheExpirationToken 方法返回的 CancellationToken 来源于_cacheExpirationTokenSource 字段返回的 CancellationTokenSource，如果需要让缓存的密钥立即过期，则只需要调用 CancellationTokenSource 对象的 Cancel 方法。

```
public sealed class XmlKeyManager : IKeyManager
{
    private readonly KeyManagementOptions     _options;
    private CancellationTokenSource           _cacheExpirationTokenSource;
    private readonly IXmlRepository           _repository;
    private readonly IXmlEncryptor            _encryptor;

    public XmlKeyManager(IOptions<KeyManagementOptions> keyManagementOptions)
    {
        _options = keyManagementOptions.Value;
        _cacheExpirationTokenSource = new CancellationTokenSource();
        _repository = _options.XmlRepository?? GetFallbackRepository();
        _encryptor = _options.XmlEncryptor?? GetFallbackEncryptor ();
    }

    public CancellationToken GetCacheExpirationToken()
        => Interlocked.CompareExchange(ref _cacheExpirationTokenSource,
        null, null).Token;
```

```
    private IXmlRepository GetFallbackRepository();
    private IXmlEncryptor GetFallbackEncryptor Repository();

    // 省略其他成员
}
```

XmlKeyManager 优先使用 KeyManagementOptions 提供的 IXmlRepository 对象和 IXmlEncryptor 对象。如果 IXmlRepository 对象没有通过配置选项进行设置，则它会根据环境变量解析出一个目录，并创建一个对应的 FileSystemXmlRepository 对象存储密钥。如果 IXmlEncryptor 对象没有配置，则它同样也会也根据当前环境创建一个 IXmlEncryptor 对象。

下面的代码体现了定义在 XmlKeyManager 类型中的 CreateNewKey 方法针对密钥的创建流程。它先创建一个 Guid 作为密钥 ID，并将当前时间作为密钥创建时间。接下来从 KeyManagementOptions 配置选项的 AuthenticatedEncryptorConfiguration 属性得到用于创建 IAuthenticatedEncryptor 对象的配置，这是一个 AlgorithmConfiguration 对象。CreateNewKey 方法利用 Alogorithmconfiguration 对象来创建描述 IAuthenticatedEncryptor 的 IAuthenticatedEncryptorDescriptor 对象，利用 IAuthenticatedEncryptorDescriptor 对象导出 XmlSerializedDescriptorInfo 对象，且该对象将会承载整个密钥的主要输出内容。

```
public sealed class XmlKeyManager : IKeyManager
{
    public IKey CreateNewKey(DateTimeOffset activationDate,
        DateTimeOffset expirationDate)
    {
        var keyId = Guid.NewGuid();
        var creationDate = DateTime.UtcNow;
        var descriptor = _options.AuthenticatedEncryptorConfiguration
            .CreateNewDescriptor();
        var descriptorXmlInfo = descriptor.ExportToXml();
        var keyElement = new XElement("key",
                new XAttribute("id", keyId),
                new XAttribute("version", 1),
                new XElement("creationDate", creationDate),
                new XElement("activationDate", activationDate),
                new XElement("expirationDate", expirationDate),
                new XElement("description",
                    new XAttribute("deserializerType",
                    descriptorXmlInfo.DeserializerType.AssemblyQualifiedName!),
                    descriptorXmlInfo.SerializedDescriptorElement));
        foreach (var escrowSink in _options.KeyEscrowSinks)
        {
            escrowSink.Store(keyId, keyElement);
        }

        keyElement = _options.XmlEncryptor?.Encrypt(keyElement)?.EncryptedElement
            ?? keyElement;
        var friendlyName = string.Format(CultureInfo.InvariantCulture,
```

```
        "key-{0:D}", keyId);
    keyElement = _encryptor.Encrypt(keyElement).EncryptedElement;
    _repository.StoreElement(keyElement, friendlyName);
    Interlocked.Exchange(ref _cacheExpirationTokenSource,
        new CancellationTokenSource())?.Cancel();
    return new Key(
            keyId: keyId,
            creationDate: creationDate,
            activationDate: activationDate,
            expirationDate: expirationDate,
            descriptor: descriptor,
            encryptorFactories: _options.AuthenticatedEncryptorFactories);
    }
    // 省略其他成员
}
```

　　创建的密钥体现为一个 XElement 对象。从上面的代码片段可以看出，这个 XML 元素的名称为"key"，密钥 ID 对应其 "id" 属性。这个 XML 元素还包含一个表示版本并且值为 1 的"version" 属性。密钥的创建、激活和过期时间将作为它的子元素，对应名称分别为"creationDate""activationDate""expirationDate"。对于导出的 XmlSerializedDescriptorInfo 对象来说，其 SerializedDescriptorElement 属性承载的内容将会置于一个名为"description"的元素中，它的 DeserializerType 属性表示反序列化器类型，类型名称将通过 DeserializerType 属性存储。

　　在将 XElement 交给 IXmlRepository 对象存储之前，CreateNewKey 方法除了将它分发给注册的 IKeyEscrowSink 对象进行处理，还会利用注册的 IXmlEncryptor 对象进行加密。这里提到的 IXmlRepository 对象、IXmlEncryptor 对象和 IKeyEscrowSink 对象均来源于 KeyManagementOptions 配置选项。在调用 IXmlRepository 对象的 StoreElement 方法对密钥进行存储之前，CreateNewKey 方法还会生成一个格式为"key-{KeyId}"的名称。为了让创建的密钥立即生效，它还会调用_cacheExpirationTokenSource 字段表示的 CancellationTokenSource 对象的 Cancel 方法对外发送密钥缓存过期的通知。与此同时，创建一个新的 CancellationTokenSource 对象并赋值给_cacheExpirationTokenSource 字段。

　　我们通过一个简单的演示实例来看一看创建的密钥对应的 XML 具有怎样的结构。如下面的代码片段所示，通过依赖注入容器得到 IKeyManager 对象，并利用它创建了 3 个密钥。在调用 AddDataProtection 扩展方法后，再调用返回 IDataProtectionBuilder 对象的 PersistKeysToFileSystem 扩展方法，其目的是利用 FileSystemXmlRepository 对象将表示创建密钥和密钥撤销操作的 XML 存储在指定的目录（c:\keys）。

```
using Microsoft.AspNetCore.DataProtection;
using Microsoft.AspNetCore.DataProtection.KeyManagement;
using Microsoft.Extensions.DependencyInjection;

var directory = "c:\\keys";
var services = new ServiceCollection();
services
    .AddDataProtection()
```

```
    .PersistKeysToFileSystem(new DirectoryInfo(directory));
var keyManager = services
    .BuildServiceProvider()
    .GetRequiredService<IKeyManager>();

var key1 = keyManager.CreateNewKey(DateTimeOffset.Now, DateTimeOffset.Now.AddDays(1));
var key2 = keyManager.CreateNewKey(DateTimeOffset.Now ,DateTimeOffset.Now.AddDays(2));
var key3 = keyManager.CreateNewKey(DateTimeOffset.Now, DateTimeOffset.Now.AddDays(3));

Console.WriteLine(key1.KeyId);
Console.WriteLine(key2.KeyId);
Console.WriteLine(key3.KeyId);
```

上面程序运行后会将创建的 3 个密钥 ID 输出到控制台上，如图 13-8 所示。与此同时，目录 "c:\keys\" 下会出现 3 个对应的 XML 文件。从图 13-8 中可以看出，表示密钥文件的名称正是调用 IXmlRepository 对象的 StoreElement 方法时指定的名称。（S1308）

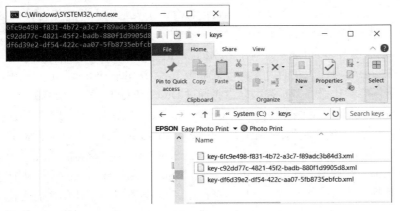

图 13-8　以 XML 文件存储的密钥

如下所示为其中一个密钥对应的 XML 文件的内容。通过 IAuthenticatedEncryptorDescriptor 对象导出的 XML 文件的内容体现在<key>/<descriptor>节点上。可以看出，在当前环境下默认采用的加密和哈希算法分别是 AES_256_CBC 和 HMACSHA256，AuthenticatedEncryptorDescriptorDeserializer 为采用的反序列化器类型。

```
<?xml version="1.0" encoding="utf-8"?>
<key id="6fc9e498-f831-4b72-a3c7-f89adc3b84d3" version="1">
  <creationDate>2021-04-11T10:48:16.945135Z</creationDate>
  <activationDate>2021-04-11T18:48:16.9375904+08:00</activationDate>
  <expirationDate>2021-04-12T18:48:16.9446049+08:00</expirationDate>
  <descriptor
deserializerType="Microsoft.AspNetCore.DataProtection.AuthenticatedEncryption.Configur
ationModel.AuthenticatedEncryptorDescriptorDeserializer,
Microsoft.AspNetCore.DataProtection, Version=5.0.0.0, Culture=neutral,
PublicKeyToken=adb9793829ddae60">
    <descriptor>
      <encryption algorithm="AES_256_CBC" />
```

```xml
        <validation algorithm="HMACSHA256" />
        <masterKey p4:requiresEncryption="true"
xmlns:p4="http://schemas.asp.net/2015/03/dataProtection">
        <!-- Warning: the key below is in an unencrypted form. -->
<value>frUQ4Fb6Hle6LreI8MK4XINhj6/KvjMGJGMD+o/blbh0ETRl23+P0wQAl+74wniO4DZYPOFTSzSc5Kr
lWcNZKA==</value>
        </masterKey>
    </descriptor>
  </descriptor>
</key>
```

我们看一看密钥的撤销。下面的代码片段模拟了 RevokeKey 方法和 RevokeAllKeys 方法针对单个和所有密钥的撤销，它们都会创建一个名为 "revocation" 的 XML 元素，并利用 IXmlRepository 对象进行存储。为了让密钥撤销操作及时生效，它们依然会调用 _cacheExpirationTokenSource 字段表示的 CancellationTokenSource 对象的 Cancel 方法对外发送密钥缓存过期的通知。与此同时，创建一个新的 CancellationTokenSource 对象并赋值给 _cacheExpirationTokenSource 字段。

```csharp
public sealed class XmlKeyManager : IKeyManager
{
    public void RevokeKey(Guid keyId, string reason = null)
    {
        var revocationElement = new XElement("revocation",
            new XAttribute("version", 1),
            new XElement("revocationDate", DateTime.UtcNow),
            new XElement("key", new XAttribute("id", keyId)),
            new XElement("reason", reason));
        var friendlyName = string.Format(
            CultureInfo.InvariantCulture, "revocation-{0:D}", keyId);
        _options.XmlRepository.StoreElement(revocationElement, friendlyName);
        Interlocked.Exchange(ref _cacheExpirationTokenSource,
            new CancellationTokenSource())?.Cancel();
    }

    public void RevokeAllKeys(DateTimeOffset revocationDate, string reason = null)
    {
        var revocationElement = new XElement("revocation",
            new XAttribute("version", 1),
            new XElement("revocationDate", revocationDate),
            new XComment("All keys created before the
            revocation date are revoked. "),
            new XElement("key", new XAttribute("id", "*")),
            new XElement("reason", reason));
        string friendlyName = "revocation-" + revocationDate.UtcDateTime
            .ToString("yyyyMMddTHHmmssFFFFFFFZ",CultureInfo.InvariantCulture);
        _options.XmlRepository.StoreElement(revocationElement, friendlyName);
        Interlocked.Exchange(ref _cacheExpirationTokenSource,
            new CancellationTokenSource())?.Cancel();
    }
}
```

```
// 省略其他成员
}
```

如果要撤销单个密钥，则该密钥的 ID 会通过名为"key"的子元素保存。如果需要撤销现有的所有密钥，则这个 key 元素的值被设置为"*"。两者调用 IXmlRepository 对象的 StoreElement 方法时指定的名称也不相同，格式分别为"revocation-{KeyId}"和"revocation-{RevocationDate}"。接下来演示密钥的撤销。如下面的代码片段所示，在得到 IKeyManager 对象之后，调用其 GetAllKeys 方法得到所有密钥。在调用 RevokeKey 方法撤销第一个密钥之后，再调用 RevokeAllKeys 方法将现有密钥全部撤销。

```
using Microsoft.AspNetCore.DataProtection;
using Microsoft.AspNetCore.DataProtection.KeyManagement;
using Microsoft.Extensions.DependencyInjection;

var directory = "c:\\keys";
var services = new ServiceCollection();
services
    .AddDataProtection()
    .PersistKeysToFileSystem(new DirectoryInfo(directory));
var keyManager = services
    .BuildServiceProvider()
    .GetRequiredService<IKeyManager>();

var key = keyManager.GetAllKeys().First();
keyManager.RevokeKey(key.KeyId);
keyManager.RevokeAllKeys(DateTimeOffset.Now, "Revocation Test");
```

上面程序执行后会在密钥存储目录（c:\keys\）下生成两个名称前缀为"revocation-"的 XML 文件，如图 13-9 所示。与上面的代码进行比较，我们就会发现 XML 文件的名称依然是调用 IXmlRepository 对象的 StoreElement 方法指定的名称。（S1309）

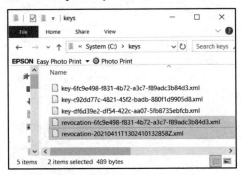

图 13-9　描述密钥撤销的 XML 文件

如下所示为两个描述密钥撤销的 XML 文件的内容，可以看出，XML 结构与前文提供的 RevokeKey 方法和 RevokeAllKeys 方法的定义是匹配的。

```
revocation-6fc9e498-f831-4b72-a3c7-f89adc3b84d3.xml
<?xml version="1.0" encoding="utf-8"?>
<revocation version="1">
```

```
<revocationDate>2021-04-11T13:02:40.9871861Z</revocationDate>
<key id="6fc9e498-f831-4b72-a3c7-f89adc3b84d3" />
<reason />
</revocation>

revocation-20210411T13024l0132858Z.xml
<?xml version="1.0" encoding="utf-8"?>
<revocation version="1">
<revocationDate>2021-04-11T21:02:41.0132858+08:00</revocationDate>
<!-- All keys created before the revocation date are revoked. -->
<key id="*" />
<reason>Revocation Test</reason>
</revocation>
```

　　前文介绍了 XmlKeyManager 针对密钥创建和撤销的逻辑，现在我们简单来说一下利用 GetAllKeys 方法如何提取所有的有效密钥。由于单个密钥或者所有密钥的创建、撤销都对应着一个 XML 元素，所以它只需要利用 IXmlRepository 对象提取所有的 XML 元素，通过解析 XML 创建表示所有密钥的 IKey 对象。如果涉及单个密钥撤销的 XML 元素，则 XmlKeyManager 会将其从列表中剔除。如果涉及一个或者所有密钥撤销的 XML 元素，则只需要提取最后一次撤销操作的执行时间，并将在此之前创建的所有密钥从列表中剔除，剩余的就是有效的密钥。

13.3.4　KeyRingProvider

　　由于数据的加解密是围绕 IKeyRing 对象进行的，所以提供当前 IKeyRing 对象将是整个数据保护框架的核心，而这一切体现在 IKeyRingProvider 接口的默认实现类型 KeyRingProvider 上。在介绍 KeyRingProvider 类型之前，我们先来了解一些辅助的接口和类型。如果加解密时没有显式指定采用的密钥，IKeyRing 提供的默认密钥被使用，那么默认密钥的选择会采用哪种策略呢？

1. IDefaultKeyResolver

　　默认密钥的选择由 IDefaultKeyResolver 对象完成，具体实现在它的 ResolveDefaultKeyPolicy 方法上。如下面的代码片段所示，该方法定义了 DateTimeOffset now 和 IEnumerable<IKey> all Keys 两个参数，前者表示用于确定密钥有效性的当前时间，后者表示提供的候选密钥列表。该方法返回一个 DefaultKeyResolution 对象，如果匹配的默认密钥被成功提取，则它将会设置到该对象的 DefaultKey 属性上。如果默认密钥选择失败，则可以选择一个后备（Fallback）密钥并设置到 FallbackKey 属性上。DefaultKeyResolution 的另一个属性 ShouldGenerateNewKey 表示是否有必要创建一个新的密钥并添加到 IKeyRing 对象上，无论默认密钥的选择成功与否，该属性都有可能是 True。

```
public interface IDefaultKeyResolver
{
    DefaultKeyResolution ResolveDefaultKeyPolicy(DateTimeOffset now,
        IEnumerable<IKey> allKeys);
}
```

```
public struct DefaultKeyResolution
{
    public IKey DefaultKey;
    public IKey FallbackKey;
    public bool ShouldGenerateNewKey;
}
```

　　DefaultKeyResolver 是对 IDefaultKeyResolver 接口的默认实现。要充分理解由它提供的选择策略，得先来认识一下定义在 KeyManagementOptions 配置选项的两个相关属性。虽然表示密钥的 IKey 对象通过 ActivationDate 属性和 ExpirationDate 属性可以将有效时间限制在一个精确的范围内，但是不能保证集群中所有服务器之间的时间完全同步，所以需要通过 MaxServerClockSkew 属性设置一个允许的时间差。密钥的有效性需要带着这个偏差进行校验，该偏差默认值为 5 分钟。

```
public class KeyManagementOptions
{
    internal TimeSpan MaxServerClockSkew { get; }
    internal TimeSpan KeyPropagationWindow { get; }
}
```

　　一般来说，某个密钥一旦过期，新的密钥立刻启用，考虑到新的密钥从创建到分发是需要时间的，所以必须在密钥过期之前的某段时间内就将新的密钥创建并分发出去，这个时间窗口通过 KeyManagementOptions 配置选项的 KeyPropagationWindow 属性表示，默认为两天（48 小时），DefaultKeyResolution 对象表示是否需要创建新的密钥的 ShouldGenerateNewKey 属性就是根据这个时间判断的。

　　实现在 DefaultKeyResolver 类型中针对默认密钥的选择策略体现在 FindDefaultKey 方法中。如下面的代码片段所示，该方法会试图找出最近一个生效的密钥（由于需要考虑服务器之间的时间同步，所以生效基准时间会加上 MaxServerClockSkew），如果这样的密钥存在且未被撤销、未过期，同时还具有创建 IAuthenticatedEncryptor 对象的功能，则它会作为 DefaultKeyResolution 对象的 DefaultKey 属性，否则该属性是 Null。

```
internal sealed class DefaultKeyResolver : IDefaultKeyResolver
{
    private readonly TimeSpan _keyPropagationWindow;
    private readonly TimeSpan _maxServerToServerClockSkew;

    public DefaultKeyResolver(IOptions<KeyManagementOptions> keyManagementOptions)
    {
        _keyPropagationWindow = keyManagementOptions.Value.KeyPropagationWindow;
        _maxServerToServerClockSkew = keyManagementOptions.Value.MaxServerClockSkew;
    }

    public DefaultKeyResolution ResolveDefaultKeyPolicy(DateTimeOffset now,
        IEnumerable<IKey> allKeys)
    {
        DefaultKeyResolution reslution = default;
        reslution.DefaultKey = FindDefaultKey(now, allKeys, out reslution.FallbackKey,
```

```
            out reslution.ShouldGenerateNewKey);
        return reslution;
}
private IKey FindDefaultKey(DateTimeOffset now, IEnumerable<IKey> allKeys,
    out IKey fallbackKey, out bool callerShouldGenerateNewKey)
{
    var preferredDefaultKey = (from key in allKeys
        where key.ActivationDate <= now + _maxServerToServerClockSkew
        orderby key.ActivationDate descending, key.KeyId ascending
        select key).FirstOrDefault();

    if (preferredDefaultKey != null)
    {
        if (preferredDefaultKey.IsRevoked || preferredDefaultKey.IsExpired(now)
            || !CanCreateAuthenticatedEncryptor(preferredDefaultKey))
        {
            preferredDefaultKey = null;
        }
    }

    if (preferredDefaultKey != null)
    {
        callerShouldGenerateNewKey = !allKeys.Any(key =>
           key.ActivationDate <= (preferredDefaultKey.ExpirationDate +
               _maxServerToServerClockSkew)
           && !key.IsExpired(now + _keyPropagationWindow)
           && !key.IsRevoked);
        fallbackKey = null;
        return preferredDefaultKey;
    }

    fallbackKey = (from key in (from key in allKeys
        where key.CreationDate <= now - _keyPropagationWindow
        orderby key.CreationDate descending
        select key)
        .Concat
        (from key in allKeys
        orderby key.CreationDate ascending
        select key)
        where !key.IsRevoked && CanCreateAuthenticatedEncryptor(key)
        select key).FirstOrDefault();
    callerShouldGenerateNewKey = true;
    return null;
}

private bool CanCreateAuthenticatedEncryptor(IKey key)
{
    try
    {
        key.CreateEncryptor();
```

```
            return true;
        }
        catch
        {
            return false;
        }
    }
}

internal static class KeyExtensions
{
    public static bool IsExpired(this IKey key, DateTimeOffset now)
        => key.ExpirationDate <= now;
}
```

如果无法得到一个默认密钥，则返回 DefaultKeyResolution 对象的 ShouldGenerateNewKey 属性被设置为 True。这就意味着此时有必要创建新的密钥。如果任意密钥满足如下条件，则该属性也将被设置为 True。

- 激活时间 < 默认密钥过期时间 + MaxServerClockSkew。
- 过期时间≤Now + KeyPropagationWindow。
- 被撤销。

如果默认密钥存在，则不需要后备密钥，此时返回 DefaultKeyResolution 对象的 FallbackKey 属性为 Null。反之，DefaultKeyResolver 会按照如下步骤提取后备密钥。

- 找出最近一个在 Now-KeyPropagationWindow 之前创建的密钥。
- 如果上述密钥不存在，则找出最近创建且未被撤销，同时具有创建 IAuthenticatedEncryptor 功能的密钥。

2. IKeyRing 的提供

我们来看一看应用当前的 IKeyRing 对象是如何从 KeyRingProvider 中提取出来的。为了获得更好的性能，密钥会被缓存，缓存的密钥会以一个设定的时间间隔进行刷新。如果允许自动创建密钥，则新的密钥还会在必要时自动创建出来。KeyManagementOptions 配置选项中定义了如下 KeyRingRefreshPeriod 属性来表示缓存刷新的时间间隔，默认值为 24 小时。

```
public class KeyManagementOptions
{
    internal TimeSpan KeyRingRefreshPeriod { get; }
    //其他成员
}
```

如下所示的代码片段模拟了 KeyRingProvider 针对密钥的提供。除了实现的 GetCurrentKeyRing 方法，KeyRingProvider 还提供了另一个 RefreshCurrentKeyRing 方法来提供 IKeyRing 对象，它们的区别在于后者会强制刷新密钥缓存。前文介绍的 KeyRingBasedDataProtector 对象在刷新窗口（1 天）范围调用 GetCurrentKeyRing 方法返回缓存的 IKeyRing 对象。如果返回的 IKeyRing 对象无效，则它会被动地刷新密钥缓存。如果超过刷新时间窗口，则 KeyRingBasedDataProtector 会调用 RefreshCurrentKeyRing 方法实施主动刷新。
密钥缓存的刷新并没有体现在提供的模拟代码中。

```csharp
internal sealed class KeyRingProvider : ICacheableKeyRingProvider, IKeyRingProvider
{
    public CacheableKeyRing GetCacheableKeyRing(DateTimeOffset now)
        => CreateCacheableKeyRingCore(now, forceRefresh: false);

    public IKeyRing GetCurrentKeyRing()
        => GetCurrentKeyRingCore(DateTime.UtcNow);

    internal IKeyRing RefreshCurrentKeyRing()
        => GetCurrentKeyRingCore(DateTime.UtcNow, forceRefresh: true);
    //其他成员
}
```

　　KeyRingProvider 的构造函数中注入了负责密钥管理的 IKeyManager 对象和用来选择默认密
钥的 IDefaultKeyResolver 对象，并通过注入的 IOptions<KeyManagementOptions>对象提供密钥
管理配置选项。密钥的缓存体现在_cacheableKeyRing 字段返回的 CacheableKeyRing 对象上。

```csharp
internal sealed class KeyRingProvider : ICacheableKeyRingProvider, IKeyRingProvider
{
    private CacheableKeyRing            _cacheableKeyRing;
    private readonly IDefaultKeyResolver    _defaultKeyResolver;
    private readonly KeyManagementOptions   _keyManagementOptions;
    private readonly IKeyManager            _keyManager;
    private readonly object                 _lock = new object();

    public KeyRingProvider(IDefaultKeyResolver defaultKeyResolver,
        IOptions<KeyManagementOptions> keyManagementOptions, IKeyManager keyManager)
    {
        _defaultKeyResolver         = defaultKeyResolver;
        _keyManagementOptions       = keyManagementOptions.Value;
        _keyManager                 = keyManager;
    }
    //其他成员
}
```

　　IKeyRing 对象的提供体现在 GetCurrentKeyRingCore 方法中，该方法的 forceRefresh 参数表
示是否需要强制刷新密钥缓存。如下面的代码片段所示，在不需要刷新缓存的情况下，该方法
会直接返回 CacheableKeyRing 对象提供的 IKeyRing 对象，前提是该对象是有效的。如果需要刷
新密钥，或者缓存的 CacheableKeyRing 对象不存在或不再有效，则 GetCacheableKeyRing 方法
最终会被调用，并用返回值替换缓存中的 CacheableKeyRing 对象。

```csharp
internal sealed class KeyRingProvider : ICacheableKeyRingProvider, IKeyRingProvider
{
    internal IKeyRing GetCurrentKeyRingCore(DateTime utcNow, bool forceRefresh = false)
    {
        CacheableKeyRing existing = null;
        if (!forceRefresh)
        {
```

```
            existing = Volatile.Read(ref _cacheableKeyRing);
            if (CacheableKeyRing.IsValid(existing, utcNow))
            {
                return existing.KeyRing;
            }
        }
        lock (_lock)
        {
            if (!forceRefresh)
            {
                existing = Volatile.Read(ref _cacheableKeyRing);
                if (CacheableKeyRing.IsValid(existing, utcNow))
                {
                    return existing.KeyRing;
                }
            }
            Volatile.Write(ref _cacheableKeyRing, GetCacheableKeyRing(utcNow));
            return _cacheableKeyRing.KeyRing;
        }
    }
    //其他成员
}
```

　　CacheableKeyRing 对象的创建最终体现在 CreateCacheableKeyRingCore 方法中，它的第二个参数表示创建的新密钥。如下面的代码片段所示，首先该方法分别调用 IKeyManager 对象的 GetCacheExpirationToken 方法和 GetAllKeys 方法得到用于检测密钥缓存过期状态的 CancellationToken 对象和所有密钥。然后利用 IDefaultKeyResolver 对象进行默认密钥的选择并返回一个 DefaultKeyResolution 对象。如果选择结果表明不需要创建新的密钥，则它会直接使用解析出来的默认密钥调用 CreateCacheableKeyRingCoreStep2 方法创建返回的 CacheableKeyRing 对象。

```
internal sealed class KeyRingProvider : ICacheableKeyRingProvider, IKeyRingProvider
{
    private CacheableKeyRing CreateCacheableKeyRingCore(DateTimeOffset now,
        IKey keyJustAdded = null)
    {
        var cacheExpirationToken = _keyManager.GetCacheExpirationToken();
        var allKeys = _keyManager.GetAllKeys();

        var defaultKeyPolicy = _defaultKeyResolver
            .ResolveDefaultKeyPolicy(now, allKeys);
        if (!defaultKeyPolicy.ShouldGenerateNewKey)
        {
            return CreateCacheableKeyRingCoreStep2(now, cacheExpirationToken,
                defaultKeyPolicy.DefaultKey, allKeys);
        }

        if (keyJustAdded != null)
        {
            var keyToUse = defaultKeyPolicy.DefaultKey
```

```
            ?? defaultKeyPolicy.FallbackKey
            ?? keyJustAdded;
        return CreateCacheableKeyRingCoreStep2(now, cacheExpirationToken, keyToUse,
            allKeys);
    }

    if (!_keyManagementOptions.AutoGenerateKeys)
    {
        var keyToUse = defaultKeyPolicy.DefaultKey ?? defaultKeyPolicy.FallbackKey;
        if (keyToUse == null)
        {
            throw new InvalidOperationException(
                "AutoGenerateKeys options is disabled.");
        }
        else
        {
            return CreateCacheableKeyRingCoreStep2(now, cacheExpirationToken,
                keyToUse, allKeys);
        }
    }

    if (defaultKeyPolicy.DefaultKey == null)
    {
        var key = _keyManager.CreateNewKey(activationDate: now,
            expirationDate: now + _keyManagementOptions.NewKeyLifetime);
        return CreateCacheableKeyRingCore(now, keyJustAdded: key);
    }
    else
    {
        var key = _keyManager.CreateNewKey(
            activationDate: defaultKeyPolicy.DefaultKey.ExpirationDate,
            expirationDate: now + _keyManagementOptions.NewKeyLifetime);
        return CreateCacheableKeyRingCore(now, keyJustAdded: key);
    }
    }
    }
    //其他成员
}
```

如果通过表示默认密钥选择结果的 DefaultKeyResolution 对象表明需要生成新的密钥，并且表示新生成密钥的 keyJustAdded 参数存在，则该密钥作为后备的默认密钥（如果返回 DefaultKeyResolution 对象的 DefaultKey 属性和 FallbackKey 属性都不存在，则会使用这个密钥）调用 CreateCacheableKeyRingCoreStep2 方法创建返回的 CacheableKeyRing 对象。

如果通过 KeyManagementOptions 配置选项的 AutoGenerateKeys 属性确定不允许自动创建新的密钥，则在未能成功选择出默认密钥（DefaultKeyResolution 对象的 DefaultKey 属性和 FallbackKey 属性均为 Null）的情况下只能抛出异常，否则 CreateCacheableKeyRingCore 方法会利用它们（优先选择 DefaultKey）调用如下所示的 CreateCacheableKeyRingCoreStep2 方法创建返回的 CacheableKeyRing 对象。只有表示默认密钥选择结果的 DefaultKeyResolution 对象表明有

必要创建新的密钥，并且当前应用允许自动创建新密钥的情况下，KeyRingProvider 才会调用 IKeyManager 对象的 CreateNewKey 方法创建新的密钥，并将其作为参数递归地调用 CreateCacheableKeyRingCore 方法得到返回的 CacheableKeyRing 对象。

```
internal sealed class KeyRingProvider : ICacheableKeyRingProvider, IKeyRingProvider
{
    private CacheableKeyRing CreateCacheableKeyRingCoreStep2(
        DateTimeOffset now, CancellationToken cacheExpirationToken,
        IKey defaultKey, IReadOnlyCollection<IKey> allKeys)
    {
        var nextAutoRefreshTime = now +
            GetRefreshPeriodWithJitter(_keyManagementOptions.KeyRingRefreshPeriod);
        return new CacheableKeyRing(
            expirationToken: cacheExpirationToken,
            expirationTime: (defaultKey.ExpirationDate <= now)
                ? nextAutoRefreshTime
                : Min(defaultKey.ExpirationDate, nextAutoRefreshTime),
            defaultKey: defaultKey,
            allKeys: allKeys);

        static DateTimeOffset Min(DateTimeOffset a, DateTimeOffset b)
        {
            return (a < b) ? a : b;
        }
    }

    private static TimeSpan GetRefreshPeriodWithJitter(TimeSpan refreshPeriod)
        => TimeSpan.FromTicks((long)(refreshPeriod.Ticks *
        (1.0d - (new Random().NextDouble() / 5))));
}
```

13.4　依赖注入

到目前为止，我们已经对数据保护框架涉及的绝大部分接口和类型进行了详细介绍，这些接口代表的独立服务通过依赖注入框架有机地整合在一起。下面来看一看数据保护框架的一些基础的服务是如何被注册的。

13.4.1　注册基础服务

数据保护框架的基础服务是通过调用 IServiceCollection 接口的 AddDataProtection 扩展方法进行注册的。接下来就来看一看利用这个扩展方法注册了哪些服务。与大部分基础框架一样，数据保护框架定义了一个封装 IServiceCollection 对象的 IDataProtectionBuilder 接口，它的默认实现类型 DataProtectionBuilder 是一个内部类型。

```
public interface IDataProtectionBuilder
{
    IServiceCollection Services { get; }
```

```
}

internal class DataProtectionBuilder : IDataProtectionBuilder
{
    public IServiceCollection Services { get; }
    public DataProtectionBuilder(IServiceCollection services)
        => Services = services;
}
```

如下所示为两个 AddDataProtection 扩展方法的完整定义。涉及的服务注册大都在前文已经介绍过，如 IKeyManager/XmlKeyManager、IKeyRingProvider/KeyRingProvider 和 IDefaultKeyResolver/DefaultKeyResolver 等。

```
public static class DataProtectionServiceCollectionExtensions
{
    public static IDataProtectionBuilder AddDataProtection(
        this IServiceCollection services)
    {
        services.TryAddSingleton<IActivator, TypeForwardingActivator>();
        services.AddOptions();
        AddDataProtectionServices(services);
        return new DataProtectionBuilder(services);
    }

    public static IDataProtectionBuilder AddDataProtection(
        this IServiceCollection services, Action<DataProtectionOptions> setupAction)
    {
        var builder = services.AddDataProtection();
        services.Configure(setupAction);
        return builder;
    }

    private static void AddDataProtectionServices(IServiceCollection services)
    {
        if (OSVersionUtil.IsWindows())
        {
            services.TryAddSingleton<IRegistryPolicyResolver, RegistryPolicyResolver>();
        }

        services.TryAddEnumerable(ServiceDescriptor.Singleton
            <IConfigureOptions<KeyManagementOptions>, KeyManagementOptionsSetup>());
        services.TryAddEnumerable(ServiceDescriptor.Transient
            <IConfigureOptions<DataProtectionOptions>, DataProtectionOptionsSetup>());

        services.TryAddSingleton<IKeyManager, XmlKeyManager>();
        services.TryAddSingleton
            <IApplicationDiscriminator, HostingApplicationDiscriminator>();
        services.TryAddEnumerable(ServiceDescriptor
            .Singleton<IHostedService, DataProtectionHostedService>());

        services.TryAddSingleton<IDefaultKeyResolver, DefaultKeyResolver>();
```

```
        services.TryAddSingleton<IKeyRingProvider, KeyRingProvider>();

        services.TryAddSingleton<IDataProtectionProvider>(provider =>
        {
            var dpOptions = provider.GetRequiredService
                <IOptions<DataProtectionOptions>>();
            var keyRingProvider = provider.GetRequiredService<IKeyRingProvider>();
            var loggerFactory = provider.GetService<ILoggerFactory>()
                ?? NullLoggerFactory.Instance;

            var dataProtectionProvider =
                new KeyRingBasedDataProtectionProvider(keyRingProvider, loggerFactory);

            if (!string.IsNullOrEmpty(dpOptions.Value.ApplicationDiscriminator))
            {
                dataProtectionProvider = dataProtectionProvider.CreateProtector(
                    dpOptions.Value.ApplicationDiscriminator);
            }
            return dataProtectionProvider;
        });

        services.TryAddSingleton<ICertificateResolver, CertificateResolver>();
    }
}
```

1. IActivator

对于注册服务中不曾介绍的几个接口和对应的实现类，我们在这里进行介绍。密钥序列化后生成的 XML 包含反序列化器和解密器类型，在进行反序列化和解密时需要利用 IActivator 对象根据指定的类型创建对应的实例。如下面的代码片段所示，IActivator 接口通过 CreateInstance 方法根据指定的类型名称创建对应的实例。AddDataProtection 扩展方法注册实现类型为 TypeForwardingActivator，它采用反射的方式创建指定类型的实例。

```
public interface IActivator
{
    object CreateInstance(Type expectedBaseType, string implementationTypeName);
}
```

2. IRegistryPolicyResolver

Windows 环境下的一些配置保存在注册表中，并通过如下 RegistryPolicy 提取。这里涉及的配置包括采用的加密算法、注册的 IKeyEscrowSink 对象和密钥默认生命周期。RegistryPolicy 由 IRegistryPolicyResolver 对象来提供，AddDataProtection 扩展方法注册的 RegistryPolicyResolver 从 "HKEY_LOCAL_MACHINE\SOFTWARE\Microsoft\DotNetPackages\Microsoft.AspNetCore.DataProtection" 注册表路径提取配置。

```
internal interface IRegistryPolicyResolver
{
    RegistryPolicy ResolvePolicy();
}
```

```
internal class RegistryPolicy
{
    public AlgorithmConfiguration           EncryptorConfiguration { get; }
    public IEnumerable<IKeyEscrowSink>       KeyEscrowSinks { get; }
    public int?                             DefaultKeyLifetime { get; }

    public RegistryPolicy(AlgorithmConfiguration configuration,
        IEnumerable<IKeyEscrowSink> keyEscrowSinks, int? defaultKeyLifetime);
}
```

3. IApplicationDiscriminator

数据保护框架还涉及如下 DataProtectionOptions 配置选项类型，该类型定义了标识应用标识的 ApplicationDiscriminator 属性。从 AddDataProtection 扩展方法的定义可以看出，如果设置了这个应用标识，则它将作为 Purpose 字符串实现应用之间的安全隔离。

```
public class DataProtectionOptions
{
    public string ApplicationDiscriminator { get; set; }
}
```

应用标识由 IApplicationDiscriminator 对象提供，AddDataProtection 扩展方法注册的实现类型为 HostingApplicationDiscriminator。从下面的代码片段可以看出，应用标识并非当前应用的名称，而是部署目录的路径，因为应用的名称不能保证唯一性，部署目录总是不同的，这样才能真正在应用之间起到安全隔离的作用。数据保护框架利用注册的 IApplicationDiscriminator 服务来提供应用标识，该应用标识是利用注册的 DataProtectionOptionsSetup 服务来实现的。下面的代码体现了 DataProtectionOptions 配置选项的设置。

```
public interface IApplicationDiscriminator
{
    string Discriminator { get; }
}

internal class HostingApplicationDiscriminator : IApplicationDiscriminator
{
    private readonly IHostEnvironment _hosting;
    public HostingApplicationDiscriminator(IHostEnvironment hosting)
        =>_hosting = hosting;
    public string Discriminator => _hosting??ContentRootPath;
}

public class DataProtectionOptionsSetup : IConfigureOptions<DataProtectionOptions>
{
    private readonly IServiceProvider _serviceProvider;
    public DataProtectionOptionsSetup(IServiceProvider serviceProvider)
        => _serviceProvider = serviceProvider;
    public void Configure(DataProtectionOptions options)
        => options.ApplicationDiscriminator
        = _serviceProvider.GetService<IApplicationDiscriminator>()?.Discriminator;
```

```
}
```

4. IDataProtectionProvider

我们总是利用 IDataProtectionProvider 提供的 IDataProtector 对象来对数据实施加解密，那么后者是一个什么的类型呢？如下面的代码片段所示，在当前应用标识未被设置的情况下，注册的是一个 KeyRingBasedDataProtectionProvider 对象，反之则是一个由此应用标识作为 Purpose 字符串创建的 KeyRingBasedDataProtector 对象。

```csharp
public static class DataProtectionServiceCollectionExtensions
{
    private static void AddDataProtectionServices(IServiceCollection services)
    {
        …
        services.TryAddSingleton<IDataProtectionProvider>(provider =>
        {
            var dpOptions = provider.GetRequiredService
                <IOptions<DataProtectionOptions>>();
            var keyRingProvider = provider.GetRequiredService<IKeyRingProvider>();
            var loggerFactory = provider.GetService<ILoggerFactory>()
               ?? NullLoggerFactory.Instance;

            var dataProtectionProvider =
                new KeyRingBasedDataProtectionProvider(keyRingProvider, loggerFactory);

            if (!string.IsNullOrEmpty(dpOptions.Value.ApplicationDiscriminator))
            {
                dataProtectionProvider = dataProtectionProvider.CreateProtector(
                    dpOptions.Value.ApplicationDiscriminator);
            }
            return dataProtectionProvider;
        });
    }
}
```

5. DataProtectionHostedService

AddDataProtection 扩展方法还注册了如下类型为 DataProtectionHostedService 的承载服务，在随着应用的初始化而被启动之后，该服务会将密钥加载到内存中。

```csharp
internal class DataProtectionHostedService : IHostedService
{
    private readonly IKeyRingProvider _keyRingProvider;
    public DataProtectionHostedService(IKeyRingProvider keyRingProvider)
       =>_keyRingProvider = keyRingProvider;

    public Task StartAsync(CancellationToken cancellationToken)
    {
        _keyRingProvider.GetCurrentKeyRing();
        return Task.CompletedTask;
    }
}
```

```
    public Task StopAsync(CancellationToken cancellationToken)=> Task.CompletedTask;
}
```

13.4.2　密钥管理配置

密钥管理是整个数据保护框架最核心的部分，相关的配置体现在 KeyManagementOptions 对象上。AddDataProtection 扩展方法通过注册的 KeyManagementOptionsSetup 服务对密钥管理进行相应的设置，KeyManagementOptionsSetup 类型的完整定义体现在如下所示的代码片段中。

```
internal class KeyManagementOptionsSetup : IConfigureOptions<KeyManagementOptions>
{
    private readonly IRegistryPolicyResolver?    _registryPolicyResolver;
    private readonly ILoggerFactory              _loggerFactory;

    public KeyManagementOptionsSetup(ILoggerFactory loggerFactory,
        IRegistryPolicyResolver? registryPolicyResolver)
    {
        _loggerFactory = loggerFactory;
        _registryPolicyResolver = registryPolicyResolver;
    }

    public void Configure(KeyManagementOptions options)
    {
        RegistryPolicy? policy = null;
        if (_registryPolicyResolver != null)
        {
            policy = _registryPolicyResolver.ResolvePolicy();
        }

        if (policy != null)
        {
            if (policy.DefaultKeyLifetime.HasValue)
            {
                options.NewKeyLifetime
                    = TimeSpan.FromDays(policy.DefaultKeyLifetime.Value);
            }

            options.AuthenticatedEncryptorConfiguration
                = policy.EncryptorConfiguration;
            var escrowSinks = policy.KeyEscrowSinks;
            if (escrowSinks != null)
            {
                foreach (var escrowSink in escrowSinks)
                {
                    options.KeyEscrowSinks.Add(escrowSink);
                }
            }
        }
    }
```

```
        if (options.AuthenticatedEncryptorConfiguration == null)
        {
            options.AuthenticatedEncryptorConfiguration
                = new AuthenticatedEncryptorConfiguration();
        }

        options.AuthenticatedEncryptorFactories.Add(
            new CngGcmAuthenticatedEncryptorFactory(_loggerFactory));
        options.AuthenticatedEncryptorFactories.Add(
            new CngCbcAuthenticatedEncryptorFactory(_loggerFactory));
        options.AuthenticatedEncryptorFactories.Add(
            new ManagedAuthenticatedEncryptorFactory(_loggerFactory));
        options.AuthenticatedEncryptorFactories.Add(
            new AuthenticatedEncryptorFactory(_loggerFactory));
    }
}
```

在 Windows 环境下，AddDataProtection 扩展方法会注册一个 RegistryPolicy 服务以注册表的形式提供一些基本的配置，包括密钥默认生命周期、加密算法和 IKeyEscrowSink 对象等。KeyManagementOptionsSetup 会利用注入的 IRegistryPolicyResolver 对象得到对应的 RegistryPolicy 对象，并利用它对 KeyManagementOptions 配置选项进行相应设置。如果表示加密算法配置的 AuthenticatedEncryptorConfiguration 属性未被设置，则 KeyManagementOptionsSetup 会将它进行初始化。KeyManagementOptionsSetup 最终会创建前文介绍的 4 种类型的 IAuthenticatedEncryptorFactory 对象并将其添加到 AuthenticatedEncryptorFactories 属性中。

13.4.3 扩展配置

AddDataProtection 扩展方法能够注册一组必要的基础服务，并对密钥管理进行相应的配置，该扩展方法返回一个 IDataProtectionBuilder 对象。我们可以利用它提供的一系列扩展方法对注册的服务和配置选购进行进一步定制。

1. 设置 KeyManagementOptions

承载密钥管理配置选项的 KeyManagementOptions 可以通过如下 AddKeyManagementOptions 扩展方法进行设置，具体的设置由提供的 Action <KeyManagementOptions>委托对象来完成。

```
public static class DataProtectionBuilderExtensions
{
    public static IDataProtectionBuilder AddKeyManagementOptions(
        this IDataProtectionBuilder builder,
        Action<KeyManagementOptions> setupAction) ;
}
```

2. 设置加密算法

采用的加密算法是通过 KeyManagementOptions 配置选项的 AuthenticatedEncryptorConfiguration 属性进行设置的，如果需要改变默认的加密算法，则可以调用如下 UseCryptographicAlgorithms 扩展方法和 UseCustomCryptographicAlgorithms 扩展方法。

这 4 个扩展方法正好对应前文介绍的抽象类 AlgorithmConfiguration 的 4 个派生类型。

```
public static class DataProtectionBuilderExtensions
{
    public static IDataProtectionBuilder UseCryptographicAlgorithms(
        this IDataProtectionBuilder builder,
        AuthenticatedEncryptorConfiguration configuration) ;

    public static IDataProtectionBuilder UseCustomCryptographicAlgorithms(
        this IDataProtectionBuilder builder,
        CngCbcAuthenticatedEncryptorConfiguration configuration) ;
    public static IDataProtectionBuilder UseCustomCryptographicAlgorithms(
        this IDataProtectionBuilder builder,
        CngGcmAuthenticatedEncryptorConfiguration configuration) ;
    public static IDataProtectionBuilder UseCustomCryptographicAlgorithms(
        this IDataProtectionBuilder builder,
        ManagedAuthenticatedEncryptorConfiguration configuration) ;
}
```

3．设置密钥的生命周期

密钥默认的生命周期为 90 天，如果想要延长或者缩短密钥的生命周期，则可以调用如下 SetDefaultKeyLifetime 扩展方法。我们提供的生命周期将被设置到 KeyManagementOptions 配置选项的 NewKeyLifeTime 属性中。

```
public static class DataProtectionBuilderExtensions
{
    public static IDataProtectionBuilder SetDefaultKeyLifetime(
        this IDataProtectionBuilder builder, TimeSpan lifetime);
}
```

4．添加 IKeyEscrowSink

如果希望对创建的密钥进行后备存储或者其他处理，则可以注册自定义的 IKeyEscrowSink 对象。IKeyEscrowSink 对象可以通过如下 3 个 AddKeyEscrowSink 扩展方法进行注册，它们最终被添加到 KeyManagementOptions 配置选项的 KeyEscrowSinks 属性中。

```
public static class DataProtectionBuilderExtensions
{
    public static IDataProtectionBuilder AddKeyEscrowSink(
        this IDataProtectionBuilder builder, IKeyEscrowSink sink) ;
    public static IDataProtectionBuilder AddKeyEscrowSink<TImplementation>(
        this IDataProtectionBuilder builder)
        where TImplementation : class, IKeyEscrowSink;
    public static IDataProtectionBuilder AddKeyEscrowSink(
        this IDataProtectionBuilder builder,
        Func<IServiceProvider, IKeyEscrowSink> factory) ;
}
```

5．设置应用标识

应用标识（默认采用的是应用根目录路径）将作为"根 Purpose 字符串"，以起到安全隔离的作用。如果多个应用本就应该在同一个安全范围内（如实现跨应用的单点登录），则跨应用的安全隔离反而带来问题。为了去除不必要的安全隔离，我们只能让它们共享相同的应用标识。应用标识的设置可以通过如下 SetApplicationName 扩展方法来完成，指定的应用标识最终被设置到 KeyManagementOptions 配置选项的 ApplicationDiscriminator 属性中。

```
public static class DataProtectionBuilderExtensions
{
    public static IDataProtectionBuilder SetApplicationName(
        this IDataProtectionBuilder builder, string applicationName) ;
}
```

6. 禁止自动生成密钥

在默认情况下，新的密钥在必要时会自动生成。如果应用具有更高的安全需求，或者采用一种自主的密钥创建和分发方式，则可以调用如下 DisableAutomaticKeyGeneration 扩展方法关闭自动生成的密钥。该扩展方法用于设置 KeyManagementOptions 配置选项的 AutoGenerateKeys 属性。

```
public static class DataProtectionBuilderExtensions
{
    public static IDataProtectionBuilder DisableAutomaticKeyGeneration(
        this IDataProtectionBuilder builder) ;
}
```

7. 设置密钥存储方式

在默认情况下，数据保护框架会根据当前环境（操作系统和相关的环境变量）选择一种密钥存储方式。如果希望对密钥存储进行显式控制，则可以调用 PersistKeysToFileSystem 和 PersistKeysToRegistry 两个扩展方法，前者将密钥存储在指定的目录下，后者则利用指定的注册表来存储密钥。它们都会创建一个 FileSystemXmlRepository 对象和 RegistryXmlRepository 对象，并将其赋值到 KeyManagementOptions 配置选项的 XmlRepository 属性中。

```
public static class DataProtectionBuilderExtensions
{
    public static IDataProtectionBuilder PersistKeysToFileSystem(
      this IDataProtectionBuilder builder, DirectoryInfo directory) ;

    public static IDataProtectionBuilder PersistKeysToRegistry(
        this IDataProtectionBuilder builder, RegistryKey registryKey) ;
}
```

8. 设置密钥加密方式

以 XML 形式承载的密钥在存储之前应该进行加密，具体的加密操作是通过 IXmlEncryptor 对象来完成的。前面介绍的 IXmlEncryptor 接口的 3 个默认实现类型（DpapiXmlEncryptor、DpapiNGXmlEncryptor 和 CertificateXmlEncryptor）可以通过如下 3 组对应的扩展方法进行注册，这些扩展方法最终会创建对应类型的 IXmlEncryptor 对象并将其赋值到 KeyManagementOptions 配置选项的 XmlEncryptor 属性中。如果只需要考虑解密，在采用基于证书的加密方式情况下，则可以调用最后一个 UnprotectKeysWithAnyCertificate 扩展方法提供一组候选的解密证书。

```
public static class DataProtectionBuilderExtensions
{
    public static IDataProtectionBuilder ProtectKeysWithDpapi(
        this IDataProtectionBuilder builder);
    public static IDataProtectionBuilder ProtectKeysWithDpapi(
        this IDataProtectionBuilder builder, bool protectToLocalMachine);

    public static IDataProtectionBuilder ProtectKeysWithDpapiNG(
        this IDataProtectionBuilder builder);
    public static IDataProtectionBuilder ProtectKeysWithDpapiNG(
        this IDataProtectionBuilder builder, string protectionDescriptorRule,
        DpapiNGProtectionDescriptorFlags flags);

    public static IDataProtectionBuilder ProtectKeysWithCertificate(
        this IDataProtectionBuilder builder, X509Certificate2 certificate);
    public static IDataProtectionBuilder ProtectKeysWithCertificate(
        this IDataProtectionBuilder builder, string thumbprint);

    public static IDataProtectionBuilder UnprotectKeysWithAnyCertificate(
        this IDataProtectionBuilder builder, params X509Certificate2[] certificates);
}
```

9. "瞬时"加解密

如果采用"瞬时"加解密方案，就意味着需要通过一个 EphemeralDataProtectionProvider 提供的 IDataProtector 对象加密生成密文，相应的服务通过如下 UseEphemeralDataProtectionProvider 扩展方法进行注册。

```
public static class DataProtectionBuilderExtensions
{
    public static IDataProtectionBuilder UseEphemeralDataProtectionProvider(
        this IDataProtectionBuilder builder) ;
}
```

附录 A

章　节	编　码	描　述
第 1 章	S101	执行"dotnet new"命令创建控制台程序
	S102	采用 Minimal API 构建 ASP.NET Core 应用程序
	S103	一步创建 WebApplication 对象
	S104	使用原始形态的中间件
	S105	使用中间件委托变体（1）
	S106	使用中间件委托变体（2）
	S107	定义强类型中间件类型
	S108	定义基于约定的中间件类型（构造函数注入）
	S109	定义基于约定的中间件类型（方法注入）
	S110	配置的应用
	S111	Options 的应用
	S112	日志的应用
	S113	路由的应用
	S114	开发 MVC API
	S115	开发 MVC APP
	S116	开发 gRPC API
	S117	Dapr-服务调用
	S118	Dapr-状态管理
	S119	Dapr-发布订阅
	S120	Dapr-Actor 模型
第 2 章	S201	模拟容器 Cat-普通服务的注册和提取
	S202	模拟容器 Cat-泛型服务类型的支持
	S203	模拟容器 Cat-为同一类型提供多个服务注册
	S204	模拟容器 Cat-服务实例的生命周期

续表

章 节	编 码	描 述
第 3 章	S301	普通服务的注册和提取
	S302	泛型服务类型的支持
	S303	为同一类型提供多个服务注册
	S304	服务实例的生命周期
	S305	服务实例的释放回收
	S306	服务范围的验证
	S307	服务注册有效性的验证
	S308	构造函数的选择（成功）
	S309	构造函数的选择（失败）
	S310	IDisposable 接口和 IAsyncDisposable 接口的差异（错误编程）
	S311	IDisposable 接口和 IAsyncDisposable 接口的差异（正确编程）
	S312	利用 ActivatorUtilities 提供服务实例
	S313	ActivatorUtilities 针对构造函数的"评分"
	S314	ActivatorUtilities 针对构造函数的选择
	S315	ActivatorUtilitiesConstructorAttribute 特性的应用
	S316	与 Cat 框架的整合
第 4 章	S401	输出文件系统目录结构
	S402	读取物理文件内容
	S403	读取内嵌文件内容
	S404	监控文件的变更
第 5 章	S501	以"键-值"对形式读取配置
	S502	读取结构化配置
	S503	将结构化配置绑定为对象
	S504	将配置定义在 JSON 文件中
	S505	根据环境动态加载配置文件
	S506	配置内容的实时同步
	S507	绑定配置项的值
	S508	类型转换器在配置绑定中的应用
	S509	复合对象的配置绑定
	S510	集合的配置绑定
	S511	集合和数组的配置绑定的差异
	S512	字典的配置绑定
	S513	环境变量的配置源
	S514	命令行参数的配置源

章　节	编　码	描　　述
第 6 章	S601	将配置绑定为 Options 对象
	S602	具名 Options 的注册和提取
	S603	Options 与配置源的实时同步（匿名 Options）
	S604	Options 与配置源的实时同步（具名 Options）
	S605	利用代码方式初始化 Options（匿名 Options）
	S606	利用代码方式初始化 Options（具名 Options）
	S607	依赖服务的 Options 设置
	S608	验证 Options 的有效性
	S609	IOptions<TOptions>和 IOptionsSnapshot<TOptions>的差异
第 7 章	S701	TraceSource 跟踪日志
	S702	基于等级的日志过滤
	S703	自定义面向控制台的 TraceListener
	S704	EventSource 事件日志
	S705	自定义 EventListener 监听事件
	S706	DiagnosticListener 诊断日志
	S707	为 DiagnosticListener 注册强类型订阅者
	S708	DefaultTraceListener 针对文件的日志输出
	S709	利用 DelimitedListTraceListener 将日志输出到 CSV 文件
	S710	更加完整的 EventListener 类型定义
	S711	利用 EventSource 的事件日志输出调用链
	S712	AnonymousObserver<T>的应用
	S713	强类型诊断事件订阅
第 8 章	S801	将日志输出到控制台和调试窗口
	S802	利用 ILoggerFactory 工厂创建 Ilogger<T>对象
	S803	注入 Ilogger<T>对象
	S804	TraceSource 和 EventSource 的日志输出
	S805	针对等级的日志过滤
	S806	针对等级和类别的日志过滤
	S807	针对等级、类别和 ILoggerProvider 类型的日志过滤
	S808	利用配置定义日志过滤规则
	S809	利用日志范围输出调用链
	S810	LoggerMessage 的应用
	S811	Activity 的采样策略
	S812	基于 Activity 的日志范围

续表

章　节	编　码	描　　述
第 9 章	S901	SimpleConsoleFormatter 格式化器
	S902	SystemdConsoleFormatter 格式化器
	S903	JsonConsoleFormatter 格式化器
	S904	改变 ConsoleLogger 的标准输出和错误输出
	S905	自定义控制台日志的格式化器
	S906	利用 EventListener 收集 EventSourceLogger 输出的日志
	S907	EventSourceLogger 针对日志范围的支持
第 10 章	S1001	对象池的基本使用方式
	S1002	利用注入的 ObjectPoolProvider 提供对象池
	S1003	自定义对象池化策略
	S1004	对象池的容量与并发的关系（容量不小于并发量）
	S1005	对象池的容量与并发的关系（容量小于并发量）
	S1006	池化对象的释放
	S1007	池化集合对象
	S1008	池化 StringBuilder
	S1009	ArrayPool<T>的应用
	S1010	MemoryPool<T>的应用
第 11 章	S1101	基于内存的本地缓存
	S1102	基于 Redis 的分布式缓存
	S1103	基于 SQL Server 的分布式缓存
	S1104	基于文件更变的缓存过期策略
	S1105	缓存压缩
	S1106	Redis 分布式缓存的过期实现
第 12 章	S1201	频繁创建 HttpClient 对象调用 API
	S1202	以单例方式使用 HttpClient 对象
	S1203	利用 IHttpClientFactory 工厂创建 HttpClient 对象
	S1204	直接注入 HttpClient 对象
	S1205	定制 HttpClient 对象
	S1206	强类型客户端
	S1207	基于 Polly 的失败重试
	S1208	HttpClient 的默认管道结构
	S1209	定制 HttpClient 管道
	S1210	针对 HTTP 调用的日志输出（≥Information）
	S1211	针对 HTTP 调用的日志输出（≥Trace）
	S1212	在日志中过滤报头
	S1213	SuppressHandlerScope 设置服务实例生命周期的影响（False）
	S1214	SuppressHandlerScope 设置服务实例生命周期的影响（True）

续表

章　节	编　码	描　　述
第 13 章	S1301	数据的加解密
	S1302	Purpose 字符串一致性
	S1303	设置加密内容的有效期
	S1304	撤销加密密钥（单个密钥）
	S1305	撤销加密密钥（所有密钥）
	S1306	瞬时加解密
	S1307	密钥哈希
	S1308	基于本地文件系统的密钥管理（密钥的创建）
	S1309	基于本地文件系统的密钥管理（密钥的撤销）